GAOXIAO GUIHUA HE
JIBEN JIANSHE QUANGUOCHENG GUANLI

高校规划和基本建设全过程管理

张学智　刘　涧　王　鹏　王颖贺　段　西　编著

北京理工大学出版社
BEIJING INSTITUTE OF TECHNOLOGY PRESS

图书在版编目（CIP）数据

高校规划和基本建设全过程管理 / 张学智等编著. -- 北京：北京理工大学出版社，2023.4
ISBN 978-7-5763-2258-3

Ⅰ.①高…　Ⅱ.①张…　Ⅲ.①高等学校-建筑工程-工程项目管理　Ⅳ.①TU244.3

中国国家版本馆 CIP 数据核字（2023）第 060224 号

出版发行 / 北京理工大学出版社有限责任公司
社　　址 / 北京市海淀区中关村南大街 5 号
邮　　编 / 100081
电　　话 / (010) 68914775（总编室）
　　　　　(010) 82562903（教材售后服务热线）
　　　　　(010) 68944723（其他图书服务热线）
网　　址 / http://www.bitpress.com.cn
经　　销 / 全国各地新华书店
印　　刷 / 北京捷迅佳彩印刷有限公司
开　　本 / 787 毫米×1092 毫米　1/16
印　　张 / 20
字　　数 / 446 千字
版　　次 / 2023 年 4 月第 1 版　2023 年 4 月第 1 次印刷
定　　价 / 136.00 元

责任编辑 / 徐艳君
文案编辑 / 徐艳君
责任校对 / 周瑞红
责任印制 / 李志强

图书出现印装质量问题，请拨打售后服务热线，本社负责调换

前　言

进入21世纪，在我国经济建设高速发展时期，我国高校校园规划和基本建设出现空前的高潮。然而高校的基建管理水平在科学化、规范化和系统化方面还需不断提升，以适应新形势和应对新问题。基于这一问题，本书以高校校园规划和基建工程项目为着手点，着重研究校园规划特点和基本建设全过程管理的要点，旨在为从事高校基本建设管理的同行提供经验和理论支撑。

高校校园规划和基本建设管理有着自身的特点和模式，高校基建部门在前期工程实践中，经过长期一线工作的积累和总结，现已形成一套完整成熟的管理体系和方式方法，基本上是适应目前的高校校园规划和基本建设的。随着教育制度的改革深入，我国高校校园建设也在不断变化以适应时代发展的要求，高校校园规划和建设也逐渐朝着更加先进的方向迈进。本书主要从以下两个方面内容进行论述：

第一，系统梳理中华人民共和国成立后高校校园规划发展的历程，提炼21世纪高校规划建设的相关案例，总结校园规划编制管理的要点和方式方法，并科学预测高校校园规划未来的发展演化趋势。

第二，逐项解析高校基本建设项目全过程管理的相关内容，包括前期管理、成本管理、工程采购与合同管理、项目实施管理、工程验收与档案管理、工程信息管理及建筑工业化等。

本书第1、2、3章的主要撰写人为段西，第4、5章的主要撰写人为王鹏，第6、7章的主要撰写人为刘涧，第8、9章的主要撰写人为张学智，第10、11章的主要撰写人为王颖贺。

感谢设计机构的专家以及兄弟院校的同行在本书编写过程中给予的意见和建议，感谢北京理工大学出版社对此书出版给予的大力支持。

编著者

2023年1月

目　录

1　中华人民共和国成立后校园规划历程和发展演变

校园和校园规划的发展随着国家和城市的发展不断演进，其自身发展与城市发展紧密相关，并具有一定的延续性和自身的特性。从政策导向和城市发展演变的视角来研究校园形态的演变，目的是通过时间和空间两个方向梳理校园历史演变，并对校园未来发展的需求进行预判，对校园规划发展新趋势进行展望。

§1.1　中华人民共和国成立后校园规划演变历程

挖掘中华人民共和国成立后校园规划历史演变与城市发展之间的关系，从时间和形态两个发展历程进行梳理。

1.1.1　时间发展历程

1. 中华人民共和国成立—改革开放

中华人民共和国成立之后进行了大规模工业化建设。1952 年，第一次全国城市建设座谈会召开；1956 年，国家建设委员会正式颁布《城市规划编制暂行办法》；《包头总体规划》是我国第一个城市规划。

在百废待兴的时期，经济逐步恢复，高校建设逐步展开。1952 年全国高等学校院系进行了调整，此阶段兴建的一批学校均是由苏联专家领衔，按照苏联的规划建设模式进行建设。北京市在中华人民共和国成立初期，在北京西北郊划出大片区域对高校进行统一建设，包括北京工业学院（北京理工大学前身）、北京航空学院（北京航空航天大学前身）、北京地质学院［中国地质大学（北京）前身］、北京钢铁工业学院（北京科技大学前身）、北京林学院（北京林业大学前身）、北京农业大学（中国农业大学前身）、北京师范大学、北京邮电学院（北京邮电大学前身）、北京政法学院（中国政法大学前身）、中央税务学校（中央财经大学前身）、北京铁道学院（北京交通大学前身）、中央民族学院（中央民族大学前身）、中国人民大学等诸多高校。这个时期建设的高校，校园规划多采取西方古典主义的构图方式，讲究轴线及几何形的布局方式，有明确的功能分区，轴线为主要设计手法，强调教学区组团的中央轴线。一般校园中教学主楼为学校教学的中心建筑，多位于大门口入口处，建筑形式庄严雄伟，多采用古典三段式建筑形式。此阶段的校园规划在借鉴苏联模式的同时，也尝试与“中国固有文化”相结合，包括三段式建筑中的时代元素的运用等。1958—1976 年，经过“大跃进”“三年自然灾害”“文革”等时期，城市规划和建设进入了停滞和破坏最严重的时期。

2. 改革开放—20 世纪 90 年代

改革开放以后，国民经济持续快速健康发展，极大地加快了城市化的进程，城市和城市规划的发展都进入了一个新的时期。1984 年，国务院正式颁布《城市规划条例》，这是中华人民共和国成立后正式颁布的第一个城市规划条例，是我国城市规划开始迈向法治化的第一步。1989 年，《城市规划法》的颁布实施确立了我国自己的城市规划体系，建立了城市规划管理体制和制度。

此阶段的高校在原有建设规划的基础之上，针对新的功能和类型，对校园建筑产生了不同的需求，并对原有校园建筑进行了适当的改建，在校园规划范围内进行局部建设。校园建设开始有了校园规划的概念，校园建设需求根据校园建筑的实际功能和发展目标进行相应的变化，校园建筑从传统开始向实用转变。

3. 20 世纪 90 年代—21 世纪初

进入 20 世纪 90 年代之后，随着国民经济的加速发展，城市扩张和发展加速，城市进入到日新月异的阶段。1995 年 11 月，经国务院批准，原国家计委、原国家教委和财政部联合下发了《“211 工程” 总体建设规划》；1998 年 5 月 4 日，时任国家主席江泽民提出“为了实现现代化，我国要有若干所具有世界先进水平的一流大学”；1998 年 12 月 24 日，教育部制订了《面向 21 世纪教育振兴行动计划》，简称“985 工程”。部分高校建设进入了国家重点支持的范畴。

高校在这一时期进入快速扩张阶段，在大兴土木的同时，部分高校也在寻求跳出本校区，在外围或其他城市兴建分校，诸多高校在城市化加速发展的阶段，采用大规模扩张的方式建设分校区。在满足国家和地方经济发展的强烈需求下，高校扩张发展的势头愈发猛烈，大规模占地现象层出不穷，高校规模呈现出巨型化发展态势。如中山大学拥有广州南、北、东三个校区以及珠海校区和深圳校区，共五个校区，成为一个总用地规模达到 915. 1 公顷的巨型大学。

4. 21 世纪初至今

进入 21 世纪之后，国民经济社会发展呈现出新的态势，城市高速发展之后留下了一系列需要处理和解决的问题，人均资源短缺、交通堵塞、雾霾、生态环境恶化等一系列“大城市病”突显，城市建设速度放缓，进入更新和可持续发展的阶段。

这个阶段，北京高校建设也进入平稳发展时期，高校发展注重质的提升。新校区建设本着满足实际需求、提升研究能力、提高师生待遇的原则，在宿舍、实验实习科研用房、文化体育设施等方面逐步提升；与此同时，营造优美的环境、提升建筑设施质量、打造共享交流空间等切实提升校园环境内涵的相关举措逐步推行；高校发展的眼光不仅仅局限于自身校园的建设发展，在校地合作、跨城市发展等方向也进行了有益的尝试和探索。这个阶段，大部分城市在经济持续平稳发展的态势下，为拉动经济增长、提高城镇化率、引进优秀人才纷纷开始建设大学城。各个城市筹划或者计划建设 1~2 个大学城。郑州曾经规划过 4 个大学城，上海有松江大学城、张江大学城、闵行大学园区等几个大学城，北京在原西北地区大学聚集区域外还建有沙河高教园区、良乡高教园区，广州大学城、深圳大学城、仙林大学城等大学城也在建设过程中。

1.1.2 形态发展历程

1. 从单一校园向多校区发展

我国高校多为“计划型”大学。随着中国城市化的快速发展、城市的逐渐扩张，大多数高校从城郊地区变成了“城市中心”，校园周边城市化程度高、用地集约、用地权属明确。对于高校来说，随着发展和扩张，在原校区周边扩展用地的机会非常有限。随着师生人数的增长，各高校在新的发展目标的指引下，对用地和各项硬件设施的需求变得极为迫切，而城市郊区的土地价格低廉，且新城的发展需要大项目带动和大量人流进驻，在多种因素的共同影响下，高校逐步向同一个城市的郊区，甚至不同的城市的郊区进行转移。高校向郊区迁移的风潮经历了两次，一次在20世纪90年代初，另一次在21世纪初，因此同一高校拥有多个校区成为普遍现象。再加上近年来推行的高校合并政策，使得各高校拥有分校的数量再次增加。北京联合大学前身是1978年北京市依靠清华大学、北京大学等创办的36所大学分校，学校被称为“首都核心圈里的都市大学”，各校区多地处北京城区核心区域，经过多年的发展，已形成以北四环校区为中心，集中与分散相结合的办学格局。北京航空航天大学在北京的所在地分为学院路校区、沙河校区，占地3 000多亩，总建筑面积超过170万平方米。哈尔滨工业大学除在哈尔滨形成多校区协同的局面下，还成立了哈尔滨工业大学（威海）、哈尔滨工业大学（深圳），目前，哈尔滨工业大学深圳校区的录取分数线已经高于哈尔滨本校区，呈现出强劲的发展势头。

2. 从分散选址向集中布局发展

20世纪的老校园虽有相对集中布局的现象，但总体来说布局选址还是相对分散。如北京学院路和学院南路周边的高校，从清华大学、北京大学向东向南，分别包括北京林业大学、北京农业大学、北京矿业大学、北京科技大学、北京语言文化大学、北京地质大学、北京航空航天大学、北京理工大学、中央财经大学、中国政法大学、北京交通大学、北京邮电大学、北京师范大学等多所高校。各所高校之间夹杂着不同的城市功能用房，已经与城市融为一体。而21世纪的高校大多是集中设置，统一规划，多选址在城市新城或跳出城市的外围地区，以“高教园区”或“大学城”的形式存在。这些大学城的规模从几平方千米至几十平方千米不等，由多所高校相邻而建。这种布局方式有利于高校之间资源的共享交流，包括基础课程、图书资源、实验室资源、体育设施资源，以及大型文化展览设施、商业区及相关设施，方便各校师生之间的交流。另外，这种发展模式有利于校地融合，如此大的规模方便属地管理，多数大学城单独设置大学城管委会，对大学城辖区进行直接管控。

3. 从城市中心向城市边缘迁移

随着城市建成区的不断扩大，原来处于城市边缘的高校校区也融入城市整体发展中来，大部分已然处于城市中心区域。该区域校区发展余地小，于是，新建校区只好迁移到城市近郊区或远郊区。但这种迁移方式对于高校本身来说存在一些问题，如与老校区的距离远导致师生之间、高低年级学生之间交流困难，新老校区之间的资源共享也受到限制；而新校区周边城区发展缓慢，商业、服务业都较落后；与老校区相比，学生缺乏与外界密切交流的机会，学生就近勤工俭学的机会少等。

§1.2 校园规划新趋势

1.2.1 更新和减量发展

随着2019年我国城镇化率超过60%，城市发展由大规模建设时期逐渐转向逐步更新发展阶段。党的十九大报告指出："我国经济已由高速增长阶段转向高质量发展阶段"。2015年4月30日中共中央政治局审议通过《京津冀协同发展规划纲要》（以下简称《纲要》）。纲要指出，推动京津冀协同发展是一个重大国家战略，核心是有序疏解北京非首都功能，要在京津冀交通一体化、生态环境保护、产业升级转移等重点领域率先取得突破。《纲要》提出，北京作为中国的首都，中心城区集聚过多的城市功能，经济增长和城市空间扩张效率降低，由此导致了"大城市病"：核心功能优势不突出，非核心功能聚集程度过高。因而疏解北京非首都功能、腾退空间，推进京津冀协同发展十分必要。随着《北京城市总体规划（2016年—2035年）》的发布，北京明确提出实现城乡建设用地规模减量，有序疏解非首都功能，优化提升首都功能。随后，在各类规划指导下，北京市加速疏解非首都功能。

随着城市逐步进入存量、减量发展阶段，城市更新也由此进入高质量发展阶段，对城市历史文化与生态环境的保护，对民生改善的需求更加迫切。党的十九届五中全会通过的《中共中央关于制定国民经济和社会发展第十四个五年规划和二〇三五年远景目标的建议》明确提出了实施城市更新行动。随后，各城市纷纷开展城市更新活动，《北京市人民政府关于实施城市更新行动的指导意见》（京政发〔2021〕10号）、《北京市城市更新行动计划（2021—2025年）》《广州市关于在实施城市更新行动中防止大拆大建问题的意见（征求意见稿）》等相关文件出台。2021年11月，《住房和城乡建设部办公厅关于开展第一批城市更新试点工作的通知》（建办科函〔2021〕443号）。城市更新是以人为核心提升品质的重要路径。目前，根据《北京市人民政府关于实施城市更新行动的指导意见》，北京城市更新中常用的办法包括老旧小区改造、危旧楼房改建、老旧厂房改造、老旧楼宇更新、首都功能核心区平房（院落）更新，还包括公共空间改造提升、市政设施完善、公共服务设施完善、公共安全设施完善、城市功能优化提升等。城市更新应该编制明确的实施方案，实施方案应该征求相关权利人或居民的意见，方案中应明确更新范围、内容、方式及建筑规模、使用功能、建设计划、土地取得方式、资金筹措方式、运营管理模式等内容。

1. 处理好新老校区之间的关系，合理利用存量资源

随着城市进入减量更新阶段，高校在改善基本服务设施、改建老旧建筑、提升校园绿地景观、完善市政服务设施等诸多方面的工作需要推进。校园规划建设已经从可以满足师生基本的生活需求，转向满足师生高品质、多样化的需求。校园基本建设应在硬件改造的过程中满足师生促交往、强文化的要求，校园建设规划应从系统、交往空间、小微空间等各个方面，不断构建体验丰富的交往空间，充分利用畸零地、围合场所等空间改善校园整体学习生活环境。

合理利用存量资源，有序进行校园更新改造是未来长期的发展趋势，在城市建设从增量规划向存量规划转变的过程中，如何有效利用存量资源，在原有校园建设的基础上更好地实现校园规划结构调整、使用功能优化、道路体系提升、绿地景观美化、公共空间共享、文化保护延续等是一个值得认真研究的课题，老校区资源整合利用在未来的发展过程中，必将是一个长期而艰巨的任务（详见第 3 章老校区资源整合利用）。

2. 地下空间利用

校园中机动车的增长率逐年提升，自行车和电动车的发展速度也极为迅猛，机动车数量的增加为高校校园道路的建设带来了新的要求。机动车问题在西方发达国家的高校校园早已出现，他们的解决方法通常是设置步行区域，将校园主体建筑群、教学区等核心区域安排为步行优先区，机动车禁止通行或绕行而过，以此打造学校教学区等主体建筑功能区宁静、安全的校园学术氛围，而将校园的主要停车和机动车交通区安排在核心区周边，方便行人到达。

另外，随着大学城的发展以及校园与城市发展的逐渐融合，校园道路组织关注的焦点已经拓展到了城市交通的范畴，如何将校园内的交通与城市交通进行链接共享，如何与城市道路景观进行结合，如何将城市道路设施与校园道路设施进行有机结合等，都是未来的发展要求和大势所趋。

【校园更新减量发展专栏】

案例一：清华大学——北京非首都功能疏解

《北京城市总体规划（2016 年—2035 年)》明确提出，坚持集约发展，框定总量、限定容量、盘活存量、做优增量、提高质量，有序疏解非首都功能。普通高等教育被明确列在《北京市新增产业禁止和限制目录》内，并被要求不在原校址基础上向周边扩展，不再新增占地面积，严控新增建筑面积（存在安全隐患的除外)。

清华大学落实北京总体规划要求，积极支撑首都“文化中心”“科技创新中心”的战略定位；同时，清华大学位于海淀区三山五园重点地区文化绿心和中关村科学城核心区域，科技智芯两心聚一核的海淀区核心地区，因此，清华大学积极落实海淀分区规划的要求，助力海淀区建成创新引领之城、人文活力之城、生态优美之城。

在编制《校园总体规划》的基础上，学校针对重点问题，编制专题研究。在《清华大学空间资源统筹专题》中，提出了空间资源优化与功能提升行动，包括新建设施行动、利用周边资源行动、与北京市其他校属资源协同发展行动、功能疏解及调整行动和既有建筑加固大修行动等共 28 项具体行动。

合理利用空间资源，优化提升校园功能策略，对学校的土地和设施进行规划，参考存量优化、地下空间专题成果，落实“18 定额”、北京市和海淀区规划要求、服务事业发展要求，形成主校区用地布局和分类设施规划。对学校的存量资源进行优化，对地下空间资源进行挖掘利用，最终确定实施主校区内外结合的空间发展策略。海淀主校区的存量资源优化策略主要为优化供给，校内重点保证教学和科研功能，疏解不适宜和没必要布局在主校区的功能，积极利用周边市场化资源；优化配置，弥补功能和空间短板，提升资源利用水平。地下空间利用策略指的是确定以地下 0~30 米浅层地下空间为主，以资源评价为基础，明确适宜功能和重点区域，结合重大项目地上地下统筹利用，满足文化展示与交流、地下停车、市政等功能需求。

案例二：北京林业大学——畸零地利用

学校利用畸零地设置了适合学生交往交流的各类空间，充分利用林木、植物等要素，真正打造出“知山知水、树木树人”的林大景观，景观的用心之处，体现在林大人对于自然和现状的运用，体现在其对于自然和植物的尊重。学校通过设置大量的交流交往空间，吸引学生来到校园中学习、思考、交流、探讨，并且通过对记忆和情怀进行整理提炼，打造出富有时代特色和校园特色的“校园网红景观打卡地”，将园林引入学校，使学校置身于园林中。校园各种特色空间示例见图 1-1 和图 1-2。

图 1-1　各类交往空间

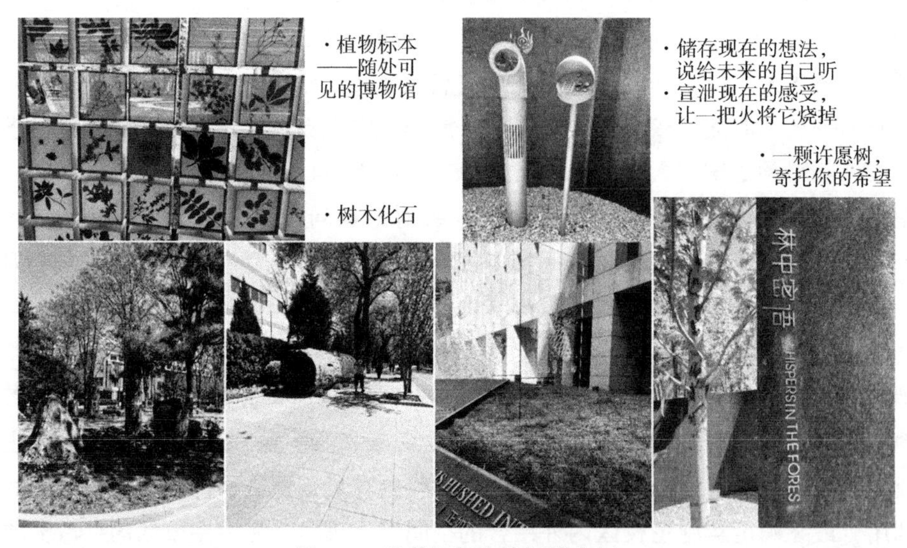

图 1-2　承载记忆和情怀的空间

案例三：上海交通大学——地下空间利用

上海交通大学徐汇校区位于上海市中心区域，区域周边有号称浓缩上海“百年历史”的名人路武康路，非常繁华。上海交通大学徐汇校区占地面积约350亩，校园占地面积不大。校方将机动车引入操场下方，操场地下设置二层停车场，可以停放约400辆机动车，地上不设置停车位，地上空间全部设置为步行区域，校园内不允许机动车穿行，整体校园环境安全幽静。上海交通大学徐汇校区图片见图1-3~图1-7。

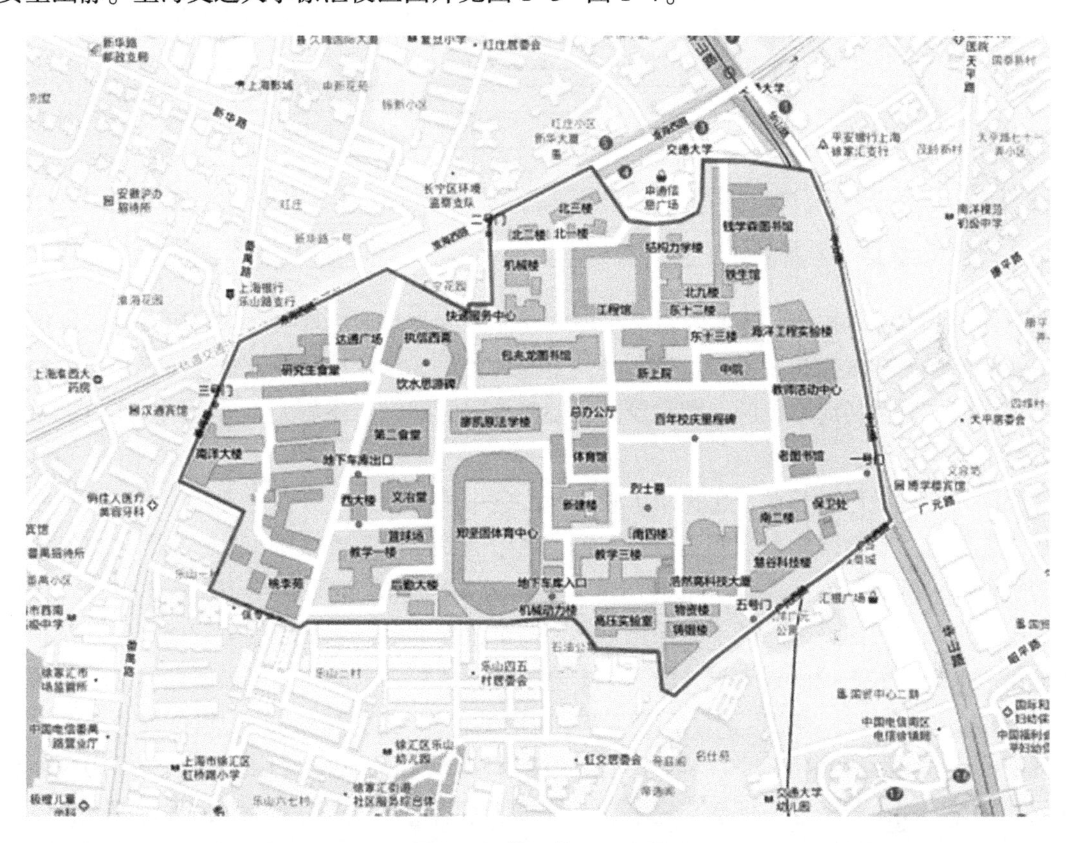

图1-3　徐汇校区平面图

图1-4　徐汇校区体育场鸟瞰图

图1-5　入口通风设施

图 1-6　入口设施

图 1-7　地下停车场

1.2.2　绿色校园

党的十九大报告提出：人与自然是生命共同体，人类必须尊重自然、顺应自然、保护自然。我们要建设的现代化是人与自然和谐共生的现代化。绿色校园是未来校园规划建设的一个新发展模式，包括海绵校园、智慧校园、健康校园，同时，还需大力推动绿色建筑在未来校园里的建设。

我国为了积极应对气候变化提出了碳达峰、碳中和目标，一方面这是我国实现可持续发展的内在要求，是加强生态文明建设、实现美丽中国目标的重要抓手，另一方面这也是我国作为负责任大国履行国际责任、推动构建人类命运共同体的责任担当。随着“双碳”目标的提出和生态文明建设理念的不断深化，各高校也积极开展绿色校园创建行动。生态原则和环境伦理也日益成为校园规划设计的基本影响因素，世界著名的校园规划研究学者理查德·道伯（Richard Dober）指出：“目前已经有了足够的证据说明自然环境的整合将会持续对校园规划设计产生影响并使其受益。”住建部《绿色校园评价标准》（GB/T 51356—2019）在规划与生态、能源与资源、环境与健康、运行与管理、教育与推广五个方面进行评分，以此作为绿色校园评价的主要内容。在此基础上教育部学校规划建设发展中心发布《高校既有校园绿色规划建设指南》（CSDP02005—2020），对绿色校园建设设置了相关的建设指引要求。绿色校园指标体系见表 1-1。

表 1-1　绿色校园指标体系构成

指标分类	工作内容与要求	
总体指标	生均碳排放量	校园各类活动年碳排放总量与校园学生总数的比值
	校园生态足迹	校园年消耗的能源、资源以及吸纳其所衍生的废物，所需要的具备生物生产力的土地和水域的总量
	绿色校园等级	达到相关绿色校园评价标准所要求的目标等级

续表

指标分类	工作内容与要求	
系统评估指标	规划与生态	学校可比容积率、建筑密度、场地利用系数、绿地率、地下空间利用率、平均风速比、平均热岛强度、公交可达性、公共设施服务半径
	能源与资源	年生均能耗、年生均水耗、年生均建筑能耗、可再生能源利用率、非传统水源利用率、雨水径流外排控制率、形体规则建筑比例、3R 材料利用率
	环境与健康	采光达标率、室内热湿环境达标率、室内隔声—噪声达标率、室内空气品质达标率、健康检测与控制
	运行与管理	运营管理体系达标率、绿色校园管理激励机制、运营管理绿色评估制度、能源与资源监控平台、智慧校园建设、校园废弃物排放管控
	教育与推广	中长期绿色校园教育与推广规划、学科体系绿色化、绿色校园文化建设、绿色教育与推广网络建设、绿色教育能力提升计划、绿色教育辐射、绿色校园的社区融合

资料来源：《高校既有校园绿色规划建设指南》。

在国家"碳达峰碳中和"战略的指引下，我们应积极构建校园节能减排管理体系，积极推进绿色智慧新型校园规划建设，踏实做好"六个推进"工作：科学做好绿色校园空间规划、编制校园规划建设导则体系、构建校园节能减排管理体系、服务新兴学科研究平台建设、建设一批绿色低碳示范校园、深化推动绿色学校创建行动。

1. 海绵校园

随着近年来城市洪涝灾害的频发，"海绵城市"及其相应的规划理念和方法得到了社会各界的认同。"海绵城市"的目标是让城市"弹性适应"环境变化与自然灾害，使雨水就地蓄留、就地资源化。随着"海绵城市"的不断推进，"海绵高校"作为一种有机发展思想，为校园有机更新提供了新的思路，成为未来的发展趋势。

在改善教学设施的同时，还应提升校园的生态效益。基于海绵城市视角的校园有机更新，通过优化校园水生态系统，可以整体解决新老校区统筹、提升校园生态效益和突出校园特色等问题。遵循"渗、滞、蓄、净、用、排"的六字方针，把雨水的渗透、滞留、集蓄、净化、循环使用和排水密切结合，统筹考虑内涝防治、径流污染控制、雨水资源化利用和水生态修复等多个目标。

"海绵校园"应基于对校园现状问题的分析，提出校园整体水资源利用的现状问题，从而整体构建海绵校园。具体技术方面，有很多成熟的工艺手段，包括增加校园绿地、使用透水材料、建立绿色屋顶、建立雨水花园、建立雨水收集利用设施等。改变传统的集中绿地建设模式，将小规模的下凹式绿地渗透到"海绵校园"建设中去。

与此同时，将"海绵校园"与"海绵智慧"相结合，通过智慧水循环利用，可以达到减少碳排放、节约水资源的目的；通过集中和分散相结合的智慧水污染控制与治理，实现雨水及再生水的循环利用等。

2. 智慧校园

加强顶层设计，实现以人为本、高效优质的服务管理，推进校园信息化、现代化、智慧化建设，建设智慧型信息化的校园。

建设校园CIM（城市信息模型）平台、校园物联网系统、校园智能服务、数字校园门户平台、运行管理和标准规范体系。

强化内涵建设，建立智慧校园管理体系。推进协同治理、精细管理，形成一流的管理服务业态，加强管理协同联动，整合优化管理机构职能，提升人文化、精细化服务水平，引入现代化管理手段，打造管理集约高效的校区。

通过现代化管理手段和智慧化措施，实现智慧校园发展目标。基建项目运用现代化手段，加快基建项目管理信息系统、BIM和GIS技术等信息化手段的运用，提高基建项目管理水平、管理能力和管理效率，提升为师生服务的质量和水平。和信息数据大平台进行对接，通过平台建设，将信息化建设的新理念、新想法、新技术融入管理体系当中，落实校园整体规划管理信息化、基建项目管理信息化、智慧交通等相关内容建设，有力保障校园建设高效率、高质量完成。

3. 健康校园

健康校园理念源于健康城市理念。随着社会的不断发展、科技的不断进步，以及新冠疫情的全球暴发，师生的学习和生活方式也在发生转变，身心健康、环境健康以及社会健康等方面对师生的生活来说非常重要。健康校园环境的建设需要创造适宜的校园环境风貌来影响使用者的感受。一是在校园环境风貌、建筑风貌、文化景观风貌的塑造上都应该结合更多的植被栽植以营造更好的类自然环境，以此来获得环境健康，因为健康绿色的校园环境是促进大学生身心健康的最直接途径，不仅促进学生体力活动，同时具备缓压舒心的功效；二是创造更加适宜活力健康的大环境和相关设施，包括高可达性的校园慢行空间、融入健康功能的校园基础设施布局、更多的交流交往空间；三是在保障校园安全的基础上，将智慧校园和平安防疫校园相结合，创建校园安全健康共享新模式，在助力健康城市建设的基础上，做好校园健康安全建设保障；四是做好健康校园活动组织，以更加多元化的设施适应更多的校园活动和运动赛事，包括校园马拉松比赛、景观鉴赏活动等，并将校园活动与社会活动更好地融合在一起。

4. 绿色建筑

住房和城乡建设部于2018年12月6日在南宁举办了“推动城市高质量发展系列标准发布”活动，发布了包括《绿色建筑评价标准》（以下简称《标准》）、《海绵城市建设评价标准》在内的10项标准，旨在适应我国经济由高速增长阶段转向高质量发展阶段的新要求，以高标准支撑和引导我国城市建设、工程建设高质量发展。

绿色建筑高质量发展需要整合健康建筑、可持续建筑、百年建筑、装配式建筑等新理念新成果，扩展绿色建筑内涵，满足人民群众对优质绿色建筑产品的需要。《标准》GB/T 50378—2019修订要点在于结合新时代新要求，以百姓为视角，以性能为导向，构建了具有中国特色和时代特色的新的绿色建筑指标。其5大性能包括安全耐久、健康舒适、生活便利、资源节约、环境宜居。《标准》对绿色建筑进行了重新定义，即在全寿命期内，节约资源、保护环境、减少污染，为人们提供健康、适用、高效的使用空间，最大限度地实现人与自然和谐共生的高质量建筑。《标准》重新设定评价的时间节点，即绿色建筑的评价应在建筑工程竣工后进行；取消设计评价，代之以设计阶段的预评价；新增绿色建筑等级，与国际建筑评价技术标准接轨，即基本级、一星级、二星级、三星级；同时，优化计分评价方式，兼顾科学性和简便易用性，分为控制项、评分项和加分项；另外，《标准》提出“全装修”概念，即一、二、三星级绿色建筑均应进行全装修，减少污染和浪费，保护环境；《标准》也提到了扩展绿色建筑内涵，与绿色建筑技术发展相适应的相关内容；最后，《标准》提出，应分层（一星级、二星级、三星级）设置性能要求，提高绿色建筑的性能。

【绿色校园案例】

案例一：对外经济贸易大学节能减排改造经验（老校区）

1）对外经济贸易大学对原有老建筑、老设备等进行改造，积极创建节能环保绿色校园，建设太阳能热水系统、中水处理系统、雨水收集系统、余热利用系统和水源热泵系统等项目，从节水、节气、节电等节能项目入手，推动节能减排，取得较好的经济效益。

2）引进太阳能加热系统向大自然要经济效益。

3）建设中水处理站回收利用废弃水。比如，对外经贸大学中水处理站经过前期研究选择“物理+生化”的方法处理中水原水，减少化学药剂的使用，主要处理环节采用的是复流式曝气生物滤池工艺，目前是北京高校中日处理污水能力最大的中水回收处理站。经处理后的中水主要用于冲洗厕所，绿化用水和景观用水，如广场喷泉、人工湖、水池、水车等，也都利用中水。

4）完成屋顶平改坡回收利用天然降水。雨水是优质的灌溉用水来源，回收雨水作为二次利用的水资源，主要利用蓄水池储存。对外经贸大学在全校范围内建成了一个完整的雨水废水回收网络。

5）通过用水设施改造、草种改造、修复管线、自行研究开发使用IC卡淋浴和打热水系统、加强管理等措施，形成了立体化的节水系统，避免了水资源的浪费。

6）回收锅炉烟气余热，减少天然气的使用。实施供暖管网水平衡调控系统改造工程，通过计算机管理系统，利用教学办公区和宿舍生活区之间的取暖需求时间差对供暖进行控制，白天保证教学办公楼正常供暖，适当降低学生宿舍温度，夜晚保证学生宿舍正常供暖，适当降低教学、办公楼温度，阴冷天气保证正常供暖，暖和天气适当减少供暖，改变传统供暖方式，有效地实现节能减排。将原来的燃气锅炉改造为冷凝余热回收锅炉，通过采用先进的热管式冷凝器设备，将锅炉排烟中高达150 ℃以上的余热进行回收，供暖回水利用这部分热量再加温后，再次进入给水系统，既可减少天然气的消耗，提高锅炉的使用效率，又可降低运行成本和二氧化碳排放量，达到节能减排的目的。

7）建设水源热泵解决供暖和空调问题。水源热泵的试用期可以节约使用成本，更可以少用燃气减少废气，达到节能减排的目的。图书馆的水源热泵系统，每年可以节省大约21万元的使用费用。

8）针对建筑外墙进行立面改造，以实现更好的保温。

案例二：天津大学北洋园校区（新校区）海绵校园建设

天津大学北洋园校区作为天津市的重点工程之一，以打造国家示范性绿色校园为目标，在符合能源规划、海绵城市建设、绿色建筑设计等方面都走在了全国前列。北洋校区坚持绿色生态建设，在规划建设中贯穿绿色理念，营造绿色环境，开展绿色施工，从能源供应系统、水资源利用系统、景观生态设计、绿色交通系统、绿色建筑设计等方面全方位打造绿色校园。校园规划了两河两湖一湿地，在延续记忆的同时，生态湿地可以发挥净化污水、滞留雨水的功能；采取地源热泵系统、天然气供暖、集中与分散相结合以及分时段供热等方式，提高可再生能源利用效率，其能源站实现了绿色能源的复合应用；引入海绵城市理念，构建水资源循环高效利用体系，运用十级分层净化技术实现雨污水的再生循环利用；在景观工程方面秉承“安全管理为首、资源利用为继”的雨洪管理策略，构建了多层级分区的雨洪管理系统框架，进一步对校园污水系统、雨洪水系统、景观水系统进行优化调度，提出各区LID低影响开发措施，与市政管网、溢流系统密切配合（见图1-8）。重视绿色交通规划，实现中心岛无机动车的目标。在绿色建筑关键技术的集成与应用方面，单体建筑全部按照绿色建筑标准进行设计。

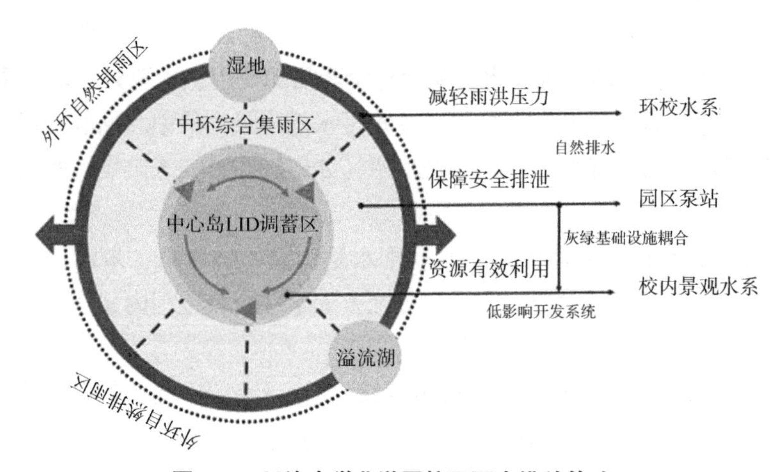

图1-8 天津大学北洋园校区雨水排放策略

案例三：北京理工大学珠海校区“海绵校园”更新改造规划建设

北京理工大学珠海校区通过现状梳理、问题分析，提出五大策略，即场地规划、绿色交通、生态景观、建筑措施、雨洪系统，确定了“山水校园，湿地花海，文脉传承，岭南特色”的总体规划特点，整体构建海绵校园。

1）重新进行场地规划。疏通组团之间的绿地和建筑架空层，保留雨水径流通道。沿滨水湖岸，结合岸线和道路改造成1.2千米长的湿地花海。湿地可承接山体雨水资源和地表雨水，通过沉淀、曝晒和植物净化，过滤后将之补充到景观湖面，也成为独具特色的校园景观之一。

2）打造绿色交通。通过协调校园交通体系减少机动车道，是增加透水性、实现道路

“海绵化”的重要途径。规划建议改造校园中过宽的机动车道，收窄机动车路面，降低机动车道交通面积，增加绿道等慢行系统。

3）建设生态景观。保持场地中心区域的现有标高，在环湖路岸线挖填一系列深浅不一的水泡。通过这些水泡系统中植物和基底的设置，形成沉淀池、曝气池、渗滤池等处理设施，构成收集、净化和循环利用的水生态处理系统。

4）建筑改造措施。采用绿化屋面是海绵校园的一个重要措施。新规划建筑物均采用屋顶花园、平台绿化、局部架空等措施，既是海绵措施，也是对岭南建筑特点的呼应。对原有建筑屋顶进行绿化屋面改造，采用一体化草盆（当地植物）进行佛甲草毯形式的屋顶绿化，构造简单，改造成本和营运成本低。同时采用雨水管断接的方式，把屋顶经雨水管流下的雨水导入建筑外围经过改造的绿地或雨水花园中。对校园现有建筑采用增加遮阳百叶、立体绿化墙、底层架空等适合岭南地域性的生态措施，提升建筑节能效果。

5）构建雨洪系统。按照海绵城市“源头控制、中途传输、末端调蓄”的雨洪管理思路，采用“渗、滞、净、蓄、用、排”等方式在校园内设置依次递进、具有弹性的生态雨洪管理系统。“渗”：以绿化屋面、雨水花园、下沉绿地等措施促进雨水下渗；“滞”：在有坡度的地方采用分层波浪式缓坡设计，增长下渗时间，尽量使雨水能够以自然的方式被吸收与排放；“净”：无法就地入渗的雨水汇入湿地等雨水滞留设施，经过曝氧处理和植物净化，补充进景观水体；“蓄”：整合用地内现有水库和碎片化的水塘，形成连贯的水系，使其更具弹性，发挥好雨水蓄调的功能，减少外排；“用”：通过下埋式的雨水净化设施，将雨水净化后变成校园冲洗、灌溉用水；“排”：在校园排洪渠与市政排洪渠之间设置调节水闸，夏季强降水天气时，校区自身无法及时消纳的超标雨水可以迅速排入市政泄洪渠，避免内涝风险。

案例四：苏州大学“健康校园”的环境更新设计

苏州大学现有天赐庄、独墅湖、阳澄湖和未来四大校区，占地面积 4 586 亩，建筑面积超过 166 万平方米。苏州大学天赐庄校区坐落在苏州城东天赐庄片区，秉承着东吴大学百年悠远文化，历史遗存众多，校园环境优美，吸引着众多学子与游客，被称为“中国最美校园之一”。苏州大学天赐庄校区对校园环境进行了更新设计，使其更符合当前和未来的发展要求，更满足“健康校园”的发展理念，其规划途径针对个体健康、环境健康设计、社会健康三点展开。

1）以促进体力活动和健康功能融入为基础的个体健康。包括对校园交通系统进行优化，设置慢行优先的校园交通系统；对校园相关设施进行升级，通过空间多功能化激发校园环境活力，就近布置健身空间，完善校园各类健康服务设施，营造多元化校园空间，提升学生开展休闲型体力活动的频率和强度。

2）以文化景观塑造与康复环境营造为核心的环境健康设计。传承历史的校园文化景观，注重空间格局的本土文化表达，保护建筑风貌的历史文化性，尊重文化景观的场所人文精神。营造康复性的园林环境，因地制宜，营造舒适宜人的校园环境，充分发挥园艺的康复疗愈功能，注重大学园林化环境营造。

3）以智慧校园建设、社会共享融合为目标的社会健康。打造可持续的校园智慧空间，实现校内资源的高效利用；创建平疫结合的校园共享模式，提升社会支持性；打造人性化校园社交空间，加强学生之间的互动交流。

案例五：沈阳建筑大学的乡土景观建设

利用绿色生态可持续发展思维将乡土景观融入校园景观建设中。沈阳建筑大学的校园面积为 1 平方千米左右，校方花费 5 亿元修建校园建筑后，由于资金短缺无法进行景观环境的建设。为解决时间短、要求高、资金匮乏的重重困难，设计中大量使用水稻作为以农作物和乡土野生植物为景观的基底，尽显场地特色，不但易于管理，更形成了独特、经济而高产的校园田园景观。师生除了在这里赏景读书，还能在这里收割、畅谈。景观设计将土地和人之间的联系进行了重建，让生产型的农业景观成为城市环境的一部分。

1.2.3 文脉延续和历史文化保护

“记住历史方可创造未来”，一所大学的历史既是其文化传承的一部分，也是在不同时期发展的印记。留住历史不仅要做好历史文化和相关内涵的保护，也要对其文脉进行挖掘和再传承。

1. 历史文化保护

不同时代规划建造的校园和建筑，有着特定历史时期的印记，也铭刻着不同时期学校的发展痕迹，是一个学校的教育传统和文化积淀的象征，也是学校可以让人铭记和感知的财富。校园环境同样也可以看作一个“小社区”或者“小城市”。

2020 年 8 月，《住房和城乡建设部办公厅关于在城市更新改造中切实加强历史文化保护坚决制止破坏行为的通知》（建办科电〔2020〕34 号）下发。校园内的历史文化保护需要被重新认识和重视，包括被国家、省、市定义的文物保护建筑（单位），它们不是文物但具有一定的历史和艺术价值。界定保护的层次，进行不同层次的保护与更新。对于重要建筑（群），主要采取保护、原样修复的方法。

2. 文脉延续

文脉延续与大学建校的发展理念、历史文化背景、自然环境等紧密关联，主要体现在空间格局、建筑风貌与景观环境三个方面。

凡深入人心的学府，其风格形成主要受几个方面的影响：创始人的建校理想和主建筑师的个人取向以及时代的审美烙印，还有民族、地域、气候、基地自然特征等因素。风格形成过程主要分为两类：一类是长期自由发展形成，如剑桥大学、耶鲁大学这些历史悠久的世界名校，很难用一个简单的风格概括全貌；另一类是在初期已经确定了基本空间格局和标志性建筑风貌，如弗吉尼亚大学、斯坦福大学等，这些校园有比较明晰和连贯的校园规划思想和主导风格。

大学师生员工身处在历史建筑独有的空间中，享有共同的文化符号，即历史建筑独特的材质、构架、色彩等元素，并穿越时空，“遥想”与之相关的历史事件，“目睹”曾经的大师学者在这里教书育人，从而产生心理上的共鸣和情感上的倾斜，自觉遵守从建筑空间折射出的大学文化，最终实现情感上的一致和行为上的自觉。师生员工了解、参观和使用这些历史建筑的过程，其实就是由外在的视觉赞赏转向内在的精神凝聚，并使文化自信得以最终实现的过程。

大学文化自信能够更直观地体现在历史建筑上，这种文化自信实质上是师生员工对本校优秀的建筑遗产及附着在建筑上的精神文化的认同和尊崇。这种文化自信，既来源于大学在物质层面的文化，如建筑布局、材料、色彩及装饰等方面的文化气息，也来源于通过建筑彰显办学历程中的学术价值、伦理道德、爱国情怀、民族正义等精神层面的文化内涵。大学历史建筑在构建和使用过程中，见证了大学发展从内在动因到外在动力所构成的历史脉络，并在其独特的历史空间中凝聚了能够彰显、认同与尊崇的文化形态，对大学文化自信的影响更为直观和立体。如剑桥的叹息桥、斯坦福的胡佛塔、燕园的未名湖，随着时间的累积、文学作品的描摹，这种场所空间逐渐升华到精神层面，成为校园可见的灵魂、可触的历史。

可主要采用差异化和延续原有文脉这两种方式对校园文脉进行延续。差异化文脉延续主要是保留每一个历史时期的建筑特色，结合校园历史和发展历程，重新唤醒师生对校园文化特色的尊重，使其产生自豪感。动态发展思维，有助于大学形成一种兼具统一性和多样性的建筑风貌；不同历史时期的多种建筑风貌并存，这种矛盾性与复杂性赋予了校园另一重特质，而延续原有文脉则是对校园规划历史、建筑风格等校园硬件设施进行系统梳理，挖掘提炼有价值有意义的元素，在未来的规划建设发展中有针对性地利用。世界一流大学都希望在文化与学术领域走在前列，这一思想也反映在校园建设上。那些历史最为悠久、风貌最为传统的大学，也代表着那个时代最前沿的风尚。新建建筑体现时代最尖端的技术和审美理念，成为目前很多世界一流大学的选择。

【文脉延续和历史保护专栏】

案例一：清华大学

2001 年 7 月，国务院颁布了文化部、国家文物局提出的第五批全国重点文物保护单位，清华大学早期建筑被列入国家级重点文物保护单位名录，它们具有较高的历史价值、艺术价值和科学价值，在中国近现代建筑史中具有举足轻重的地位。

学校于 2011 年 11 月重新修编了《清华大学早期建筑文物保护规划》，在尊重校园历史、注重历史风貌和历史建筑的保护再利用、发挥历史建筑价值的同时，使得文物资源焕发了新的青春与活力。规划中提出清华大学早期建筑与日常教学科研和管理工作密切相关，因此不能采取静态的保护方式，而是应该通过合理的管理和控制，达到使遗产价值延续和发展的保护目标。在如上原则指导下，通过丰富历史建筑的教学、展示等功能，潜移默化地增强师生对遗产价值的了解，并使之对遗产所代表和传承的人文精神产生认同。

清华大学按照学科功能相近的特点考虑各建筑组团的布局，目前已形成了西部理科片区，东部理工、社科片区两个主要的教学科研区域，在建筑风格上也对两个片区进行了适当区分，形成了特色鲜明的“红”“白”两区。通过对学校的文物保护、对校园特色和校园景观进行统筹规划，参考空间环境特色提升、景观规划、照明规划等专题成果，完成文物保护专项规划。严格保护文物和校园历史景观环境，提升校园空间环境的整体特色，加强生态保护、修复与提升，建设共享、活力、特色的室外空间，结合细节彰显文化与学科特色。清华大学图片见图 1-9~图 1-11（图片来自清华大学官网）。

图 1-9　清华大学红区部分鸟瞰图

图 1-10　法律图书馆（白区）

图 1-11　李兆基科技大楼（白区）

案例二：湖南大学

素有“千年学府”之称的湖南大学，其前身“岳麓书院”为其带来了悠久的历史传承和良好的声誉。湖南大学直接利用书院原址建设形成高等学堂校舍。岳麓书院是我国唯一一个由大学来管理的国家重点文物保护单位，岳麓书院因湖南大学而焕发了生命力，湖南大学也因为书院而内涵倍增。2013 年，湖南大学早期建筑群（9 栋）入选全国重点文物保护单位名录，2017 年入选“中国 20 世纪建筑遗产”名录，成为名副其实的国宝遗产。这些历史建筑，尤其是从 20 年代到 50 年代的建筑，每一幢都体现出鲜明的时代特征和艺术风格。例如 20 年代的二院和 30 年代的科学馆是典型的西洋古典主义和折中主义的建筑风格；40 年代的工程馆、第七学生宿舍等，属于西方早期现代主义流派的作品；50 年代初的大礼堂和图书馆，是中国传统的大屋顶宫殿式建筑，是带有时代性的、具有民族形式的建筑产物。大学校园内这些不同时代、不同风格的建筑都很清楚地体现着各个历史时期的文化、思想、艺术、技术的发展和变迁。湖南大学早期建筑分布见图 1-12。

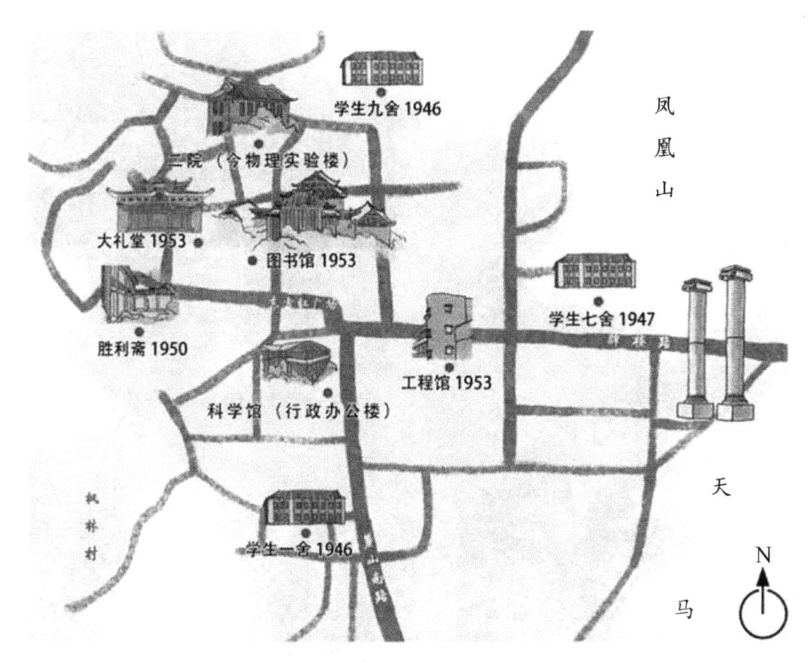

图 1–12　湖南大学早期建筑分布示意图

湖南大学早期建筑群具体指除岳麓书院（已经是国家重点文物保护单位）以外的近代和少量现代（20 世纪 50 年代）建筑，共 9 栋，分别是：湖南大学二院（今物理实验楼），刘敦桢设计；湖南大学科学馆（今校办公楼），蔡泽奉设计；湖南大学工程馆（今教学北楼），柳士英设计；胜利斋教工宿舍，柳士英设计；第九学生宿舍（原一舍），柳士英设计；第一学生宿舍（原六舍），柳士英设计；第七学生宿舍，柳士英设计；大礼堂，柳士英设计；老图书馆，柳士英设计。湖南大学实景见图 1–13～图 1–16。

新建筑的建设延续老建筑的记忆，如新建教学楼复临舍，校舍名取自 1946 年 1 月学校在回迁后，利用运回的辰溪校舍的木料建造了“光复后的临时宿舍”，这栋建筑也因此得名“复临舍”，建筑名很好地体现了学校的发展进程。复临舍的设计理念引自岳麓书院内门的对联“藏之名山，纳于大麓”，采用了一系列方法来实现建筑与环境的共生与整合。形体尺度上控制在五层以内，以保证校园肌理的延续性。靠近岳麓山一侧多为折中主义的建筑，靠近湘江一侧多为新生代建筑，而复临舍恰好处在二者地理位置的临界点。与此同时，复临舍承载了一段艰苦的历史，也是记忆的临界点。千年学府历史源远流长，周边建筑极具古典文脉色彩，因此，在设计上并不是被动地延续周边建筑的风格，进行“同质”复制，而是采用了“异质同构”的方法。在新的建筑语境下，探索结合老历史建筑群落保护的路径。手法上采用边庭的空间塑造手法，延续传统校园的空间文脉。材料上没有简单延续岳麓书院的青瓦灰墙以及近代建筑的清水红砖墙，而是采用灰红色的亚光面砖及浅色涂料，东立面用群青色玻璃与红色砖墙相互调和，使色彩趋于平衡，为复临舍添上了一抹现代感。材料在随时代变化，但在这些建筑的“血液”中仍然留存着校园老建筑的文化基因，同时具有鲜明的时代烙印。复临舍实景图见图 1–17。

图 1-13　二舍

图 1-14　原工程馆

图 1-15　七舍

图 1-16　老图书馆

图 1-17　湖南大学复临舍

（图片来自湖南大学校友总会）

案例三：武汉大学

武汉大学珞珈山校园，始建于 1930 年，在全面抗战爆发前大部分建成，武汉大学当时选址于武昌城外 7.5 千米处，在伸出东湖的半岛上建设学校。东湖环绕着学校两侧，环境非常清幽安静，既远离了城市的喧嚣，又拥有极佳的自然景观和环境。武汉大学在尊重古代文化的基础上，结合现代大学的要求，并参考国外著名大学的校园规划模式，聘请了美国建筑师开尔斯（Francis Henry Kales）进行校园规划设计。武汉大学是近代中国仅有的两座从零开始选址、规划、设计并得以基本建成的国立大学新校园之一，在中国近代建筑史和高等教育史上均有重要地位和价值。2005 年，其中 15 处主要建筑以“武汉大学早期建筑”名义，被公布为第五批全国重点文物保护单位，是我国首批列为“国保”的近代大学校园建筑之一。老图书馆、工学院、老斋舍等建筑将“中轴对称”“银墙碧瓦”的中西合璧风格发挥到了难以超越的极致，建筑群体呼应了李四光选址时的风水观念，形成了建筑“因山就势”“错落有致”，融于山水之间的整体意象。

许多新时期的建筑设计都尝试提取和运用历史建筑群的元素，使新建筑符合武汉大学建筑的文脉。武汉大学内的新建筑建设的原则是：既能体现对历史的延续性，又能运用新的结构形式和空间手法体现出独特的个性，并与周边建筑形成连续性。其新建建筑建设手法包括：对传统形式进行抽象和转化，坚持武汉大学建筑因山就势布置建筑的文脉特点，采用相同和类似材质对历史建筑进行呼应，采用类似的形态对历史文脉进行延续。

案例四：麻省理工学院

在麻省理工学院的校园中，盖里设计的斯塔特中心和斯蒂文·霍尔设计的西蒙斯公寓，因其独特造型和新颖理念吸引了很多学生的目光。这两栋极具标志性的建筑和萨利宁设计的大礼堂、阿尔瓦·阿尔托设计的蛇形贝克公寓毫无违和感地聚集在同一个校园，也体现了麻省理工学院一贯的开放态度和创新勇气。

1.2.4 大学城发展模式

随着城市的发展，大学城集中发展态势愈发明显。集中建设大学城为大学的发展提供了适当的硬件支撑、充足的人力资源优势和政策保障；与此同时，集中建设大学城有利于大学与城市区域发展的共同促进和带动，双方设施共享、科技共促、文化相容，共同刺激和提升了地区与学校的繁荣发展。

1. 自发式生长的大学城——长沙大学城

长沙河西大学城是由中南大学、湖南大学、湖南师范大学组成的绕岳麓山的线性大学城，麓山路、麓山南路等城市主干道从校园中心穿过。其中，湖南大学将原有的岳麓书院与长沙老城的对称轴线进行了消解，使校园结构更加自由，形成了同心圆式的分散布局，以教学区为中心进行同心圆规划，体现了现代大学的自由精神。其校园建设经过了一个相当长时间的发展逐渐完善，不同艺术风格、不同材料和结构的建筑相互融合，形成了一种复合多样、丰富有趣的校园建筑环境。湖南大学南校区功能分区图见图 1-18。

2. 自身需求支撑跨区县发展的大学城——北京沙河高教园区

2000 年，北京市在沙河规划选址了约 7.9 平方千米的高教园区建设用地，沙河高教园区突出“资源共享”的理念，坚持“政府支持、企业运作、资源共享、高标准建设”的开发建设思路，为高教园区形成教育资源充分共享的办学模式、实现高校后勤服务的社会化提供了必要条件。沙河高教园区覆盖 3 个街区，总面积 787.6 公顷，现常住人口 4.1 万人、学生 3.5 万人，城乡建设用地 525.7 公顷，建筑规模 334 万平方米。园区包括中央财经大学、

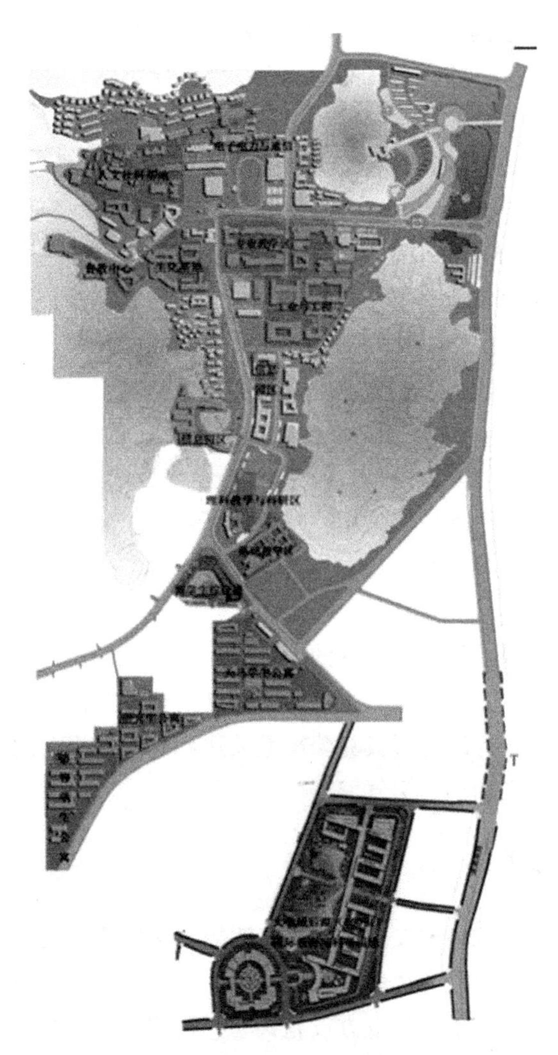

图 1-18　湖南大学南校区功能分区图

北京师范大学、北京邮电大学、北京外交学院、北京航空航天大学、中国矿业大学（北京）6 所高校。自 2001 年启动建设以来，6 所高校新校区全部开学，入驻整建制学院 27 个、一流学科 5 个、国家及省部级实验室 35 个。高教园作为一种新型园区，在功能及发展模式等方面不同于传统的校园规划，它不仅包括高等院校需要的教育科研等功能，还包括一套服务城市的支撑体系，如地区级公共服务设施、教师居住区等。规划建设采取多元发展模式：政府给予政策支持园区附近基础设施的建设，如地铁、公路的建设；企业具体负责沙河高教园区范围内农民拆迁安置和企业搬迁补偿以及园区市政基础设施、配套住宅、商业、体育中心、文化中心等公共服务设施的投资建设；高校自筹资金进行校区内部建设。规划建设采用多元投资模式，政府政策支持，高校以资产置换和银行贷款方式筹资，社会力量通过后勤社会化方式投入。这种发展模式具有风险小、投资大、建设快的优点，充分发挥了各方力量，实现了更好的发展和建设。沙河高教园区入驻学校以部属高等院校为主，教育科研层次较高，主要功能定位为高等教育研究和高新技术转化，在全国特别是华北地区高教园区中具有较强的代表性，是学、研、产一体化发展的城市新区。

由于在实施过程中，存在着先开发居住片区和高教片区用地的情况，服务配套设施用地尚未开发，导致相应的服务业短缺，道路、市政等相关的公共服务配套设施相对缺乏，整体建设管理统筹不足，资源开放共享和利用效率不高，因此尚有校城融合待深化、产业空间待完善等问题。于是，2018 年，沙河高教园区在《北京城市总体规划（2016 年—2035 年)》《昌平分区规划（国土空间规划）（2017 年—2035 年)》《昌平区详细规划街区指引（2017 年—2035 年)》的指引下，编制了《沙河高教园区街区控制性详细规划》，统一对出现的问题、未来的目标、相应的规划措施、实施保障等一系列内容重新进行了编制，规划面向 2035 年，聚焦公服配套设施增补、园区高校开放共享、产学研有机融合等重点任务，提出将高教园建设成落实体现总体规划战略的创新样板区、融入对接“三城一区”的人才孵化地、环境一流创新迸发的高教典范园，打造成结构合理、要素齐全、职住平衡、充满活力的科教融合新城。本次规划在北京总体规划要求减量发展的前提下，创新性地提出建筑规模统筹指标库，按照科学分配、深度共享、合理激励和有序开发的思路，加强高校规划建设统筹，集成待建规模指标，统一设立高校统筹指标库，将根据高校实际需求、项目成熟程度等情况，在时间上有序释放、空间上精准投放。

坚持共建共治共享、鼓励引导开放办学。提倡区域资源共享，在公共服务配套区建设城市共创和活力长廊，通过校际林荫步行带将整个园区有机串联。围绕发挥高校辐射带动作用，规划科研产业用地 28. 1 公顷，搭建 71. 3 万平方米的成果转化与人才孵化平台（其中集体产业空间 10. 1 万平方米），用于承接高校科研成果转化和师生创新创业。特别是创新设立的建筑规模指标流量池约 122. 3 万平方米，将优先用于校城融合项目。注重高教园与周边区域联动发展，布局高校成果转化示范基地等平台，进一步拓展产业空间。支持高校与未来科学城东区、生命科学园的企业对接交流，在协同创新、人才培养等方面开展合作，助力提升区域创新能级和发展水平。

健全工作机制。2019 年沙河高教园区成立园区理事会，高校建设发展全面提速，区域环境品质大幅改善，校城融合更加紧密，正在由“园”向“城”加速转变。依托园区理事会这一平台，强化市级部门、高校、政府的协同配合，统筹推进规划落地、设施配套、服务提升、成果转化等工作，形成工作合力。发挥高校联盟作用，重点引导高校按照新版街区控规建设，整合新老校区资源，加强校际交流和资源共享，提高土地集约高效利用水平。统筹实施成本：初步测算土地开发中的征地、拆迁等成本，以及补建三大设施的成本；测算商业及其他经营性用地入市可实现的收益；统筹考虑园区原有一级实施主体清算退出、国有用地收回等事项产生的成本，最终实现高教园区内拆建成本总体平衡。沙河高教园空间规划图见图 1-19。

3. 地方政府支持新建的大学城——深圳大学城

建设背景：深圳大学城是中国唯一经国家教育部批准、由地方政府联合著名大学共同创办、以培养全日制研究生为主的研究生院群，于 2000 年 8 月开始创建。创办大学城旨在实现深圳高等教育跨越式发展，提高深圳自主创新的能力和后劲，提高经济质量、人口素质和文化品位，促进深圳率先基本实现现代化。大学城从 2002 年开始建设，2003 年 9 月基本完成教学基础设施建设和入驻。入驻单位包括清华大学深圳研究生院、北京大学深圳研究生

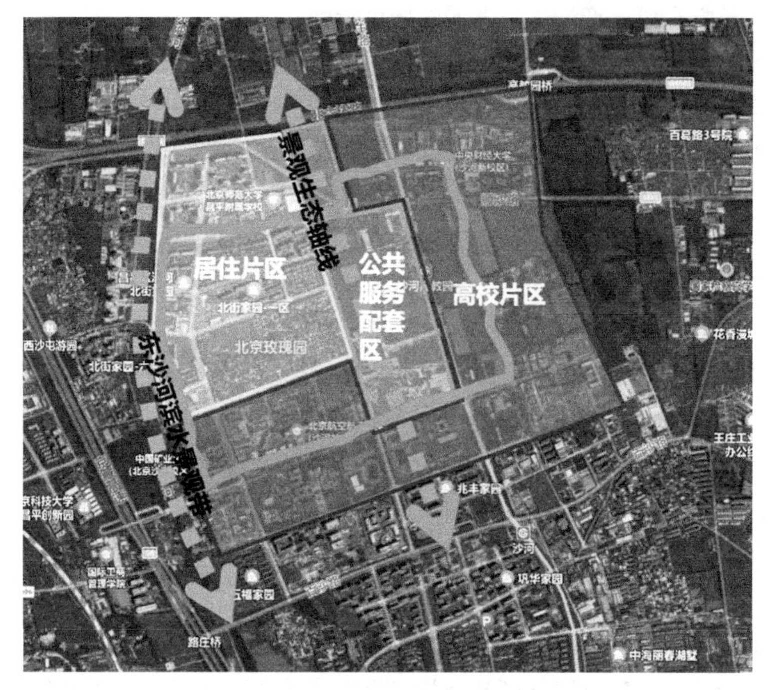

图 1-19　沙河高教园空间结构规划图

院、哈尔滨工业大学（深圳）、中国科学院深圳先进技术研究院、南方科技大学和国家超级计算深圳中心。其中清华大学深圳研究生院、北京大学深圳研究生院、哈尔滨工业大学（深圳）分别是三校本部外唯一的全日制研究生教育机构。

区域位置：深圳大学城位于广东省深圳市南山区东北部（西丽塘朗片区），紧邻深圳野生动物园，距离深圳市高新技术产业园区约 10 千米，目前占地 1.54 平方千米，大沙河穿城而过。

组织机构：在深圳市委市政府的领导下，由市教育工委、市教育局下设的深圳大学城管理办公室，是大学城的管理机构。

深圳大学城属于政府投资模式，建设资金主要由政府承担，定位较高，政府投入资金建设，引进全国一流大学创办研究生院和试验基地。

深圳大学城组织机构示意图见图 1-20。

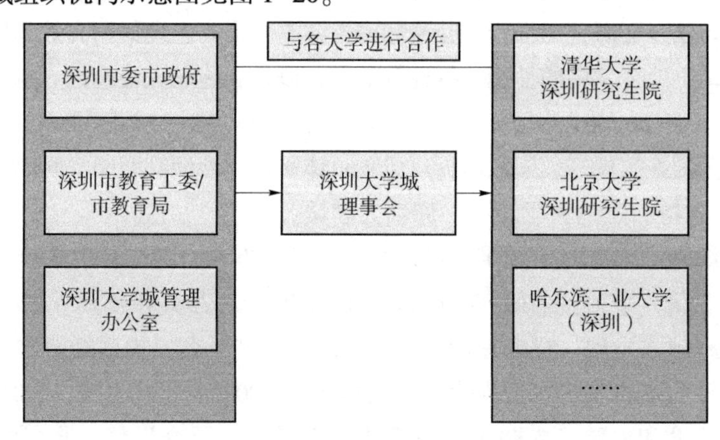

图 1-20　深圳大学城组织机构示意图

深圳大学城图书馆（深圳市科技图书馆）是国内较早建设的真正意义上兼具高校图书馆与公共图书馆双重职能的新型图书馆。

4. 国外大学城解析

一所大学即一座城市。身处城市即是身处校园，城市本身就是一座大学校园。

剑桥大学，实际上是由分布在剑桥城里的 31 个学院共同组成的，学院之间并没有明显的边界。漫步在小镇街头，便进入国王学院（King's College）、皇后学院（Queen's College）、三一学院（Trinity College）等学院的入口。小城里到处绿树成荫，有大片大片的草地，那些有着几百年历史的古老建筑，仍保留着中世纪以来的风格面貌，古朴庄严。

牛津（Oxford Campus）没有校园大门，没有围墙，大学城中心的一条马路一直向前延伸，马路两边，店铺林立。一座座不大的院落就是牛津的各个学院，每一个学院都有教堂。每个学院就散落在城市的不同角落，大学便是城，城便是大学。不同时代不同流派的古老建筑、英国的每一段历史都在这里留下痕迹，悠久的历史赋予了各种著名的建筑物与构筑物深沉的文化积淀。

1.2.5 校地合作模式

校地合作，主体是高校和地方，手段形式是合作，目的是互利共赢。在校地合作过程中，高校为人才提供课堂理论教育，地方为人才提供实践锻炼教育，有助于推动地方经济社会发展，有助于增强高校在培养人才方面的实战优势。这种模式要求：大力推进校地合作，积极对接高校需求，着力与高校开展长期的互利合作，大力培养地方经济发展需要的各类人才；将校园规划建设充分融合到城市未来发展中，促进校园与社会融合开放共享，促进区域文化品质的提升，促进校园和城市科技创新能力的提升；与城市共建体育文化设施项目，与高新企业搭建科研基地，与国际学校开展外部合作等。

校地融合，完善创新功能设施、拓展文化资源维度、加强相关设施建设。对校地交流、校产关联、产学研用等功能方面相关的科技创新功能设施进行梳理，通过功能置换更新、功能补充、建设复合型使用功能建筑等方式完善科技协同创新功能设施。对学校和区域现有文化资源和文化设施进行梳理研究，通过整合校地文化设施、文化资源，对文化价值进行提炼、提升，拓展文化协同创新的维度，有针对性地补充校地文化设施资源，拓展文化产业孵化内容，形成校地文化合作的网络。通过改造开放道路、绿地、建筑、界面等方式，改善连续性校地景观，优化现有围合界面形式，建设“半开放和开放型空间”，提供非正式交流环境和交往空间，建设校地合作、校地交往等非正式的有利于交往的相关设施，结合科技、文化等非正式创新形成校地开放联系的功能网络。

【新建高校规划案例】

案例一：南方科技大学

1. 建设背景

南方科技大学（以下简称“南科大”）是深圳在中国高等教育改革发展的宏观背景下创建的一所高起点、高定位的公办创新型大学，肩负着为我国高等教育改革发挥先导和示范作用的使命，具有鲜明的时代特色和改革创新精神，致力于服务创新型国家建设和深圳创新型城市建设。2010 年 12 月，教育部批准南科大筹建。2012 年 4 月，教育部正式批准建立南科大，并赋予学校探索具有中国特色的现代大学制度、探索创新人才培养模式的重大使命。2015 年该校正式进入广东省高水平理工科大学建设前列。2018 年 5 月，南科大获批为博士学位授予单位。2020 年 12 月，“南科大科技园区”获国务院批准建设大众创业万众创新示范基地。2021 年 9 月，南科大首次进入泰晤士高等教育世界大学排名 200 强，是深圳市政府全力支持下的新兴高校建设成果。2019 年南科大被《新周刊》评选为中国最美校园之一。

2. 区域位置

南科大位于深圳市桃源街道办，占地约 198 公顷，其中北部生态林地 74.87 公顷，土地合同用地 123.13 公顷，建筑面积约 105 万平方米。南科大位于深圳大学城最东端，校园南侧有塘朗地铁站和长岭陂地铁站，距离其东侧的深圳北站约 3 千米处，距离深圳宝安国际机场约半小时车程。

3. 规划理念

在《南方科技大学校园规划与建设》中，提到校园总体规划以“厚重、实用、节能、环保”为建设原则，遵循集约用地的理念，紧凑布局，适度分区，体现了创新式、书院式、园林式、开放式、绿色生态式的校园特色，按照“弹性校园、学科社区、岭南 X 园”的规划设计策略进行建设。

1）弹性校园：弹性适应的生态发展模式。从场地自然地形地貌的肌理条件出发，考虑绿色技术的可实施性，将校园功能空间在山谷之间按簇群组团式布局，形成微单元—微单元聚落—弹性校园三个空间层级。微单元作为一个集水单元，保留现行生态水泡，形成独立的雨水循环系统和生态水单元，以此为基础布置校园教学、生活功能，构建功能适度混合的生态和功能单元。微单元以细胞生长的方式组合成单元聚落，形成整体关联的生态安全格局与可弹性生长的空间结构，适应学校弹性发展需要。

2）学科社区：创新空间的社区化。以步行尺度为模式，组织教学型微单元聚落，形成若干学科社区，作为促进协同创新和科教活动的基本单元。整个校园由多个学生社区集群在一起，每个学科社区以 150~300 米为出行半径，均配置体育场地、公共交流场所、特色餐饮、交叉学习中心等功能设施，形成社区服务中心、社区共享中心、学科复合共享平台。

3）岭南 X 园：新岭南特色的景园空间。结合山丘水系特色，规划以院落系统为共同语言，以宅园一体的岭南园林为共同线索的景园空间系统。在每个学科社区内，以园、院为核心公共空间，填充具有地域特色的自然体验，设计特征差异的岭南园林，在山林浅丘和学校社区之间以连续的漫游步行系统相连，形成完整的岭南 X 园系统，成为具有鲜明校园文化特征的柔性载体。

4. 分期建设

校园分三期建设。校园建设一期工程主要包括教学科研组团、公共服务组团、体育组团、师生宿舍组团等各类功能场所，共 32 栋单体建筑，约 20.59 万平方米，相关建筑及配套设施于 2013 年 7 月完工并交付使用。一期续建项目主要包括台州楼、生物楼、会议中心、体育馆以及综合训练馆等建筑，共约 7.67 万平方米，于 2017 年陆续建成并投入使用。校园建设二期工程主要包括公共教学楼、理学院、商学院、工学院、人文社科学院、南科大中心、办公楼、新学生宿舍及室外配套工程，建筑面积约 43.54 万平方米，2019 年陆续建成并投入使用。校园建设三期工程主要包括医学院及医院，其中医学院建筑面积约 16.4 万平方米。南科大鸟瞰图见图 1-21。

图 1-21 南科大鸟瞰图

案例二：北京理工大学长三角研究院（研究生院）

2020 年，北京理工大学和嘉兴市人民政府签署协议，共建北京理工大学长三角研究院（研究生院），充分发挥北京理工大学在人才培养、科技创新、成果转化等方面的优势，发挥浙江省嘉兴市的市场、产业、区位优势和政府引导作用。北京理工大学嘉兴校区规划和建筑设计方案的编制，采用公开招投标的方式，在全球范围内进行方案征集。项目由嘉兴市政府委托中国生态城市研究院负责整体校园规划与建筑设计方案的国际征集招投标工作。

规划用地位于浙江省嘉兴市秀洲区北部、秀水新城西北，北至鳗鲡港，东至东方路，南至奥星路，西至经一路，毗邻京杭大运河，规划地块内水系发达，基地距离嘉兴市中心约 7 千米。分两期进行开发，总用地约 1 000 亩，一期预计建设 20 万平方米，同时为学校未来产业园的发展预留远期用地。

该项目规划的全球征集文件提出了以下几项要求，包括校园设计原则、建筑风格、规划设计理念等内容。

1. 校园设计原则

1）立足现代、拥抱未来。坚持建设现代化、世界一流大学，全面与国际标准、行业标准接轨，充分体现我国改革开放以来取得的现代化成就，并立足打造“百年学府”，充分考虑未来发展趋势，让校园与所在的周边环境形成互补、相互支撑，构筑具备百年发展基础的校园。

2）强调办学效益与以人为本。校园建设力求在以人为本的基础上有利于办学效益的提高。规划各功能区联系便捷，各单体建筑便利到达力求，针对生活区与教学区人流密集时段、道路交通容量和附属设施（食堂、卫生间）的不同特点，开展合理分析与设计。以提高校园环境质量为目标，充分考虑人的活动需求，强调人、环境与建筑的共存与融合。

3）学校特色鲜明。应体现鲜明的北京理工大学特色，体现其校训、校风、学风，主要标志性建筑要充分体现出应有的气势和个性。

4）尊重自然、尊重地域。校园环境和良好的植被是校园内最重要的自然条件，规划应充分考虑地形的特色，充分利用校园的自然环境，结合地形、尊重地形、利用地形，规划与建筑设计充分尊重嘉兴的地域特色。

2. 建筑风格

1）红色传统、百年学府、水乡园林、现代大学。应注重整体规划布局合理、功能完善、空间组合富有特色，并加强立体结构与第五立面（屋顶）的整体设计，使其色彩协调、立体生动，能够体现时代潮流。

2）开放多元、包容并蓄。充分结合中西方建筑元素的精髓，融中华优秀传统文化与现代文明发展于一体，集现代建筑、水乡园林之美于一身，古今中外浑然一体。

3. 规划设计理念

总体规划设计方案要实现“现代与未来的和谐统一，整体与局部的和谐统一，功能与环境的和谐统一，效率与效益的和谐统一”。

1）简约发展——坚持合理有序发展的规划思想。充分考虑规划的可操作性和分期建设，并预留部分土地作为学校未来发展空间。体现以教学为中心、以学生为主体的现代大学教育理念，体现现代大学“寓教于生活，寓教于交流，寓教于环境”的校园气氛。校区目前实际可使用土地较为宽松，但考虑到未来的长期发展，还是应该向节约、集约、简约靠拢，充分考虑大型场所的共享共用。嘉兴为校区块留有3-1地块200多亩的发展空间，校园建设规划也应充分考虑，使新校区建设规划结构协调、富有弹性，适应未来变化，满足可持续发展。

2）智慧生态——充分考虑与自然环境的共生。校园以人为本，体现人与环境的和谐共处，让建筑与园林为师生提供良好的学习生活教学科研空间，建筑、道路、广场、园林、照明、景观等应便于师生工作、学习、聚合、行走、运动，充分利用信息化、智能化的技术手段，建成体系完整、结构合理、互联互通的校园网络系统，在教学、试验等环节注重现代化教学、多媒体服务、智慧教室等方面的设计。

3）人文现代——营造内涵深厚的校园文化。充分挖掘北京理工大学、嘉兴市的地域特色和红色传统，构建历史与现代和谐融合的校园空间，将科学精神与人文精神相结合、传统美学与现代环境相结合、校园环境与城市风貌相结合。体现一种开放式的新型大学教育观，学科之间应能够相互渗透交叉，基础资源可以共享，实现校城融合。

该项目经过初步筛选，共有5家国际国内单位参加最后的方案竞赛，包括中国建筑设计研究院有限公司，中科院建筑设计研究院有限公司和中社科（北京）城乡规划设计研究院联合体，BREARLEY（AUSTRALIA）PTY LTD | BAU（澳大利亚）、Denton Corker Marshall | DCM（澳大利亚）、中国联合工程公司联合体，清华大学建筑设计研究院有限公司、博埃里建筑设计咨询（上海）有限公司（意大利）、中国五洲工程设计集团有限公司联合体，同济大学建筑设计研究院（集团）有限公司、上海同济城市规划设计研究院有限公司联合体。

项目采取专家评审的方式，于 2021 年 4 月在嘉兴市举行专家评审会，共邀请国内知名专家 7 人参与评审，听取各个方案的介绍并给出排名。

4. 方案

方案一：体现以人为本的设计理念，注重整体环境的和谐统一。校园建设坚持可持续发展的原则，统一规划、分期建设，通过科学合理地分配土地资源，成规模分期循序开发。以一期开发为主，在校园入口处设置图书馆，作为校园的核心建筑和标志性建筑，衔接东部区域南北两个组团。校园内以圆环统筹东西两岸，结合现有水系，在水系周边设置教学楼组团、科学研发中心、各学科教学楼等主要教学功能建筑；在校园外围布置围合式宿舍区，采取高低错落跌落式建筑形式，运用固定的建筑模数，打造可生长式校园建筑。学生宿舍面向湖面，景观优美，大面积绿地优化了校园整体绿化环境。将前瞻性与务实性相结合，坚持自然环境与文脉特色相结合，充分考虑人的活动需求，强调人、环境与建筑的共存与融合，创造人性化的、层次丰富的、生动舒适的学习生活和交流空间。此方案规划理念先进、功能设置合理，尤其是各个区域内将教学功能和生活功能相结合，生活和学习距离适宜，方案特色较为突出。规划方案一见图 1–22。

方案二：该方案整体考虑一期和二期统筹规划建设，以一条红色丝带（空中走廊）串联自然水系分割成的四个区域。在地块中部东西向规划设置一条景观绿带，作为学校重要的开敞空间和交流场所，道路交通便捷合理，规划在红色丝带围合的临水区域设置主要的图书馆、会堂、行政管理中心、公共教学楼及部分学科教学楼。方案充分利用校区原址的自然环境，采用江南特有水乡理念，尽量减少对原生态的破坏，保护水体环境，在保护的基础上使校园景观系统化，形成生态自然的校园环境。建筑形式、高度、体量等与当地风貌协调，校区内部水域结合地块整体规划方案进行微调，将地块分为四个独立的小岛，建筑以白墙灰顶或绿化屋顶为基调，打造生态水乡校园。该方案以“一环一带”的结构串联起整个校区，整体规划自由浪漫，极具地方特色。规划方案二见图 1–23。

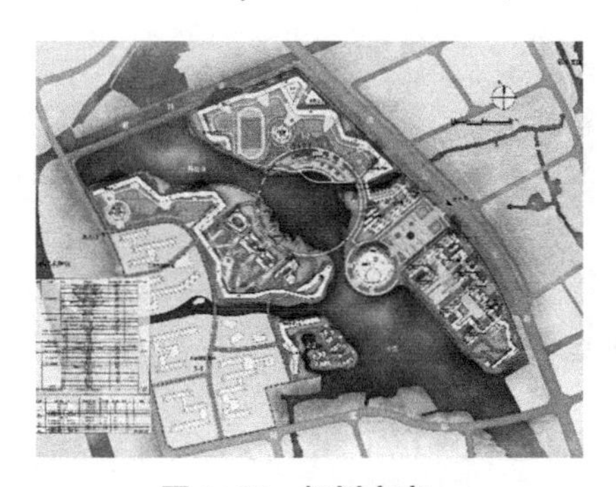

图 1–22　规划方案一

图 1–23　规划方案二

方案三：以环形道路串联起整个校园用地，将一二期用地统一考虑，将图书馆、行政办公楼、档案馆、主要教学楼和体育场馆等布置在环形道路内侧，外侧布置学科教研楼、分析测试中心、学生宿舍、食堂等建筑，一期为教学科研功能，二期（西南区域）为产学研区域。方案整体性较强，但由于学校有分期建设的要求，道路对分期建设的影响较大、协调不强，主要道路跨越多处河流，实施难度较大。规划方案三见图 1–24。

方案四：该方案以一条主要道路横贯东西两个主要入口，并以环状道路串联起一期东西两个区域，道路系统合理，功能分区清晰明确。主要建筑位于两个主要入口和河荡交叉处，可识别性强，但整体实施难度大、造价高、实用性不强，车行道路对主体建筑产生一定的噪声和安全影响，需妥善考虑。规划方案四见图 1–25。

图 1–24　规划方案三

图 1–25　规划方案四

方案五：此方案将北京理工大学中关村校区主要轴线进行抽象提炼后，融合进校园西部区域的南北轴线中，向中关村校区（老校区）致敬；并在校园中部设置了一条南北向的主要构筑廊道，串联起北部运动区、中部教学区、产研区和南部出入口。东西两个区域的道路交通系统相对独立，从地块河荡中部进行串联。该方案各功能分区明确，北部区域既考虑到学生宿舍区域的相对独立，又能结合城市发展，将体育场馆等设施进行共享。但该方案南北向的主要轴线对于整体湖面自然水系等形状的呼应过于生硬，中部构筑物实际功能不明朗，体量较大。规划方案五见图 1–26。

图 1–26　规划方案五

专家对五个方案进行比选，提出未来大学规划设计应该在以下几个方面有所体现。

1）强调各学科之间的相互渗透与交叉，将封闭办学自成系统的学科建筑按照基本单元的网格式平面来进行设计，使得各学科之间既相对独立，又可以共处一栋楼，而不同专业的学生和教师可以相互交往，并互相影响。

2）体现大学校园特有的文化品位和人文气氛。既要体现大学校园的文化品位和科技氛围，又要体现城市的气质，将理工科院校特有的规则和严谨融入校园规划之中，校园设计遵循“严谨中不乏活泼、规则中渗透灵动”的原则。

3）体现绿色建筑生态化校园的设计理念。结合园林景观及水系，设计出生态活泼灵动的湖面。将城市绿地公园延伸到校园内，并形成大片的中央绿地，结合庭院绿地、组成绿地，形成有层次的绿地景观系统。

4）可持续增长的空间结构和生长的校园建筑。大学校园建设是一个长期且复杂的系统工程，应该理性地、有预见性地为学校未来的发展预留空间和规模，同时考虑到未来学校发展模式和学科增长需要，在校园教学区内，以网格化建筑为基本组成单元，采取有序的“可持续性生长”的建筑增长组织模式，为未来发展预留空间。

最终在五个方案中确定方案一为第一名、方案三为第二名、方案五为第三名。专家建议以方案一为基础，吸取采纳各方案优点进行完善，采用先进的规划理念，建设符合新时期要求的现代大学。

2 校园规划的编制和管理

§2.1 大学校园规划的组织管理

2.1.1 管理机构

大学校园规划编制的发起单位及规划管理部门承担了从最初规划编制到最终规划管理的实践任务，工作链条长，涵盖内容广泛。规划编制主要内容包括：制定规划编制工作的总体流程，确定工作内容与工作步骤，明确核心节点；搭建规划编制的管理、技术、咨询团队；协调、组织各方在规划编制中的参与，如技术团队基础资料收集的实际调研与座谈会、咨询团队的听证会等。规划管理部门的核心任务是组织编制工作的开展，确保编制工作有序、顺利地推进，并实现编制方式方法的科学、公正与公开。

校园规划编制与管理执行机构的核心任务是组织完成新规划的编制或既有规划的修编，包括校园总体规划与详细规划，在明确了土地使用性质、地块容积率、绿地率、限高等要素的基础上为校园基本建设提供依据。

此外，由于校园规划编制伴随着动态的规划管理及不断修编的可能改变，该编制机构须为常设机构，日常及时收集整理规划实践中出现的问题，不断更新基础资料，做好各参与者之间信息的沟通，将校园使用者的意见及时反映到规划修编当中。

在论证决策方面相关的机构主要起到从民主到集中的组织管理作用。民主包括两个层面：首先是在规划编制的各个阶段将学校建筑的广大用户，包括师生员工、社区居民和政府规划管理部门的意见纳入决策体系当中；其次是在校内的最高决策层面的人员组织构成方面，充分吸纳民主的元素，将教师、学生、社区代表补充进校最高规划编制决策班底。集中的内涵是在广泛征求、吸纳用户意见后，通过使用方代表及学校管理者构成的决策机构实行集中表决。

2.1.2 主体构成

在大学校园规划编制的众多主体中，我们重点关注决策咨询部门，他们在规划的制定与实施过程当中扮演的角色最为重要。作为大学校园规划建设决策咨询部门，校园规划与建设委员会的设立得到了越来越广泛的重视；作为推动广泛参与、集体决策的重要组织形式，校园规划与建设委员会的建议可以避免片面乃至极端的规划设计理念与方案，推动规划编制与管理工作的科学透明发展。然而，受到各高校文化传统与校园建设历史发展影响，其职能及人员构成存在很大的不同，明确校园规划与建设委员会的职能定位与机构组成是确保其有效开展管理校园规划与建设工作的重点。

1. 职能定位

一般校园规划和建设委员会由校长或书记领衔，常务副校长或主管副校长担任副委员长，牵头单位根据学校职能分配情况，可确定为党委办公室、行政办公室、基本建设处或计划财务部等相关部门。

大学校园规划委员会需要履行的关键职责基本可以概括为两项：首先是立项，即通过项目的重要性、必要性与可行性，审议项目能否在校园中进行规划建设；其次是规划方案的审议，依据各校校园规划的原则和校园发展目标，审议项目的具体方案。在此基础上，审议的内容根据各校要求，深度、范围有所不同。校园规划是一个动态发展的过程，做好校园规划对于校园发展的影响是深远的、有意义的，关系到校园未来发展的方方面面。

2. 机构组成

校园规划的实现，离不开一个结构合理、精简高效的校园建设组织与管理机构。学校管理部门的工作得当，对项目进展将会起到至关重要的作用。从我国高等院校的规划管理现状来看，校园规划的组织机构按职能归属方式不同，可归纳为以下两种形式：一是设置独立的校园规划管理机构；二是不设置独立机构，由学校规划基建部门负责。具体采用哪种组织机构形式，应取决于学校的事业发展情况。校园规划要围绕和配合事业规划、学科规划去进行。目前各高等学校正处于发展较快的阶段，校园规划管理工作应倾向于为事业规划服务，将校园规划办公室设在发展规划部（处），便于了解学校的事业发展规划相关情况，有利于将校园规划提升到学校发展和学科建设的高度上，从而在进行校园规划建设时能够从全局出发，兼顾学校的事业发展规划，使方案的可行性论证更实际、更合理，设计时能更好地满足使用需求。将校园规划办公室作为校园基建规划处的一个下设机构，这种形式便于与后勤、基建部门联系，便于工作交流和信息沟通，同时，项目的报批、方案设计及施工阶段出现的交叉及衔接问题更容易合作解决。

北京理工大学设置了规划和建设领导小组，小组组长为书记和校长，副组长为常任副校长、主管副校长；领导小组下设校区规划工作组和基本建设及基础保障工作组等。校区规划工作组主要职能为负责校区布局顶层设计，组织开展校区发展建设的战略规划工作，统筹推进各校区方案设计、建设项目实施和学科资源布局，研究学校各校区的校园规划。基本建设及基础保障工作组主要职能是负责研究和组织基本建设、维修改造等相关工作。日常校园规划和基本建设等相关工作由后勤基建处负责。

清华大学于1985年建立了校园基建规划委员会，并将其作为常设机构，是学校规划管理最重要的咨询机构。校园基建规划委员会不仅包括学校领导，也包括规划、建筑、结构、环境、景观等领域的知名学者，并涵盖了学校相关重点部处负责人及项目涉及的使用单位与相关单位，还在逐步吸收学生、教师代表参与商讨校园总体规划的编制，考察项目的选址与具体设计方案，共议校园建设与发展大计。学校基建规划处负责编制并组织实施校园总体规划，拟定并组织实施年度投资、建房、土地利用计划，负责基本建设类校级制度建设工作，其规划设计室负责编制并具体组织实施校园总体规划，组织开展与校园规划编制相关的各类专题研究。

北京大学校园规划委员会由学校相关领导及发展规划部、财务部、保卫部、基建工程部、资产管理部、总务部、教育基金会和医学部负责人及有关专家组成，设主任 1 人，副主任 2 人，委员若干人，近年来还增加了教师和学生代表委员。但具体负责校园规划及相关工作的为房地产管理部下属的校园规划与可持续发展办公室。

北京航空航天大学的校园规划建设与资产管理处负责校区基本建设总体规划、单体建设的规划设计管理、基本建设工程的报批等相关工作。

3. 总结

由此可见，机构成员组成基本包括了校园规划与建设方面的专家，项目相关院系代表，学生、教师代表，以及校方和相关行政部门的负责人。香港中文大学的校园计划委员会中还包括了来自香港规划署及建设规划咨询公司的两位校外人员。斯坦福大学校园规划委员会还包括了斯坦福社区组织代表和斯坦福大学基金管理公司的代表，同时该校园规划委员会还下设若干子委员会，其中常设子委员会为历史价值小组，负责向校园规划委员会提供规划与基建项目对斯坦福校园历史风貌影响的建议。

2.1.3 基本目标

大学校园规划编制与管理的基本目标包括以下三个主要方面：一是校园规划与建设能够满足学校教育功能的需求，适合学校近远期事业的发展要求；二是维护校园历史与自然景观风貌，延续校园文脉；三是促进校园与周边社区及社会的协调发展与融合，实现大学与城市的共融共生。除此以外，因各所高校所处国家不同、地域不同、历史阶段及使命不同，在总体规划目标的确定上也存在着一定的丰富性和多样性。

清华大学事业发展“十四五”规划纲要里确定校园规划发展的基本目标是积极服务学校发展需求，主动回应师生对美好校园生活的期盼，健全服务保障体系，增强服务保障能力，提升服务保障品位，努力建设美丽校园、护航平安校园、创建健康校园、服务幸福校园。北京理工大学“十四五”校园建设专项规划中确定的校园建设规划基本目标是高质量建设中国特色世界一流大学，到 2025 年，中国特色世界一流大学建设将再上新台阶，学校办学资源日渐完善，建成一批支撑拔尖创新人才培养与高水平科技创新的平台基地，办学条件实现跃升，建成格调高雅、底蕴深厚、催人奋进、特色鲜明的一流大学文化，建设布局合理、绿色生态、和谐幸福的宜学宜居美丽校园。浙江大学“十四五”发展规划中确定校园规划建设发展的基本目标是坚持互联互通开放协同，优化特色办学体系布局，坚持立足浙江、面向全国、走向世界，不断优化体系布局、战略重点和治理模式，实现核心办学群、战略协同群、开放合作群各办学主体的联动支撑，构建与新发展格局相适应的新办学格局，充分释放办学体系的内生活力和发展动能。

§2.2 校园规划的编制

2.2.1 校园规划编制的内容多元化

校园规划编制体系逐渐多元化，其中对校园整体建设和环境规划最有影响的规划主要包括校园事业发展规划、校园总体规划、校园基本建设专项规划和校园战略规划，另外还有校园城市设计、校园控制性详细规划和其他专项规划等。

1. 校园事业发展规划

校园事业发展规划是指导校园未来五年各项事业发展的重要规划文件，该文件明确学校未来发展目标和发展战略，明确规划战略措施，制订实施计划，确保学校能够顺利实现发展目标，保障学校各方面工作按照目标推进。事业发展规划一般包括发展基础和机遇、现状存在的问题、规划发展目标和战略、规划保障支撑及其组织与实施。

校园事业发展规划按照“‘十×五’发展规划”的相关内容和成果形式进行提交。

2. 校园总体规划

校园总体规划是指导校园未来建设的主要文件，是指导校园基本建设、景观绿化、未来形象的总体规划。校园总体规划一般的编制年限是20年，校园总体规划还应当对学校更长远的发展作出预测性安排。校园规划的主要内容包括背景政策分析、问题分析、规划依据、确定发展目标、明确规划方案、制定规划措施、推动规划实施。校园规划控制的主要指标包括师生数、总用地面积、总建筑面积、容积率、绿地率、控制高度、建筑密度等。可以根据校园规划的要求，编制相应的专项规划，如景观绿地规划、夜景照明规划、海绵校园规划、导向系统规划、校园基本建设专项规划等。

校园总体规划的成果文件一般按照城市规划编制的要求进行落实。校园总体规划的最终文件一般分为文本和说明书两部分，内容包括规划背景、区位和现状，规划依据、规划原则、上位规划指引、规划方案、实施举措等。文本内容包括表达规划意图、目标和对规划有关内容提出的规定性要求，文字表达上应当规范、准确、肯定、含义清晰。文本包含规划图纸，图纸应该在近期测绘的现状地形图上进行绘制，图纸上应标注图名、比例尺、图例、绘制时间等相关内容。规划图纸所表达的内容与要求应该与规划文本一致。规划图纸包括用地现状图、用地规划图、校园道路交通规划图、校园绿地景观规划图、整体校园城市设计平面图和鸟瞰图，以及能够反映出相应设计意图的结构图和功能图、校园市政基础设施规划图、校园人防工程规划图等。规划说明书为规划文本的具体解释，要求对文本中涉及的内容以及需要具体说明的内容进行详细的描述，便于后期的规划实施。校园总体规划到期后应进行修改，一般根据高校各自的情况进行评估之后再修改。

3. 校园战略规划

校园战略规划不是必须制定的规划，但战略规划是现代大学主动谋求变革的一种规划形式，可以对学校未来发展形成明确诉求，是大学选择未来发展路径的一种形式，也是现代大学宏观管理的重要手段。战略规划应当确定恰当的战略定位，发挥和保持战略优势，确保学校长期稳健发展；战略规划有助于更加清晰地了解自身的优势和劣势，抓住发展机遇，迎接未来的挑战；战略规划描绘学校未来发展愿景，使学校的未来发展与师生员工个人的未来发展相关联，形成高度认同的凝聚力；战略规划明确学校发展的目标与方向，有效调配资源，实现学校的快速发展。战略规划的内容包括明确发展定位、确定建设指标、制订年度计划、如何指导预算配置、如何参与评估考核，以及机制改革等。

以上海交通大学为例，战略规划的内容包括愿景使命、战略目标、核心指标、战略重点、战略选择、战略动因等几个方面，其规划年限为10年。在总体发展理念、学科发展理念、人才培养理念、科学研究理念和师资建设理念上树立明确的工作理念，创造更多的教育增值和更好的学习体验，创新更具吸引力的人才政策和更具发展性的人才通道，鼓励前沿探索，强调使命意识，建设更加规范的运行体制和更具活力的激励机制。强化战略落地，从战略规划、目标体系建设、责任体系建设、过程监控到绩效管理几个方面，分解落实规划任务。制订学校年度工作计划，包括校长与各学院院长签订目标任务书，将指标进行转化落实。对过程进行监控，包括：以统计工作为抓手，观测学校和学院整体运行情况；以过程管理为抓手，分析各项工作的关键控制点情况；以绩效考核为抓手，分析各院系的关键绩效进展情况。

校园战略规划成果文件上没有特定的成果要求，一般可以根据内容的要求确定成果形式。

4. 校园城市设计

城市设计是一门立足于城市规划布局、城市面貌、城镇功能，重点关注城市公共空间的交叉综合性学科，是介于城市规划、景观建筑与建筑设计之间的一种设计。城市设计并不直接设计建筑物，却在一定程度上决定了建筑形态的组合、结构和校园空间的优劣，直接影响着人们对环境的评价，尤其是视觉感知、空间认知和文化熏陶这些基本层面。校园城市设计在生态、目标、需求等各种导向的指引下，对学校的整体环境空间进行精心塑造。校园城市设计适合于校园建设的各个阶段，旨在提升整体校园品质、塑造优美校园环境、打造适合师生学习生活的空间。

5. 各种专项规划

专项规划包括校园基本建设规划、校园景观绿地系统规划、校园道路交通系统规划、校园人防建设总体规划、校园导视系统规划和校园地下空间规划等。

校园基本建设专项规划的规划年限一般为5年，通常等同于校园近期建设规划，但校园基本建设规划主要的侧重点在于基本建设。校园基本建设规划应结合学校事业发展规划和学科建设规划，成为对未来5年学校重点发展目标和学科发展的有力资源保障，因此它是指引校园建设发展的重要文件。文件中一般应总结过往发展经验，明确未来建设发展目标和重点方向，确定5年内需要建设的单体建筑的内容和建设时序等相关内容。基本建设规划的成果没有明确的要求，可以作为校园事业发展规划的专项规划，按照发展规划的成果要求进行提交。

校园景观绿地系统规划作为校园总体规划的补充，有利于提升校园风貌。一般来说，校园景观绿地系统规划应结合校园发展要求，将校园景观绿地现状和问题进行整体梳理，因地制宜，以便指导下一步景观绿地的建设。规划内容包括确定绿地分类和规模、明确规划结构、对重点地段进行绿地景观节点设计等相关内容。《校园景观绿地系统规划》的成果应该图文并茂，包括设计说明和相关的设计图纸。

校园道路交通系统规划作为校园总体规划的补充，对校园交通系统现况进行调查，综合考虑行人和车辆对校园交通造成的影响，对校园交通系统规划方案进行设计与优化，对校园总体规划进行补充。规划以“人车分流、步行优先”为原则，根据功能分区对校园道路交通系统进行优化提升，对道路进行合理分类分级。在静态交通、动态交通（车行道路、步行道路、混合型道路）、道路设施和交通管理控制现代化等方面进行规划和优化完善，创造出安全、舒适、适合师生学习生活的校园交通环境，尤其是在“后疫情”时期，对校园交通进行有效隔离和改善，既能满足疫情防护需求，又能使各项交通得到优化。校园道路交通系统规划的成果应该图文并茂，包括设计说明和相关的设计图纸。

地下空间规划结合人防规划和地下管廊，对地下空间进行梳理和挖掘，在确保战时使用效能的前提下，最大限度地开发利用现有人防工程，更好地为发展经济、防灾救灾和方便师生学习生活服务。将现有地下空间进行梳理分析，在校园原有建设规模的基础上进行研究论证，特别是对一些高校来说，建设规模已经饱和，在已有规模的基础上，更应该充分挖掘地下空间，对适合放在地下的空间和功能进行梳理。比如：教学科研空间中的一些实验室，对外部环境的要求较高，需要恒湿恒温，对稳定性和隔音性的要求都较高，这就适于放在地下；还有师生活动空间中的会堂和报告厅等对采光要求不高的功能建筑；餐饮部门需要为大量师生同时就餐提供充足的场所，所需建筑面积较大，正好可以充分挖掘地下空间，有效节约用地资源，缓解就餐压力，地下餐饮空间在国内高校中有比较成熟的应用案例；停车设施是地下空间规划应用最为广泛的开发类型，可以充分有效地节约地上空间，将最珍贵的地上资源还给非机动车和步行者，增加校园绿化面积，为更好的校园景观环境提供空间。地下空间规划应该更好地实现地下空间的复合型功能，更有效地拓展校园功能，还优美舒适的地上空间给更多更好的活动。在地上规模已无法扩充的情况下，更应该做好地下空间规划，充分挖掘地下空间的潜力资源，提高空间发展的可持续性。

上海科技大学新校区一期工程地下建筑面积达到 15 万平方米，占校园总建筑面积的 25.5%，在我国高校校园地下建筑工程中起到了示范作用。韩国延世大学对校园林荫大道进行了重新设计，地下建设三层，总建筑面积达到 58 700 平方米，地面全部为景观绿化设施用地，地下停车库可停放机动车 917 辆，绿地率由 24%提高到 65%以上。

2.2.2 校园规划编制的技术路线

校园各个规划编制的技术路线基本按照资料收集、现状调研、政策和相关规划解读、初步方案编制、公众参与（上报学校常委会，征求师生、学校各部门意见等）、最终方案的编制完成、报备或者报批的步骤进行。下面以校园总体规划的编制为例进行说明，总体规划的编制流程大致分为如下几个步骤：

1. 调查与资料收集和分析

对校园现状进行资料收集，摸清家底，收集校园历史发展时期规划与建设资料。对学校基本建设情况进行摸底，对学校事业发展的基础建设需求进行梳理，了解基本建设与学校事业发展需求之间存在的问题，与学校相关部门进行座谈调研，充分调查了解各学科的发展目标和需求，及其对基础建设的需求情况。对整体外部环境和政策进行解读；调查了解城市空间规划（总体规划）、城市发展规划、分区规划等相关规划对学校所在区域发展目标和规划设想的指引等内容；对目标院校进行调研，了解发展过程中基本建设所起到的作用以及基本建设应避免出现的问题，有的放矢；通过定性与定量的工作方式，分析既有需求的满足情况，结合校园事业发展规划、城市规划、城市发展规划等相关内容，通过统计预测、对标定位、发展愿景等方式分析未来的发展趋势，明确未来多校区发展目标和要求。

2. 评估上版规划

对上版规划进行评估，若没有编制过校园规划，则对目前的校园规划建设和发展情况进行评估。通过对以前的校园规划建设进行分析，明确问题所在，为下一步有的放矢做好准备。

3. 完成规划方案初稿或草案

对师生数量进行预测，对学科发展进行目标分析，在完成既有资料总结并进行详细分析的基础上提出方案初稿或草案。

4. 公众参与

公开征求意见：通过印发初稿或召开听证会等方式，从学校各相关部门人员处汇总反馈意见与建议。

完善规划方案：在吸纳公众反馈的基础上完善初稿。

报校决策层审批：规划方案初稿完成之后，在公开征求意见、完善规划方案等过程中始终与校决策层保持信息沟通。

5. 规划审批

上报当地城市规划主管部门审批：将完善好的规划方案上报当地规划主管部门，在报批和沟通的过程中，若存在调整的可能性，则需经过与上级主管部门的充分沟通后形成最终规划。根据规划审批程序，公示后审批通过。

规划编制流程见图 2-1。

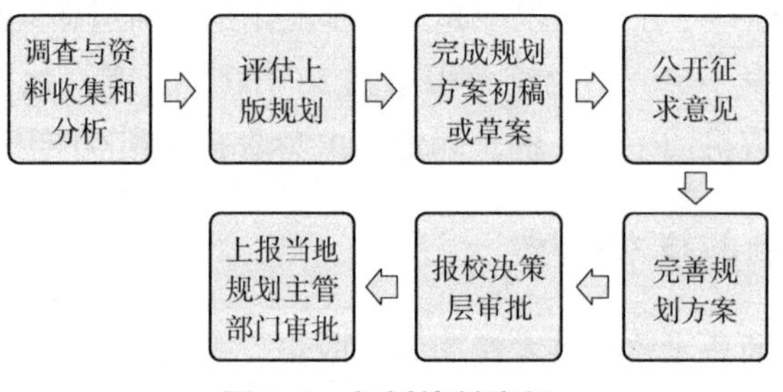

图 2-1 规划编制流程

2.2.3 校园规划编制的创新趋势

随着社会的发展、科技的进步，大学校园规划在编制过程中，其技术路线也在不断的进步和创新，校园规划既能满足校方自己未来的发展要求，又能对城市规划建设起到推动作用。校园规划的内容要求、成果要求的深度和广度也在进行着一定程度的扩充，传统的校园规划已不能满足高等教育事业日新月异的发展要求，因此弹性设计、可实施性、设计导则等新的设计方法是服务校园规划科学编制的重要创新趋势和手段。

1. 弹性设计

随着中国“双一流”大学建设的提出，校园的发展目标与更多更复杂的发展需求将校园规划建设向着复合型校园的发展方向推动，20 年期限的校园已经无法满足日新月异的社会变化，因此强调在校园规划中纳入更多的弹性设计，是我们应对不可预知变化的一种有力手段。弹性设计不仅是一种设计理念，更强化了应对外来冲击的缓冲能力、保持自身发展的活力和适应力。留有弹性就是留有余量，在设计之初就要考虑到未来的发展与变化，在保持本质特征前提下让变化可控，以弹性用地、弹性建筑、弹性基础设施、弹性需求预留为基础做好弹性设计，多考虑未来的复合型建筑和功能需求，为一个校园事先预留 2~3 种选择，做好高校发展的硬件支撑保障。

2. 可实施性

在编制校园规划的基础上，应强调规划的落地性，即可实施性，强调校园规划建设的落地时间、落地项目、落地资金、落地措施等诸多影响后期规划建设的相关内容，协调学校和社会多方利益，对接实施与管理，明确好建设、资金等诸多部门之间的职能顺序。将实施与规划相结合，做清楚校园规划实施账本。

3. 设计导则

考虑将城市设计导则引入校园规划。导则的目的就是更好地控制和引导校园规划建设，确定校园规划编制的导则内容，指导规划和建设管理的系统化、规范化，以一系列明确的标准和要求，保证校区建设和学科发展相互匹配，高标准、高质量推动校园规划建设落地。其适用对象为校园建设发展相关领域的组织管理和技术研究部门，包括政府规划建设管理部门、规划编制与研究部门、开发建设主体等。

校园规划导则强调学科优势与特色，突出空间配置导向；引导新型更新模式，以校园更新为主；基础设施优先更新，改善提升环境品质；协调多个系统，集约有效利用空间资源；制定合理的规划控制和建设实施导则，便于后期协调和组织，统筹推进校园规划建设任务。

教育部提出了《高校校园规划建设技术导则》，现汇总技术导则的相关重点内容如下：

1）对学科发展空间进行引导。包括对教学区和研究平台分别进行控制引导。教学区导则包括：建筑控制指标，即建筑使用性质、建筑面积、建筑朝向、建筑高度、建筑容积率、建筑后退红线等；教学区域的空间组织原则；教学空间联络路径方式。研究平台区导则包括：建筑控制指标；学术交流场所的分类原则；学术交流场所的组织原则，即联系路径方式、空间性质；实验基地布局，即空间组合方式、联系路径方式。

2）对校园风貌进行控制引导。包括对校园整体风貌、不同风貌分区、景观绿化等相关内容的设置。其控制要素包括建筑风格、建筑高度、建筑后退红线、建筑容积率、绿化率、建筑色彩，建筑顶部、建筑底座、建筑主体、建筑立面风格、建筑的空间组合形式，建筑与山水的联系，景观绿地规划指标等。

3）对绿色低碳交通规划进行控制引导。包括对机动车交通系统里的设置原则、道路性质、道路线型、道路横断面、机动车互交、机动车道绿化系统、潮汐交通设置等相关要素进行控制，对静态交通系统里的停车场服务半径、停车场面积指标、自行车停车场的间距、自行车停车场绿化、自行车停车场的出入口、电瓶车站台的宽度设置、电瓶车站台的间距设置、与校园道路连接处的设置等相关要素进行控制，以及对指示牌的设置等要素内容的控制和指引。

4）对地下空间规划建设进行控制引导。包括地下交通与停车系统（地下人行道、地下停车等）、教育管理与生活服务系统（科学研究、仓储、行政办公、文化娱乐、体育康体、宣传展览、商业休闲）、地下市政设施系统（供水系统、供电系统、供热系统、排水系统等）、地下景观系统（下沉广场、庭院等）、地下防灾与消防系统（人防空间、防火空间等）。对地下空间的退线距离、覆土深度、平面布局以及三维立体布局等均有一定的控制引导要求。

5）对海绵校园景观规划进行控制引导。包括水系统规划、海绵景观、雨水利用三个主要领域。其中水系统规划包括给水系统（管网漏损率、水质安全）、排水系统（污水达标排放）、雨水系统（年径流总量控制率、ss 去除率、雨水检测等）；海绵景观包括透水铺装（人行道透水铺装、机动车道路透水铺装）和景观绿植（下凹绿地、雨水花园）；雨水利用包括雨水收集（雨水收集再利用率、调蓄池配置）和雨水利用（处理技术、水质要求）。

6）对绿色低碳校园建设进行引导控制。包括绿色建筑、健康建筑、超低能耗建筑、装配式建筑、能源系统、固废利用。其具体指标内容：绿色建筑（星级比例、星级布局、运营标识比例）、健康建筑（星级比例、星级布局）、超低能耗建筑（比例、布局、能耗限值）、装配式建筑（装配率要求、等级比例、等级布局）、能源系统（碳排放指标、建筑能耗指标、可再生能源利用率）、固废利用（固废减量化比例、分类收集比例、危险废弃物集中处理率、回收利用率）。

7）对智慧校园规划建设进行引导控制。包括智慧建造、智慧校务系统、智慧大数据服务平台、智慧服务系统。其中具体控制要素包括：智慧建造领域的施工 BIM 应用（BIM 模型统一、管线碰撞检查、场地布局优化）和智慧工地（人员管理、设备管理、进度管理、环境监测）；智慧校务系统内的建筑管理（场馆管理、会议室管理、教师管理）、人员管理（档案管理、奖惩管理）、教学管理（课程管理、考试管理）、科研管理（过程管理、经费管理）；智慧大数据服务平台内的建设信息（建筑信息、管线信息）、自然信息（气象信息、地理信息）和管理信息（管理机制、管理人员）；智慧服务系统内的交通服务（公共交通查询、校车班次、智慧通车）、商业服务（商业信息、二手交易）、餐饮服务（餐饮查询、餐位预定）以及场馆服务（图书馆服务、体育场馆服务等）。

【导则在校园规划中的运用案例】

中国海洋大学海洋科教创新园

中国海洋大学海洋科教创新园的建设目标是：到 2030 年，建成世界一流的综合性海洋大学；到本世纪末，建成特色显著的世界一流大学。其导则框架包括学科发展空间规划技术导则、校园风貌特色规划技术导则、绿色低碳交通规划技术导则、海绵校园景观规划技术导则、地下空间规划建设技术导则、绿色低碳校园建设技术导则和智慧校园规划建设技术导则7大类。以学科发展建设为引领，基于学校总体规划和修建性详细规划，引入绿色、低碳、智慧等理念与技术，进一步把控和细化学校总体规划建设方向，落实新校区总体发展定位，起到承上启下的系统枢纽作用。

1）学科发展空间规划技术导则：核心内容是围绕“以学科为基础，以一流为标准”，确定学科空间规划，高效布局空间资源和平台资源。在实施引导上主要与校园单体建筑、校园交通、校园景观、校园基础设施等后续设计、建设工作相衔接。其导则主要包括：合理布局六个学科单元，形成与特色显著的世界一流大学定位相匹配的工程技术；增强校园开放性，促进教学与科研的交互，加强科研成果转化；体现以学生为中心的思想，提高教育增值，改善学习体验，培养德智体美全面发展、具有民族精神和社会责任感、具有国际视野和合作竞争意识、具有科学精神和人文素养、具有创新意识和实践能力的高素质创新型人才；突出资源共享性，校园布局组团化、网络化；充分考虑产学研一体化的学术发展方向。

2）校园风貌特色技术导则：核心内容包括规划校园整体风貌、建筑与环境风貌，提出明确的空间尺度与营建设计控制要求，从而强化校园建筑风貌的整体性。在实施引导上主要与校园单体建筑、校园景观绿化等后续设计、建设工作相衔接。其导则主要包括老校区文化基因与传统风貌特征（建筑模式语言）、现代校园空间规划特色、新校区风貌体系架构、新校区景观风貌（核心风貌区、一般风貌区、滨海风貌区、重要景观节点、景观通廊）、新校区建筑风貌（风貌特色塑造要求、传统区建筑风貌控制、近代区建筑风貌控制、现代区建筑风貌控制、历史文物保护等）。

3）绿色低碳交通规划技术导则：核心内容包括规划机动车、公交车、自行车、步行及静态交通系统，并进行路网体系、道路断面、环形水系交通景观等设计。在实施引导上主要与校园交通、校园景观、校园市政管网等后续设计、建设工作相衔接。其导则主要包括：道路交通需求与特征分析，道路形态与等级结构规划，步行、自行车、电瓶车等的交通组织，校园出入口分类设计，机动车容量控制，绿色交通技术运用。

4）地下空间规划建设技术导则：核心内容包括确定地下空间资源开放利用的功能、规模、总体布局与分层规划，对市政管廊、地下停车、交通枢纽与景观系统提出具体的规划设计策略要求和控制指标。在实施引导上与校园单体建筑、校园建筑智能化、校园景观、校园市政管网、海绵校园等后续设计和建设工作相衔接。其导则主要包括地下空间资源评估、地下空间功能引导、地下空间总体布局、地下交通与停车系统、地下教育管理与生活服务系统、地下市政设施系统、地下景观系统、地下防灾与防护系统。

5）海绵校园景观规划技术导则：核心内容包括将集水、渗水、滞水、净水和用水的雨水利用模式与校园景观相结合，提出规划设计策略要求与指标控制，并为水资源利用系统拟定设计与实施指引，通过建立海绵校园景观规划技术体系，保障校园内水系的水量、水质，维持生机盎然的活水效果，赋予水系以生命力。在实施引导上主要与校园整体的景观、校园内水系水景、校园内及周边的管网、各单体建筑的雨水系统等后续设计建设工作相衔接。其导则主要包括海绵系统规划设计、海绵设施规划设计（透水铺装、绿色屋顶、下凹绿地、生物滞留池、蓄水模块等）、景观工程技术。

6）绿色低碳校园建设技术导则：核心内容包括提出绿色低碳技术路线、实施策略与技术要点，对校园绿色建筑、绿色功能系统、固废利用系统等分别拟定设计与实施指引。在实施引导上主要与单体建筑、校园供能系统、校园废弃物回收利用系统等后续设计建设工作相衔接。其主要内容包括绿色校园建设的总体发展思路、绿色建筑（一星、二星、三星）、装配式建筑、超低能耗建筑、健康建筑、能源系统、减量再生的固废利用、增量成本与效益。

7）智慧校园规划建设技术导则：核心内容包括在校园信息化建设中引入“大数据”系统，从基础设施、校园服务和校园管理三方面构建智慧建造、智慧科研、智慧服务的智慧校园。在实施引导上主要与单体建筑智能化、单体建筑建造过程中的智慧技术应用、特殊功能建筑（如图书馆、体育馆）的智慧系统、校园大数据平台、专项应用系统等后续设计建设工作相衔接。其导则内容主要包括理念与原则、建设目标与建设思路、总体架构、新老校区的智慧系统协调兼容、基础设施建设、智慧教学、智慧管理、智慧服务等。

2.2.4 校园规划公众参与

校园规划的主要任务就是营造理想的育人环境。建立公众参与机制将有助于增进使用者对其所生活环境的责任感、认同感和归属感，调动公众积极参与的主观能动性，可以使校园规划更加符合和贴近使用群体自身的需要。

公众参与应首先满足效率和公平，做好二者之间的统筹兼顾。使用者的需求决定了建筑和规划的合理性，因此应充分听取校内各方面的意见，在此基础上综合平衡、统筹安排，提高决策的科学性。校园规划与建设涉及教职工、学生、科研单位等多方面的利益，只有让各方参与到校园规划与建设的各个环节中来，才能充分了解并满足各方面的具体需要，保证决策的科学性、合理性。校园规划在满足学校教学和科研需要的同时，还必须面向经济建设，符合社会发展需要，走产学研用相结合的道路，因此地方政府和社会公众也应该适当地参与进来。

只有公众广泛参与，才能保证校园规划与建设全方位满足学校教学、科研、生活和生产的需要。校园总体规划的编制以及校园建筑的方案设计应当积极呼吁师生员工广泛参与，听取各方面的意见和建议，吸收多元文化。校园规划经过充分论证最终确定后，应明确形成一张蓝图。

【公众参与——调查问卷内容】

调查问卷表格（示例）

您好！我们非常感谢您参加此次调查活动。为打造“双一流”大学，提升校园环境，合理再利用校园建设资源，学校基建处（规划处）组织开展此次“校区建设资源相关意见和建议”的问卷调查，希望能听到您的宝贵意见。本次调查以不记名方式展开，请您积极参与，共同打造更加美丽的校园。

您是（老师/学生/教职员工/其他），您在当前校区的时间为________年（请填数字）。

1. 如果请您制作最能体现所在校区美丽景色的明信片，您会选择以下哪些区域？（最多3项）

☐ 主教学楼

☐ 院系教学楼（若选择此项，请注明是何院系）

☐ 图书馆、校史馆、展览馆等（若选择此项，请注明是何院系）
☐ 历史建筑区
☐ 现代建筑群
☐ 主要入口
☐ 食堂（若选择此项，请注明是第几食堂）
☐ 学生宿舍
☐ 产业科技园
☐ 体育馆
☐ 体育场
☐ 主广场
☐ 主要绿地公园
☐ 院系之间围合的小广场和绿地（若选择此项，请注明是何院系）
☐ 其他（请填写）：

2. 您认为老校区中最令您不满意的地方是哪里？（最多 3 项）
☐ 整体风貌不佳
☐ 教学楼陈旧
☐ 公共交往空间缺乏
☐ 公共设施缺乏
☐ 自习室缺乏
☐ 生活学习不够便捷
☐ 绿地公园较少
☐ 景观环境不宜人
☐ 步行空间局促、步行体验欠佳
☐ 随意停车
☐ 校园标识系统不完善
☐ 信息化程度低
☐ 缺少无障碍通道
☐ 基础设施不完善（市政+道路+其他）
☐ 其他（请填写）：

3. 您认为现有校区内最美的林荫道是哪里？（最多 3 项）
☐ 学校主入口道路
☐ 历史建筑区内
☐ 主要教学楼前后的道路
☐ 学生宿舍周边道路
☐ 家属区内道路
☐ 绿地公园内道路
☐ 其他（请填写）：

4. 您认为目前所在校区最缺乏哪些功能？（最多 3 项）

□ 会堂
□ 博物馆、展览馆等
□ 音乐厅
□ 电影院
□ 创新创意空间
□ 休息交流场地
□ 广场公园
□ 停车场
□ 创意展示场地
□ 超市
□ 咖啡馆
□ 其他（请填写）:

5. 您更愿意在校园内的什么地方进行日常的休闲活动？（最多 3 项）

□ 图书馆
□ 体育馆
□ 体育场
□ 食堂
□ 主要广场
□ 绿地公园
□ 水景周边
□ 林荫道两侧
□ 院系的围合空间内（若选择此项，请注明是何院系）
□ 其他（请填写）:

6. 您在校园内选择最多的出行方式是？（单选）

□ 步行
□ 自行车
□ 电动车
□ 机动车
□ 其他（请填写）:

7. 您认为学校基础设施有哪些仍需改进？（最多 3 项）

□ 供水水量存在高峰期不足的现象
□ 水压不足
□ 垃圾处理不及时
□ 网速不稳定
□ 路灯不足
□ 路边垃圾箱不足或使用不便
□ 其他

§2.3 校园规划的评估

校园规划评估应明确评估内容。目前对校园规划进行评估主要分为两大类，即对校园空间类指标进行评价和对校园非空间类指标进行评价。目前，运用比较多的是对校区土地集约利用情况和校园规划绩效进行评估。

对于校园土地集约利用评估，相关的条例和指导意见提出：中观层次突出以功能区或不同用途土地为评价单元的节地评价，根据高校土地功能用途、利用特点和管理要求，采用利用强度、投入水平、利用结构等因子，选取土地利用率、综合容积率、单位用地服务学生数等指标，通过专家打分的方式确定指标评价权重，建立科学、有效的高校土地集约利用评价体系。青岛理工大学校园总体规划修编前后对土地集约水平进行综合测算，测算集约利用潜力（见表2-1）。

表 2-1 规划评估指标表（示例）

评估指标	标准化值	指标层得分	目标层得分	评估值
土地利用率	25%			
校舍用地利用率	46%			
综合容积率	0. 5			
建筑密度	38%			
单位用地服务学生数	48%			
基础设施完备度	73%			
绿地率	100%			
单位校舍用地服务学生数	100%			
单位体育活动场地服务学生数	83%			

对照《普通高等学校建筑面积指标》（建标 191—2018）办学标准梳理不达标的情况，对嘉陵江路校区总体规划方案优化调整之前的多个校区的校园整体布局、交通组织、校舍功能结构、文化景观配置、生均能耗指标等进行科学分析，准确掌握当前校内单体建筑历史价值、建筑物寿命、建筑物使用需求、结构安全性、建筑物能耗等情况。认真做好上一轮规划实施情况评估，为本次校园总体规划修编奠定基础。

§2.4 校园规划编制案例

2.4.1 案例一：清华大学

1. 编制思路

清华大学校园建设总体规划的指导思想是：为建设世界一流大学的发展目标服务，与学校教学科研事业的发展相结合，为人才培养和学科建设提供有力保障，充分体现“以人为本”，考虑并尊重师生员工的多元化需求，为其创造良好的学习、工作和生活环境。

在服务学校学科事业发展、人才培养的目标指导下，在工作中注重促进校园土地科学化利用，确保教学科研活动的可持续发展空间，创造物质环境与人文环境和谐发展的条件。以校园总体规划为指导，对分散的教学科研资源进行整合，加强学科之间的沟通交流与合作；通过组团布局及功能分区，激发校园活力，改善部分土地利用效率较低的情况；对与校园主导功能无关、占地过大、与整体布局有矛盾以及以营利为目标的单位逐步实施搬迁；同时，通过改造升级与整合市政基础设施，实现土地资源的集约安全利用。

2. 编制经验

在2011年11月编制的《清华大学早期建筑文物保护规划》的基础上，确定四个基本措施，即土地资源合理高效利用、根据学科事业发展目标优化各类用房配置、校园规划引领校园建设向通用性科研办公用房方向发展、确保校园规划管理与项目立项的科学性，以确保校园规划的正确性与可实施性。依据教育部《普通高等学校建筑面积指标（建标191—2018)》的要求，明确学校的发展空间和发展规模，在学校“十四五”事业发展规划的基础上，明确总体规划的发展空间和发展任务，并为校园远期发展提供指导性思路。在校园规划实施过程中，经常遇到规划赶不上变化的情况，学科内容与类型的丰富，以及交叉学科的兴起，对既有建筑的布局、形式提出了新的挑战。通过调研学校各院系发展特点，积极了解教学科研建筑在国内外建设的新发展动向，将建设通用性办公用房作为规划建设的主要引导方向，确保校园规划的弹性。

3. 设计单位的选定

邀请国内知名规划设计院，邀请规划、建筑、结构、环境、景观等领域的知名学者，充分考虑学生、教师代表的意见，通过方案比选、委托设计、专家评审、公众参与等方式确定总体规划的编制。

2.4.2 案例二：北京理工大学

1. 编制思路

以学校事业发展规划中确定的各个校区功能定位为依据，根据学校事业发展规划和学科规划的发展要求，确定校园发展规模，明确师生数量。根据《工业和信息化部部属高校中央财政投资建设项目管理办法》及《普通高等学校建筑面积指标》（建标191—2018)，确定12项校舍的建筑指标；以各校区所在地区的城市总体规划和分区规划（北京城市总体规划，房山分区规划和海淀分区规划）为上位依据，符合城市发展定位，明确地上和总建筑规模；根据控制性详细规划的要求，对已明确的建筑高度、绿地率、容积率、建筑密度等主要控制指标进行逐一落实。

2. 编制经验

要符合国家政策，契合部委要求，适应大的发展趋势。以城市和地区总体规划为上位依据，结合得越好，以后的工作越顺利。比如，中关村校区的国防科技园既符合军民结合的国家发展战略，又符合科技创新中心的发展定位，对城市和地区发展均有贡献。

3. 设计单位的选定

由国内知名的设计院、建筑设计大师、院士领衔，通过征集方案进行方案比选，挑选方案优秀的编制单位。

3 老校区资源整合利用

随着国家综合实力的增强，人民群众对高品质教育资源的诉求日益强烈，大学办学目标逐步清晰明确，学校规模也在逐步扩大，各个大学多采取在新城或跳出原校区、建设新校区的方式来满足未来的发展需求。在目前减量发展的大背景下，老校园更新改造面临着诸多问题和困境，老校区资源亟待整合利用。

§3.1 困境

通过现场调研、座谈和访谈等方式挖掘现象背后的问题，提出有针对性的解决措施。以工信部部所的7所高校为例，老校区资源整合利用的主要问题分为以下5个方面。

3.1.1 学校职能与城市定位联系不紧密

各学校有明确的发展定位和职能需求，但多数学校老校区的职能定位不能与城市发展定位充分结合，对城市发展给予的支持不足。老校区多数位于城市的中心地区，其区域地理位置极佳，交通条件便捷，周边配套服务设施完善。例如，北京理工大学（以下简称“北理工”）中关村校区和北京航空航天大学（以下简称“北航”）学院路校区均位于北京市中心城区，是北京打造科技创新中心的重要载体；哈尔滨工业大学（以下简称“哈工大”）和哈尔滨工程大学（以下简称“哈工程”）位于哈尔滨市松花江南岸、南岗区中，为老城的中心区域；南京航空航天大学（以下简称“南航”）明故宫校区位于南京老城区内，南京理工大学（以下简称“南理工”）位于南京玄武区孝陵卫街上，均在南京主城区内；西北工业大学（以下简称“西工大”）友谊校区位于西安碑林区，西北侧紧邻护城河，区域位置极佳。在城镇化进程稳步推进时期，城市进入稳定的减量发展阶段，城市中心地区成为更新完善的重要区域，校园周边成为寸土寸金之地，使用相对多元，建筑密度相对较高；而学校为相对封闭的管理模式，与地区周边的联系不够密切，造成校园所需承担的区域职责缺失的现象。

3.1.2 学校发展与现有用地的矛盾突显

由于老校区多位于老城区，在长时间的发展过程中，随着区位优势的逐渐显现、学科建设的逐步发展，老校区内建筑越盖越多，普遍存在见缝插针的情况，校园绿地被侵占，交流空间缺乏。在各城市总体规划的目标指引下，校园规模也已被限定，学校突破原有控制性详细规划指标的可能性不大，虽功能分区较为明确但仍需整合。校园在建设之初，多受到西方学院派思想的影响，按照功能分区进行建设，分区较为明确，一般分为教学区、生活区、运动区和产业创新区等；各校分区占地比例差别较大，部分校区也存在功能分区不尽合理的情况，包括家属生活区所占面积过大、运动区距离学生生活区较远等问题。北京的老校区产业园区占地面积较大，与城市总体规划发展思路一致，即高校向中心城区外疏解，中心城区内的校区成为文化创新功能、产研结合的载体；北京两所学校的老校区还存在一部分历史遗留问题，即建校之初部分用地用于建设建筑工人的临时住房，但校区建成后未进行有序腾置，目前拆迁难度较大。学校中混杂的临时住房见图 3-1。

图 3-1　学校中混杂的临时住房

学校功能分区占地比例情况见表 3-1。

表 3-1　学校功能分区占地比例情况　　单位：%

区位		名称	教学区	生活区		运动区	产业园区	其他	合计	备注
				教工生活区	学生生活区					
北京		北理工中关村校区	43	17	15	10	9	6	100	其他区域包含 1%遗留居住用地，5%混合服务区域
北京		北航学院路校区	41	21	17	7	6	8	100	其他区域包含 4%的 701 所用地，4%的集中绿地
京外	有老校区	西工大友谊校区	39	40	11	6	—	4	100	其他为西工大附中
京外	有老校区	南航明故宫校区	63	8	13	16	—	—	100	绿地公园和运动区域合并计算
京外	无老校区	哈工大一校区	58	4	25	6	3	4	100	其他区域为哈工大附中
京外	无老校区	哈工大二校区	61	19	11	9	—	—	100	其他区域为集中绿地
京外	无老校区	哈工程	52	6	19	21	2	—	100	绿地公园和运动区域合并计算
京外	无老校区	南理工	51	19	13	14	3	—	100	绿地公园和运动区域合并计算

资料来源：根据各校区平面图由作者整合统计。

功能混杂缺失的情况逐渐显现。比如学生宿舍混杂在教学区中，生活区中建有教学楼和办公楼等；老校区内还存在一部分功能缺失的情况，比如缺少会堂、展览展示等建筑；一些学校由于用地局限，存在大型运动场地东西向布局的情况；部分学校科研实验用房不足，科研实验建筑距离教学楼过远。

3.1.3 建筑多样性与空间格局不协调

老校区建校时间长，建筑类型丰富，建设年代不同，整体空间形态需协调统一。

建筑高低不一，整体空间形态被割裂。老校区的建成时间较长，校园内存在不同时代的建筑，建筑的外观差别较大，建成年代的不同导致各栋建筑之间相对独立，风格完全不同，缺乏有机的联系，在校园风貌上会产生不协调感。

学科发展与内部功能之间存在矛盾。老校区内大量使用的建筑为 20 世纪五六十年代建设的教室、宿舍、食堂等，硬件条件相对较差，面积局促，内部的功能构成较为单一，多数建筑进深在 18 米以内，为内廊布置，不能满足学生日益增长的教学实验和住宿生活需求。

建筑现状与消防安全存在矛盾。老校区建设年代较为久远，校园面积相对较大，在建设的过程中，由于建设需求、教学需求、实验需求等，搭建了一部分临时建筑和临时实验用房，部分老旧建筑存在着建筑质量欠佳、建筑结构堪忧等情况，这些建筑都存在着较大的消防和安全隐患。

部分设施对建筑外观存在影响。随着使用功能的不断更新，在老建筑建设之初未能统一设计的遮阳设施、花架、空调等部分设施对建筑外观和校园风貌产生了一定的影响。图 3-2 为老校区空调外挂实景。

第五立面缺乏统一规划。在老校区最初的规划建设中，未进行第五立面的规划设计。而在老校区的建设过程中，随着使用功能的不断更新、设备的增加、辅助建筑物或构筑物的增建，第五立面愈发混乱，无法形成相对统一和谐的风貌界面。第五立面现状展示见图 3-3。

图 3-2 空调外挂实景

图 3-3 第五立面现状展示

3.1.4 车行交通与步行交通抢占空间

逐渐增加的功能和人群使得老校区内的交通空间愈发拥挤，车和人抢占空间的现象愈发严重。

老校区普遍存在人车混行、快慢不分的情况。优越的区位和发展条件以及中心城区日益增强的吸引力，使得在老校区内活动的人群逐渐增多，包括办公楼内的科研办公人群、共享校园设施的周边群众、物业公司的工作人员、在校内进行短期培训的学生及其家属等，加上学生自驾车逐年增多，进入学校的车流量较前几年有了显著增长。部分老校区对道路断面进行了重新调整，有的缩窄了人行步道、加宽了车行道的宽度，有的将人行步道改为停车场，出现了一定程度的“人让位于车”的情况。

“打补丁”的静态交通：老校区的静态交通多呈现“头疼医头、脚疼医脚”的现象。由于机动车辆较多，停车空间占用较大，分布混乱，机动车停车场随处设置，包括占用现有楼前广场停车、占用道路两侧停车、占用绿地和绿化空间停车等，甚至将原有学生活动场地改为停车场所。同时，共享单车在给学生带来极大方便的同时也存在着随意停放的情况。糟糕的静态交通问题不仅挤占了学生的活动空间，也影响了校园环境，并使校园的步行环境遭到破坏。图 3-4 展示了老校区内车辆无处安放的现状。

图 3-4　无处安放的车辆

3.1.5　精神需求与传统空间存在矛盾

随着社会的发展、学校的进步，日益增长的精神需求要求物质空间给予足够的支撑。

老校区文化特色鲜明，但文化载体有待增加。各校老校区对于各自的校园文化载体均有不同程度的体现，比如哈工程建设的“哈军工文化园”，形成了历史景观区、文化景观区、船海特色区和哈军工纪念馆的“三区一馆”格局，打造了一张国防科技工业军工文化教育基地的文化名片。校园内设置反映校史、校园文化内涵的雕塑若干，举办“文化研究、文化设施、文化景观、文化活动、文化赛事和文化传播”六大类项目深入推进校园文化建设。北航根据自身特点，重点建设了航空航天博物馆、艺术馆、音乐厅、校史馆等多元文化设施。但部分学校的老校区由于规划建设年代较早，文化馆、展览馆以及博物馆等用于彰显学校文化内涵和进行对外文化交流的建筑相对匮乏，有的虽然场馆具备但实际功能不全；音乐馆、影剧院、艺术馆等文化艺术场馆也较匮乏，现有设施不能满足学生高涨的精神文明需求。

学生创新创业需求增多，缺乏交流场所。随着高校师生创业高潮的出现，创客空间的需求显著提升，老校区在此方面储备不足，大量的需求与匮乏的场所之间存在矛盾。

师生交往需求增加，景观特色不够突出。高校老校区由于建校时间较长，传统的布局方式多为平行式或轴线对称式，广场多为建筑之间的连接方式，缺少庭院空间。绿地校园风貌较为同质，多数大草坪为封闭式空间，无法为师生提供有效、充足的交往空间。图 3-5 展示了景观性草坪。

图 3-5　景观性草坪

师生精神需求提升，基础设施待完善。随着生活的逐渐丰富，师生的各类需求逐步提升，基础设施需提升完善。比如西工大长安校区电源为单路电源，供电可靠性低。多数校区随着人数的增加和供水需求增大，污水处理及中水问题更加突出，供水和供电的可靠性有待提升。校园安全和信息建设也亟待加强。

学生宗教信仰多样，相应的建筑空间匮乏。随着学校开放性的逐步提升，学生来源逐步多样化，宗教信仰也呈现多样化趋势，对于宗教信仰的宽容度虽有提高，但满足各类宗教人士所需的祈祷室等相关空间匮乏。

§3.2　措施

校园的整体形象和风格是学校的隐性招牌，校园硬件的配置、环境的塑造和文化的展现是提升学校品牌形象的关键要素。如何反映出学校的历史底蕴、文化内涵和自身风格，创造出更好的服务于广大师生的校园环境，需要从以下几个方面着手。

3.2.1　明确定位目标， 主动承担区域职责

明确定位目标。随着“双一流”大学建设的进行，工信部部属的 7 所院校应明确定位目标，与所在城市的总体规划和总体发展思路协调一致，老校区应在城市的发展建设中主动承担起相应的职能，主动与总体规划目标功能进行衔接，实现学校与当地功能的互补提升与资源共享利用。随着京津冀协同发展战略的不断推进，部分教育、医疗、培训机构等社会公共服务功能需要向外疏解，北京高校作为非首都功能的主要疏解对象，应尽快将本科教育疏解到新校区。其他高校也应主动承担高校在城市中所担当的文化科研创新方面的职责，确定合理的功能定位，严格按照规划定位进行各类功能的调整，助力城市总体目标尽早实现。在与城市定位结合的同时，提升学校空间承载能力，适时发

挥老校区在区域内的作用，在可能的情况下充分挖掘土地潜能，突破原有控规指标，实现双赢。

将老校区功能规模与城市发展进行关联。由于生活用地在老校区中所占的比例相对较大，随着城市功能和校区功能的相互渗透，生活用房可逐渐由城市分担，校区内未来用地和建筑量应更多地倾向于教学科研创新工作。北理工老校区和北航老校区位于北京市中关村科技城核心区域，中关村科技城是北京市打造的科技创新中心的重要载体，其地位非常重要。北理工中关村校区的定位为以工科为主的人才培养基地、服务国防科技与经济建设的科技创新基地，以及服务社会发展的基地。其定位基本符合北京总体规划的要求，未来在老校区改造中，可以逐步疏解与上述定位不相符的功能，紧密结合学校长远发展目标与校区建设规划，进行学校能力建设布局的调整与优化。北航和北理工应增设与定位相符的国防科技园板块，两所高校老校区相近，交流密切，可联合打造中关村核心科技区军民结合创新产业园，以国防科技工业规划总体思路为指导，围绕国防优势特色领域，大力建设和提升以兵器工业为代表的综合国防科研能力建设，优化完善功能定位清晰的能力建设布局，为国防科技工业、学校科技事业发展提供支撑和保障。按照“双一流”建设的要求，合理增加科研实验用房、创新产业用房的相关规模。哈工大一、二校区和哈工程均位于哈尔滨市南岗区，南岗区为哈尔滨市的开埠之区，南岗作为城市的副中心之一，也是主要的区域性中心，哈工大和哈工程应主动承担区域性中心所赋予的功能职责，在相应的功能上给予一定呼应。南航明故宫校区位于老城区内，是国家历史文化名城的核心区，南航和南理工作为211高校，应主动承担南京作为全国重要的科研教育基地的相应职责。西工大友谊校区东北紧邻西安老城墙，西安的城市建设发展目标为建设科技创新城市，建设交通枢纽城市，建设装备现代制造、高新技术产业基地，建设中国西部经济中心，西工大应主动承担西安市城市建设的发展任务，为科技创新城市的建设提供发展动力，为装备现代制造、高新技术产业基地的建设提供智力支持。

深化产研融合，将高校建设与城市转型升级充分结合。将“双一流”建设与推动经济社会发展紧密结合，着力提高学校对产业转型升级的贡献。积极推进高校与地方的科技合作，密切结合区域经济社会发展的需求，扩大学校科技合作领域，显著提高学校为区域经济发展服务的能力。充分利用地方支持创新的政策，结合地方产业发展，在学校优势学科领域密切与地方政府、重点企业合作。整合学校资源，发挥科研院、资产经营公司、联合研究机构、地方研究院等的作用，主动参与区域和地方的创新体系建设。

发挥现有基础，创新空间发展模式。立足老校区所在区域，根据城市总体规划的目标要求，以老校区内的产业园区为基础，采取“园区+社区+校区”三区融合的空间发展模式，打造区域创新空间。园区、社区和校区在创新的过程当中相互影响和作用，并逐渐融合，促进知识资本化和技术产业化，形成混合组织和混合空间，形成以校园为主导的活力强劲的产研经济极核和创新空间内核。

突出培养平台的作用。高等教育的主要任务是培养专门人才、科学研究、服务社会，老校区建设要与学校发展规划建设相结合，坚持育人为本，将学术研究、育人作为最重要的目标，突出高校自身的特色发展和培养平台的作用。

3.2.2 梳理现有资源，按功能分区进行完善

大多数老校区已基本完成控制性详细规划所规定的建筑规模上限，在用地和建筑规模都无条件突破的前提下，多数学校若想新建建筑就需要原拆原建，使其整体指标满足城市规划确定的指标要求。在这种情况下，梳理原有校园的资源，明确未来需要拆迁整改的建筑，当务之急就是梳理存量用地空间，整合建筑量，确定保留、改造和拆迁的建筑面积，做好老校区建设资源底账，以便进行重新梳理整合。

优化整体校园布局。在总体布局上，应注意完善校园原有的主体空间和结构，补充未来发展所缺失的功能。随着社会发展和精神需求的逐步提高，未来大学将逐步成为开放性大学，需要对外开放一些与开放性大学相关的校园功能，并建设相关功能的建筑，包括美术馆、音乐厅、剧场、博物馆、科技馆、艺术馆、展览馆等文化类建筑，在有条件的区域形成历史文化保护区进行整体保护。各校的老校区由于各种历史原因，其校区格局差别较大，情况也较为复杂，但大多数情况下，在建国初期建设的老校区中有相当多的建筑是具有历史保护价值的。与此同时，由于学科建设发展的要求，老校区在用地极为局限的情况下，应妥善处理好与新校区的关系，将本科教育与部分学科妥善转移到新校区中进行建设发展。

按功能区完善资源配置。提升教学区内的基础教学条件，杜绝校舍面积、人均基础设施等方面存在短缺的现象，利用改造、提升、替代等手段对基础教学条件进行改善，拆除有安全隐患和影响风貌的建筑，腾出更多的室外空间用于交流和环境塑造。保留原有校园景观结构和特色环境，对传统建筑形象风貌进行维护。改善学生和教工生活区的基础条件，对基础设施进行升级改造，完善生活区的公共设施配置，对老旧房屋进行维护提升或搬迁，同时积极争取地方政府和上级的支持。教工生活区应尽量集约节约用地，在不增加户数的情况下适当增加户均面积，对教工生活设施条件进行提升。加快科技产业园建设，对大学科技园的建设持续跟进，协调多校区发展及校地合作，拓宽产学研用的辐射范围，为学校发展提供支持。完善文娱休闲区的整体环境，对体育设施和活动场地进行整体提升，按《普通高等学校建筑面积指标》（建标 191—2018）的要求进行配置，对微环境进行美化绿化，确保环境美观、使用舒适。在功能分区相对明确的情况下，对混合功能进行有序引入。

3.2.3 重视时代延续，协调建筑和谐统一

应该注重校园整体时代风格的延续。校园时代感的延续不仅仅是校园历史的体现，同时也是建筑史和校园文化的体现。

对历史建筑进行保护，并与现代建筑进行协调。历史建筑应重视对外观形象的保护，包括对其使用功能进行扩展，将部分不符合现代教研功能的老建筑改造成为展示馆、博物馆和美术馆。改造的方式包括外观颜色协调、材料质感统一、规模体量统一、建筑造型完善、环境有机延续等。

对具有历史时代感的内容进行维护。使用具有年代感或特殊历史时代感的材料及物件进行铺地，重塑城市或学校历史，让大家接触这些东西的时候，能够联想起城市和学校的历史，这样校园景观在带给学生新奇感的同时，也可以提高学生保护历史的意识。

对新建筑技术和技艺进行有益尝试。新建筑的建设也要体现时代特征，在尊重原有校园整体形象的基础上，运用新的建筑技术和技艺为使用者提供更为舒适和便捷的使用体验，为学校景观提供新的要素。

注重第五立面的统一规划建设。在老校区整合的过程当中，应同时对第五立面进行规划建设和整理，提前做好第五立面的规划建设工作，保证校园第五立面的完整优美，对提升城市第五立面整体形象起到积极的推动作用。

3.2.4 完善交通系统，进行动静态交通规划

校区是人车混行的模式，探索一条人车分行的可行之路，避免人车之间的相互干扰，是解决校园交通问题的当务之急，只有如此才能打造易于生活、学习和交流的和谐校园氛围。

完善校园道路系统。根据校园现有道路系统进行快慢型道路梳理，校园道路尽量满足“通而不畅”的要求。明确校园主次干路，根据不同的道路级别合理规划道路断面，快行路要保证机动车行驶顺畅，慢行路要达到保障非机动车和行人安全的要求。与此同时，连接教学区和生活区等人流量较大区域的道路，加大步行和非机动车通道的宽度，确保有足够的空间容纳上学放学瞬时的潮汐流。实现分区管理。构建步行区域。老校区面积较大，现有建设已成型，不适宜在整个校园实现人车分流，但可结合校园未来改造计划和停车场规划，在人流密集区域分区构建步行区域，如北理工和北航将教学区设置为步行区域，禁止机动车进入。根据校园分区情况、人流车流情况及规划发展设想，进行分区管理。如北航对学院路校区的交通流线进行了优化，打通新西门和新北门，实现校园主干线的双向贯通，为实现分区管理提供了重要支持；北理工根据功能分区对中关村校区的出入口进行了调整，按照人行和车行的需求进行设置，满足了分区管理的要求。

完善动静态交通规划。根据未来发展需求，统一规划停车场地，设置新能源汽车停车场和设施，合理分析校园停车位需求，进行停车位预测，对校园现有空间进行评估，选择合适的消极空间设置停车场所，合理利用空闲场地和绿化场地设置集中停车场，妥善利用空中、底层和地下空间解决机动车停放问题，有效利用空中资源设置机械停车设施，地面停车场应按照生态停车位进行建设。非机动车的停放应设置专门的区域，方便师生使用，同时可结合常用地点设置共享单车停车位。加强校园停车管理，限制路边、门旁停车；充分利用校园信息平台，提供停车场车位数的实时动态信息。

完善步行和骑行路线规划。组织步行道路与步行区域，形成具有开放性与共享性的步行空间系统，营造融交通、休闲娱乐、交往等多种活动于一体的复合空间，从路径、形态、地面铺装、景观配置、景观节点、沿路界面等方面进行完善美化；明确可骑行的校园线路，通过地面铺装、划分色彩等方式与校园机动车道进行区分，保证骑行安全。

按照不同分区确定道路断面形式，合理设置各类路面宽度。建议在学生生活区，车行道宽度应不大于 7 米（两车道），且满足消防通道的宽度要求，结合实际情况可设置 4 米宽车行道，但需在局部地段设置回车区域或临时停车区域；步行道宽度不小于 2 米，结合现状情况，可单向设置；非机动车道宽度应不小于 1.5 米，可与机动车道合用车道，通过铺装进行区分。在教学科研区，明确步行区域，采取区分铺地的方式设置非机动车道，非机动车道宽

度建议大于 1.5 米；在人车混行区，建议车行道不大于 7 米，步行道不小于 3 米，可采取单侧或双侧的方式设置步行道。产业园区与学生生活区类似，但非机动车道应与机动车道单独设置。

3.2.5　合理利用地下空间，提高土地利用效率

老校区多位于老城区，根据目前各高校所在城市的总体规划，位于老城区内的高校建设量基本饱和，只能进行原拆原建和减量发展，不具备大规模增建的条件。因此老校区应深入挖掘地下空间，按照基础配套设施尽量入地、市政管网全部入地、地上停车向地下延伸的原则进行建设，有序推动校区内各个区域地下空间的合理利用和有序更新。

对地下管道（管廊）、地下设施进行统一摸底，整合地下空间，为未来发展做足准备。配合校园整体风貌进行分区建设，在有限的空间内将停车、人防、体育运动、办公会议、商业活动、配套服务、市政管线等功能合理入地布局，充分利用地下空间，提高建筑利用效率，整合地上地下空间，将地面空间更好地腾退为绿地、公共空间等师生活动所需的交流空间，提高土地利用效率。在教学区域可将部分办公和会议空间结合现状和实际发展需求进行地下空间的拓展，在生活区域可将停车、商业活动、配套服务等功能适当入地，同时充分利用文化娱乐区域内大片开敞空间和绿地公园，进行地下空间的挖掘利用，将停车场、游泳馆、体育馆等功能向地下延伸。机械停车位和地下体育场馆见图 3-6 和图 3-7。

图 3-6　机械停车位

图 3-7　地下体育场馆

3.2.6　建构绿色系统，提升景观风貌

老校区由于建设年代较长，缺乏有机的绿地系统，在完善功能的基础上，建构绿色景观系统，逐渐向更为灵活和园林化的方向发展。

提升校园整体绿地率和绿化覆盖率。按照城市总体规划的要求，根据不同的校园面积进行分类设置，但老校区绿地率不小于 30%，绿化覆盖率不小于 45%。

营造大型集中式公园绿地。将可拆除腾退的空间进行配置，尽量多提供大型的校区级集中式可步入绿地公园，在城市中打造校园绿化微环境，为城市的生态修复提供支撑。大面积

的绿化既有利于提升整体绿化水平，又能为师生提供较大规模的活动场地。大型绿地应成为师生活动的主要场地和全校性文化活动承载地，可配合设置旧货交易、活动中心、商服餐饮（咖啡馆）等，并建设一些小型的交流中心，使之真正成为校园文化的重要载体之一。大型公园绿地的面积应大于 1 公顷，老校区内应不小于 2 处，服务半径不大于 500 米。

营造校园开敞空间。休闲娱乐与沟通交流对师生的学习生活至关重要，开敞空间是提供身体和心灵滋养的场所。师生所需要的场所主要是用于安静思考、私密谈话、沟通交流等活动的公共空间，这部分空间对于校园生活的影响也非常深远，尽量将这部分空间安排在公共绿地、步行系统和教学生活的主要区域，以提高其使用率。开敞空间的成功营造可以整合校园环境景观、提升校园美感。

营造校园庭院和围合空间。此类空间的营造不仅有利于学术交流，还可形成一个个学院之间互动交流的平台。建议形成“楼宇—学院—区域”三类开敞空间。楼宇庭院为半私密性的空间，符合学生之间一对一或小范围交流的需求；院系之间为半公开性的空间，旨在营造一种相互沟通的环境氛围，此类绿地建议面积不小于 400 平方米；区域开敞空间多为广场形式的空间类型，为全校师生提供可交流的场所。开敞空间示意图见图 3-8。

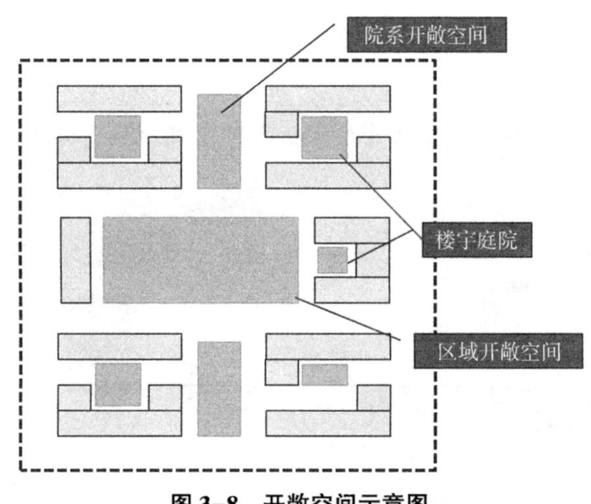

图 3-8 开敞空间示意图

营造丰富的校园街道空间。学校的街道空间是校园空间的另一类重要的、连续的开敞空间，为师生提供线性的、流动的场地和场所间的转换链接。街道可以分区域运用不同的手段进行处理，比如：教学区，可采取重复序列的方式，用高大的乔木来营造学校深厚的学术背景氛围；而在学生宿舍区，可采取不同品种、不同色彩搭配的树种，营造一种活泼、富有诗意的生活氛围。

合理配置校园景观植物。应着重打造一个或两个季节的校园景观植物风貌，选择合适的树种和植物进行整体风貌的提升。可分区域或针对重要场所进行打造，比如：“浪漫”春季，打造海棠花季、樱花校区等相关景观内容；而“清凉”夏季，则可以打造包括荷花水景、婆娑柳树等在内的特色景观；“多彩”秋季，适合营造一些类似银杏大道、枫树院落、菊花庭院等特色植物场景；“活力”冬季，则应对相应的常绿树种进行合理设置安排，保证冬天的校园内也不乏绿色。

实现能源发展绿色化。在大力节约能源的同时，努力提高能源效率，减少煤炭等污染严重的能源消耗量，与此同时则要加大绿色能源的替代力度，用新能源、可再生资源替代传统能源，实现能源结构低碳化。编制校园绿色能源规划，合理统筹校园能源设施、线路，制定实施措施，明确保障措施，使能源绿色发展逐渐制度化。

3.2.7 结合大学文化， 提升校园整体魅力

梳理老校区发展演变的历史沿革，对具有历史意义和文化内涵的建筑和空间形态进行保留，将代表老校区特色的建筑、构件、器物等具有普遍认同感的要素进行景观移植。进一步完善标志性精神文化景观建设，使校园文化的精神内核得到传承创新。

增设彰显校园文化的重要载体。如博物馆、艺术馆、音乐厅等可选择合适位置设置室外礼堂，形成文化在空间上的中心，举办形式多样、内容丰富的文化活动和节目。大多数世界名校都有一个甚至几个藏品丰富的博物馆，这是大学人文精神和历史积淀的一种体现，这样的校园文化既体现了大学的兼容并蓄，又对启迪心智、陶冶情操起到了非常重要的作用。充分利用食堂、运动场、运动馆这些学生经常进行休闲活动的场所及其周边环境进行交流拓展活动，包括拓展食堂的使用功能和使用时间，可考虑在非就餐时间内内设置自习区域，利用食堂垂直空间等适宜位置设置咖啡茶座等交流场地，利用运动馆内的空间设置咖啡茶座、简餐、读书角等适合交流休息的场所，在运动场周边选择合适的半围合区域或小型广场设置售卖机、座椅等适合交流的设施，建设简单便捷的文化交流场所。

营造富于历史文化积淀的校园环境。老校区空间环境始终强调厚重的历史感，富于历史文化积淀的校园环境是大学人文教育的基础，具有潜在而巨大的教化作用。老校区中特定的构件形式可转化为一种文化符号和象征，校园的传统历史符号可成为一种鲜明的心理印象，具有一定的历史意义和时代特征。利用提取、抽象、解构等手段重新在校园景观中将视觉形象与象征意义进行有效的搭建，应有序探讨老校区文化传统的集成延续。通过搬迁移植、场景再现、氛围延续等方法继承并延续老校区的文化传统，体现部属高校老校区蕴含的军工传统和文化积淀。

明确校园色彩色调。可对校园进行整体色彩规划，但考虑到老校区改造的不易，可分片区进行校园色彩的确定。整体氛围应突出高校的特色，其色调应统一和谐，可以主色调、辅助色调进行校园整体色彩协调。

规划建设校园雕塑。进行整体校园雕塑规划，尝试将特色雕塑进行抽象引入。部属高校的老校区理工特色较为鲜明，可尝试运用与学科建设相关的雕塑，充分反映理工类“阳刚”的鲜明特点，包括钢材料、汽车、坦克等具象雕塑。与此同时，可在校园中引入代表城市历史的建筑特征的抽象元素，进行校区的形象塑造。建议将校园雕塑分为人物纪念、历史发展、科技结构、艺术抽象、人文精神、生活百态等几类，对校园雕塑整体进行有序的规划设计。

设置美化校园小品。校园小品包括校园灯具、垃圾桶、广播设施、座椅、标识系统等一系列对校园景观环境起到美化和提升作用的设施，应与校园文化建设进行统一分类设置，强化校园归属感。在主要交叉口、重要交往空间、主要人流集中处、视觉通廊等重要地段进行

合理规划设置。可将老建筑构件留存，作为室内装修和校园构筑物及相关小品的建筑材料。

注重古树名木的保护利用。古树名木是校园历史文化重要的组成部分，是校园景观建设与校园历史的完美结合。将古树名木登记在册，制作相应的铭牌。可结合绿地公园、重要的交往空间将古树名木作为校园景观的重要节点进行打造。

打造校园温馨夜景。校园夜景作为校园整体风貌的一部分应得到足够的重视，校园灯光应遵循“安全第一，舒适宜人”的原则进行设置，对校园夜景提出区域光线要求，校园操场及活动场地应符合夜晚活动需求。

3.2.8 呼吁共同治理，打造智慧幸福校园

按照“我的校园我规划、我的校园我参与”的原则，在规划阶段、建设阶段和维护管理阶段均应该充分并广泛地吸纳师生意见和建议，充分发挥师生的主观能动性和专业技术特长，发挥学校工会和学生社团的作用，共同打造智慧校园，提升师生在校的幸福指数。

推进校园信息化建设。制定合理的信息化体系发展战略，为再造学校管理流程和数据治理提供信息化支撑，为学校发展建设提供全方位、全过程的信息化支撑。强化智慧校园基础设施建设，完善智慧校园通用平台建设，加快智慧校园的应用平台建设，实现教学科研、大学治理、校园服务的科学化和职能化。

在老校区治理过程中实现公共服务社会化、后勤保障分类化、资源配置科学化。保障老校区日常运营的安全高效，进一步加大校园安全基础条件的建设力度，对安防系统进行升级改造，实现老校区校园重点区域监控100%覆盖；推进消防系统智能化建设，提高消防保障能力，为师生的教学科研与日常生活营造安全优质的校园环境；将信息化建设的新理念、新想法、新技术融入管理体系当中，保障幸福校园建设高效率、高质量完成。

对老校区内的市政基础设施进行完善提升。目前小区内的基础设施日趋老化，在优化校园总体环境的前提下，在“先评估、后改造”的原则下，及时更新改造校园市政基础设施，负荷小的加以扩容，功能弱的加以提升，老化的及时更新，不符合未来发展需求的适时改进。改造升级校园网，提升互联网出口宽带速度，满足智慧校园对网络的应用需求。

完善各类公共设施配置。在学生生活区，步行5分钟范围内，可结合小型绿地设置小型活动中心及活动场地，面积不小于200平方米，活动中心应安排健身器械、不小于2张乒乓球案、小卖部、自动售卖机等设施；在步行10分钟范围内，设置综合服务中心和大型学生活动场地、运动场所，包括大型超市、食堂、咖啡馆、标准操场和篮球场地（不小于4块）。应增加适合各类宗教信仰的空间，包括各类宗教信仰所需要的祈祷室、祈祷厅等。

§3.3 路径

老校区资源整合利用可以从城市设计、合理分类改造、刚性指标控制等层面进行。

3.3.1 从城市设计层面进行全方位改造

从城市设计层面进行全方位改造。针对老校区不同的规划目标定位，结合城市整体发展，以城市设计手法为主进行全方位提升改造，积极融入城市整体建设中去。制定整体校园风貌基调，在整体统一协调的前提下采取城市更新的方式，综合分析评估整体拆占比、经济平衡、实施时序、整体影响等因素，以人为本，将环境的改善、活力的重塑、价值的提升作为未来改造更新的目标，对校园进行系统性的规划改造，合理确定建设类型的分类，有序推进改造顺利进行，避免盲目拆、改、建。

3.3.2 综合分析评估进行合理界定分类

各高校应对自己校内建筑情况进行评估，按照所属类型、建筑质量、建筑年代、建筑保护等级、建筑外观和形式等因素进行详细分类，综合评估，最后分成拆除、改造（更新）和保留三类。

其中保留和改造建筑可按照其所属建筑类型、建筑年代和质量、建筑风貌和建筑评级等相关内容进行界定。例如，属于教学科研类或有特色的生活住宿类的建筑，建筑建设年代比较久远、建设风貌具有时代特征、建筑外观和形式保护较好，或者有一定历史意义的建筑应该予以保留，属于省市级文保建筑的也要一并保留。

保留和改造的建筑中按照建筑年代和破损程度进行分类，可分为文物保护建筑、具有保护价值的建筑和一般建筑。

3.3.3 从物质层面施行整合改造路径

对各校的建筑资源进行梳理评定，依据不同的分类情况提出拆、改、合、留四种整合路径。

拆：按照“拆旧建新、拆废建需”的原则对校园可拆除建筑进行有序整理，明确拆除难度，制定拆迁时序。现阶段，城市发展速度减缓，各学校所面临的相关城市建设要求不同。例如，《北京市总体规划（2016 年—2035 年）》出台后，北京开始减量发展，中心城区不再新增高等院校的教学建筑，学校只能在拆除的基础上进行同等规模建设，即“原拆原建”，各校应制订相应的拆除改造计划，在保证学校建设的同时不影响正常的教学生活。

改：根据使用现状和功能对可改造的建筑进行分类别、分时序改造，确定改造类型为“翻新、调整功能、拓展规模”三类，其中翻新包括外观的更新改造、内部的重新装修等；调整功能即在建筑结构保持不变的基础上，对建筑内部功能进行重组调整，满足现今的教学科研需求；拓展规模包括向外部、上部和下部的空间延伸，其中地下为最主要的拓展方向，可将停车、办公、会议等相关功能嵌入。

合：老校区在建校之初，校宇楼阁多为独栋式建筑，在学校的发展过程中，老校区整合必须符合学校自身的学科使用与发展需要。现今高校正在探索书院式教学模式，教研校舍的设置应与当前改革相结合，采取书院、社区的建设方式，形成半围合式的教学建筑，可结合几栋独栋建筑，利用连廊、辅助建筑、空中走廊、地下空间连接等方式对老校区建筑进行社区化围合式更新改造。

留：备用地的预留可分为“相对集中、独立分散”两种方式。虽然目前老校区不宜大规模建设，但是通过拆并整合的方式，仍可以进行建设。老校区可集中预留绿地空间，作为未来发展备用地；另外，在楼宇之间应留出部分空间，作为拓展学科和相关功能的备用地。

3.3.4 用刚性指标对老校区进行建设控制

对老校区校园规划指标进行明确。根据《国务院关于促进节约集约用地的通知》（国发〔2008〕3号）的要求，从严控制城市用地规模，合理确定各项建设建筑密度、容积率、绿地率，严格按国家标准进行各项市政基础设施和生态绿化建设。《北京市城市建设节约用地标准（试行)》（2008年3月）中明确提出：可通过适当提高容积率，在保证基本功能和安全的前提下，满足建筑规模要求。在一般情况下，中心城地区校园面积在100公顷以上的，容积率为0.8~0.9；校园面积在50~100公顷的，容积率为0.8~1.2；校园面积在50公顷以下的，容积率为1.2~1.6。为了鼓励高等院校向新城地区转移，根据市教育主管部门意见，中心城外普通高等学校采用较高的用地标准，建设强度稍低，容积率一般为0.6~0.8。

老校区一般位于老城区或主城区内，学校的占地规模对容积率、建筑密度等技术经济指标均有较大的影响，建议规划控制指标参照北京市节地标准，按照50公顷以下、50~100公顷、100公顷以上三类进行控制。根据7所院校现状及未来发展趋势，建议校园整体规划控制指标（见表3-2）；与此同时，建议校园规划控制指标按功能区或地块进行进一步细化分类，并对各功能区或相应地块进行分类指标控制（见表3-3）。

表3-2 老校区整体建议规划控制指标

分类	容积率	绿地率/%	建筑密度/%	高度/米	绿化覆盖率/%
50公顷以下	1.2~1.6	30	30	80	35
50~100公顷	0.8~1.2	35	30	60	45
100公顷以上	0.8~0.9	40	35	60	50

注：容积率为高限，绿地率为低限，建筑密度为低限。

表3-3 老校区分区建议规划控制指标

各类功能区	容积率	绿地率/%	建筑密度/%	高度/米	备注
教学区	1.0~2.0	30	30	45（80）	高度左侧为控制高度，括号内为不宜超过的最高高度。例如教学区高度以45米为宜，最高不宜超过80米
学生生活区	1.2~2.2	30	30	30（60）	
产业园区	1.8~3.5	30	25	45（80）	
混合功能区	1.5~2.2	30	25	30（60）	

注：容积率为高限，绿地率为低限，建筑密度为低限。

按照所在城市总体规划要求明确老校区相关建设控制要求。如北京高校按照北京市总体规划的要求，老校区按照“拆1建0.7”的规模进行逐步减量发展，其中“0.7”仅指地上面积，鼓励校区向地下空间进行延伸拓展。老校区建设应采取修补、替换、分区逐块更新改造等方式，以全新的功能填充功能性衰败的物质空间。

对老校区各类能够提升学习生活环境和质量的指标进行合理控制，包括明确道路形式和道路断面（见表3-4），合理设置公共服务设施的相关配置要求（见表3-5），通过明确的指标控制，提升老校区整体生活服务环境质量。

表 3-4 道路断面形式和宽度要求

分区	步行道宽度/米	机动车道宽度/米	非机动车道宽度/米	备注
学生生活区	≥2	≤7	≥1.5	非机动车道可结合机动车道进行设置
教学科研区	≥2.5	≤7	≥1.5	非机动车道在步行区域内结合步行道进行设置，在混合区域，结合机动车道进行设置；非机动车道采取不同于其他车道的铺装方式进行设置
产业园区	≥2	≤7	≥1.5	非机动车道与机动车道单独设置，可用铺装进行区分

表 3-5 公共服务设施配置标准

设施	具体内容	建筑面积/平方米	步行时间/分钟	步行距离/米
小型活动中心	小型绿地、小卖部或自动售卖机，健身器械、不少于2张乒乓球案	≥200	5	300
综合服务中心	大型超市、食堂、咖啡馆	≥3 000	10	500
大型活动场地	标准（400米）跑道操场和不少于4块的篮球场地	—	10	500

§3.4 实施保障

加强实施管理，制订实施计划，采取行之有效的保障措施，确保规划可以落实到位。

3.4.1 成立老校区更新改造办公室

校长为主任，常务副校长为副主任，主管更新改造相关事宜，可聘请权威人士作为办公室总工，统一协调指导相关改造工作，提升改造效果。

3.4.2 编制老校园更新改造规划

根据老校区定位及学校学科建设方案科学编制老校区改造规划。根据校区实际情况选择编制若干专项规划，如绿地景观专项规划、地下空间专项规划、道路系统专项规划、色彩规划、公共空间专项规划等。

结合所在社区和周边社区，从区域的层面进行片区概念规划，提出符合城市更新视角的校园规划建设的概念性方案，以更加开放的姿态为老校区资源再开发提供有益的想法和建议。

3.4.3 制定近远期规划

在有序梳理资源的前提下，制定适合老校区整合提升的近远期建设规划，确定不同时期的建设目标，制订年度和季度工作计划，设定具体项目库和时间要求，确保校园建设有序实施。定期召开推进会，明确项目推进内容和推进计划。

3.4.4 多渠道筹资金

积极筹措资金，实现建设资金筹措渠道多元化，在大力争取国家财政支持和政策支持的同时，多方拓展筹资渠道，提升自筹资金能力，广泛争取地方和社会各界的资助、投资和捐助。

§3.5 改造案例

通过对国内外几所高校的校园更新改造成功案例进行分析，可得到值得借鉴的部属老校区更新改造和再发展更新路径和发展模式。

3.5.1 案例一：宾夕法尼亚大学

对历史建筑的保护以及现代建筑的协调。作为具有 280 多年历史的老校与一直保持高水平的名校，宾大既有一批堪称经典并引以为豪的古老建筑，又有一批在学校发展过程中不断建造的新楼与相应的环境。2002 年建成投入使用的总投资达 1.4 亿美元的沃顿商学院新楼，尽管外观已十分现代，但通过墙面的材料与颜色的处理以及环境的配套，仍能十分和谐地处于该校的中心地段。

校园的区域化以及与城市的联系。在宾大校园中，各学院都有自己相对独立的区域，学院之间大都由道路、绿化、公园或各类服务设施分隔。同时，学校还十分注重与城市的联系，校园与城市结合部通过购房、征地或联合开发等多种形式，强化学校内部的服务性功能，扩大了学校的有效使用面积，改善了周边环境条件，既利用了城市的公用基础建设，又更好地发挥了大学作为城市经济发动机的作用。宾大正是通过具有鲜明特点的规划理念与精心建设，成为费城这个大都市中古典与现代风格交相辉映的一片绿洲。

3.5.2 案例二：耶鲁大学

注重营造人文艺术气氛，形成浓厚的校园文化气息。耶鲁大学拥有全美大学中最早的博物馆、最古老的艺术馆和最大的图书馆，毕加索、梵高等人的著作经常在博物馆和艺术画廊展出；校园内艺术气息浓厚，每年公开举行音乐会 1 000 余场，定期邀请著名演员和导演到校园访问、演出和演讲。

塑造校园文化的品牌活动，是大学校园文化建设的一大亮点。将校园的活动比赛发展成全校学生都要参与的盛事，调动学生的积极性，提升学生的凝聚力，塑造校园文化的品牌活动。一年一度的哈佛耶鲁橄榄球比赛，是作为一名学生必须参加的盛事，双方的学生、特地赶来助兴的校友，各自举着自己的标语牌，向对手学校的学生们示威，为自己的球员们欢呼，凡是参加过这种比赛的人，都很难不被全场的热烈气氛感染。耶鲁大学实景图见图 3-9 和图 3-10（图片均来自网络）。

图 3-9　耶鲁大学皮博迪自然史博物馆

图 3-10　耶鲁大学美术馆

3.5.3 案例三：斯坦福大学

大学在容纳大量不同的功能与场所的同时，也在随着教学研究与社会协作方式的迭代而不断变化生长。斯坦福大学不断改变着建筑与景观格局。1886 年奥姆斯特（Olmsted）规划了斯坦福大学，随着城市与交通方式的变化，设计师们不断调整着校园的轴线中心、开放空间与景观。沙岗大道作为斯坦福大学对城市延伸的通廊，串联了城市住区和商业购物配套，在保留校园乡村肌理的同时获取了城市生活体验。斯坦福大学不满足于原有的基本教学研究功能，在校园内配备了高品质的美术馆、剧院、音乐厅以及田径体育设施，在原有校园空间布局的基础上，在大型开放空间中镶嵌了各类独立建筑或组团等小空间，确保视觉与动线贯穿的同时，还可以对组团内部的剩余空间加以利用，在必要时可以充分利用这些剩余空间，以满足日益增长的对教学和交流的临时性场所的需求。这些建筑中最重要的空间往往不在建筑物中，而是那些剩余空间，它们有时是花园庭院，有时是一个供学习、聚会、沉思或放松的角落，比如令人难忘的“四方院”，贯穿了整个斯坦福校园，是非常显而易见的“一种空间”。

3.5.4 案例四：北京大学

对地下空间的有效利用。北京大学存在多处历史保护建筑，为了保证总体校园环境的和谐统一，满足历史保护建筑的风貌要求和现代教学需求，北京大学充分利用地下空间，对土地进行了多重利用，既优化了校园功能，又保护了地面景观、增加了绿地，地下空间冬暖夏凉的特性也有利于节能校园的建设。

学校第二体育馆的改造：第二体育馆为国家文物保护建筑，建于 20 世纪 30 年代，一层为游泳馆，二层为篮球馆。改造后新增的地下室东侧为报告厅，西侧为阶梯教室，中间为走道和楼梯间，南侧为阳光大厅活动空间。增加的办公和交通空间功能，更好地服务了全校师生。

北大斯坦福中心的建设：北大斯坦福中心为浓厚的中式风格的“四合院”，为斯坦福大学在北大设立的教育研究中心。建筑采用钢筋混凝土结构，呈现出一派清代王公府邸的建筑风格，雕梁画栋，与环境充分融合。地上一层、地下两层，利用庭院内的采光井引入自然光，形成两层通透的地下室大厅，围绕采光井布置了各项功能。北大实景图见图 3-11~图 3-13。

图 3-11　北大第二体育馆（外部）

图 3-12　北大第二体育馆（室内）

图 3-13　北大斯坦福中心

3.5.5 案例五：西南大学

西南大学荣昌校区在新时代背景下，将原校园建设的“自组织”形式进行转变，尝试了一种“城校互动”和弹性生长的渐进式更新模式。以共享理念为指导，瓦解“单元”壁垒，与城市融为一体。

将校内外功能进行融合共享。将校内功能，如家属区剥离出校园的主体功能区，使其与城市融为一体，在社会管理上强调与城市的全面融合；将适合城市功能的会议接待、服务设施等对外开放，同时考虑到校内大型体育设施的对外使用和培训等功能，将其布置在学生生活区南侧并设置独立的出入口，进行对外开放。建立面向城市开放的校园环境，形成内外一体的开放空间体系，将绿化河面及城市景观引入校园，结合城市节点打造体育场馆，与城市形象进行统一。

对于校园内部的空间进行有序建构。利用一条主要道路，以“轴线+院落”式的空间框架构建“串珠并列式”的空间系统。注重继承历史文化，利用保留历史建筑和信息、运用典型符号、发扬地方特色等方式进行合理建构。

3.5.6 案例六：沈阳建筑大学

对传统建筑语汇的吸收和利用。对传统建筑符号进行新的演绎，对地方建筑要素进行吸收共享。比如，在新校区的正门建设中将老校区的四个大门柱子整体搬迁；将老校舍拆下的红砖和青砖重新组合成两幅壁画置于办公楼门前；建老校区时用过的铁磙子，也被完整地搬运过来，保留在学校的铁石广场，做成雕塑，名为“滚滚向前”；老校区内的壁画也整体搬迁到新建教学楼内，增强对学生对校园历史的记忆。

对城市文化要素进行延续和传承。比如，将沈阳市废弃的老城区道路侧石、铁道枕木，扩建城市道路时被砍的老树桩，原五里河体育馆内废弃的塑料坐凳、钢铁构件等进行再创作，形成景观雕塑“刚强”；将织布机、石磨盘、木板车等作为城市文化积淀设置于校园一隅；在具有600多年历史的原沈阳“八王寺”的古建筑残垣被全部拆除后，将所有的大殿建筑构件保留下来，在学校东南角复原，定名为“八王书院”，这是校园里古建保护与景观结合的最佳个例。沈阳建大新校区实景见图3-14和图3-15（图片均来自网络）。

图3-14 沈阳建大新校区校门

图 3-15　沈阳建大新校区砖砌壁画

3.5.7　案例七：　香港大学

香港大学百年校园建设规划有值得借鉴的地方，它是在确定的一系列与时俱进的发展原则基础上开始计划实施的。

1. 发展原则

1）不断学习的小区：无论校园如何改变，都必须能够支持教职员、学生、广大市民及访客对生活品质以及精神境界的追求。

2）环境和古迹：港大珍爱其独有的自然环境，并致力维持一个尊重历史文化和生态环境的可持续发展小区。

3）整合一体的校园：任何港大校园的改动，包括建筑物空间及邻近环境方面，都必须能丰富整个小区并与其和谐一致。

4）开放及相互尊重的过程：作为香港重要的一分子，港大诚邀每位关心香港大学前景的人士就有关规划给出各自的意见和建议。

2. 规划相关内容

1）研习坊：研习坊是一个学习、讨论、获取信息及支持的广阔空间，它的功能远超过一般的图书馆。除了宁静的阅读区，研习坊还有大量供饮食、休息、小组讨论及使用视听器材的地方，学生不但可以通过计算机获得电子信息，还可借阅图书馆的藏书。研可坊是一个有利于互动、适合多种学习模式的全天候 24 小时开放空间。

2）会议中心：校园地下全成为会议中心，设有不同大小的教室及讲堂，包括可容纳 1 000人的大礼堂。此外，新校园将有超过 60 个由中央统筹的教室，包括部分实验型教室。

3）历史建筑保育：校园的地段原为政府水务署，现址有三种分别建于 19 世纪 20 年代及 19 世纪 30 年代的建筑物，包括高级员工宿舍、普通员工宿舍及西区滤水厂房，咨询各方意见后，港大决定全部原址保留。其中两座历史建筑将成为未来校园入口的一部分，被改建为更适合学习和交流的场所。

3. 公众参与

港大在规划新校园之初，已决定采取“坦诚开放共建小区”的态度，主动征求校内外人士的意见，这在香港高校史上也是前所未有的。

4. 多重咨询模式

有别于政府或公营机构的一次性咨询模式，港大从规划新校园的初步构思阶段，到 4 个建筑设计的展览，再到选定方案以后的详细设计，每个阶段都向校内校外人士进行咨询，诚恳听取意见，并尽量采纳，这种多重咨询模式，有以下特点：

1）形式多样化。除了传统的讨论会、展览板和公告板，还就工程做了仿真录像校园模型的网站，从多方面展示新校园的特色，并研发模拟 VR 系统，只要戴上立体眼镜，便可置身校园，领略游新校园各处风景。

2）咨询对象广泛。咨询对象主要分校内和校外两部分。校内人士包括教职员、学生及校友组织，负责整体规划的咨询和讨论及其他技术问题。校外人士方面，从临近小区的居民、到环保团体、区议会、立法会、政府部门，校方都诚恳听取意见。校园设计方面，校方也借鉴海外的先进经验，从澳大利亚请了有关专家与校内领导及教职员工开工作坊，共同设计符合 21 世纪教学需要的校园。

3）建立伙伴关系。由于咨询工作从 2005 年起每年进行，无论是支持还是反对新校园的人士，都感到了意见被尊重，因此与校方建立了良好的伙伴关系。他们明白咨询不是一次性的，校方会听取并回应所有意见，直至校园建成为止，这种和而不同的关系尤为难得。

4 建设工程项目管理概述

§4.1 建设工程项目管理发展概况

4.1.1 国内外建设工程项目管理发展情况

人类从事建设工程项目管理活动已有数千年历史，最早的项目管理实践可以追溯到长城和金字塔等举世闻名的杰出工程，项目管理方法的探索和创建可以追溯到20世纪初。

1. 国外建设工程项目管理发展情况

20世纪60年代末至70年代初，发达国家开始将项目管理的理论和方法应用于建筑工程领域，并于20世纪70年代中期前后在大学开设工程管理相关专业。项目管理首先应用于业主方的工程管理，后逐步在承包方、设计方和供货方得以推广。20世纪70年代中期前后兴起了项目管理咨询服务，管理咨询公司主要的服务对象是业主，但也服务于承包方、设计方和供货方。1980年国际咨询工程师协会（FIDIC）颁布《业主方与项目管理咨询公司的项目管理合同条件》，明确了代表业主利益的项目管理方的地位、作用、任务和责任。

2. 我国建设工程项目管理发展情况

我国从20世纪80年代初逐步引入建设工程管理概念。80年代初，工程项目管理理论首先从德国和日本分别输入我国，之后其他发达国家，特别是美国和世界银行的项目管理理论、要求和实践随着文化交流及项目建设陆续传入我国。

我国根据实际情况，以制度建设为抓手，推动工程建设领域健康、可持续发展。如1983年原国家计划委员会提出推行项目前期项目经理负责制；1984年开始推广工程建设项目为对象的招投标承包制；1988年推行工程监理制度；1995年推行项目经理负责制；1996年制定建设项目法人责任制，推动了项目管理在我国的实践，确定了由业主、承包商和工程监理组成的三位一体的建设项目组织格局。2002年，为加强项目总承包和施工管理，保证工程质量和施工安全，对工程项目总承包及施工管理专业技术人员实行建造师执业资格制度。2003年住建部鼓励具有勘察、设计、施工、监理资质的企业按规定在许可范围内开展工程项目管理业务，培育发展工程总承包和工程项目管理企业，为适应投资建设项目管理需要，对投资建设项目高层专业管理人员实行职业水平认证制度。2006年国家发布标准《建设工程项目管理规范》（GB/T 50326，该标准于2017年修订），促进了建筑业健康发展，完善了工程建设模式。2017年，国务院办公厅出台《关于建筑业持续健康发展的意见》（国办发〔2017〕19 号)，“鼓励投资咨询、勘察、设计、监理、招标代理、造价等企业采取联合经营和并购重组等方式发展全过程工程咨询，培育一批具有国际水平的全过程工程咨询企业”，以提供全过程咨询服务。

在项目管理知识构建方面，2002 年，中国项目管理协会在北京举办了首届项目管理国际会议，出版了《项目管理知识体系纲要》。随后，项目管理的理论和方法研究在我国风生水起。从 2007 年起，中国工程院每年确定一个主题方向，主办一次全国性学术会议即“中国工程管理论坛”，旨在研究我国工程管理理论与实践，探讨我国工程管理现状及发展关键问题。每届论坛都有数名院士和多名专家学者参加，得到了社会各界的热烈响应，对促进我国工程管理的学术交流，推进我国工程管理的科学发展产生了积极作用。

4.1.2 我国高校建设工程项目管理发展情况

高校基本建设是高校赖以生存和发展的基础性条件，不仅是教学、科研的和人才培养的物质基础，也是师生维持正常生活、工作、学习的重要保障。我国高等院校基本建设的历史可划分为以下几个阶段。

1. 第一个阶段：1949—1980 年

1949 年，全国有高等院校 205 所，在校学生 11.5 万人，校舍面积超过 345 万平方米。随着中华人民共和国成立以后国民经济的不断发展，通过就地扩建、迁地另建、新建、改建等多种形式，我国高等院校的校舍不断扩充，到 1981 年全国已有高等学校 704 所，在校学生 127.9 万人，校舍面积 4 541 万平方米。与 1949 年相比，高校数量增加 2.4 倍，在校学生数增加 10.1 倍，校舍面积增加 12.2 倍。高等院校布局有较大改善，学校规模有所扩大。

2. 第二个阶段：1980—1985 年

1984 年，国务院发布《关于改革建筑业和基本建设管理体制若干问题的暂行规定》，大力推行建设项目投资包干责任制和工程招标承包制，对加速高等教育事业的发展取得明显效果。到 1984 年，全国已有高等院校 902 所，在校学生 144.3 万人，校舍面积 5 895 万平方米。与 1981 年相比，高校数量增加 198 所，在校学生数增加 16.5 万人，校舍面积增加1 354 万平方米。

3. 第三阶段：1985—1998 年

1984 年《建设工程招投标暂行规定》颁布后，高校基建也开始尝试面向社会搞承包。由于政府的质量监控比较宏观，施工企业的自监存在水分，高校基建部门出于责任需要自行组织监控，因此形成了政府、施工方和业主三方监控基本建设的局面，但还处于大发展的起步阶段。由于高校基建规模尚小，而学校管理系统传统惯性大，自我封闭性较强，与社会缺乏良好接轨，自建、自管的现象依旧存在，很多学校自行设立的一些专业基建队伍不断壮大，甚至发展成为在行政统一管理下的校属土建公司，全面负责学校中小规模的校园建设或修缮。

党的十四大提出了建立社会主义市场经济体制，传统的计划经济体制淡出历史舞台，高校后勤体系处于一个全新的历史时期。随着高等教育的迅速发展，配套基建规模不断加大，功能日趋复杂、工程造价越来越高，客观上达到了非社会化大生产不可的程度。高校基建进入社会化实施阶段成为基建自身发展的必然要求，社会化大生产业已成熟的基建模式、丰富的建筑技术和管理经验，已经为高校基建工作预备了一个赖以升华的巨大智慧和能源库。高校基建部门敞开大门，摆正位置，广泛运用改革成果的历史条件，从主观和客观两方面均基本成熟了。尽管此时还没有彻底消除“自筹、自建、自管”的模式，但高校基本建设工作新的开拓性局面已经呼之欲出。

1985 年《中共中央关于教育体制改革的决定》颁布实施后，各级政府进一步提高了对教育事业在“四化”建设中的重要战略地位的认识，使高等教育事业有了很大发展，高等院校的校舍面积增长较快。到 1998 年，全国已有高等院校 1 022 所，在校学生 340. 9 万人，校舍面积 15 400 万平方米，与 1984 年比较，高校数量增加 120 所，在校学生增加 196. 6 万人，校舍面积增加 9 505 万平方米。

4. 第四个阶段：1999 年至今

1998 年国务院在上海召开了高校后勤社会化改革工作会议，高校后勤以此为标志进入了加快改革阶段。高校的基本建设全面进入了以工程招标承包制和专业监理公司负责施工监理为特征的社会化实施阶段。减员增效、后勤服务社会化，成为高校后勤改革的主要方向。专业建设公司成为工程承包方，是工程的具体实施者，也是质量的直接责任者；专业监理机构依法介入，代替高校基建部门对工程质量、造价、进度进行全面控制和管理，破除了“自筹、自建、自管”的基建模式，由此高校基建部门实现了甲方管理职能的回归。

国家实施科教兴国战略后，我国高等教育改革和发展的步伐明显加快。1999 年开始的高等学校连续扩招，使适龄青年进入高等院校就读的人数急剧增加，至 2007 年，高等教育毛入学率已经达到 23%。目前，我国高校在校学生人数突破千万人大关，办学数量的增加和招生规模的扩大对高校的教学、科研和生活等一系列基础设施从质和量两方面提出了新的要求，可以说，高等教育的大发展为高等院校基本建设提供了巨大的发展空间。

§4. 2　建设工程管理的内涵及要点

4. 2. 1　建设工程管理的内涵

1. 建设工程项目

建设工程管理即对建设工程项目的管理。根据《建设工程项目管理规范》（GB/T 50326—2017)，建设工程项目的定义为“为完成依法立项的新建、扩建、改建工程而进行的、有起止日期的、达到规定要求的一组相互关联的受控活动，包括策划、勘察、设计、采购、施工、试运行、竣工验收和考核评价等阶段”。

建设项目的分类方式主要包括两种：按建设的性质，分为新建项目、扩建项目、改建项目、迁建项目和恢复项目；按建设的经济用途，分为生产性基本建设和非生产性基本建设。高校基本建设属于非生产性基本建设。

2. 建设工程项目管理

根据《建设工程项目管理规范》，项目管理定义为“运用系统的理论和方法，对建设工程项目进行的计划、组织、指挥、协调和控制等专业化活动”。英国皇家特许建造师对建设工程项目管理的定义是“自项目开始至项目完成，通过项目策划和项目控制，使项目的费用目标、进度目标和质量目标得以实现”。

建设工程项目管理是指对建设工程全生命周期进行管理，包括项目的决策阶段、实施阶段和使用阶段。项目决策阶段主要工作包括编制项目建议书、编可行性研究报告，项目实施阶段主要工作包括设计准备（编制设计任务书）、项目设计（含初步设计、技术设计及施工图设计）、工程施工及竣工验收，项目使用阶段为工程保修维修。

4.2.2　建设工程管理的任务及要点

1. 建设工程管理的任务及要点概述

建设工程管理的核心任务是把控项目建设，发挥项目效能。项目建设是要确保工程建设安全、提高工程质量、控制投资成本、控制建设进度，项目建设还要确保工程使用安全，做到节能、环保、满足用户使用要求、便于工程维护、降低运营成本。

根据美国项目管理研究院（Project Management Institute，PMI）的观点，项目管理知识体系可划分为九大领域，即项目整体（集成）管理、范围管理、进度（时间）管理、费用（成本）管理、质量管理、人力资源管理、沟通管理、风险管理及采购管理，其管理内容和过程见图 4-1。

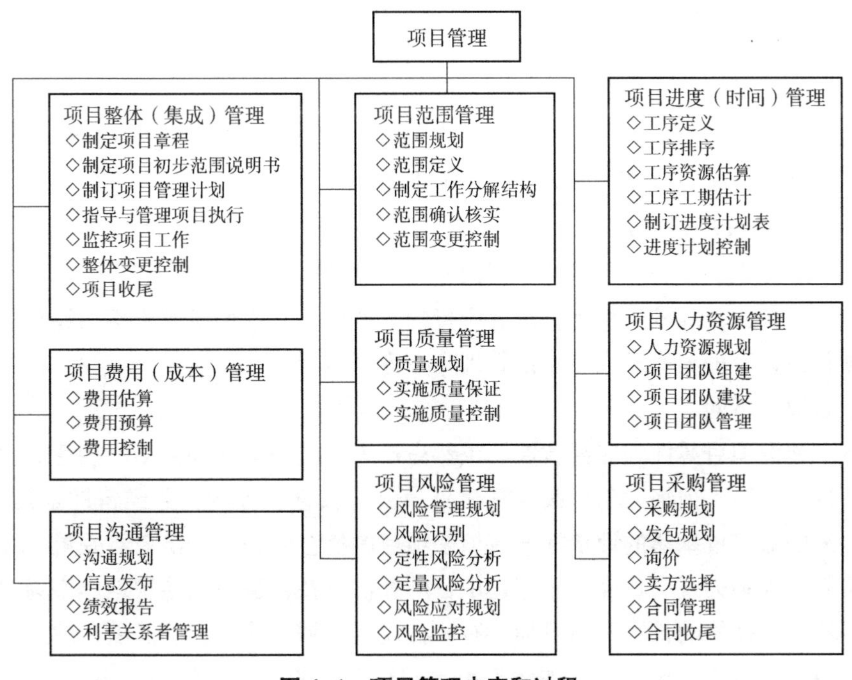

图 4-1　项目管理内容和过程

建设工程项目管理需要工程项目的各相关单位，如投资开发方、政府、设计方、施工方、供货方、工程监理和使用方共同参与。由于各参与方的诉求不一，因此管理要点不一。业主方是项目整个实施过程的总组织，要对人力、物力资源进行综合把控，因此业主方的管理是项目管理的核心。

(1) 业主方管理的目标任务

业主方管理目标包括投资目标、进度目标和质量目标。其中，投资目标指项目总投资目标；进度目标是项目从立项到工程交付使用的时间；质量目标包括施工质量控制，还包括设计质量、材料质量、设备质量及环境质量控制等，要满足国家相应的标准规范规定，同时要满足业主需求。

在管理时，投资目标、进度目标和质量目标之间有统一也有矛盾。比如要加快项目建设进度往往需要增加投资，要提高项目质量也需要增加投资，缩短建设周期会降低工程质量，因此需要在管理时统筹平衡，合理安排。

业主方管理涉及项目实施阶段全过程，在设计前准备阶段、设计阶段、施工阶段、动用前准备阶段和保修期阶段，对项目安全、投资、进度、质量、合同、信息、组织和协调进行管理。

(2) 设计方管理的目标任务

设计方是项目建设的重要参与方，设计质量与项目投资、工程质量密切相关。设计工作主要在项目决策阶段，但施工准备阶段、施工阶段、运维保修阶段都需要其密切配合。设计方项目管理内容包括项目成本、进度、质量和投资。

(3) 施工方管理的目标任务

施工方必须按工程合同规定对施工的安全、成本、进度、质量、合同、信息进行管理，并做好与施工相关的组织和协调。施工方项目管理主要在施工阶段进行，也会涉及设计阶段、动用前准备阶段和保修期。

(4) 供货方管理的目标任务

供货方的管理主要包括成本管理、进度管理和供货质量管理。管理工作主要在施工阶段，也涉及设计准备阶段、设计阶段、动用前准备阶段和保修期。

2. 高校基本建设项目的特点

高校基本建设项目是公益性事业，建设和使用目的就是满足教学和科研的需要。与企业投资的建设项目相比，高校建设项目没有直接的生产产品，因而没有直接的经营收益。高校建设工程项目建设管理与一般项目建设管理存在区别。

(1) 项目属性不同

高校基本建设项目属性为非经营性。虽然高校为了更好地解决供给、接待等问题，会配套一些经营性的场所，但绝大部分高校基建是为公共教育服务的，非经营性是其基本属性，由此衍生出来的对高校基建的评价标准应该是项目的社会效益与经济效益并重，甚至社会效益优于经济效益也不为过。片面追求基建项目的经济效益，盲目借鉴房地产市场的理念和管理模式，并不利于高校的长远发展目标。有一种观点习惯于将高校基建项目的单方造价与房地产市场的单方成本进行比较，比如北京市高校宿舍楼的平均建筑单方造价在 2 500 元/平方米以上，而房地产市场的单方成本则可控制在 1 500 元/平方米以下，由此就认为高校的基建管理模式效益低下，应该把高校基建完全社会化，这种观点可能忽视了高校建筑功能齐全而房地产市场毛坯房即可出售的竣工标准的不同，且对两者在工程实体质量要求上的区别缺乏了解。高校基建非经营性的特点保证了其质量目标在实施过程中能得以控制落实。比如北京一些有名高校，近些年的基建项目获得市级优质工程奖项的现象十分普遍，而以经济效益为第一位的房地产市场质量问题则广为大众诟病。为确保项目的社会效益，高校项目管理模式中不存在刻意压低造价的约束条件，更重要的是管理行为规范、监控环节到位、工程质量可靠，实现了对项目的良性管理。

（2）投资来源多样

高等教育是社会公共事业，随着国民收入的提高，高校基建投资来源也由单一的财政划拨，逐步转变为国家拨款、银行贷款、学校自筹、社会捐助等多种融资模式。对于不同的资金来源，在项目管理上的侧重点就会有所不同，甚至在管理模式上都会有所改变。比如社会捐助项目，捐资方可能会要求校方聘请专业项目管理公司来管理项目，一些全资捐款或捐建项目捐资方甚至会直接参与设计、采购和施工，采用转让承包或工程总承包的项目管理模式来完成项目建设。高校基建投资来源的多样性，相当程度上决定了其管理模式的多样性。高校管理部门因而也面临着学习、驾驭多种管理模式的压力。

（3）管理内容不同

高校基建工程项目管理目标涉及工程项目的全过程。从项目建设前期策划和决策阶段的可行性研究、总体规划、方案决策及委托设计、编制资金使用计划、办理各种建设手续、组织工程招投标等，到项目中期实施阶段的投资、质量、进度三大控制及项目管理后期的竣工验收、工程决算、固定资产移交等方面均需进行全方位跟踪式管理，而一般的项目管理目标是项目质量、项目进度、项目成本、项目利润。一般建设单位的工程管理因为缺少工程技术人员，管理目标常锁定在委托优秀的中介服务机构和项目实施过程的组织协调。

（4）管理方式不同

由于高等教育学科的综合性，高校服务于不同对象的建筑工艺要求差别很大。例如化学楼与物理楼在通风排污系统设计上差别很大，美术教室和普通教室在采光照明系统的要求上也迥然不同。高等教育学科在迅猛发展之中，对配套建筑的要求随时都可能变化，即便在工程施工期间，也会因为使用方提出新的工艺要求而导致大量变更洽商的发生，并且这种要求往往难以拒绝，其直接结果就是既定的造价和工期目标难以实现，所以在高校的基建管理模式中应设置怎样的管理机制以适应这种情况需要研究。

另外一些高校建筑本身还有着很强的技术性，比如科技部在清华大学投资建设的超低能耗示范楼等。这些科技示范型楼宇尝试应用数量众多的建筑高新科技，如何在组织建筑设计、采购、施工过程中实现这些创新，对高校基建管理部门提出了很高的技术性要求，同样需要在项目管理过程中增加相应的环节予以满足。

高校基建管理一般设有专门的管理机构，队伍稳定、专业齐全、分工明确、整体业务水平较高、技术管理成分多，而企业项目管理一般是以项目班子为核心操作层，项目班子只是为特定项目而设，稳定性差。

§4.3 建设工程项目管理的模式

4.3.1 建设工程的基本管理模式

我国 20 世纪 80 年代开始推进基建管理体制的改革，1984 年国务院发文要求培育、发展工程总承包，随后又鼓励具有相应资质的企业开展工程项目管理业务。通过近些年来对外借鉴引进，以及国内基建管理的实践积累，目前我国项目管理模式大体上可分为三大类：一是业主方直接参与管控施工过程的项目管理模式，如工程指挥部管理模式或甲方项目制管理模式等；二是以提供项目管理服务为主的项目管理模式，如项目管理承包模式；三是参与项目勘察、设计、采购、施工、试运行等全部或部分实施环节的项目管理模式，如设计-采购-施工总承包（Engineering-Procurement-Construction，EPC）、设计-施工总承包（Design-Build，DB）、采购-施工总承包（PC）、建设-转让总承包（BT）、建设-经营-转让总承包（BOT）、建设-拥有-经营总承包（BOO）等模式。此外，针对非经营性政府投资项目，国家正在积极推行代建制的项目管理模式。

4.3.2 高校建设工程的主要管理模式

高校基建经过多年的实践，不断借鉴行业成功经验，得到了当前应用比较普遍的两种项目管理模式。

1. 甲方项目制管理模式

甲方项目制管理模式由甲方项目部+监理+施工方组成。此种模式下基建管理部门作为项目甲方，针对每个项目成立项目管理部，项目部由项目负责人和土建、电气、暖通等专业工程师组成，人数一般比较精简，在监理的配合下，对项目的实施过程实行有力、到位的管理，在相当程度上掌控着项目的进展。

甲方项目制管理模式在一些设置有专门的基建管理部门、基建规模较大的高校里应用得比较好。随着高校基建的逐年发展，这些学校的基建部门均锻炼出了一批经验丰富的基建技术与管理人才。在甲方项目制管理模式下，把这些人才进行优化组合，与建设项目一一对应地成立甲方项目部以开展项目管理。实践表明这种管理模式仍然具有突出的优势：一是能充分了解建筑的使用需求。甲方项目部与项目的使用方如学校各院系、部处单位同属一校，沟通起来具有天然的优势，可以充分了解使用方的需要，并且可以很快地用工程语言将之落实到设计与施工当中，比较利于解决服务对象多样化的问题，易于构建和谐的建设环境。二是比较易于灵活应变。甲方项目部同样服务于学校学科发展之目的，因此如果使用方在施工阶段提出变更需求，项目部能积极对待，力争在既定的三大控制目标下，灵活加以处理。而项目管理公司则不同，由于受到委托管理合同中工期与造价目标的约束，一般会对施工过程中的变更采取抵制态度，降低甲方对竣工建筑的满意度。三是比较利于维护与管理。高校基建部门既有建设的责任，也有维护与管理的义务。甲方项目部由于直接参与了施工过程管理，对施工单位以及工程质量状况有清晰的了解，自然有利于建筑交用后的维护与管理。

2. 项目管理承包模式

项目管理承包模式由甲方项目部+PM（Project Management，项目管理）公司+监理+施工方组成。甲方主要侧重于投资控制与造价管理，现场主要管理职能由 PM 公司代行。

随着后勤社会化改革深入并配合高校机构的精简，不少高校的基建部门或者撤并或者减员，管理力量的不足使得引入项目管理公司的项目管理承包模式成为必然。项目管理承包模式是高校探寻的一种新的管理模式，大胆引入校外力量与基建部门相结合，使双方优势互补；同时让高校的基建思路产生转变，让基建部门从原来管理、建设、监督一手包办转变为一个纯粹的管理机构，在高校资源投入上比甲方项目制管理模式要小得多，也为向今后的基本建设平缓期过渡打下了一定基础。

根据2004年建设部颁布的《建设工程项目管理试行办法》，建设工程项目管理是指从事工程项目管理的企业，受工程项目业主方委托，对工程建设全过程或分阶段进行专业化管理和服务活动。项目管理承包模式的特点：一是专业性。高校基建部门人员组成比较复杂，主管领导一般来自教学、科研岗位或其他职能部处，对基建缺乏足够的了解，加之基建队伍人员普遍老化，后续力量缺乏施工技术培训，专业能力不足等情况客观存在，对于复杂基建项目特别是大型校园公建，由于其技术含量高、管理环节多、历时长，聘请专业公司进行管理无疑可以避免许多低级错误。二是属于咨询服务类型。项目管理公司本身并不参与项目的设计和施工活动，并且只向业主提供咨询服务，比如为业主编制可行性研究报告，为业主提供招标代理、设计管理、采购管理、施工管理和试运行（竣工验收）服务等。项目管理公司并不能完全替代业主的职责，而是按照合同约定承担相应的管理责任，取得相应的报酬。目前项目管理承包模式在高校的应用比较普遍，比如清华大学基建管理部门在建筑面积为30万平方米的学生公寓项目就采用了该模式。

在高校应用项目管理承包管理模式仍需加强甲方的管理职能，因为只有甲方自己才最清楚怎样的建筑结构与设施才能更好地为教育教学服务，并且在项目前期报批等环节上仍然需要甲方自行出面解决。

高校目前的甲方项目制管理模式与项目管理承包模式经过比较充分的实践，已取得了很好的效果，在未来相当长的一段时间里，仍然可以继续应用，当然根据国家建筑领域形势的发展现实，需要与时俱进地进行相应调整，以期发挥更好的管理效能。

3. 其他管理模式

根据目前高校基建工程投资多元化的趋势以及国家在改革投资体制方面的思路和做法，高校基建管理模式必将继续向前发展。而从目前的情况判断，将可能会增加EPC管理模式和代建制管理模式。

EPC模式由甲方+施工总承包商组成，即交钥匙工程，甲方负责征地、拆迁、可研、申报等项目前期手续，乙方完成全部的设计、采购、施工、试运行等工程环节，最后移交甲方。这种模式主要应用于新建高校的建设。新的高校建设过程中，高校作为一个教育机构在成立初期并不具备很强的建设管理和技术力量，经验也不丰富，这就必须由政府指定一个施工总承包来全权负责建设，最后再将高校作为接收方完成项目的移交。当然在此过程中，高校也可以培养自己的建设班子，为今后的基本建设做好准备。

可能是因为我国的行业分工很细，竞争比较激烈，EPC模式在我国没有流行起来，在高校也鲜有应用。但随着一些境外企业家向高校全资捐资或捐建项目，EPC模式或类似于EPC模式的应用将成为可能，因为这些企业家易于找到或者麾下就拥有相当成功的建筑设计与施工企业。出于更好地控制项目质量、造价和工期的目的，他们倾向于直接完成项目建设，然后整体捐献给学校。目前由于这些境外设计和施工企业尚未取得在内地的经营许可资质，还需要借助国内的相应企业完成捐资或捐建项目的建设，形成了一种类似于EPC的管理模式。设想等它们通过有效的途径解决了在内地从业的资质问题之后，EPC模式将会是一种比较理想的方式，让高校和捐资方各得其所，皆大欢喜。目前在某些高校里，这种管理模式已经有所体现。

《国务院关于投资体制改革的决定》要求，在非经营性政府投资项目上加快推行代建制。虽然现在高校基建资金来源中政府投资所占比例不断下降，但可以肯定在高校基建管理的模式中又将多出代建制这样一种选择。代建制的实行，将把高校从繁重的基建工作中解脱出来，实现全过程专业化管理。并且从目前代建制试行情况看来，其收费并不算高，代建费一般为甲方项目管理费的70%~80%。当然，由代建单位全权管控项目，同样存在着如何适应高校建筑服务对象多样化、建设需求多变性的问题。此外，代建制本身还存在着法律地位模糊、代建市场不发育、代建单位信用体系与进退场机制尚未建立等问题。目前代建制在我国不少省市，如福建、深圳、上海、北京、重庆等，由政府投资的公共建筑建设管理中取得了不少成功案例，但在高校中应用目前还缺乏经验。

对于建设单位来说，管理模式的选择决定着参建各方的角色和地位，同时也决定着项目合同双方的责任、义务和权利，所以确定高校基建管理模式是一项必要工作。高校应该根据立项工程的特点，确定项目的首要目标和次要目标并合理选择管理模式。

一般高校的基建管理部门参与从项目的可研立项阶段、规划审批阶段、征地阶段、勘察设计阶段、招投标管理、施工许可办理、施工管理直到竣工验收及交付使用的全周期管理，部门的综合能力对工程项目能否顺利完成可以说是至关重要的，包括团队的技术力量、管理水平及工程经验等。很多高校的基建管理人员都是半路出家，并非专业出身，没有相应的经验，对建设领域的法规、施工规范、施工工艺等了解不深。我国高校大都设有处级基建管理部门，但科室的划分也有不合理的情况，受基建管理人员数量或技术能力等的约束，压缩合并功能科室，或者弱化某一重要科室，都会直接影响项目管理的效果，这就需要高校能够认清自身水平，科学选择适合本校基建项目的管理模式，扬长避短，使项目的建设能够符合法律法规及工程规范。管理模式类型的选择一般受基建管理部门综合能力的影响，自管模式或设计与施工分包方式适用于有较强的技术力量、类似的工程经验同时管理水平比较高的高校，其他高校则更适合采用总承包项目管理模式、EPC模式或代建制模式等。

§4.4 建设工程项目的策划与组织

4.4.1 建设工程项目策划

建设工程项目策划是指通过调查研究、收集资料，在充分占有信息的基础上，针对建设工程项目的决策和实施，或决策和实施中的某个问题，进行组织和管理，对经济和技术等方面进行科学分析和论证，决断投资项目是否必要和可行。

一个建设项目从投资意向开始到投资终结的全过程，大体分为四个阶段：项目的策划和决策阶段、项目实施前的准备工作阶段、项目实施阶段、项目建成和总结阶段。项目的策划和决策阶段要决定投资项目的具体建设规模、产品方案、建设地址，决定采取什么工艺技术、购置什么样的设备以及建设哪些主体工程和配套工程，决定建设进度安排、资金筹措以及项目的利润值和项目的风险评估等事项。建设项目一般周期较长、投资较大、风险也较大。建设项目具有不可逆转性，一旦投资下去，工程建起来了，设备安装起来了，即使发现错了也很难更改，损失难以挽回。其中任何选择都具有一定的风险，任何决策环节的失误，都有可能导致投资项目的失败。因此，项目策划和决策阶段的工作是投资项目的首要环节和重要方面，对投资项目能否取得预期的经济、社会效益起着关键作用。

1. 项目决策阶段策划的主要内容

建设工程项目决策阶段策划的主要任务是定义项目开发或建设的任务和意义。工程项目策划需要考虑项目组织、管理、经济、技术、设计、施工等方面，决策基本内容包括：调查分析环境和建设条件，包括自然环境、宏观经济环境、政策环境、市场环境和建设条件的调研分析；确定项目建设内容和建设目标，包括项目建设目的、宗旨、原则，项目规模、组成、功能、投资及建设周期的规划和论证；项目策划，包括决策期的组织结构、任务分工、管理职能分工、工作流程及项目实施期组织的总体方案；管理策划，包括项目实施期的管理总体方案和运营期的设施管理总体方案；合同管理，包括决策期的合同结构、内容及文本，和实施期合同结构的总体方案；经济策划，包括建设项目成本分析、效益分析、资金来源、资金需求量的计划；技术策划，包括技术方案分析论证等。

2. 项目实施阶段策划的主要内容

项目实施阶段主要任务是确定如何组织项目的开发和建设。主要策划内容包括：实施环境的调查和分析，包括自然环境、建设政策环境、市场环境、城市风貌、市政基础配套条件等；项目目标的分析和论证，包括编制项目投资总体规划、进度目标的分解和论证、项目总体进度规划、确定项目质量目标等；实施期组织管理策划，包括组织管理结构、管理内容、任务和管理职能分工、明确工作流程等；实施期合同策划，包括项目委托、设计、施工、监理、物资采购的合同结构方案；实施期经济策划，包括项目需求及预算执行、项目风险策划等。

4.4.2 建设工程项目组织

1. 工程建设程序

工程建设程序包括项目策划决策、勘察设计、建设准备、施工、生产准备、竣工验收及考核评价。工程建设程序一般可分为策划决策和建设实施两大阶段，各阶段的主要工作包括以下几个方面：

(1) 编制和报批项目建议书

项目建议书是要求建设某一具体工程项目的建议文件，是投资决策之前对建设项目的轮廓设想。对于政府投资建设的工程项目，首先要进行的工作就是编制和报批项目建议书。

(2) 项目可行性研究

项目可行性研究是对建设项目在技术上和经济上是否可行这一问题进行的科学分析论证。项目建议书获得批准后即可立项，立项后编制和报批可行性研究报告。对于政府投资工程项目，政府主管部门需要从投资决策角度审批项目建议书和可行性研究报告，除特殊情况外，不再审批开工报告，但要严格审批初步设计和概算。对于不使用政府资金投资建设的项目，一律不再实行审批制，区别不同情况实行核准制或登记备案制；其中，政府仅对重大项目和限制类项目从维护社会公共利益角度进行核准，其他项目无论规模大小，均为备案制。

(3) 编制和报批设计文件

项目决策后，需要对拟建场地进行工程地质勘查，提出勘察报告，为设计做好准备。通过设计招标或方案比选确定设计单位后，即可开始初步设计文件的编制工作。一般工程项目的设计过程分为初步设计和施工图设计两个阶段。其中，初步设计文件应满足施工图设计、施工准备、土地征用、项目材料和设备采购的要求；施工图设计应满足建筑材料、构配件和设备的采购要求，以及非标准构配件和非标准设备的加工要求。

(4) 建设准备

项目开工建设之前的准备工作主要包括落实征地、拆迁和场地平整，完成施工用水、电、气等的接通工作，准备必要的施工图纸，组织选择施工、监理、材料设备供应商，办理施工许可证和质量监督注册等手续。按规定做好建设准备，具备开工条件后，建设单位申请开工，项目进入施工安装阶段。

(5) 施工安装和生产准备

建设工程具备开工条件并取得施工许可证后即可组织施工安装。施工承包单位应按照合同要求、设计图纸、施工规范等按期完成施工任务，并编制和审核工程结算。

(6) 工程项目竣工验收、投产经营和考核评价

建设项目应按照批准的设计文件所规定的内容全部建成并符合验收标准，按竣工验收报告规定的内容进行竣工验收。竣工验收合格后，应办理固定资产移交手续和编制工程决算，竣工验收合格后工程项目即投入生产和使用。

有些建设项目在运营一段时间后，还需进行考核评价，即对工程项目的立项决策、设计施工、运营情况等进行评价，以便总结经验、改进工作、提高资金使用效益。

2. 项目管理的组织措施

项目管理的组织是项目管理目标能否实现的决定性因素。项目管理系统包括人和物两个方面，其中，人的方面指管理人员的数量和质量，物的方面指管理的方法和工具，既包括对本单位的管理，也包括对设计、施工、监理、供货等单位的监管。

控制项目目标的主要措施包括组织措施、管理措施、经济措施和技术措施，其中组织措施是最重要的措施。

组织管理的主要内容包括组织结构模式、组织分工和组织工作流程。组织结构模式反映了一个组织系统中各子系统之间或各工作部门、各管理人员之间的指令关系；组织分工反映了组织系统中各子系统或各工作部门、各管理人员的工作任务分工和管理职能分工；组织工作流程反映各项工作之间的逻辑关系。组织管理的表现方式有项目结构图、组织结构图、工作任务分工表、管理职能分工表、工作流程图等。

项目结构图是通过树状图的方式对项目结构进行逐层分解，以反映组成该项目的所有工作任务，编写时要考虑项目组成、项目进展、项目实施、项目目标及项目管理组织结构等。由于每个建设工程有不同类型和不同用途，为有序存储信息、方便信息检索和加工整理，需要对项目信息进行编码，如合同编码、档案编码等。组织结构图用以反映组织系统中各组成

部门（组成元素）间的组织关系。

业主方和项目各参与方，如设计单位、施工单位、供货单位和工程管理咨询单位均应针对各自的管理任务编制相应的项目管理任务分工表。编制分工表首先应对项目实施各阶段的费用、进度、质量、合同、信息管理与协调等任务进行详细分解，在此基础上编制项目经理和项目组成员的工作任务及分工。示例如下所示。

任务分解表

2. 设计阶段项目管理的任务
  2.1 设计阶段的投资控制
    2.1.1 在可行性研究基础上，进行项目总投资目标的分析、论证
    2.1.2 根据方案设计，审核项目总估算，供业主方确定投资目标参考，并基于优化方案协助业主对估算作出调整
    2.1.3 编制项目总投资切块、分解规划，并在设计过程中控制其执行；在设计过程中及时提出调整建议
    2.1.4 审核项目总概算，在设计深化过程中严格控制总概算，对设计概算作出评价报告和建议
    2.1.5 根据工程概算和工程进度表，编制设计阶段资金使用计划，并控制其执行，适时调整
    2.1.6 从设计、施工、材料和设备等方面作出必要的市场调查分析和技术经济比较论证，提出咨询报告，如发现设计可能突破投资目标，协助设计人员提出解决办法供业主参考
    2.1.7 审核施工图预算，调整总投资计划
    2.1.8 采用价值工程方法，在充分满足项目功能条件下进一步发掘节约投资的潜力
    2.1.9 进行投资计划值和实际值的动态跟踪比较，提出各种投资控制报表和报告
    2.1.10 控制设计变更

工作流程图需要逐层细化，如投资控制工作流程可细化为初步设计阶段投资控制工作流程图、施工图阶段投资控制工作流程图、施工阶段投资控制工作流程图等。

3. 施工组织设计的内容和编制方法

施工组织设计是对施工活动实施科学管理的重要手段，具有战略部署和战术安排的双重作用，体现了基本建设计划和设计要求，提供了各阶段施工准备工作的内容，并可协调施工过程中各施工单位、施工工种、资源之间的相互关系。通过施工组织设计，根据具体工程条件，拟定施工方案，确定施工顺序、施工方法、技术措施，以确保工程进度和工程质量。开工前了解所需资源的数量和使用先后顺序，合理安排施工现场。施工组织设计应从施工全局出发，统筹安排。

施工组织设计应包括编制依据、工程概况、施工部署、进度计划、施工准备与资源配置、主要施工方法、施工现场平面布置及施工管理等基本内容。施工组织设计按编制对象，可分为施工组织总设计（适用于若干单位工程组成的群体工程或特大型项目）、单位工程施工组织设计（以单位工程为主要对象）和施工方案（以分部/分项工程或专项工程为主要对象）。

4. 建设工程项目的采购模式

（1）工程总承包

“工程总承包和工程项目管理是国际通行的工程建设项目组织实施方式。积极推行工程总承包和工程项目管理，是深化我国工程建设项目组织实施方式改革，提高工程建设管理水平，保障工程质量和投资效益，规范建设市场秩序的重要措施；是勘察、设计、施工、建立

企业调整经营结构，增强综合实力，加快与国际工程承包和管理方式接轨，适应社会主义市场经济发展和加入世界贸易组织后新形式的必然要求；是贯彻党的十六大关于'走出去'的发展战略，积极开拓国际承包市场，带动我国技术、机电设备及工程材料的出口，促进劳务输出，提高我国企业国际竞争力的有效途径”。建设项目工程总承包的核心是通过设计与施工过程的组织集成，促进设计与施工的紧密结合，以便为项目建设增值。

建设项目工程总承包主要有两种方式：设计-施工总承包和设计-采购-施工总承包。

设计-施工总承包指“工程总承包企业按照合同约定，承担工程项目设计和施工任务，并对承包工程的质量、安全、工期、造价全面负责”；设计-采购-施工总承包指“工程总承包企业按照合同约定，承担工程项目的设计、采购、施工、试运行服务等工作，并对承包工程的质量、安全、工期、造价全面负责”（《关于培育发展工程总承包和工程项目管理企业的指导意见》，建市〔2003〕30号）。

(2) 施工任务委托

施工总承包：业主委托一个施工单位或由多个施工单位组成的施工联合体或施工合作体作为施工总承包单位，经业主同意，施工总承包单位可以根据需要将施工任务的一部分分包给其他符合资质的分包商。

施工总承包的特点：投资方面，一般以施工图设计为投标报价的基础，开工前有比较明确的合同价，若在施工过程中发生设计变更，可能会引起索赔；进度方面，由于一般要等施工图全部完成后，业主才进行施工总承包招标，因此开工日期不可能太早，建设周期比较长，这是施工总承包最大的缺点；质量控制方面，很大程度上取决于总承包单位的管理水平和技术能力；合同管理方面，业主就施工只需要进行一次招标、签约，合同管理量减少；组织协调方面，施工方面只需要协调施工总承包单位，组织协调工作量比起平行发包（业主方不委托施工总承包单位，而平行委托多个单位进行施工）大大减少，方便业主管理。

(3) 物资采购

工程物资指建筑材料、建筑构配件和设备。国际上业主工程建设物资采购主要有三种模式：业主自行采购、业主与承包商约定某些物资为指定供应商（但要符合《中华人民共和国建筑法》规定，“按照合同约定，建筑材料、建筑构配件和设备由工程承包单位采购的，发包单位不得指定承包单位购入用于工程的建筑材料、建筑构配件和设备或者指定生产厂、供应商”）、承包商采购。

物资采购工作应符合合同和设计文件所规定的数量、技术要求和质量标准，并符合工程进度、安全、环境和成本管理要求。采购管理程序为：明确采购对象的基本要求、采购分工及有关责任—进行采购策划、编制采购计划—进行市场调查、选择合格的产品或服务、建立名录—采用招标或磋商等方式进行评审、确定供应单位—签订采购合同—运输、验证、移交采购产品或服务—处置不合格或不符合要求的产品及服务—采购资料归档。

4.4.3 建设工程项目目标控制

运用动态控制原理进行项目目标控制有利于项目目标的实现，有利于促进施工管理科学化。项目目标动态控制的纠偏措施主要包括组织措施、管理措施、经济措施及技术措施。目标动态控制的核心是在项目实施过程中定期进行项目目标的计划值和实际值的比较，当发现目标偏离时采取纠偏措施，为避免项目目标偏离，还应重视事前的主动控制，并针对影响因素采取有效的控制措施。

§4.5 建设工程项目管理的发展趋势

项目管理作为一门学科一直在不断发展，第一代是传统的项目管理（Project Management），第二代是项目集管理（Program Management），第三代是项目组合管理（Project Portfolio Management），第四代是变更管理（Change Management）。根据美国项目管理委员会的《项目管理知识体系指南（PMBOK 指南）》（第四版），项目集指“一组相互关联且被协调管理的项目。协调管理是为了获得对单个项目分别管理无法实现的利益和控制。项目集中可能包括各单个项目范围外的相关工作”。项目集管理指“对项目集进行统一协调管理，以实现项目集的战略目标和利益”。项目组合指“为有效管理、实现战略业务目标而组合在一起的项目、项目集和其他工作。项目组合中的项目或项目集不一定彼此依赖或有直接关系”。项目组合管理指“为了实现特定战略业务目标，对一个或多个项目组合进行的集中管理，包括识别、排序、管理和控制项目、项目集和其他有关工作”。

德国 DVP（建筑和房地产项目控制协会）和 AMO（德国工程师和建筑师酬金协会专业委员会）自 1996 年开始在国际经典的建设项目管理理论基础上开展了建设工程项目控制和项目管理创新研究，界定了项目控制和项目管理的工作任务。DVP 进一步拓展了建设项目控制工作任务相关的工作阶段和工作范围，工作任务增加了有关工程数量计量、工程融资、生产能力和后期分析及保险等。

§4.6 建设工程项目风险管理

《关于开展对标世界一流管理提升行动的通知》（国资发改革〔2020〕39 号）要求加强风险管理，主要包括五个方面：一是进一步强化风险防控意识。抓好各类风险的检测语境、识别评估和研判处置，坚决守住不发生重大风险的底线。二是加强内控体系建设。充分发挥内部审计规范运营和管控风险等作用，构建全面、全员、全过程、全体系的风险管理防控机制。三是推进法律管理与经营管理深度融合。着重抓好规章制度、经济合同、重大决策的法律审核把关，切实加强案件管理，着力打造法治国企。四是健全合规管理制度。加强重点领域、重点环节和重点人员的管理，推进合规管理全面覆盖、有效运行。五是加强责任追究体系建设。加快形成职责明确、流程清晰、规范有序的工作机制，加大违规经营投资责任追究力度，充分发挥警示惩戒作用。

《建设工程项目管理规范》将工程建设风险事件按照不同风险程度分为四个等级。一级风险：风险等级最高，风险后果是灾难性的，并造成恶劣社会影响和政治影响。二级风险：风险等级较高，风险后果严重，可能在较大范围内造成破坏或人员伤亡。三级风险：风险等级一般，风险后果一般，对工程建设可能造成破坏的范围较小。四级风险：风险等级较低，风险后果在一定条件下可以忽略，对工程本身以及人员等不会造成较大损失。

风险管理是为达到一个组织的既定目标而对组织所承担的各种风险进行管理的系统过程，其采取的方法应符合公众利益、人身安全、环境保护以及有关法规的要求。风险管理包括测绘、组织、领导、协调和控制等方面。风险管理过程包括项目实施全过程的项目风险识别、项目风险评估、项目风险应对和项目风险监控。

(1) 项目风险识别

识别项目实施过程中存在哪些风险，工作内容包括收集与项目风险有关的信息、确定风险因素、编制项目风险识别报告。

(2) 项目风险评估

利用已有数据资料和相关专业方法分析各种风险因素发生的概率，分析各种风险的损失量，如可能发生的工期损失、费用损失以及对工作质量、功能和使用效果等方面的影响。根据各种风险发生的概率和损失量，确定各种风险的风险量和风险等级。

(3) 项目风险应对

风险对策包括风险规避、减轻、自留、转移及组合等。

(4) 项目风险监控

在项目进展过程中收集和分析与风险相关的各种信息，预测可能发生的风险，对其进行监控并提出预警。

5 建设工程前期管理

§5.1 建设工程前期管理概述

建设项目前期管理是指项目业主依照国家法律法规的有关要求，对建设项目从决策立项到具备施工条件所进行的前期计划、组织、指挥、控制、协调等管理工作。前期管理工作的内容主要包括：用户或使用者提出功能需求或建设目标，业主委托有资质的咨询机构编制项目建议书及可行性研究报告，业主决策层及上级决策部门决策项目是否上马；业主办理各项审批手续，进行勘察设计招标，确定勘察设计单位，并委托勘察单位进行工程地质勘察，委托设计单位进行方案设计、初步设计、施工图设计；业主委托招标代理机构进行招标工作，确定施工监理单位和施工承包单位；在此期间，业主要落实资金筹措即筹融资管理方案。

高校（业主）和政府（有关职能部门代表）是建设项目前期管理的两个重要主体。高校基本建设项目事关高校（业主）和国家（政府）发展大计，事关教育事业发展大计，因此高校和政府在前期管理中负有十分重要的责任。在项目的前期管理中，高校作为项目法人负有主要责任，项目方案是否科学、合理、经济、适用，进度、造价、质量是否能实现预期目标，关键在业主，而且与业主的管理水平息息相关。政府作为监督部门，在项目前期管理中代表国家利益行使审批和监督职能，对项目的进度、质量，是否符合城市规划的要求，是否依法、依规、依程序，是否公平、公开、公正负有重要监管责任。建筑是一门科学，也是一门艺术，在专业技术方面有很高的要求，因此，要完成建设项目，需要很多专业技术部门如相关咨询机构、勘察单位、设计单位、施工企业（总承包单位）和监理单位为项目的前期管理和实施提供专业化服务。

高校建设项目前期管理工作的主要内容和程序包括：一是在项目立项决策阶段，高校根据教学、科研、人才培养的需要，提出项目建设基本功能和要求、建设目标和任务，上报主管部门批准立项，立项后委托有专业资质的咨询机构开展项目可行性研究，完成可行性研究报告或项目申请报告后再呈报上级主管教育行政部门批准。中央或工信部、教育部直管高校的项目由工信部、教育部或国家发改委审批；地方高校则由各省、自治区、直辖市教育厅或发改委审批。在可行性研究报告或项目申请报告中，高校必须取得地方政府（本市或本省）国土、规划、环保部门的规划选址意见书、规划设计要点、环境评估报告批复意见等。上级主管部门根据情况需要，确定是否召开专家评审会，选择国内较优秀的设计咨询机构开展评审工作，在听取专家评审意见后，上级主管部门决定是否批复可行性研究报告或项目申请报告。二是在项目获得批复后，高校依据可行性研究报告和批复意见，起草设计任务书和设计招标文件，开展设计招标、投标和评标工作，确定最优设计方案后，要求中标单位对方案进行进一步修改完善和优化，然后，在此基础上与高校的用户单位对接，继续深化初步设计和施工图设计，以最大限度满足用户需要为前提，以经济、适用、美观为根本，融合校园文化元素，坚持以人为本，做好设计管理工作。三是在施工图完成后，请专门的造价咨询机构编制详细的工程量清单，请招标代理机构进行招标的组织和管理工作，并委托专业审计事务所进行审核，确定清单上、下限值作为拦标价，组织施工招标、投标、评标和定标工作，最终确定项目实施的总承包单位。四是在决策、设计、招投标三阶段管理过程中，筹融资也是一个自始至终关系项目成败的关键工作。俗话说“巧妇难为无米之炊”，资金没有落实则项目风险巨大，因此，在项目启动前，高校（业主）必须落实资金来源，申请国拨资金，落实自筹资金。

§5.2 高校建设项目资金来源管理

5.2.1 高校基建项目资金来源概况

为实现高等教育大众化的目标，从 20 世纪 90 年代末，国家对高等教育的教育方针及模式进行了调整，促进了全国性高等教育的大规模扩招。在急速增加的生源压力下，各大高校面临着基础设施严重不足的现实情况，一时间校园的扩建、改建、异地新建成为全国各大高校迫在眉睫的任务，校园建设项目纷纷上马，掀起了高校基建热潮。

目前，我国公立高等学校基础设施建设的资金来源主要依赖财政资金、银行贷款等，虽然已初步形成了以财政拨款为主体、以社会力量参与办学（例如校企联合、捐资建设等）为补充的机制，但社会资本的参与度仍不高，高校基础设施建设资金不足，难以满足因扩招造成的校园硬件设施需求。并且，目前采取的融资模式中存在一定的弊端。目前有很多高校科研成果孵化基地，由企业捐资建设，双方签订战略合作协议，建成后捐建单位获得一定比例的建筑面积和一定年限的使用权。

高校扩招始于 1999 年，至 2017 年我国普通高校已达 2 631 所，普通本科高校达到 1 237 所，其中一半以上是扩招后新增加的学校。彼时，无论是原有高校的扩建还是新建学校，校园建设普遍存在用地规模大、建筑面积总量高的特点。同时，为了顺应信息化社会发展趋势而产生的各项数字化校园配套建设也使校园的建设成本持续增加。

高校基建资金来源主要有以下渠道：一是政府政策优惠或财政支持。高校在校园建设中普遍得到了当地政府的大力支持，特别是建设用地的取得和相关费用的减免，包括土地征用费的优惠以及规划建设过程中各项规费的减免。政府为促进高等教育事业的发展，除了给予最大限度的政策优惠，有的地方政府还直接对高校项目建设给予财政补贴，为高校扩建新建工程项目的顺利实施提供了重要保证。二是银行贷款。扩建、新建校园基础设施量大，项目建设投资总量巨大，在财政资金无法满足需求的情况下，银行贷款成为高校校园建设的主要资金来源。如南京师范大学仙林校区的一期建设银行贷款额约占总额的 35%，重庆工商大学银行贷款额约占总额的 30%，浙江大学、江南大学、安徽大学等都存在不同程度的银行贷款。三是置换原有校区。这种方式是指利用高校在新老校区所处地段繁华程度的不同，遵循级差地租原理，转卖老校区土地及其地上建筑物，将老校区出让收入投入新校区基本建设中。对于高校建设而言，置换原有校区无疑是一个自主筹集资金的重要手段。通过出让原有校区土地（这些土地通常位于所在城市的主城区），获得土地出让金，然后利用级差地租在城市郊区以较低的价格购买土地，所购土地面积往往是原校区的两倍以上，同时还能获得相当一部分项目建设资金。四是其他筹资渠道。高校在新建扩建工程建设中，根据各自条件，积极开辟其他筹资渠道。主要渠道有：一是向世界银行贷款。我国加入 WTO 后，利用世界银行贷款的基础设施项目越来越多，呈逐年上升趋势。这类贷款利率低，甚至无息，仅征收手续费，较之国内商业银行贷款有着明显的优势，因此，个别高校采取了此类建设筹资方式。二是通过政府的土地优惠政策获得土地，价格远低于当地商业用地价格，然后再将所获得的部分土地以较高的价格出让，获得一部分建设资金，这在高校扩招初期属于政策允许范围内。三是向政府争取财政支持，获得一定数量的建设补偿金。四是在校区配套建设上积极采用后勤社会化的手段，对于有一定营利能力的项目，如学生公寓等，采用商业运作的模式，引进社会资本解决部分建设资金问题。

5.2.2 高校基建项目投融资模式

1. 高校基建项目的传统投融资模式

我国高校新基建项目传统融资渠道包括政府投入型、资产运作型、外部融资型、混合协调型等几种融资模式。

（1）政府投入型

政府投入型是指高校基建项目资金来源主要依赖于国家以及地方政府的财政拨款投入，并辅以银行贷款、捐赠、资产经营等形式。这种模式较多使用财政拨款，其优点是：筹集成本低，学校财政负担小，不会影响学校的整体发展，有利于学校教学条件的改善。但是，这种模式的缺点也很明显：一是应用范围小，只有少数高校有条件实现；二是政府财政拨款有限，其数额在各高校之间也有差别。在高校新校区建设中，能够采用政府扶持型筹资模式的高校是极其有限的。

（2）资产运作型

资产运作型是指高校主要通过整合学校资源，经营学校各类资产（包括经营性资产和非经营性资产）来筹集新校区建设所需资金，并辅以银行贷款、捐赠等形式。资产运作的方式包括拍卖老校区、出让学校闲置资产、出租设施、转让技术等。这种模式的优点在于：实现了资源的优化配置，提高了资产使用效率，达到社会效用最大化；同时，筹资角度多样化，创新空间大，各高校可根据自身实际，灵活把握本校的资产运作方式。

（3）外部融资型

外部融资型是指高校新校区建设所需资金主要来源于银行贷款等外部融资，政府拨款、捐赠、资产经营等渠道所筹集资金很少。对高校新校区建设而言，银行贷款最大优点在于资金能够迅速到位。但其缺点也很明显，融资成本（贷款利息）会加大高校财务负担，盲目且缺乏控制的银行贷款甚至会影响学校教学科研的正常运转，影响学校的可持续发展。因此，采用这种融资模式时，一定要根据学校实际情况，对贷款规模进行充分论证，并严格控制在学校财力范围内。

(4) 混合协调型

混合协调型是指高校新校区建设所需资金采用多种渠道筹集，资金来源途径广，包括政府拨款、银行贷款、捐赠、资产经营等多种方式，同时，各种方式融资比例结构合理。

2. 高校基建项目的创新投融资模式

(1) BOT融资模式

建设（Build）-经营（Operate）-转让（Transfer），是目前主要运用于公共基础设施建设的项目融资模式。这种方式是由政府授予特许权，利用社会资本来建设公共基础设施，建设完成后，给予社会资本一定的经营管理年限，当特许年限结束后，社会资本按照约定将该设施无偿或者以极少的名义价格移交给政府。

(2) 教育政策性银行融资模式

教育政策性银行融资模式政策性较强，政府起到了关键性的作用。虽然与商业银行贷款相比，教育政策性银行贷款在审批上要宽松些，但由于政策性银行不以营利为目的，低利率注定会吸引更大的融资需求，这样就容易出现各高校纷纷进行贷款的局面，即使在贷款需求并不是很急迫的情况下，高校出于自身利益的考虑，也会积极进行贷款。因此，教育政策性银行在贷款发放上仍然要严格审批，尽量做到将贷款用于最需要的地方，只有这样，才能实现建立教育政策性银行的初衷，保证这一模式在高校融资中的成功运作。

(3) 资产置换融资模式

高校新校区建设中的资产置换是指通过经营学校自身的资产来筹集新校区建设所需资金或者资产，包括出让学校闲置资产、出租设施、转让技术、转让老校区等。将企业经营模式中的资产置换引入高校融资模式中，可以优化学校资源配置，提高学校资源的使用效率和效益。此模式对于高校未来的财务来说不存在太大风险，这是较银行贷款融资模式最大的优点。

(4) 社会捐款模式

社会捐款收入已逐渐被各大高校所重视，但高校在接受社会捐款上往往是一种被动的姿态，很少主动去争取。应该加强与毕业生的沟通交流，促进毕业生在取得较大成就时积极为母校做贡献，而对于非本校毕业的人和企业，可以通过慈善榜等方式提高其捐赠积极性。

§5.3 项目立项管理

5.3.1 项目立项理论研究

项目立项管理在项目前期三阶段管理中起着龙头作用，若立项不成功，则项目中止或失败，其后的设计和招投标也不复存在，其后续管理更无从谈起。可行性研究是立项管理过程中的一个起决定性作用的环节，是项目决策最重要的依据。项目完成可行性研究后需向其主管部门报批，项目报批目前有项目建议书、项目申请报告、可行性研究报告和备案表等多种形式。本节先对高校基本建设立项管理进行理论创新研究，提出几个基本理论观点；然后分别从目前普通高校基本建设立项的管理机制、程序和标准的现状分析入手，找出存在的问题和弊端，进行规范研究，提出改革或改进的措施和方案。

1. 高校基建项目立项理论的创新研究

高校校舍的建设最终目的是人才培养、科学研究、社会服务和文化传承，因此各类校舍便构成了高校基本建设项目，决定了校园环境品质。高校基本建设项目立项离不开校区功能定位，离不开校园规划，离不开可行性研究，更离不开高等教育理念。高校建筑是构成大学校园环境的主要元素，高校建筑应有明显不同于社会其他建筑的风格和特征，因为高校是知识的殿堂，是培养和塑造人才的净地。大学校园环境是大学赖以生存和发展的基础，其定义是以大学校园为地理环境圈，以社会文化、校园历史传统为背景，以全体校园人为主体，以校园特色物质形式为外部表现，制约和影响着校园人活动及发展的一种环境。如何将高等教育理念与大学校园建筑规划设计结合，提升高校建筑设计理念水平，是一个值得研究的课题。

从一般意义上讲，环境对人的心理与生理、思想与行为等都有着重要影响，恶劣环境既可以给思想和行为带来负面影响，也可以给心理与生理带来不良反应，甚至引发各种疾病或导致死亡。“孟母三迁”“近朱者赤，近墨者黑”等故事与成语说明前人已经认识到环境对思想与行为的潜移默化作用。大学校园环境，应该在最大限度上发挥正面影响力，即对人起到感染、引导、激励和约束等作用。大学校园环境品质的核心因素是硬件设施，即大学校园建筑及规划。

卡特勒对 1982 年以来美国学校建筑的教育思想进行考察后，指出了 20 世纪以来的教育复杂性。学习的决定因素很多，其间的关联是错综复杂的，但各种假设都认为学校建筑是教育过程中最重要的变量之一。作为文化载体的建筑艺术以其独特的传递方式和个性品格特征，成为校园环境的重要组成部分。不同的建筑风格对学生的塑造作用是不同的，例如：以淡雅朴素的格调装饰的图书馆外墙本身就给人以“静”的感觉，而其内部规矩的方形格局、有序排列的书籍会让学生感到厚重和踏实，从而使他们在这里“淡泊明志，宁静致远”；相反，以红、绿、黄、橙、蓝等多色调为主的运动场，以明朗、热烈的格调达成了使用功能与环境心理的和谐，给学生强烈的心理暗示，使他们更加积极投入地放松自己。令人赏心悦目的校园物质文化景观构成一种美的氛围，是一种特殊的物质“文化场”，会产生出如磁场般的美的吸引力。这物质形态的校园文化产生的隐性教育力，不仅使学生得到美的享受，而且“润物细无声”，给学生创造出一个庄重的“磁场”，其教育魅力于无形中熏陶和感染着学生，影响着学生的思想品德、行为方式与生活方式。

决定大学校园环境品质的关键因素是大学校园建筑规划理念。汤志民在研究中证实：学校建筑规划越完善、越理想，学生的正面环境知觉如学校环境注意、学校环境满意、学校环境感受就越好，负面环境知觉如拥挤感就越少，学生的积极行为如学习兴趣、参与行为就越多，消极行为如学习压力、人际争执、社会焦虑就越少。由此可知，大学校园建筑规划，对高等教育人才培养具有十分重要的意义。高等教育以人才培养为核心，大学校园建筑规划必须服从和服务于人才培养，校园建筑规划理念也必须服务于高等教育理念。它们之间的关系见图 5-1。

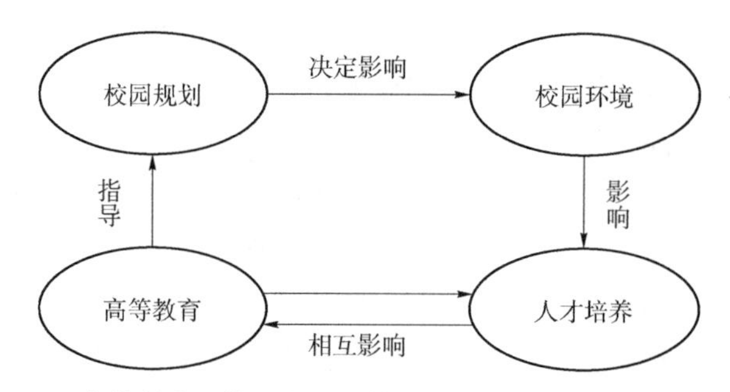

图 5-1　高等教育、校园规划、校园环境、人才培养的辩证关系

理念是建筑规划的灵魂。如何理解和把握高等教育理念及其发展趋势，用它们来指导校园建筑规划理念及实践，是校园建筑规划设计领域一个非常重要的课题。

2.“多元性、开放性、现代性”理念的应用

高等教育多元化与国际化，使高等教育体系与社会互动愈来愈趋向复杂化，使大学必须重视通识教育与人文教育。在这种背景下，校园建筑规划应确立“多元性、开放性、现代性”的理念。大学已经由纯粹的哲学思辨场所逐渐转变为知识生产、知识传播和知识存储机构，大学校园也已经由内向的、封闭的“中庭院落式”逐渐转变为外向的、开放的“大学城”。大学已不再是封闭的象牙塔，它必须融入社会，融入当地城市，融入周围环境，而且，它不是被动融入，它既体现又引导当地人文，以自由开放的姿态促进思想、科学与技术的产生和传播。具体地说，校园建筑规划应该遵循以下原则：

1）校园功能分区应坚持在“组团式”布局的基础上，进行相同或相近功能区，特别是教学区的集中布局，以取代通行的以院系为中心的、封闭独立和小而全的布局模式。将功能相同或相近的校园建筑集中布置在同一小区内，一方面便于资源共享和学科渗透，另一方面也便于管理和面向社会开放。

2）校园内的运动区、招待所、医院、图书馆、学生活动中心、教工活动中心、文化艺术中心等服务性建筑，应规划在离校门较近、靠近市政道路、便于向社会开放的位置，这样，不仅可以提高这些服务设施的使用率，相对降低它们的维护和运转成本，更有利于学校与社会互动，为高等教育多元化、社会化、开放化提供环境条件。

3）校园单体建筑的设计风格和理念应坚持降低平面设计系数，增加架空层、连廊及室内外过渡空间，为学生创造舒适宽敞的交流空间，便于学生的课外互动和交流。

4）校园的水、电、气、路等基础设施规划要积极利用城市基础设施条件，以节省学校投资，减少资源消耗和浪费。学校道路与城市道路交汇处理，既要坚持一定的开放性，又要根据中国特色保持适当的独立性；学生流量较大的主干道路，规划方案要预置高峰期管制机制。

5）在适合于面向社会开放的地方适当安排科技成果孵化区，促使产、学、研结合，为学生实习、社会化前培训和技能培养提供基地。随着大学与社会的融合日益加强，原有的以高深学问为核心的价值取向已逐步转向既注重独立的批判精神和尖端的科学技术，又关注大众教育的多元选择；相应地，大学校园建筑规划，要考虑为最广泛地传播知识、最大限度上满足现实社会需要、最大幅度提高生存质量和最大空间丰富个性多样化等提供硬件保障或服务平台。

3.“功能性、人文性、艺术性”理念的应用

高等教育的另一发展趋势是重视开发学生潜能，使学生既具有专业领域的知识与技能，又具有深厚的人文与艺术修养，使他们形成自己的行为模式和思维特征，生发独立人格、文化意识和社会责任感。这样一种高等教育理念，体现在校园建筑规划上，就是“功能性、人文性、艺术性”相统一。

1）学校空间组织应该着力构造一种物质的三维空间与历史的时序空间、精神的审美空间相互统一的多元化人文空间。

2）校园建筑规划、单体设计和校园空间组织，要依据相应规律和法则，同时发掘与彰显校园中独特的自然因素与人文因素，在校园环境中体现出校园所蕴含的文化气息、人文精神和审美因子。

3）学校的关键景区和景点，如学校大门、教学主楼、图书馆、体育馆等外部环境空间和景观要精心设计，使其富有文化内涵和环境感染力；要善于利用校园中的古树、名贵植物、自然水体、历史遗迹及具有艺术价值的建筑物等，为景观主体营造各种主题的环境景观；要考虑到景观环境序列中的不同视点所引发的视觉效果和心理感受。

4）要善于利用植物的园艺造型特点来构造人与自然相融合的绿化景观，要协调好植被的造型、形状、色彩与景观中的地面材质、园艺小品和环境之间的关系。

总之，从校园的一般景点到特色景观，要创造出一种崇尚高雅艺术与高品位、人文艺术浓郁的校园环境，使置身于校园中的学生“神不知，鬼不觉”地被其熏陶和影响。

4.“网络化、信息化、数字化”理念的应用

信息革命已经改变世界，信息技术已经普遍运用于高校各项工作，如网络辅助教学、远距离教学、多媒体教学、教学管理和行政管理等。这些变化，体现在校园建筑规划上便是“网络化、信息化、数字化”理念，它渗透在校园建筑规划的各个层面。

1）为网络控制中心寻找最佳位置点，使其到各教学大楼与实验大楼的布线物理路径最短而信息流最快。

2）校园建设总体建筑规划，要考虑电视、电话、广播、网络等弱电系统的综合布线，最好能多线合一，若条件有限，也应考虑管道合一，这样既节省建造成本，又减少对校园环境的破坏，更给维护和管理带来方便。过去受建筑规划水平和条件限制，未考虑管线综合布置，因而校园随处开挖、各类管线纵横交错，既引发施工中稍不留意就相互破坏等问题，又给生活与工作带来影响，更损害校园整体形象。在现代社会克服过去种种规划缺点，不是水平与条件问题，而是理念问题。

3）各类教学、实验及教学辅助用房等单体项目规划与建造，也应考虑电视、电话、网络“三线合一”，特别是教室，在条件许可的情况下，应考虑网络节点到座位。对于网络系统，在各类教室、实验室中应充分考虑预留足够节点，确保未来学生能方便地利用笔记本电脑上网听课或进行数据分析与模拟实验等。

5. "人本化、生态化、园林化"理念的应用

高等教育越来越重视人本教育，相应地，高校科技研究及科技教育越来越注重生活品质、生命价值、社会安全等。在校园建筑规划上，以"人本化、生态化、园林化"理念指导建筑规划，有益于强化人本教育。这种理念，在建筑规划中要落实到一些具体方面。

1）充分尊重人。人是学校主体，校园建筑规划和建设要充分尊重和满足人的需要。校园人对校园满意度是评判校园建筑规划优劣的关键指标，因此一方面要考虑校园无障碍空间的设置，另一方面要实施校园交通人车分流，避免人车混杂带来安全隐患。

2）把握好园林与建筑尺度。大学校园应以园林为主，校园建筑是园林中的建筑，应结合建筑组群，创造有层次的丰富多姿的园林形态。同时，注意以外部空间的城市设计为核心，营造规划、园林、景观、建筑单体一体化的整体格调人居环境，绿化率以适为妥；过小则环境欠佳；过大则校园用地使用率不高，土地的使用效益难以发挥。

3）尊重自然。校园的建筑规划更应该考虑校园内人、环境和自然的共生和融合，从总体布局、空间环境和单体设计等层面为师生员工创造富有亲和力和人情味的活动场。无论是改造老校园区的建筑规划，还是新校园区的建设规划，都要充分尊重基地原有的生态系统，以生态环境意识为指导，使行为环境和形象环境有机结合，以高起点的环境艺术及景观设计创造一个有地域、地区特点的校园环境，以多层次的绿化生态环境组织人与自然、建筑与自然浑然交融的生态空间。

4）重视园林绿化。要根据地方气候和水土选择好树种，以疏密结合的方式种植各类树木，改造局部小气候，净化空气。要善于因地借势构造水景，条件许可的情况下，要善于借自然水力构造水系，若无自然优势，则应考虑在节省成本的情况下，适当构造人工自循环活水系统，放养鸟类、鱼类，建立良性生物链。水质宜以物理生物净化方式为主、化学净化方式为辅，水体深浅结合，利于各种动植物的生长。

6. 校区功能定位及校园功能分区理论

高校基本建设项目在立项管理过程中最重要的也是第一步决策就是基本建设项目的选址。项目建设是由学科、院系设置的功能需要确定的，而学科和院系的设置是由校区功能定位和校园功能分区来确定的，反过来说，学科和院系的设置也就确定了校区功能定位和校园功能分区。围绕着学科和院系的设置，根据校园规划的地理、交通、人流的需要，与师生有关的教学、科研、实验、体育、文化、生活等各类校舍都遵循校园规划的基本规律和理念。校园基本建设要围绕学校办学特色而开展，校园规划、环境建设、教学设施都要与办学的实际需要相结合，都要与学校的专业设置特点和教学实践相一致，以利于突显学校人文特征和办学特色。

（1）校区功能定位

高校间的合并重组，使许多单科性或多科性大学变成了综合型大学。新组建的高校必须将原来相对独立的校区、教学资源进行功能重新定位，对资源进行整合，以形成一体化的教学空间和教学组织。专业和院系的合并调整，导致校区规模发生变化。学生的专业类型发生变化，从而不同规模、不同类型的学生对教学设施的需求亦发生变化；为了适应这一变化的需要，高校一方面调整专业、院系的用房，另一方面在调整不能满足的情况下，则通过新建满足其功能需求的校舍来解决问题。

（2）校园功能分区

传统高校校园通常是由教学区、学生生活区、教师生活区、体育运动区等组成。由于办学体制封闭，学校与外界联系较少，校园内各项服务设施一应俱全，医院、电影院、幼儿园、小学、银行等多种服务性用房散布于各功能区内，容易出现脏乱差现象，品位及档次等较低；此外，院系间各自为政，缺少相互联系，导致校园功能繁杂，空间混乱。随着高校后勤社会化的转变，高校重新融入城市，校园的管理制度、内部建设也发生了一系列变化；校园与城市联系更紧密了，校园内的后勤服务设施、住宿以及配套服务设施在校园内被弱化，转而与社会接轨，甚至一些新规划的高校校园中没有教师生活区。

根据以上形势的发展变化，目前，高校校园功能分区大致分为以下 6 类：

1）教学区：教学区的布置，有两种模式，一种是全校公共基础课教学集中布置模式，另一种是学院、系所专业基础教学分散式分布模式；有些高校是两种模式并存，有些高校则是以某一种模式为主。教学区主要有教学楼、实验楼，也有部分高校将图书馆纳入其中。

2）核心区：主要以行政办公、图书、信息、对外交流、培训等功能为主，承担校园的管理和与外界的联系职能，是校园对外交流和公共活动的中心。

3）生活区：包括学生宿舍、学生食堂、配套服务设施等。生活区布置在校园的边角，有利于广泛的社会联系。也有相当一些高校直接引进社会投资，建设后勤社会化的学生宿舍和学生食堂，而且模式多样化，分高、中、低不同档次，满足不同经济条件的学生用餐和住宿需要。此外，还有一些老校区，仍然有教师公寓区。

4）体育区：包括体育馆、游泳馆、训练馆、标准运动场以及篮球场、排球场、羽毛球、乒乓球等各类活动场地。

5）科技园区：高校的科研成果转化，需要孵化器，部分科研能力和实力较强的教育部直属高校建立了科技园区，为科技成果转化为生产力创造条件。

6）公共用地区：包括公用绿地、公共交通、公共设施等区域。有些高校校园用地相对宽松，可拿出相当一部分土地做公用绿地，提高校园环境质量。

7. 校区功能定位和校园功能分区应遵循的基本原则

1）有利于发挥大学优势，有利于实现文理渗透、学科交叉和培养高素质人才。最好以学科群的形式组织楼群，便于学科生长和可持续发展。

2）有利于学校资源的整合、充分利用和节约，有利于提高教学科研水平和办学效益，挖掘各校区潜力。

3）有利于学校的可持续性发展。要充分考虑在相应功能区预留发展用地，要适应今后学校规模和学科专业不断调整与更新的需要，处理好近、远期发展关系。

4）有利于学校实现中长期发展战略目标。要能满足学校总体定位发展需要，其校园环境及功能布局能要体现高校自身文化。

5）有利于学校形象的提升和品牌的树立。高校要有自己独特的建筑风格和设计理念，要使校园力争成为区域内的一道亮丽风景，要融科学、生态、人文于一体，营造优雅、古朴、宁静而又富有文化内涵的校园环境。

6) 有利于教学、科研、学习、生产、生活的组织和管理。要做到因地制宜、合理布局、功能齐全、设施完善，功能上要满足现代化、信息化、智能化的要求，要便于各系统的组织和管理。一座规模适度、设施先进、功能齐全的现代化校园，对于营造良好的校园氛围、积淀大学文化的人文精神有着重要的现实意义。从某种意义上说，校园基本建设记载着大学成长和发展的历史，镌刻着几代人不懈奋斗的理想，校园基本建设实际上是大学传统及文化的体现。

8. 高校基建项目可行性研究理论

高校基建项目可行性研究目的是为项目投资决策提供依据，高校基本建设项目可行性研究从项目规划选址、项目建设的必要性、项目方案设计、项目环境评价、项目安全卫生、项目人力资源组织、项目资金估算及筹融资方案、项目经济及社会效益评价等多个维度来分析项目建设的可行性，论证项目是否有必要建设、技术上是否可靠、经济上是否合理，其结论可为项目审批提供可靠的科学依据并为开展下一步工作打下基础。

（1）高校基建项目可行性研究内容

普通高校基本建设项目的可行性研究工作，依据的是普通高校人才培养、学科建设、科学研究以及国务院有关机关部门（教育部、发展与改革委员会、住房与城乡建设部）等制定的《普通高校建筑规划面积指标》，此外还有校园规划、项目有关工程地质和环境评价等资料。结合相关理论、工程实践和高校的实际情况，高校基本建设项目可行性研究应包括以下内容：学校基本情况，拟建项目概况，建设用地与相关规划，学校事业发展规划，现有用房条件及用房需求情况，资金筹集方式以及资金能力分析，生态环境影响分析，经济、社会、办学效益综合分析，建设项目勘察、设计、施工、监理以及重要设备材料等采购活动的招标范围、招标组织形式和招标方式等。

（2）高校基建项目可行性研究在项目前期管理中的作用和地位

可行性研究是项目是否可行的一个论证过程，最后须形成一个可行性研究报告。可行性研究报告是项目前期立项管理阶段的一项重要成果，是教育行政主管部门审批项目的重要依据。只有项目可行性研究论证好了，项目前期管理才能顺利进行。可行性研究获得教育行政主管部门审批通过，标志着基建项目投资决策成立，从而为项目设计、银行贷款、开工建设申请、建设项目实施、项目评估、科学实验、设备制造等活动和程序的履行提供先决条件。若可行性研究未能通过，即项目投资决策被否决，后续各项工作便失去了先决条件，其活动与程序已不复存在。所以说可行性研究是立项管理中的一个重要环节，是决策与实施两阶段间承上启下的关键环节。

（3）高校基建项目可行性研究要求

为保证可行性研究的科学性、客观性和公正性，有效防止错误和遗漏，应做到：第一，可行性研究必须站在客观公正的立场，做好基础资料的收集工作，确保资料全面、真实、客观。第二，可行性研究报告的内容深度，必须达到国家规定的标准，基本内容要完整，尽可能多地提供数据资料，避免粗制滥造、形式主义。第三，多方案比较，择优选取。第四，保证咨询设计单位足够的工作周期，防止不负责任草率行事，确保可行性研究的工作质量。

（4）高校基建项目可行性研究的方法和程序

根据国家政策，高校基建项目的可行性研究工作原则上应委托有咨询资质的中介机构来完成。依据“项目决策咨询评估制度”“建设项目进行可行性研究的实际管理方法”“建设项目经济评价方法与参数”以及“投资项目可行性研究指南”等，综合制定高校基建项目可行性研究的基本程序。

1）提出功能需求。全面收集、调查、了解校舍建设的基本情况，对用户单位（二级学院、系、所或行政职能部门）提出的用房需求进行全面分析，依据国家有关的用房标准和条件要求，综合分析测算学校关于人才培养、科学研究、社会服务、文化传承等方面对于校舍的需求状况，即进行必要性分析。

2）明确建设目标。明确校舍要建设的核心和关键问题，即知晓项目建设的真正目的是什么，要解决的关键问题是什么，实现的可能性有多大。如果目标错误或不准确，将使整个决策趋于失败或失效。比如说要建一个学院楼，那就要明确楼的总规模，具体的教室、实验室、行政办公、科研或其他辅助用房的间数，每间房的大小等，特别是要关注其核心功能是什么。

3）构思设计方案。针对要实现的具体用房功能，进行建设项目方案设计。结合具体的地理环境，提出多个方案进行比较，通过对比选择较理想的方案进行可行性研究。如果只提一个方案，没有选择的余地，也就谈不上决策。

4）方案比较选优。对多种方案进行经济效益分析、权衡、论证和比较，以得到最佳方案。预测估计每一方案可能发生的问题、困难或障碍，发生问题的可能性和严重性，找出发生问题的原因，制定预防补救措施。

5）完成可研初稿。在以上基础上，针对具体的方案，根据可研报告的主要内容，进行环境、劳动、卫生、消防、投资、财务、经济及社会效益分析论证，按照国家要求，明确招投标的方式和范围，完成可研报告初稿。

6）方案求真求确。中介机构将可研初稿送高校基建职能部门和有关用户单位审核，听取他们的意见，对方案和可研初稿进行修改完善。

7）提出结论。围绕项目的必要性、可行性、合理性进行总结，得出结论性意见，并提出存在的问题和改进的措施。

8）按国家或行业规定的格式编制书面可行性研究报告文本，上报有关部门批准立项。

5.3.2 立项机制研究

1. 立项机制现状

为了进一步深化投资体制改革，2004 年 7 月，国务院颁布了《国务院关于投资体制改革的决定》国发〔2004〕7 号（以下简称《决定》）。该《决定》按照谁投资、谁决策、谁收益、谁承担风险的原则，通过深化改革和扩大开放，最终建立起市场引导投资、企业自主决策、银行独立审贷、融资方式多样、中介服务规范、宏观调控有效的新型投资体制。该《决定》对于“改革政府对企业投资的管理制度，落实企业投资自主权；合理界定政府投资职能，提高投资决策的科学化、民主化水平，建立投资决策责任追究制度；进一步拓宽项目融资渠道，发展多种融资方式，培育规范的投资中介服务组织，加强行业自律，促进公平竞争；健全投资宏观调控体系，改进调控方式，完善调控手段；加快投资领域的立法进程；加强投资监管，维护规范的投资和建设市场秩序”将发挥积极作用。该《决定》指出“对于企业不使用政府投资建设的项目，一律不再实行审批制，区别不同情况实行核准和备案制”，并规定对于不使用政府投资的社会事业项目，即教育、卫生、文化、广播电影电视、大学城、医学城及其他园区性建设项目由国务院投资主管部门核准外，其他社会事业项目按隶属关系由国务院行业主管部门或地方政府投资主管部门核准。

教育部于 2005 年 7 月出台《教育部直属单位建设项目核准暂行办法》（以下简称《办法》）。《办法》中规定，对于使用政府投资的项目实行审批制，需直属高校上报有咨询资质的机构编制的项目可行性研究报告。对于不使用政府投资的项目实行核准制，实行核准的项目则由具备相应咨询资格的机构编制项目申请报告。申请报告的内容基本类似于可行性研究报告，对于特别重大或确有必要进行评估的项目，教育部还要委托有咨询资质的机构进行评估或评议。教育部直属高校基本建设项目实施审批制和核准制，没有实施备案制。各省属公办高校的立项机制则不完全一样，有些省份根据《决定》制定了相关办法，大部分省份则仍然坚持以前的审批制，未有相关的政策出台（根据各省教育厅网站搜索）。

下面选择性地列举一些省或直辖市的做法加以说明。仍然实行审批制的有北京、上海、江苏、浙江、山东、辽宁、吉林、广东等大部分省和直辖市。有些省市虽出台了新的管理规定，却更加强调项目前期工作的重要性。如浙江省教育厅 2008 年 4 月出台《浙江省教育厅关于进一步加强高等学校基本建设管理工作的通知》（浙教计〔2008〕78 号），该通知规定：项目的前期工作按规划、立项（项目建议书、可行性研究报告审批）、设计三个阶段开展。各高校应坚持需要和可能相结合的原则，根据事业发展总体规划，科学合理地编制建设规划。今后，凡需要进行基本建设的高校，必须严格按照省发改委、省教育厅《关于编制浙江省高等学校投资项目建设规划的通知》要求，编制或修订年（—年）项目建设总体规划和分年度的建设计划，按隶属关系报经有关部门组织专家评估论证后，列入投资项目储备库。凡未列入储备库的项目，原则上不予立项。而且规定今后凡资金无法平衡的项目，原则上不列入项目储备库。湖北省仍按 2002 年 9 月制定的《关于加强省属高校和直属单位基本建设前期管理的通知》执行，该通知规定：各单位要严格执行建设程序，按照国家规定履行报批手续。基本建设项目前期阶段主要包括项目建议书、可行性研究报告、初步设计等工作环节。按照国家现行规定，省属高校和厅直属单位基本建设项目的项目建议书、可行性研究报告、初步设计必须报省教育厅审核后，报省计委审批。新增校园用地及教学科研设施建设项目，未经省教育厅同意，不允许在当地有关部门办理审批手续。2006 年 7 月，上海市教育委员会印发《上海市高等学校基本建设管理和监督的若干规定（试行）》的通知，该通知规定：高校基本建设工作应做到依法规范，严格按照基本建设程序办事，所提出的基本建设项目必须先符合总体规划，要经学校领导班子集体讨论决定后，依次按项目建议书和可行性研究报告报上级行政主管部门审批。但少数省市教育厅根据《决定》作了新的规定，根据资金来源和额度实施审批制、核准制和备案制。如湖南省教育厅 2009 年 7 月出台《湖南省教育厅主管的高等学校、教育厅直属事业单位基本建设工作管理办法》，该办法第十四条规定：按照投资体制改革的要求，根据建设项目不同的建设规模、性质及资金来源，分别实行审批制、核准制和备案制。对全部或部分使用政府资金（包括预算内投资、各类专项建设资金、统借国外贷款和其他财政性资金等）的建设项目，实行审批制。项目审批程序为：由建设单位组织编制项目可行性研究报告上报省教育厅并同时抄报省发改委，省教育厅就技术、经济等因素对项目进行审核，同意后函请省发改委批复。对全部使用单位自筹资金、银行贷款、社会捐赠等资金且投资在万元及以上的建设项目，实行核准制。项目核准程序为：建设单位组织编制项目建设申请报告报送省发改委、省教育厅，省教育厅在收到建设单位申请后按规定向省发改委出具书面审查意见，由省发改委在规定的时限内作出是否予以核准的决定，并出具相应的文件。对全部使用单位自筹资金、银行贷款、社会捐赠等资金且投资在万元以下的建设项目，实行备案制。项目备案程序为：建设单位组织编制项目建设申请报告报送省发改委、省教育厅，省教育厅在收到建设单位申请后按规定向省发改委出具书面审查意见，由省发改委在规定的时限内作出是否予以备案的决定，并出具相应的文件。因此，高校基本建设项目立项存在三种机制，但大部分仍然是实施审批制，少数实施审批制和核准制，个别实施审批、核准制和备案制，其决策立项机制见图 5-2。

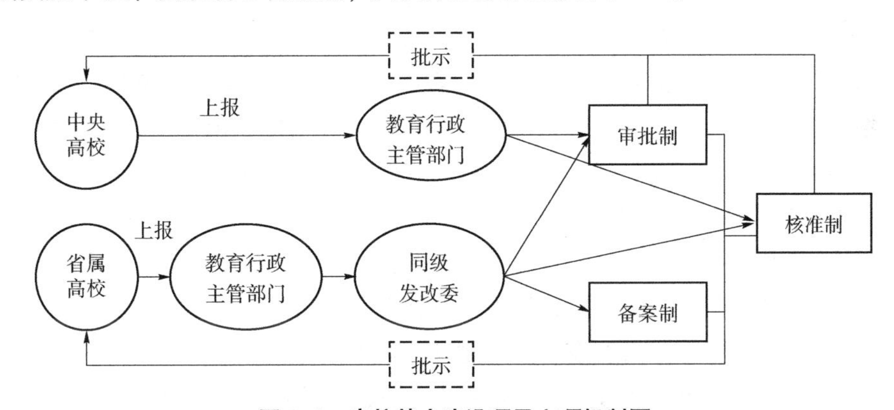

图 5-2　高校基本建设项目立项机制图

近些年来，由于扩招的需要，各省市新建大学城，许多高校建设新校区，大规模新建各类办学用房，且大多是向银行贷款，致使债台高筑，影响到学校的稳定和发展，教育行政管理部门于是加强了对项目的批复管理，根据中央教育化债精神，从严控制了项目的立项，对于资金未落实的项目，批复时慎之又慎。

2. 立项机制存在的主要弊端

中国公办高校建设项目审批机制多样化，不统一。各省市情况不一样，存在三种制度，宽严不一。高校对项目决策上马缺乏规范化的程序，教育行政主管部门对于高校的基本建设项目审批把关既缺乏规范化的程序，也缺乏对基本建设项目的必要性审查和技术上的审核把关，因而出现了以下问题：一是可行性研究大多流于形式。可行性论证不充分，决策依据不科学，规模测算无科学依据，项目规模大小多数是以领导人的意志为主，以拍脑袋为主，未做深入细致的详细分析和测算。二是重复建设和资源浪费。特别是对于合并学校，校园总体规划不够清晰，校区功能定位不合理，校区资源利用率不高，但是为了调整布局、整合资源，不得不重复建设，导致有些校区资源十分紧张，有些校区却资源闲置。三是项目随意性大，缺乏严肃性。部分学校的项目审批通过了，最后项目却不能启动；或者领导变更，出现了新的想法和思路，原项目“流产”了，或须做较大调整。四是项目总投资测算不准确，造价控制不住。其原因是多方面的，但大多项目是“开学工程”，受到开学等工期条件限制，项目决策上马的时间短，前期功能需求论证不充分，在设计前功能需求还不是很清楚，用户单位和基建管理职能部门对功能需求的论证不重视，边设计、边报批、边施工，因而，大多项目出现较多设计变更或施工过程中发现设计不合理而不得不变更的现象。

3. 立项机制改革方向及缘由分析

基于以上分析，很有必要对现有的机制进行改革。建议国家取消各级教育行政主管部门实施的核准制和备案制，完善审批制。为何要取消核准制和备案制？这是由我国公办普通高校的体制所决定的。我国公办普通高等学校尽管是法人实体，尽管其办学经费来源于多种渠道，但其本质仍然是公用事业单位，其体制内核仍然是国有制，绝大部分高校主要依靠国家拨款和学生上缴的学费来维系正常运转，花的是广大纳税人的钱，也可以说是国家和政府的钱。国家之所以要对企业投资的审批制度实施改革，目的是给企业更多的活力，其针对的是企业不使用政府投资的行为，而企业使用政府资金，仍然实施的是审批制。因而对高校的基本建设投资的审批不能盲目效仿对企业投资的审批方式即实施三种制度。高校的基本建设投资行为，长期以来缺失责任主体，缺乏真正意义上的责任追究机制，投资失误或投资效益难以发挥。关键是要完善现有的审批机制，引进第三方智力机构，由专家委员会对各高校申报的项目实施严格而科学的审批。现有的审批制度有科学合理的地方，但由于教育行政主管部门是一个行政决策机构，因此主管人员的专业素质未必能适应该岗位需要。另一重要原因是，教育行政主管基建部门人员少，日常事务繁多，主管人员没有足够的身心精力投入对各高校上报材料的认真审核中，其更多的精力用在制定政策和宏观把握上，对于各高校的基建情况未必有深刻的了解，对于所上报的基本建设项目建设的必要性、可行性未必有足够的把握，因而很难做到科学决策。要破解这一难题，一方面高校自身和教育行政主管职能部门要高度重视，提高其认识，另一方面要建立科学的审批机制，这样才能从根本上使其真正回到科学决策的轨道上来。

4. 立项机制的创新——三审制设计

(1) 三审制内涵及要求

我国公办普通高校基本建设项目实施三审制，基本建设项目立项要经三方审核通过后才能立项，即经高校内部、教育行政主管部门和教育行政主管部门所组织成立的专家咨询委员会等三关审核。首先，普通高校内部要实行严格的审核制度，实施严格的程序管理，项目可行性研究报告要经过基建部门、财务部门、审计部门审核通过后，报请校务会（或党委会）讨论通过，经全校职工代表大会投票，若半数以上职工代表同意后，再报上一级教育行政主管部门。其次，中央和地方教育行政主管部门要成立高校基本建设决策咨询委员会，上一级教育行政主管部门受理各高校申报可行性研究报告后，主管负责人根据高校上报的中长期基本建设发展规划，结合经济形势、宏观政策、高校实际、高校内部的审核程序等情况进行审核，提出初步审核意见。再次，上一级教育行政主管部门组织成立专家咨询委员会，将初步审核意见连同高校上报的项目前期有关资料报请专家委员会审核分析，得出审批意见；专家由精通项目管理和建筑技术的高级职称人员组成，定期召开立项咨询会议，对各高校上报的项目进行研究，对项目建设的必要性、可行性进行审核和技术把关。

（2）实施三审制的目的和意义

1）利于提高高校和教育行政主管部门对前期决策的重要性的认识，提高科学决策化水平，避免“个别领导说了算”，避免项目立项流于形式。

2）利于各普通高校以科学发展观引领学校事业、学科和基建规划，从学校的实际财务状况出发，量力而行，量入为出，搞好校园规划和建设，避免盲目扩大规模，盲目贷款搞基本建设，寄希望于国家买单，最后将责任推给国家和政府。

3）利于各普通高校科学合理定位学校角色和地位，而不是盲目贪大求洋。有利于高校合理控制建设标准，既不能因省钱而牺牲质量和必要的标准而导致日后维护和修理成本的大量增加，也不能因追求高档次高质量而超出必要的建设标准太远。

4）利于各普通高校充分利用现有房屋资源，充分挖掘现有资源潜力。对于合并高校或多校区办学的高校，有利于科学合理地定位校区功能，提高资源利用率。

（3）三审制特点

三审制充分体现了民主办学、民主决策、科学决策和规范化。

1）民主性。高校内部的一审，要经多部门研究，经校务会、党委会讨论，最后要经全校职工大会通过，参与的决策机构多、人员多，充分体现了民主办学、民主决策的精神。

2）科学性。项目可行性完成后，校内讨论得越多、争论得越激烈，可行性就会研究得越透彻，就越会及时发现问题、纠正错误，决策就会变得越科学。此外，除了教育行政主管部门的审核，还有专家咨询委员会的审查，更有利于项目实施的科学性。

3）规范性。实施三审制，无论是学校内部，还是教育行政主管部门都必须履行严格的程序，每一步骤都是一环套一环，只有上一个环节的工作完成了，才能开展下一步的工作。

5.3.3 立项程序研究

1. 高校基建项目立项程序现状

总体上来说，我国普通高校在部、省、市的立项程序大同小异。目前，对于审批制项目，大部分省市教育行政主管部门原则上要求各高校先上报项目建议书，项目建议书批复后开展项目可行性研究工作，可行性研究工作完成后再上报可行性研究报告，然后根据需要组织专家对上报的可行性研究报告进行评估，若评估通过，再函请同级发改委批复，中央部委则可直接批复可行性研究报告。对于核准制和备案制的项目，各省属高校可直接向上一级教育行政主管部门上报项目申请报告或备案登记表，教育行政主管部门审查通过后，将意见报同级发改委，由发改委在规定的时限内作出是否核准或备案的决定，并批复核准或备案文件。高校基本建设项目立项程序见图 5-3。

2. 现有立项程序存在的主要弊端

立项管理程序体现在两个方面。一方面，就高校内部而言，各普通高校在决策基本建设项目时缺乏统一的规范程序，有相当一些高校是个别领导说了算，有些高校内部缺乏必要的程序而导致项目论证不充分，后期变动较频繁；另一方面，就教育行政主管部门而言，在审批、核准或备案时，由于忙于日常的行政管理工作，对于高校上报的项目建议书、申请报告或可行性研究报告无暇审阅，缺乏必要的技术审核和把关，或者由于专

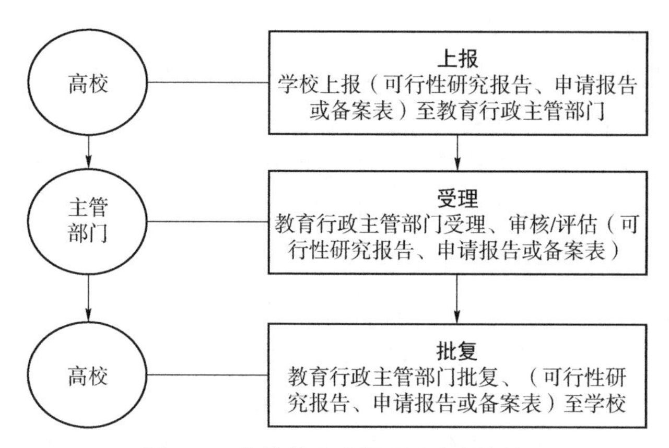

图 5-3 高校基本建设项目立项程序

业知识有限，无法判断其必要性和可行性，无法提出合理化建议，只要是将上报来的项目通过并给予批复，行政审批成了走过场，有报必受、有报必过、有报必批，立项程序成了一种摆设。

3. 现有立项程序的改革创新

基于以上分析，建议改进现有立项程序，建立起高校、教育行政主管部门和第三方专家咨询委员会共同参与的规范体系。依据“项目决策咨询评估制度”“建设项目进行可行性研究的实际管理方法”“建设项目经济评价方法与参数”以及“投资项目可行性研究指南”等，结合普通高校的实际情况，综合拟定高校基建项目可行性研究的三审制基本程序。

（1）高校内部的规范程序

1）校园规划。高校有关下属二级学院（系、所）或二级机关部、处（室），根据学校人才培养、学科建设、科学研究等事业发展规划，依据《普通高校建筑规划面积指标》，科学制定基本建设中长期发展规划，经学校最高决策机构——校务会或党委会研究，最后经学校职工代表大会讨论通过。

2）需求分析。校园基本建设规划是一个初步的轮廓，并不精细和准确。在此基础上，高校二级机构即项目的具体使用单位，根据本单位的人才培养、学科建设和科学研究的需求，结合具体的功能用途，即教学所需的教室、实验室、行政办公、综合服务等，提出各类用房的房间数量和基本尺寸大小，报高校基本建设职能部门审查。

3）分析审查。高校基本建设职能部门对有关二级单位提出的各功能用房，按照教育部等部门制定的定额标准，结合二级单位的实际情况和筹融资情况，提出审核意见并充分与二级单位沟通，对建设项目的必要性进行充分论证，辅助学校科学决策项目规模和投资大小。

4）委托代理及协议签订。高校基本建设职能部门委托有相关资质的咨询公司进行可行性研究，双方洽谈签订技术咨询服务合同，具体开展项目可行性研究工作，高校有关职能部门代表甲方提供相关资料。

5）编制初稿。咨询公司按照国家关于公用事业单位咨询的有关要求，选派规划、建筑、结构、给排水、暖通、电气等有关技术人员组成编制工作小组，在高校的配合下，按照有关规范和要求开展详细的可行性研究。咨询公司有关人员提出多个方案，通过对比选择较理想的方案并形成可行性研究初稿，按合同约定期限递交高校基本建设职能部门。

6）初稿审核。咨询公司将形成的可行性研究初稿递交到高校基本建设职能部门，该部门组织校内各方面专家或职能部门负责人（财务、审计等）对初步的可行性研究报告进行审查，对项目的真实性、必要性、可行性进行审核，对项目的规模、投资及技术上的合理性进行分析比较，对项目存在的问题、可能出现的风险及如何规避等提出修改完善的意见，供咨询公司修改时参考。

7）正式定稿。咨询公司根据高校基本建设职能部门提出的修改意见进行修改完善，内部再进行一次审核分析、对照比较，形成正式的可行性研究文稿并加盖具有资质的正式印章递交甲方。

8）高层决策。高校基本建设职能部门对正式稿进行最后一次把关审核，会同咨询公司将项目可行性研究报告编制的有关情况和问题向学校高层决策机构（校务会或党委常委会）报告。学校高层领导根据项目情况提出修改完善建议，也可无修改意见。

9）代表投票。学校召开全校职工代表大会，就拟要建设的基本建设项目的必要性和可行性等重要内容向职工通报，大会讨论并投票确定是否上报立项；若半数以上职工投票通过，则可以上报，否则须进一步重新论证或停止项目的启动。

10）报批立项。若高层有修改意见，咨询公司根据高层决策会议有关精神进行修改完善，若无修改意见，则由高校基本建设职能部门起草正式文件，连同可行性研究报告文本，一并上报高校主管部门或国家有关职能部门批准立项。高校内部的规范程序是高校基本建设项目决策科学性的必然要求，是集体智慧的结晶，充分尊重了民主和民意。

（2）教育行政主管部门审核程序

教育行政主管部门收到高校基本建设职能部门上报的可行性研究报告和请示文件后，先由分管高校的负责人审阅项目可行性研究报告，查找问题；若发现问题则直接与高校主管基建负责人联系，要求其修改完善可行性研究报告或补充相关资料；审核通过后，再报请职能部门负责人审阅，若发现问题，则与高校基本建设职能部门再沟通，修改完善或补充相关资料；若无问题，则提交专家咨询委员会研究讨论（见图 5-4）。

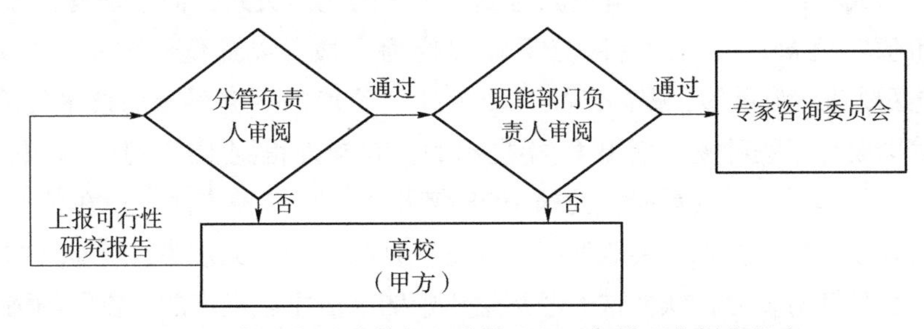

图 5-4　教育行政主管部门审批项目可行性研究报告程序

（3）专家咨询委员会审核

专家咨询委员会由教育行政主管部门负责组建，由教育系统熟悉高校基建管理的高级职称人员组成专家库，实施回避原则，即审查项目时，与项目相关的高校专家不得参加咨询会。项目经教育行政主管部门负责人审核通过后，提交专家咨询委员会讨论时，对有关情况不清楚者，可以请项目可行性研究报告的编制单位和高校基本建设职能部门有关负责人参会答疑。专家咨询委员会充分讨论决定项目是否必要和可行，若必要性和可行性均获通过，还要讨论是否有要注意的问题以及批复意见及建议。最后以专家咨询委员会的无记名投票数为依据，若专家咨询委员会赞成票数未达到，则不同意立项，高校须进一步做好前期的可行性研究工作。立项批复程序实施三审制，高校内部履行严格的可行性论证程序，最后是否上报上一级教育行政主管部门则以全校职工代表大会赞成票数过半为依据；教育行政主管部门有关工作人员按级别审核把关，在上报厅、部领导审阅、下批文前，以专家咨询委员会的赞成票数过半为依据。相比现有的审批制，这种模式增加了专家咨询环节，真正意义上体现了审批的意义。

§5.4 项目设计管理研究

我国公办普通高校基本建设项目设计管理是项目前期管理三阶段的中间环节，起着承上启下的作用。立项管理是设计管理的前提和基础，若立项未通过，设计工作便不能深入开展，否则会造成较大损失和浪费。设计管理是招投标管理的前提和基础，设计图纸未完成，工程量清单就无法编制，按国家现行法规实施的工程量清单招标便无法进行。下面主要就设计管理现状和存在的问题进行分析，对项目设计管理的程序、方法和设计招标等步骤进行规范研究，特别关注设计阶段的投资控制。

5.4.1 设计管理理论研究

1. 价值工程理论

价值工程，又称价值分析、价值管理，它是通过对产品作业或工程项目的功能进行分析研究，力求以最低的总成本，可靠地实现其必要功能的有组织活动。“功能”是指产品的功用和性能，包括使用功能和外观功能等；“总成本”是指产品设计、制造、储存、销售、使用和维修的全部成本；“价值”是指功能与成本之间的比值关系，而不是马克思主义政治经济学中的“价值”概念。这是以功能分析和评价为手段，以最低总成本可靠地实现产品（或劳务）的必要功能为目的，提高产品（或劳务）价值的一套科学的技术经济分析方法。这种方法是美国设计工程师麦尔斯 1947 年提出的，在国外得到了广泛应用。它在节约成本上的显著效果，引起了各国的重视，我国 1978 年开始引进这种方法。现在价值工程已被公认为一种行之有效的管理技术。实践证明，这是一种投资少、见效快、收益大的现代化管理方法。价值工程是针对资源稀缺性这一经济生活中的永恒主题提出的，资源的稀缺性要求人类利用资源时必须合理有效，慎之又慎，尽量减少浪费，提高资源的利用效率，从而相对地降低资源的稀缺程度，这就要求在确保产品质量、寿命、用途、美观等性质的前提下，改善产品设计，大幅度降低成本，提高产品价值。

在立项决策和设计阶段，充分运用价值工程理论，有利于科学决策和项目设计，节省造价和投资。众所周知，高校是非营利性的事业单位，高校基本建设改善的教学科研条件纯粹是消费性产品，不具备营利性，它创造的更多是社会效益，在具体的项目上不具备营利功能，只会增加使用和维护成本。因此，作为基本建设职能部门的管理者，要会同高校中的有关职能部门，以充分满足用户的需求为导向，尽量使用新技术、新材料、新工艺，既要考虑建筑成本，又要考虑今后的使用和维护成本；要将“安全、经济、适用、美观”的建筑设计理念贯穿于项目前期管理中，切忌贪大求洋、铺张浪费，要尽可能地珍惜资源，提高资源的使用效率，节省办学成本。

2. 限额设计理论

限额设计是按照工程项目规定的投资额度进行的设计工作。具体来说就是按照批准的可行性研究投资估算控制初步设计，按照批准的初步设计总概算控制施工图设计，同时各专业在保证使用功能的前提下，按分配的投资限额控制设计，并严格控制的不合理设计变更，保证总投资不突破限额。在国外，项目总承包单位通过招投标签订合同后，总要自觉地从设计、采购到施工，严格控制成本，以获取更多的利润。在我国，限额设计是控制工程造价、降低工程成本、提高工程投资效益的需要。有关资料显示，设计费一般只占建设工程全寿命费用的10%以下，但正是这少于10%的费用对工程造价的影响程度占到75%以上，由此可见设计阶段是控制整个工程造价的最重要环节，加强设计阶段工程造价控制有着极其重要的意义。通过合理确定设计标准、设计规模和设计原则，通过合理取定概预算基础资料，通过层层设计限额，来实现投资限额的控制和管理。限额设计不是一味考虑节约投资，也不是简单地裁减投资，而应该是设计质量的管理目标。限额设计绝非限制设计人员的设计思想，而是要让设计人员把设计与经济二者结合起来。

在设计阶段，限额设计首先要提高可行性研究阶段投资估算的准确性，合理确定设计限额；其次要优选初步设计方案，控制概算投资额，对关键设备、工艺流程、总图设计方案、主要建筑和各种费用指标提出技术经济的方案比选；再次要控制各专业的施工图预算在批准的限额以内；最后要严格控制设计变更，实施动态管理，对于非发生不可的变更应尽量提前实现。变更发生得越早，损失越小，反之，损失就越大。尽可能把变更控制在设计阶段，对工程造价影响大的变更，要先算清账再确定是否施行。要保障限额设计的成功实施，一要强化设计人员的投资效益意识，提高设计人员的经济评价素质；二要合理确定设计费，调动设计人员实施限额设计的积极性；三要合理确定设计期限，为限额设计的进行提供必要的时间保证；四要强化设计单位内部分工协作关系，以求整体设计的技术经济效果；五要落实设计单位及人员的责任范围，实行限额设计的奖惩制度。

5.4.2 设计管理体制研究

依据《中华人民共和国建筑法》《中华人民共和国招标投标法》《工程建设项目勘察设计招标投标办法》和各省市有关工程建设领域的法律法规，结合项目设计管理体制现状，探索总结出目前各高校普遍遵行的项目设计管理机制。

目前，国家对基本建设项目的管理越来越规范，程序越来越严格，各省市对于基本建设项目的监管力度随之加大。就高校基本建设项目而言，一般来说，项目设计的监管主要为各省、自治区、直辖市下属建设厅。对于项目选址、城市规划设计要点、项目具体位置放线、办理规划许可证等与项目设计方案有关的管理，基本上由高校所在城市的规划管理部门负责。对于项目设计方案招投标、初步设计审查、施工图审查等，则由各省、自治区、直辖市下属建设厅的业务主管部门负责。此外，设计方案中的消防，由高校所在城市的消防支队或消防大队负责审查；而设计方案中的景观园林，由所在城市的园林局或风景管理处负责审查；至于设计方案中的环境保护，则由所在城市的环保厅或环保局负责审查。

在设计管理过程中，各高校下属的基本建设管理部门（基建处、基建后勤处、基建工作部等）是管理的主体，对于设计方案的优劣、设计质量的好坏、建设标准的把握等，他们负有极其重要的责任。在设计招标开始前，基本建设管理部门下属的设计科室负责编制设计任务书、设计招标文件，与用户单位沟通，充分了解用户的意图。当然，也有一些设计科室业务能力不强，可以委托招标代理机构或代建制单位来负责编制设计任务书和招标文件，负责组织设计的招投标工作。

此外，在设计管理过程中，另一个十分重要的主体便是设计咨询机构。在建设单位以招标的方式确定设计咨询机构后，对于设计方案的优化、初步设计的编制及施工图设计，甚至工程量清单的编制，设计咨询机构都负有十分重要的责任，特别是对于设计方案的经济性、适用性和美观性，设计咨询机构的设计能力和水平、设计师的责任感将发挥关键作用。高校基本建设项目设计管理机制见图 5-5。

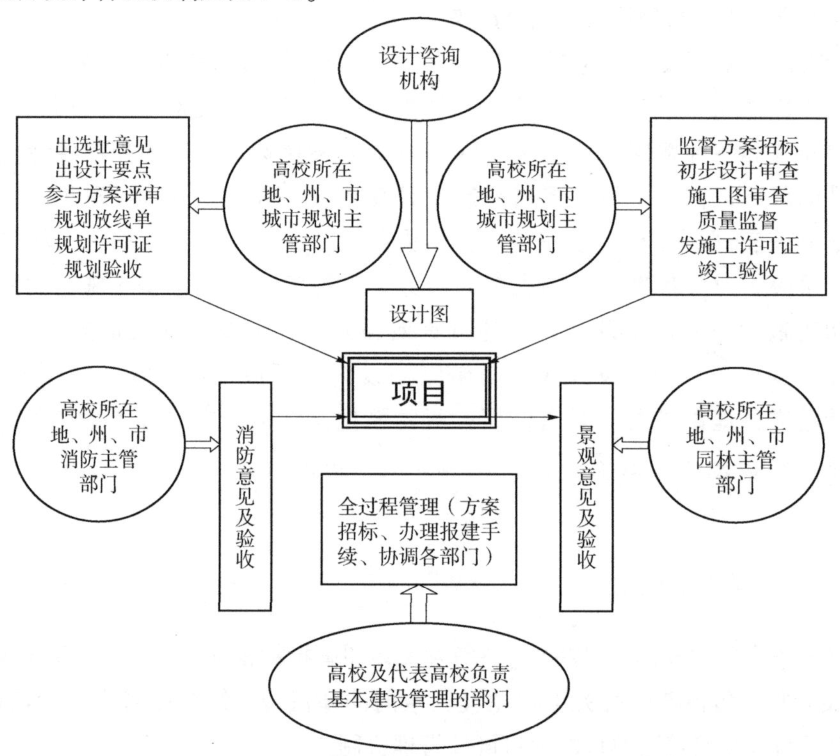

图 5-5 高校基本建设项目设计管理机制

1. 设计管理体制存在的弊端分析

我国设计管理所取得的巨大进步，特别是设计招标制度的执行，大大提高了我国的设计管理水平；但从国际视野来看，我国在建筑行业管理体制上还存在较大的问题，主要表现在工程项目策划、设计、咨询、监理、管理的服务链配套不完整或缺失，专业分工与国际不接轨，技术与经济结合不紧密，且这些问题是影响和导致其他问题的重要原因。

在西方发达国家，工程设计并非工程建设程序中的一个独立阶段，而是与工程咨询和工程承包融合在一起。其工程咨询公司，除了工程设计，还提供设计前期和后期的各种咨询服务，如前期的规划、可行性研究、场地测绘及调查等，后期的协助业主招标和发包、项目管理，施工监理、人员培训等。而我国的建筑工程设计单位与国外的工程咨询公司的服务性质不同，我国的设计单位往往较独立，功能较单一，其与工程勘察、规划、施工等部门往往是脱钩的，而且体制上没有将工程设计质量、工程经济效益与设计单位的直接利益关系挂钩，由此就出现了以下情况：

1）在项目策划、可行性研究阶段，国内设计单位很难深度介入。根据现行体制，往往是可行性研究报告批复后，高校再发布设计招标公告，进行公开招标，最后中标的设计单位大多不是可行性研究编制单位。因此，设计单位很难按照业主的功能需求和定位，提供完全满足业主要求的初步设计方案及项目投资估算。另外，国内设计单位在进行项目方案设计或接受可行性研究委托时，往往倾向于项目的可批性，关注上级审批机关领导的喜好和意见，而忽略对国际上当前同行业的发展趋势、最新专利技术、市场需求特点等的调研和系统把握，方案新颖性、创新性、针对性不足。

2）设计机构的方案一旦中标，就意味着它将整个工程设计全过程承包了。在工程的技术设计和施工图设计两阶段往往不如当初方案设计时那样，投入大量精力去推敲每个细节，甚至有的工程师成了计算机的奴隶，设计优化意识缺乏，为了规避安全责任，随意加大荷载设计等级，增加钢筋含量，计算机出图后不认真进行分析、测算，致使设计质量不高，工程造价难以控制等。

3）设计单位不能提供很好的后期服务，仅停留在提供一套施工图上。后期服务对于建设单位（高校）来说也非常重要，关系到使用管理是否方便。而目前，设计单位大多不能认真细致地编写和准备操作维护手册、产品说明书、设计文件档案，不能组织制定试验、验收、培训、移交方案，也不能很好地协助设备、材料、系统生产供应商进行自检和调试，配合解决、弥补项目的局部缺陷和瑕疵，更不能协助总承包商进行项目结算、索赔与反索赔，为业主提供后续增值服务。

2. 设计管理体制的改革方向

1）采取措施，激励现有的设计公司、监理公司、施工企业进行合并重组，加强深度合作或融合，培育一大批市场信誉好、技术水平高、业务能力强、管理规范、诚信可靠的建筑行业大企业和大公司，能独立承担工程项目的策划、设计、咨询、监理和施工管理一条龙服务，彻底改变小作坊、游击队的结构模式，从源头上治理低价中标、恶性竞争和挂靠现象，提升建筑行业企业的管理水平、服务水平和经济效益，完善服务链配套，将技术与经济紧密结合。此外，借鉴国外先进管理经验，引入设计监理机制，即在设计阶段，就让监理深度介入；要建立起设计质量评价体系以及对设计优化和设计质量较高的作品给予奖励的激励机制。

2）严控行业准入机制和从业资质、资格证书制度。一要把好从业资格考试关，严肃考试纪律，从严惩办舞弊者；二要在资质审批时，禁止借用外单位人员资格证书，禁止骗取公司营业执照和从业资质证书，严格按照法律规定的要求审批，特别是对于甲级设计资质的审批；三是对设计资质加强监督管理，严惩从业资格证书挂牌借用，发现一个，吊销一个。

3）提高人员素质并规范市场行为。建筑业是国家的三大支柱产业之一，事关国民经济发展大计，对人员的专业能力、业务技术水平、职业道德操守要求很高，而目前从业人员多，人员素质参差不齐，急需通过从业资质认证和培训机制来提高整体素质。此外，要大力加强行业从业人员的道德素质教育，加大对设计挂靠的查处和惩罚力度，加大对行业各类腐败行为和重大建筑质量事故的处罚力度。

5.4.3 设计管理程序研究

目前，我国高校基本建设的设计管理缺乏统一的规范、程序和格式，大多是在遵守国家有关法律法规的情况下，根据各省、自治区、直辖市的具体规定，结合本校实际情况进行的。有些项目的设计需要按国家法律法规进行招投标，有些则不需要招投标而可以直接委托；还有一些高校公开进行方案招标，而在具体的扩初设计和施工图设计时采取直接委托等方式。此外，还有少数高校，无论规模多大的项目设计都不进行招标，或者虽进行了招标，但都是内部组织；有些是只做总体规划招标，而在具体的单体设计时直接委托。

目前普遍存在的问题是对项目前期功能需求的调研和论证不够深入，导致设计返工现象频发，直接影响到工程造价和投资控制，有些甚至造成巨大浪费，或给工程质量留下大量隐患。设计管理中的前期功能需求论证工作不被重视，主要是因为高校用户单位对建筑不了解，基建管理部门与其沟通不充分，领导对此项工作未给予充分重视，功能需求的调研未落实到具体的教学、科研人员。

1. 高校基建项目设计管理程序的规范体系设计

项目设计管理是项目管理科学中的重要一环，它既有国家法律法规要遵守，也有其内在的一些规律要遵循，只有将设计纳入一个科学的管理轨道，项目才有可能取得成功。设计管理涉及多个主体，不纯粹是政府、建设方（甲方）的问题，还包括设计人员的素质、专业水平和责任心。根据目前高校基建管理部门的一些具体情况，高校基本项目建设项目设计管理程序应如图 5-6 所示。

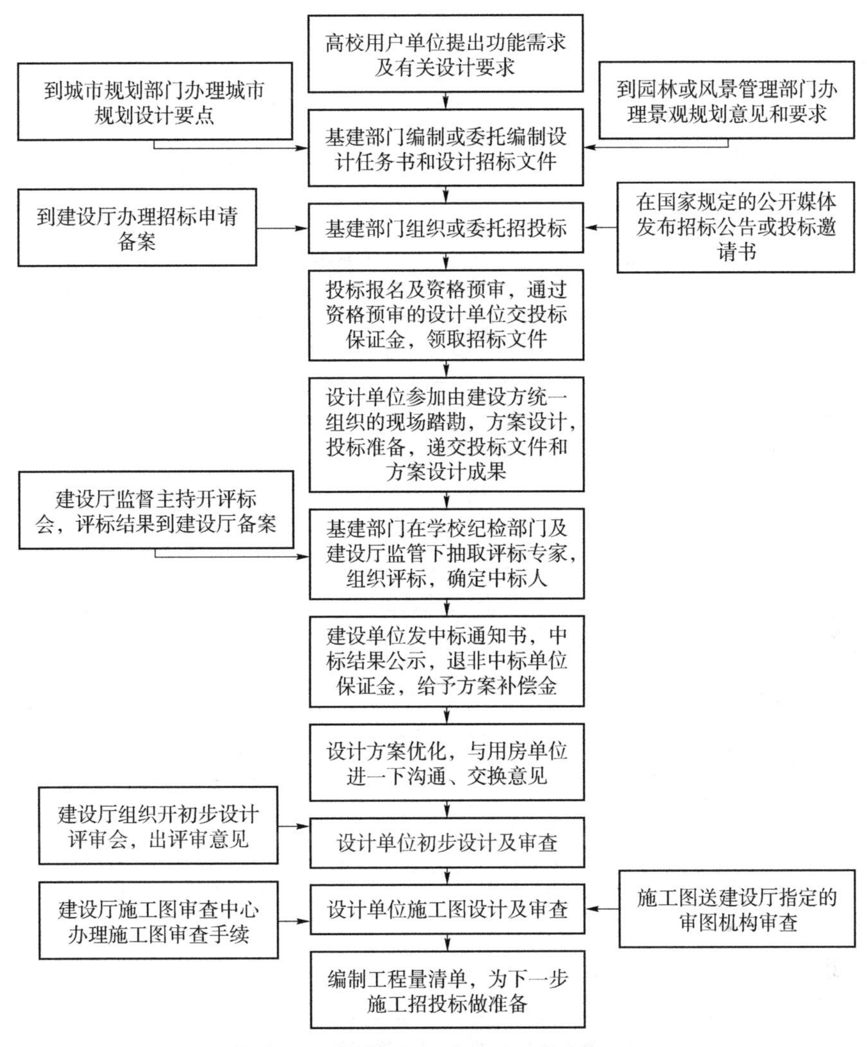

图 5-6　高校基本建设项目设计管理程序

2. 高校基建项目设计招投标程序

招投标是一项十分严肃的工作，从发布招标公告、发放招标文件，到现场踏勘答疑，递交投标文件，开标、评标、定标等，都应该严格遵守保密纪律和相关程序。对于监管人、招标人、投标人的工作程序和行为规范都有严格的要求，其所处的法律地位都是平等的关系，但各自有自己的工作范围和职业道德，相互监督、相互支持，才能顺利地完成招标工作。三方缺一不可。没有招标人，便不可能有投标人，投标毫无意义，没有投标人，招标人无标可招，两者相辅相成；没有政府的监督，招标方和投标方有合谋之道德风险，监督是政府的职能，也是招标的灵魂，没有监督的招标，也是无意义的。因此，三者构成了一个稳定的三边关系，要想顺利地完成一个项目的招标，三方都必须严格遵守法律规定。我国新颁布的《建筑工程方案设计招标投标管理办法》中规定了监管人、招标人、投标人的工作规程，详见图 5-7。

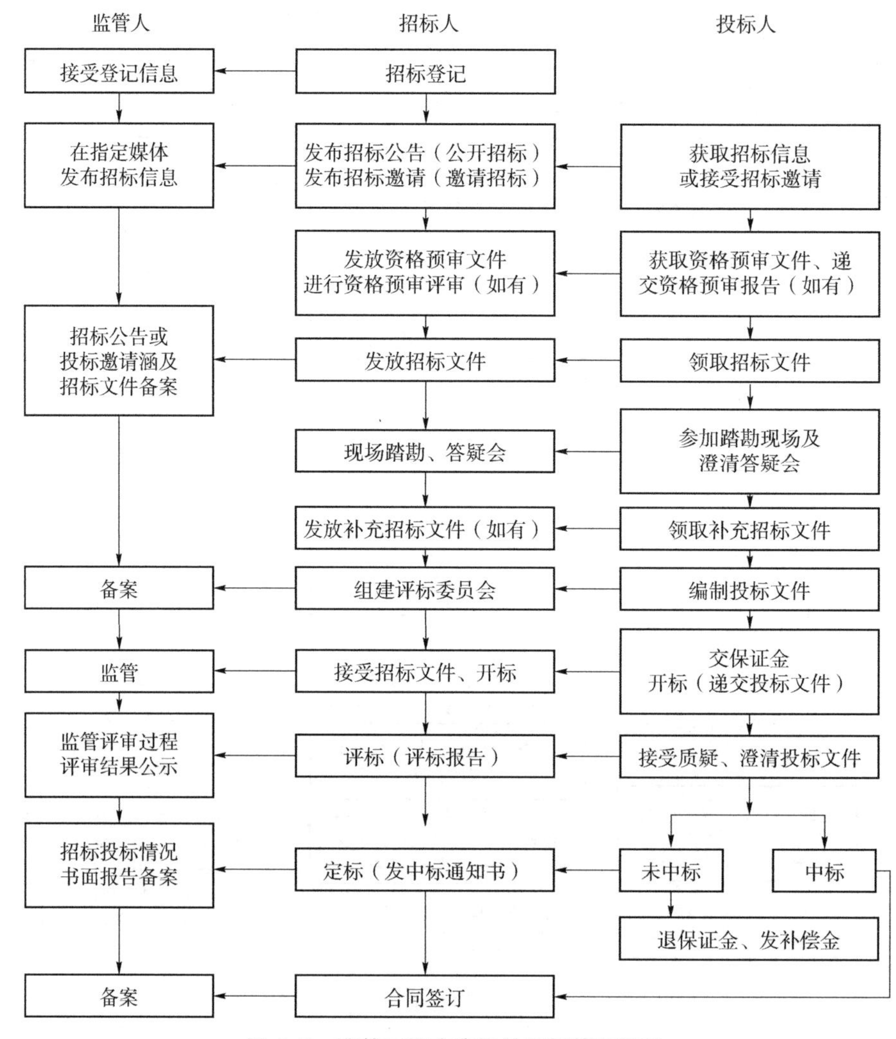

图 5-7　建筑工程方案设计招标管理流程

5.4.4　设计方案评价研究

1. 常用评价方法

设计方案由多种设计影响因素和矛盾关系组成，它表达的是对各种矛盾关系和影响因素的一种判断与处理设想。我们必须通过辩证逻辑思维的指导，采用某种数学模型，进行量化分析，才能选出一种使各矛盾关系达到最优组合状态的方案。

评标方法是否科学是决定招标工作成败的关键。如何科学、全面、准确地评价一个方案，是选择最优方案的基础。根据 2003 年修订的《工程建设项目勘察设计招标投标办法》，评标方法目前主要包括记名投票法、排序法或百分制综合评估法等，具体采用何种评标方法由招标人自定。

(1) 记名投票法

评标委员会对通过符合性初审的投标文件进行详细评审，各评委以记名方式投票，按招标文件要求推荐若干名合格的中标候选人方案，经投票汇总排序后，得票数最多的前三名投标人作为合格的中标候选人被推荐给招标人。这种方法的优点是过程简单，操作方便。缺点是定性判断，主观性强，人为因素多，容易导致专家道德风险。作者曾多次参加过设计招投标，见识过少数行为不端的专家的不良表现：方案介绍时打瞌睡，专家发言时，第一个表态，倾向性意见极强，让人一看便知是直奔某方案而来的，简直是某一方案的代言人。

（2）排序法

评标委员会对通过符合性初审的投标文件进行详细评审，各评委按招标文件要求投票确定前三名作为中标候选人方案，最后根据各评委的投票结果，按第一名得分、第二名得分、第三名得分的方式进行统计。经投票分数汇总排序后，评标委员会将得分最多的前三名投标人作为合格的中标候选人推荐给招标人。这种方法的优缺点类同于记名投票法。

（3）百分制综合评估法

招标人采用百分制综合评估法作为设计项目评标方法的，技术部分权重一般不低于商务部权重，且应当按照以下程序操作。首先招标文件应当明确规定评标时的所有评价因素，需量化的评价因素及其权重应当在招标文件中明确规定和细化；其次评标委员会对投标文件中的投标技术文件进行评审（如采用暗标方式评审，投标技术文件在开标时应当进行保密、编号处理）。投标技术文件经评审、分数统计后进行投标商务文件评审，投标商务文件采取明标方式评审；再次投标技术文件（暗标）编号所对应的投标人名单应在评标委员会对各投标人提交的投标技术文件和投标商务文件评审打分完毕、总分汇总后进行开启。最后投标技术文件和投标商务文件分值汇总、标明排序并经评标委员会确认后，按招标文件要求确定几名合格的中标候选人推荐给招标人。

2. 高校基建项目方案评价存在的主要问题

（1）评价标准和方法问题

目前，在全国高校建筑项目方案评价中没有一个统一的标准，各省的标准不一致。就湖南省的做法而言，大多用的是专家记名投票法。通过专家的综合判断，采用投票的方法来确定前三名。第一轮投票先确定第一名，即所有专家根据自己的综合判断，对自己认为最好的方案投一票，哪一个方案得票最多就排第一；宣布第一名名单后，再在剩余的方案中投第二名的票，哪一个得票多，哪一个方案就排第二；如此再投第三名的票。通过专家主观判断，确定前三名，推荐给建设单位。其问题是：评价方法很主观，主要依靠专家印象，缺乏量化的评价方法。这种做法对专家的个人素质和品质提出了很高的要求，既要有较高的理论水平、广泛的专业知识，又要有优秀的个人素质及较强的综合能力；既要在评审时通盘慎重考虑，还要具有前瞻性和健康的审美观；更重要的是要求专家有很高的职业道德精神，要公平、客观、公正、科学合理地评审。

（2）评标时间问题

影响和困扰评标效果的一个重要问题是，评标安排的时间太短。一般来说，每个专家要看完整个方案，要对设计思路、设计风格及色彩是否与一个城市和周边环境相协调，方案的经济性能、环境景观、使用功能等是否合理并满足要求，环境保护和节能效果能否达标进行判断，还要审查商务标、投资估算和设计取费等，然而专家听汇报和看标书的时间往往不到两个小时。

(3) 评标的规范性问题

住房和城乡建设部建筑市场管理司副司长王早生就《建筑工程方案设计招标投标管理办法》出台答记者问时说："当前，一些项目在设计评标过程中确实存在暗箱操作现象，一些评委专家水平能力和素质不高、评审意见不透明，甚至还存在腐败徇私行为。这些问题严重制约了设计招标投标活动的健康发展。"此外，在市场恶性竞争方面，王早生还说："要抵制低价中标和恶性竞争现象。在工程设计招投标中以价格定标，而不是以方案优劣定标所带来的后果是极为有害的。目前，在设计市场尤其是建筑设计市场上价格竞争激烈，已达到无序竞争之状态。因此，迫切需要明确设计投标不得以价格竞标，设计报价必须以国家收费标准为依据，遏制恶性竞争，以维护设计市场的正常秩序。"

5.4.5 设计阶段投资控制研究

长期以来，在工程项目投资控制上，建设单位的管理者更注重在施工中对工程造价的控制和对投资费用的支出把关，而对设计与工程造价的影响则重视不够，认识上存在差距。工程设计人员往往偏重于项目设计结构的质量安全与功能，而对设计在工程建设的成本影响方面重视不够。在施工图中经常会遇到这样的情况：在结构形式、层数、地质条件都相近的情况下，不同的结构设计师所采用的设计安全系数很不相同，有的大大超过了设计规范要求，由此造成了许多浪费。工程设计阶段在整个工程建设程序中起到了承上启下的作用。一个工程将来能否既安全又满足功能要求，经济效益还高，工程设计阶段起着举足轻重的作用。而目前，各方管理人员对设计阶段的投资控制不重视，也无相应的措施和方法。

作为高校，如何发挥内部资源和外部资源的能动性，充分调动设计服务方的积极性，促使设计师树立良好的经济意识，运用价值工程的分析方法，实施限额设计和优化设计，重视投资效果，对工程项目的有关规模、工艺流程、功能方案、设备选型、投资控制等进行全面、周密的分析和比较，尽量选用经济合理的设计，控制好项目建设总投资，是取得项目设计成功的关键。

1. 设计与项目投资的关系

高校基本建设项目设计是指高校基建管理部门按照国家《建筑工程方案设计招标投标管理办法》的有关要求，依法依规组织招投标工作，经专家评审推荐中标方案后，由中标的设计机构优化方案，并与建设方（高校）签订设计合同，根据项目所在地的自然和社会环境条件，依据项目的功能要求，吸取国内外先进的科学技术成果和工程实践经验，依照严格的技术规程、规范，严密的工作方法，生产出初步设计和施工需要的技术图纸，为工程建设提供依据，并为项目建设提供施工建造安装、技术指导、竣工验收等服务的整个活动过程。而项目投资是指所有用于项目建设必需的资金。

通过项目设计，可以确定项目的建设规模，材料品种、规格、型号，建筑结构选型，给排水、强弱电、采暖通风、消防安全等级，仪器设备选型，装修档次、家具配备等。对于高校建设项目而言，一般设计费只占总投资的10%，而建筑安装工程的费用则完全由设计来确定。我们也曾经对南方某大学新校区某个项目的投资结构进行验证，其建筑安装工程费用均占到了总投资的5%，也充分地说明了这一点。影响高校基本建设项目总投资的因素很多，但最重要的是设计因素，图5-8展示了基本建设的程序阶段对基本建设项目总投资的影响。

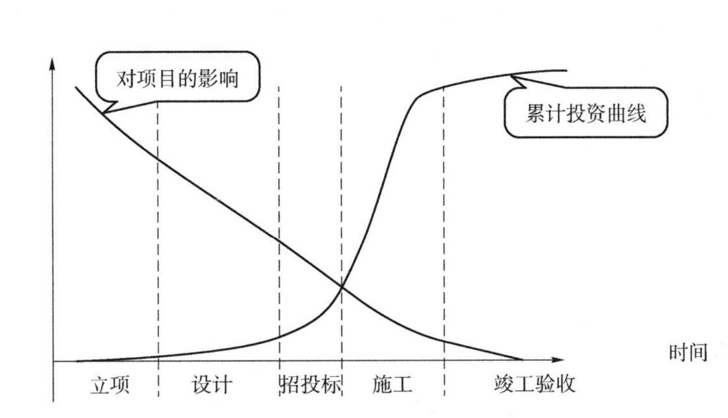

图5-8 基本建设的程序阶段对基本建设项目总投资的影响

由此可知，设计对投资的影响最大。反过来说，设计也必须依据上级主管部门批准的总投资，在规定的总投资计划内开展设计工作，绝不能天马行空，画到哪，算到哪；否则，就是没有质量的设计，也是不负责任的设计。因此，设计与总投资是相互影响、相辅相成的关系，它们互相制约。

2. 设计阶段投资控制的管理过程

基本建设项目投资控制是一个动态的过程，贯穿于项目生命周期的每一个阶段。上一阶段是下一阶段控制的指南，可以说一环扣一环。下面从项目立项工作开始，到项目竣工验收前，以图表的形式来描述项目投资管理控制的全过程（见图5-9）。

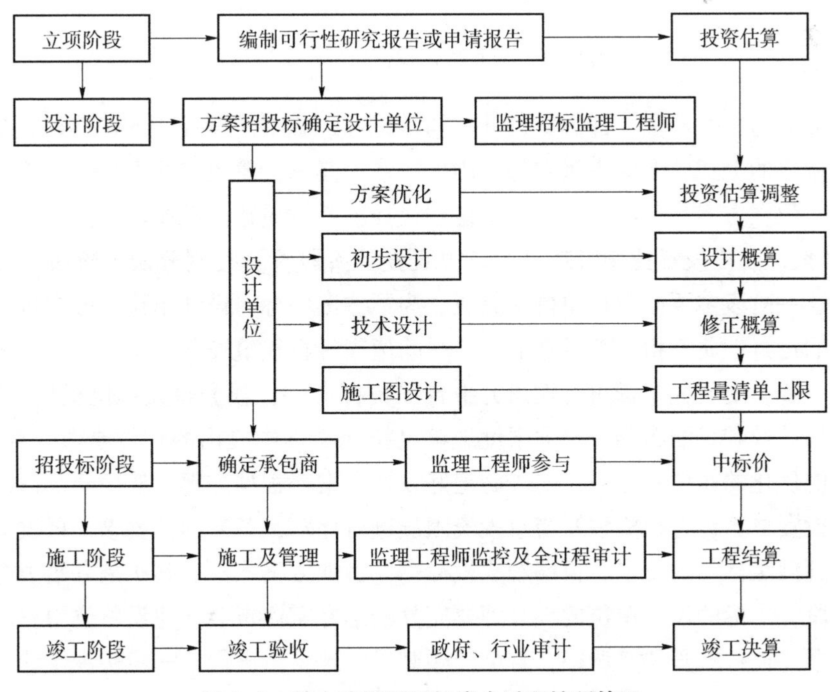

图5-9 基本建设项目投资全过程控制管理

（1）设计阶段投资控制管理过程

设计阶段的投资控制，关键在于设计单位的设计师们的投资控制意识、设计水平、精力投入和责任心。专业技术能力较强的建设单位在投资控制过程中发挥的作用非常重要，特别是要帮助设计师们充分了解用户单位的需求，使其设计的作品能充分满足用户的功能和审美需要，同时协助审查设计中的缺陷，找出不能满足用户需求的功能缺失或多余的功能设计，以便优化或修正设计。基于建设单位和监理方的参与，以设计师为主的投资控制管理过程见图 5-10。

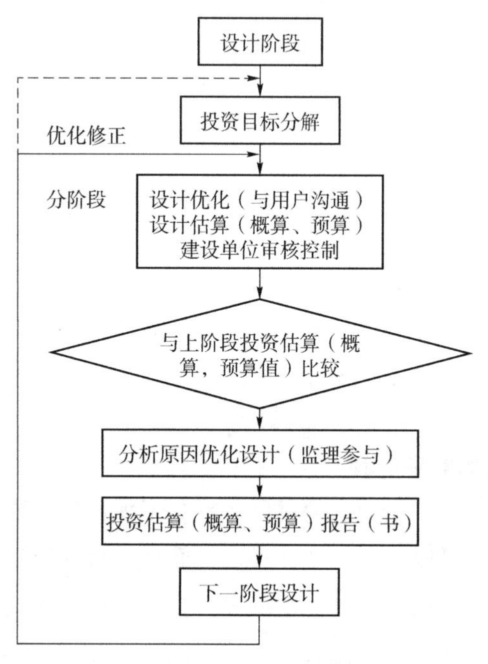

图 5-10　设计阶段投资控制管理过程

设计大致分为三个阶段，即方案设计、初步设计、施工图设计。方案设计大多是经过招标或以方案竞赛的形式由专家来确定的。因此，在方案招标阶段，建设单位是不便参与投资控制过程的，但在方案优化阶段，建设单位和设计监理方应该主动参与。

1）方案设计阶段投资控制管理过程。方案设计阶段投资控制分两个阶段：首先是方案投标阶段，这一阶段主要由设计单位来完成。为了方案中标，设计单位一般应根据建设单位经国家批准的可行性研究报告总投资的一个中间值来进行建筑安装工程的总造价控制。作为设计师，第一步，要研究吃透可行性研究报告和招标文件，根据建设单位提出的功能需求，进行大的功能分块和平面布局，最大限度地满足招标文件中提出的功能要求，有可能的话，可以提出功能优化的建议和理由，初步确定好设计方案。根据方案，按照建筑造价指数进行相对准确的投资估算，将投资估算与总投资限额进行比较，若未达到要求，再改进方案，如此反复，直到满足标书的要求，再编制成投标书，参加方案投标。其次是方案中标后，进入方案优化阶段，中标的设计单位的设计师要充分吸纳专家评审会和建设单位用户的意见和建议，优化方案，进行投资估算调整，直至其相对最合理，再进行下一步初步设计。此阶段控制管理过程详见图 5-11。

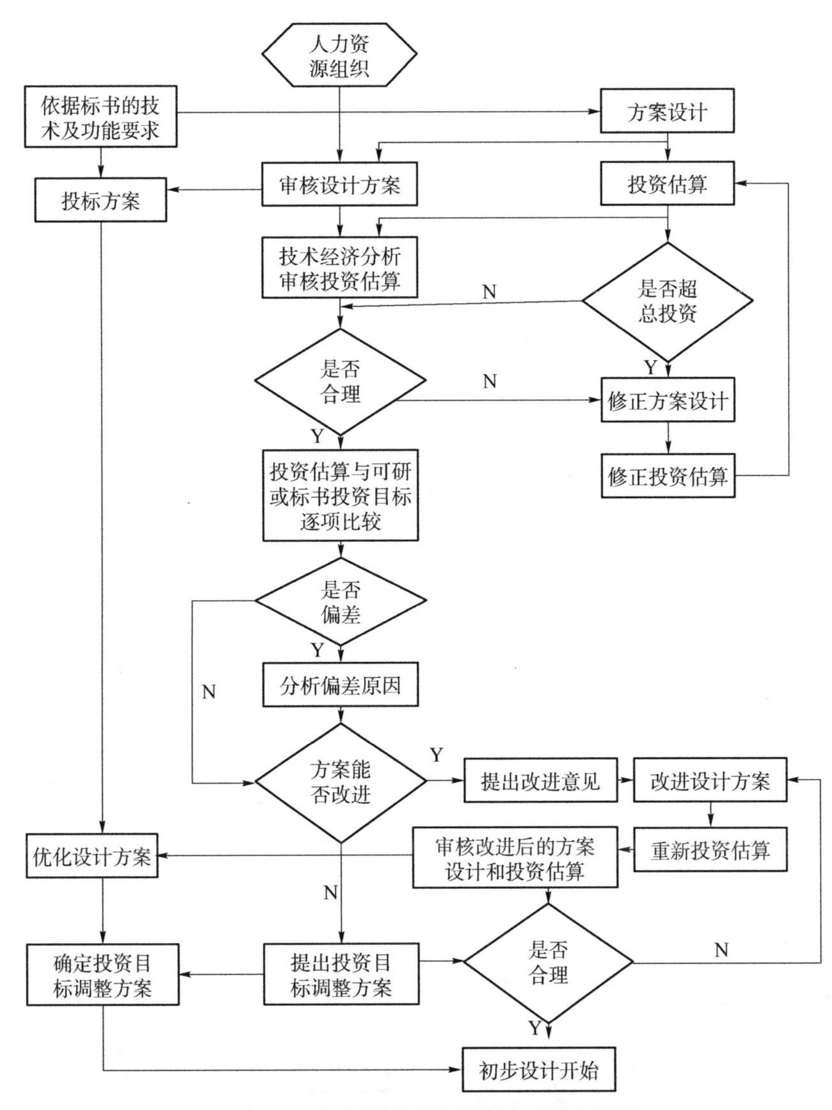

图 5-11　方案设计阶段投资控制管理过程

2）初步设计阶段投资控制管理过程。初步设计是一项带有规划性质的“轮廓”设计，它要对设计的工程项目作出基础技术决定，明确内部空间划分，外部形体的组合，材料、质地、色彩和结构形式的选择，初步确定基本技术经济指标和工程概算，并针对计划任务书作必要的修改和补充。这一阶段的投资控制主要通过技术经济分析、审核、编制和优化初步设计概算来完成，详见图 5-12。

3）施工图阶段投资控制管理过程。施工图是表示建筑物或设备管线的各部分的布置、作法、构造、相互关系、施工及安装要求、质量要求的详细图纸和说明，包括建筑施工图、结构施工图、给排水施工图、采暖通风施工图、电气施工图（简称建施、结施、水施、暖施、电施）。这一阶段可详细列出工程量清单，编制出相对准确的施工图预算，确定上限值即拦标价，详见图 5-13。

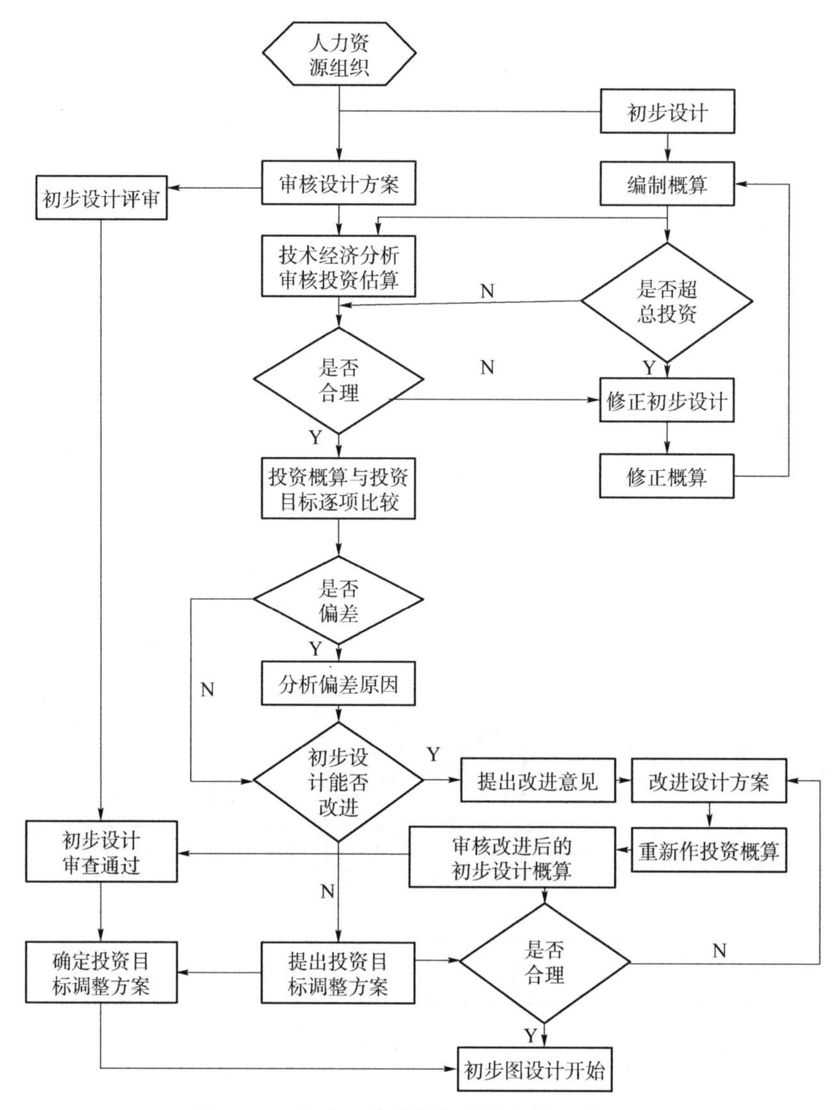

图 5-12　初步设计阶段投资控制管理过程图

(2) 设计阶段投资控制管理的主要方法

投资控制贯穿于项目全寿命周期，但在设计阶段尤其重要。在该阶段控制投资的方法有很多，既有专业技术方面的方法，也有完善体制和机制的方法，此处侧重介绍四种常用的主要方法。

1) 优化设计，即对设计进行优化。工程设计包括空间布置、结构类型、工艺设计等诸多方面的内容。单项工程设计中，建筑和结构方案的选择及建筑材料的选用对投资影响较大，如设计方案中的平面布置为内廊式还是外廊式、进深与开间的确定、立面形式的选择、层高与层数的确定、基础类型选用、结构形式选择等都存在技术经济分析问题。据统计，在满足同样功能的条件下，技术经济合理的设计可以降低工程造价的 20%，有的甚至达到 30%。通过优化设计来控制工程建设投资是一个综合性问题，不能片面强调节约投资，而是要正确处理技术与经济的关系。设计中既要反对片面强调节约、忽视技术上的合理要求、使项目达不到功能的倾向，又要反对重技术、轻经济、设计保守浪费等现象。

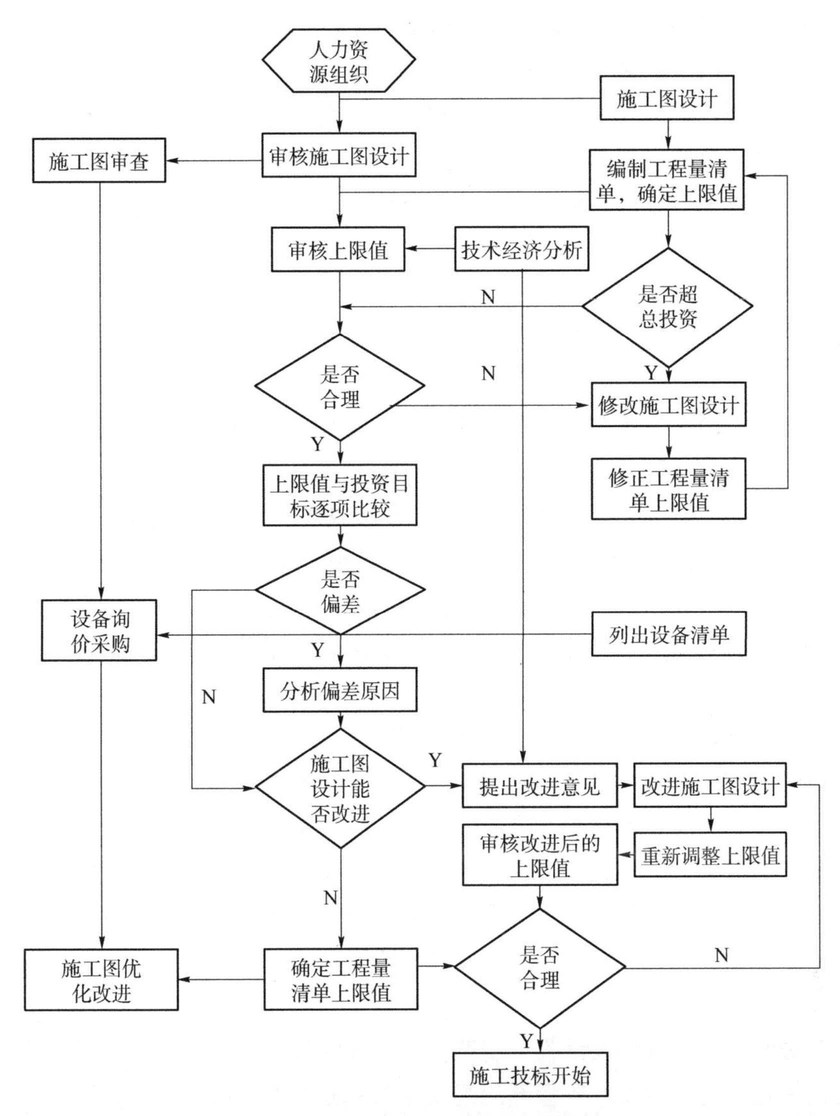

图 5-13 施工图设计阶段投资控制管理过程图

2）限额设计。限额设计并不是一味考虑节约投资，也绝不是简单地将投资砍一刀，而是包含了尊重科学、尊重实际、实事求是、精心设计和保证设计科学性的实际内容。限额设计就是在设计阶段，把建设工程造价控制在批准的造价限额以内，以保证项目管理目标的实现，以求在项目中能合理使用人力、物力、财力，取得较好的投资效益和社会效益。该阶段的造价控制不只是表面意义上的控制估算、概算、预算，更重要的是通过控制三算，达到提高设计质量、降低工程成本的目的。因此，限额设计的责任主要在设计单位。作为设计单位，在技术设计和施工图设计阶段，要特别加强专业间的配合，认真研究，进行技术经济比较，优化设计，在保证工程安全和不降低功能的前提下，采用新方案、新工艺、新设备和新材料节约工程投资。限额设计应始终是设计质量的管理目标，进行多层次的控制与管理，步步为营，层层控制，才能最终实现控制投资的目标，同时实现对设计规模、设计标准、工程数量与概算指标等各个方面的多维控制。

3）价值工程。资源稀缺性是经济生活中的永恒主题，价值工程源于人们对这一客观的永恒主题的充分认识。所谓资源稀缺性，是指任何资源的获得都是有条件、有限度的，容不得人们肆意挥霍浪费。它们或因数量少，难以满足人类的需求；或因获得方式困难，使人类不能轻易获取；或因时间、空间的限制，使人类无法在需要的时间和地点，适时适地获得等；所以人类总为资源不足，即资源稀缺绞尽脑汁。资源的稀缺性要求人类利用资源时务必合理有效，慎之又慎，尽量减少浪费，提高资源的利用效率，从而相对地降低资源的稀缺程度。正是为了解决这一问题，麦尔斯率先对资源的合理有效利用进行了分析研究，以替代方法解决或缓和了物资采购工作中的突出问题，并以此为契机，创立了价值工程。通过价值工程，在设计阶段收集和掌握先进技术和大量信息，追求更高的价值目标，设计出更优秀的产品。应用价值工程，确定建筑产品的目标成本，按比例分配目标成本。通过分析一个系统、设备、程序和服务等的功能要求，设计出物美价廉的建筑产品，力求用最低的全寿命周期费用，可靠地实现必要功能，并满足可靠性、质量、维护、美观、安全和防火等方面的要求，提高投资效益。因此，价值工程的运用，关键在设计师。作为建设单位及其用户，提出科学合理的功能需求也是价值工程的体现。有些功能的提出，对于教学、科研和人才培养并没有多大的价值，只是片面地追求建筑造型或所谓的艺术震撼力，这就极有可能造成资源的浪费。

4）激励、惩罚和监督机制。一方面，由于现行的设计收费是按面积或按造价的比例计取，几乎跟投资的节约和设计质量的优劣无关，设计师不承担任何经济责任，甚至有些设计单位为多收设计费而加大规模和投资，所以设计单位对设计方案倾向于不认真进行技术经济分析，而是追求高标准和艺术效果，或为保险起见，随意加大设计安全系数，造成投资浪费；另一方面，设计单位即使花费了较多的人力、物力，优化了设计方案，给建设单位节约了投资，但也不能得到应有的报酬，有时设计费反而被扣减，从而挫伤了设计单位进行优化设计的积极性。

为此，有必要改革现行的设计收费制度，在现有的收费办法中加入投资节约的奖励和投资超支的惩罚措施。建议国家在监管部门建立起第三方评价机制，完善我国工程建设设计领域的设计质量评价体系，引入第三方专门的设计评价机构，对设计单位的设计质量进行评价、监督。目前，作为《建设工程质量管理条例》（国务院令第 279 号，2019 年第二次修订）配套文件之一的《建筑工程施工图设计审查暂行办法》已颁布施行，它的实施给设计质量控制提供了重要保证，但大部分仅限于对强制性规范的审查，并未全面对设计质量进行评价，特别是设计的经济性。如果评价机制完善，设计单位因设计而降低投资数额，优化了设计，节省了资金，设计单位和设计师将得到一定的奖励；反之，如果设计质量较差，引起投资超支或浪费，设计单位和设计师则要承担相应的经济责任。这种机制的建立，将有利于调动设计师的积极性和创造性，有利于工程投资控制，有利于推动设计进步和提高行业劳动生产率，有利于形成以设计合同为核心，以法律、法规为准绳，以行业定额为指导性标准的约束激励机制。

6　建设工程成本管理

§6.1　建设工程成本管理概述

6.1.1　建设工程项目成本管理的定义

建设工程项目成本管理是指为保证项目实际发生的成本不超过项目预算成本所进行的项目成本估算、预算和控制等方面的管理活动。建设工程项目成本管理也可以理解为：为了保证完成项目目标，在批复的项目概算内，对项目实施成本所进行的按时、保质、高效的管理过程和活动。项目成本管理可以及时发现和处理项目执行中出现的成本方面的问题，达到有效节约项目成本的目的。

6.1.2　建设工程项目成本管理的理念

为了能够科学、客观地遵循项目管理的客观规律，在建设工程项目成本管理中应树立以下两种理念：一是全过程——项目全生命周期成本管理的理念；二是全方位——项目全面成本管理的理念。

1. 项目全生命周期成本管理

项目全生命周期成本管理的理念主要是由英美的一些学者和实际工作者在20世纪70年代末和80年代初提出的，其核心内容如下：

1）项目全生命周期成本管理是项目投资决策的一种工具，是一种用来选择项目备选方案的方法。

2）项目全生命周期成本管理是项目设计的一种指导思想和手段，项目全生命周期成本管理要计算项目整个服务期的所有成本，包括直接的、间接的、社会的和环境的成本等。

3）项目全生命周期成本管理是一种实现项目全生命周期（包括项目前期、项目实施期和项目使用期）总成本最小化的方法。

项目全生命周期成本管理理念的根本点就是要求人们从项目全生命周期出发，考虑项目成本和项目成本管理问题，其中最关键的是要实现项目整个生命周期总成本的最小化。

2. 项目全面成本管理的理念

项目全面成本管理的理念是国际全面成本管理促进会原主席（原美国造价工程师协会主席）R. E. Westney先生在1991年5月所发表的《90年代项目的发展趋势》一文中提出

的。Westney 给全面成本管理下的定义是："全面成本管理就是通过有效地使用专业知识和专业技术控制项目资源、成本、盈利和风险。"国际全面成本管理促进会对"全面成本管理"的系统方法所涉及的管理内容给出了界定，项目全面成本管理主要包括以下几个阶段与工作：

①启动阶段相关的项目成本管理工作。

②说明目的、使命、目标、指标、政策和计划阶段项目成本管理工作。

③定义具体要求和确定管理技术阶段相关的项目成本管理工作。

④评估和选择项目方案阶段相关的项目成本管理工作。

⑤根据选定方案进行初步项目开发与设计阶段相关的项目成本管理工作。

⑥获得设备和资源阶段相关的项目成本管理工作。

⑦实施阶段相关的项目成本管理工作。

⑧完善和提高阶段相关的项目成本管理工作。

⑨退出服务和重新分配阶段相关的项目成本管理工作。

⑩补救和处置阶段相关的项目成本管理工作。

项目成本管理包括成本管理的任务、程序和措施，成本计划、成本控制、成本核算、成本分析和成本考核。

成本管理首先要做好基础工作。成本管理的基础工作是多方面的，成本管理责任体系的建立是其中最根本最重要的基础工作，涉及成本管理的一系列组织制度、工作程序、业务标准和责任制度的建立，包括：统一组织内部工程项目成本计划的内容和格式；建立内部施工定额并保持适应性、有效性和相对先进性，为成本计划编制提供支撑；建立生产资料市场价格信息收集网络和必要的派出询价网点，做好市场行情预测，保证采购价格信息的及时性和准确性；建立已完成项目的成本资料和报告报表等的归集、整理、保管和使用管理制度；科学设计成本核算账册体系、业务台账、成本报告报表，为成本管理的业务操作提供统一范式。

《建设工程施工合同（示范文本）》由合同协议书、通用合同条款和专用合同条款三部分组成。合同协议书主要包括工程概况、合同工期、质量标准、签约合同价和合同价格形式、项目经理、合同文件构成、承诺以及合同生效条件等内容，其中约定了合同当事人基本的权利义务。通用合同条款是合同当事人根据法律法规的规定，就工程建设的实施及相关事项，对合同当事人的权利义务作出的原则性约定。专用合同条款是对通用合同条款原则性约定的细化、完善、补充、修改或另行约定的条款。在使用专用合同条款时，应注意以下事项：

①专用合同条款的编号应与相应的通用合同条款的编号一致。

②合同当事人可以通过专用合同条款的修改，满足具体建设工程的特殊要求，避免直接修改通用合同条款。

③组成合同的各项文件应互相解释，互为说明。除专用合同条款另有约定外，解释构成合同文件的优先顺序如下：合同协议书、中标通知书（如果有）、投标函及其附录（如果有）、专用合同条款及其附件、通用合同条款、技术标准和要求、图纸、已标价工程量清单

或预算书、其他合同文件。应建立项目全面成本管理制度，明确职责分工和业务关系，把管理目标分解到各项技术和管理过程中去。组织管理层应负责项目成本管理的决策，确定项目的成本控制重点、难点，确定项目成本目标，并对项目管理机构进行过程和结果考核。

6.1.3 建设工程项目成本的构成

根据建设工程项目从设计到完成全过程的阶段划分，建设工程项目成本可分为决策成本、招标成本、勘察设计成本及实施成本，这是进行某项工程建设所耗费的全部费用，也就是建设项目从建设前期决策工作开始到项目全部建成投产为止所发生的全部费用。项目成本有直接成本和间接成本两种。直接成本是指施工过程中耗费的构成工程实体或有助于工程实体形成的各项费用支出，是可以直接计入工程对象的费用。间接成本是指准备、组织和管理的全部费用支出，是非直接用于也无法直接计入工程对象，却为工程所必需的费用，包括办公费、差旅费等。

建设工程项目成本费用一般由建筑安装工程费、设备及工器具购置费、工程建设其他费用、预备费等组成。

1. 建筑安装工程费

建筑安装工程费即建筑安装工程造价，是指建筑安装施工过程中发生的，构成工程实体和非工程实体项目的直接费用（人工费、材料费、施工机具使用费、措施项目费），包括施工企业在组织管理工程施工中为工程支出的间接费用、企业应获得的利润，以及应缴纳的税金的总和（见图 6-1）。

（1）分部分项工程费

分部分项工程费是指各专业工程的分部分项工程应予列支的各项费用。专业工程指的是按现行国家计量规范划分的房屋建筑与装饰工程、通用安装工程、市政工程、园林绿化工程、构筑物工程等各类工程；分部分项工程指的是按现行国家计量规范对各专业工程划分的项目，如房屋建筑与装饰工程划分的土石方工程、地基处理与桩基工程、砌筑工程、钢筋及钢筋混凝土工程等。

分部分项工程费计算见式（6-1）：

$$\text{分部分项工程费} = \sum(\text{分部分项工程量} \times \text{综合单价}) \qquad (6\text{-}1)$$

式中，综合单价包括人工费、材料费、施工机具使用费、企业管理费和利润以及一定范围内的风险费用。

（2）措施项目费

措施项目费是指为完成建设工程施工，发生于该工程施工前和施工过程中的技术、生活、安全、环境保护等方面的费用，内容包括安全文明施工费、夜间施工增加费、二次搬运费、冬雨期施工增加费、已完工程及设备保护费、工程定位复测费、特殊地区施工增加费、大型机械设备进出场及安拆费、脚手架工程费等。

安全文明施工费是指施工现场安全文明施工和 CI 形象所需要的各项费用，包括环境保护费、文明施工费、安全施工费和临时设施费。环境保护费是指施工现场为达到环保部门要求所需要的各项费用；文明施工费是指施工现场文明施工所需要的各项费用；安全施工费是

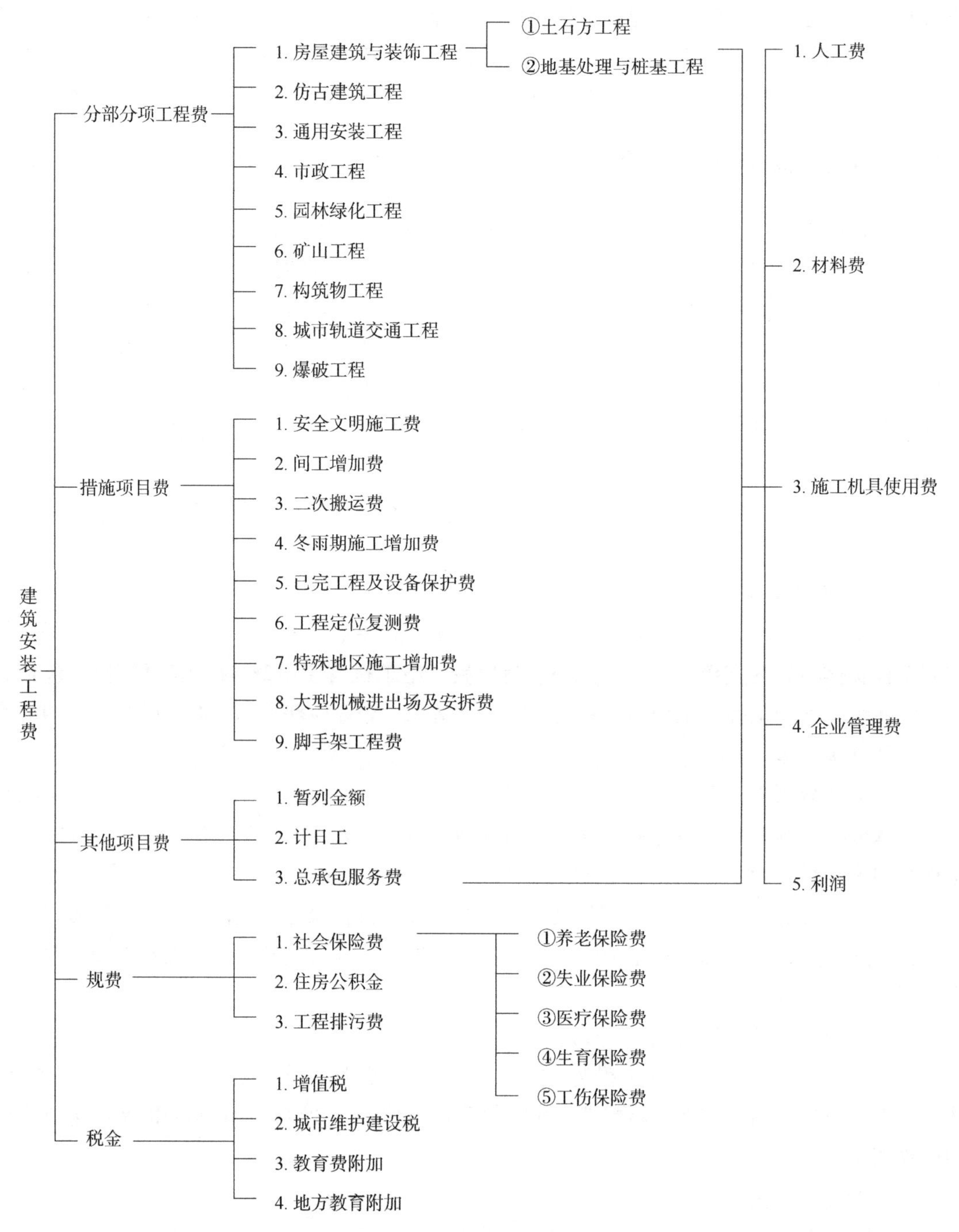

图 6-1　建筑安装工程费用项目组成

指施工现场安全施工所需要的各项费用；临时设施费是指施工企业为进行建设工程施工所必须搭设的生活和生产用临时建筑物、构筑物和其他临时设施的费用，包括搭设、维修、拆除、清理或摊销费等。

夜间施工增加费是指因夜间施工所发生的夜班补助费、夜间施工降效、夜间施工照明设备摊销及照明用电等费用。

二次搬运费是指因施工场地条件限制而发生的材料、构配件、半成品等一次运输不能到达堆放地点，必须进行二次或多次搬运所发生的费用。

冬雨期施工增加费是指在冬期或雨期施工需增加的临时设施、防滑、排除雨雪、人工及施工机械效率降低等费用。

已完工程及设备保护费是指竣工验收前，对已完工程采取的必要保护措施所发生的费用。

工程定位复测费是指工程施工过程中进行全部施工测量放线和复测工作的费用。

特殊地区施工增加费是指工程在沙漠或其边缘地区、高海拔、高寒、原始森林等特殊地区施工增加的费用。

大型机械设备进出场及安拆费是指机械整体或分体自停放场地运至施工现场或由一个施工地点运至另一个施工地点所发生的机械进出场运输及转移费用，以及机械在施工现场进行安装、拆卸所需的人工费、材料费、机械费、试运转费和安装所需的辅助设施的费用。

脚手架工程费是指施工需要的各种脚手架搭的拆、运输费用以及脚手架购置费的摊销（或租赁）费用。

措施项目及其包含的内容详见各类专业工程的现行国家或行业计量规范。

1）国家计量规范规定应予计量的措施项目，其计算见式（6-2）：

$$措施项目费=\sum(措施项目工程量\times综合单价) \tag{6-2}$$

2）国家计量规范规定不宜计量的措施项目计算方法如下：

①安全文明施工费计算见式（6-3）：

$$安全文明施工费=计算基数\times安全文明施工费费率(\%) \tag{6-3}$$

式中，计算基数应为定额基价（定额分部分项工程费+定额中可以计量的措施项目费）、定额人工费或定额人工费+定额机械费；其费率由工程造价管理机构根据各专业工程的特点综合确定。

②夜间施工增加费计算见式（6-4）：

$$夜间施工增加费=计算基数\times夜间施工增加费费率(\%) \tag{6-4}$$

③二次搬运费计算见式（6-5）：

$$二次搬运费=计算基数\times二次搬运费费率(\%) \tag{6-5}$$

④冬雨期施工增加费计算见式（6-6）：

$$冬雨期施工增加费=计算基数\times冬雨期施工增加费费率(\%) \tag{6-6}$$

⑤已完工程及设备保护费计算见式（6-7）：

$$已完工程及设备保护费=计算基数\times已完工程及设备保护费费率(\%) \tag{6-7}$$

上述②~⑤项措施项目的计算基数应为定额人工费或（定额人工费+定额机械费），其费率由工程造价管理机构根据各专业工程特点和调查资料综合分析后确定。

（3）其他项目费

其他项目费指的是暂列金额、计日工和总承包服务费。

1）暂列金额是指建设单位在工程量清单中暂定并包括在工程合同价款中的一笔款项，用于施工合同签订时尚未确定或者不可预见的所需材料、工程设备、服务的采购，如施工中可能发生的工程变更、合同约定调整因素出现时的工程价款调整以及发生索赔、现场签证确认等的费用。

2）计日工是指在施工过程中，施工企业完成建设单位提出的施工图纸以外的零星项目或工作所需的费用。

3）总承包服务费是指总承包人为配合、协调建设单位进行的专业工程发包，对建设单位自行采购的材料、工程设备等进行保管以及施工现场管理、竣工资料汇总整理等服务所需的费用。

（4）规费

规费是指按国家法律、法规规定，由省级政府和省级有关权力部门规定必须缴纳或计取的费用，包括社会保险费、住房公积金、工程排污费。

1）社会保险费：

养老保险费：企业按照规定标准为职工缴纳的基本养老保险费。

失业保险费：企业按照规定标准为职工缴纳的失业保险费。

医疗保险费：企业按照规定标准为职工缴纳的基本医疗保险费。

生育保险费：企业按照规定标准为职工缴纳的生育保险费。

工伤保险费：企业按照规定标准为职工缴纳的工伤保险费。

2）住房公积金：企业按照规定标准为职工缴纳的住房公积金。

社会保险费和住房公积金应以定额人工费为计算基础，根据工程所在地省、自治区、直辖市或行业建设主管部门规定的费率计算，见式（6-8）：

$$\text{社会保险费和住房公积金} = \sum(\text{工程定额人工费} \times \text{社会保险费和住房公积金费率}) \tag{6-8}$$

式中，社会保险费和住房公积金费率可以每万元发承包价的生产工人人工费和管理人员工资含量与工程所在地规定的缴纳标准综合分析取定。

3）工程排污费：按照规定缴纳的施工现场工程排污费。工程排污费等其他应列而未列入的规费应按工程所在地环境保护等部门规定的标准缴纳，按实计取列入。

（5）税金

税金是指国家税法规定的应计入建筑安装工程造价内的营业税、城市维护建设税、教育费附加以及地方教育附加，见式（6-9）：

$$\text{税金} = \text{税前造价} \times \text{综合税率}(\%) \tag{6-9}$$

1）纳税地点在市区的企业，综合税率计算见式（6-10）：

$$\text{综合税率}(\%) = \frac{1}{1-3\%-3\%\times7\%-3\%\times3\%-3\%\times2\%}-1 \tag{6-10}$$

2）纳税地点在县城、镇的企业，综合税率计算见式（6-11）：

$$\text{综合税率}(\%) = \frac{1}{1-3\%-3\%\times5\%-3\%\times3\%-3\%\times2\%}-1 \tag{6-11}$$

3）纳税地点不在市区、县城、镇的企业，综合税率计算见式（6-12）：

$$\text{综合税率}(\%) = \frac{1}{1-3\%-3\%\times1\%-3\%\times3\%-3\%\times2\%}-1 \tag{6-12}$$

2016年5月1日起实施营改增，增值税属于价外税。其计算公式见式（6-13）和式(6-14)：

$$\text{应纳税额}=\text{当期销项税额}-\text{当期进项税额} \tag{6-13}$$

$$\text{销项税额}=\text{销售额(税前造价)}\times\text{增值税税率} \tag{6-14}$$

增值税税制要求进项税额不进成本，不是销售额（税前造价）的组成，销项税额计算基础是不含进项税额的“税前造价”。

实行营业税改增值税的，按纳税地点现行税率计算。

建设单位和施工企业均应按照省、自治区、直辖市或行业建设主管部门发布的标准计算规费和税金，不得作为竞争性费用。

（6）各费用构成要素参考计算

1）人工费。人工费是指按工资总额构成规定，支付给从事建筑安装工程施工的生产工人和附属生产单位工人的各项费用。

人工费包括计时工资或计件工资、奖金、津贴补贴、加班加点工资和特殊情况下支付的工资，其中：计时工资或计件工资是指按计时工资标准和工作时间或对已做工作按计件单价支付给个人的劳动报酬；奖金是指给超额劳动和增收节支的劳动报酬，如节约奖、劳动竞赛奖等；津贴补贴是指为了补偿职工特殊或额外的劳动消耗而支付给个人的津贴，以及为了保证职工工资水平不受物价影响而支付给个人的物价补贴，如流动施工津贴、特殊地区施工津贴、高温（寒）作业临时津贴、高空津贴等；加班加点工资是指按规定支付的在法定节假日工作的加班工资和在法定日工作时间外延时工作的加班工资；特殊情况下支付的工资是指根据国家法律、法规和政策规定，因病、工伤、产假、计划生育假、婚丧假、事假、探亲假、定期休假、停工学习、执行国家或社会义务等原因按计时工资标准或一定比例支付的工资。

人工费的计算有两种计算方法：

计算方法1见式（6-15）和式（6-16）：

$$\text{人工费}=\sum(\text{工日消耗量}\times\text{日工资单价}) \tag{6-15}$$

$$\text{日工资单价}=\frac{\text{生产工人平均月工资(计时、计件)}+\text{平均月(奖金+津贴补贴+特殊情况下支付的工资)}}{\text{年平均每月法定工作日}} \tag{6-16}$$

注：式（6-15）和式（6-16）主要适用于施工企业投标报价时自主确定人工费的情况，也是工程造价管理机构编制计价定额、确定定额人工单价或发布人工成本信息的参考依据。

计算方法2见式（6-17）：

$$\text{人工费}=\sum(\text{工程工日消耗量}\times\text{日工资单价}) \tag{6-17}$$

注：式（6-17）适用于工程造价管理机构编制计价定额时确定定额人工费的情况，是施工企业投标报价的参考依据。

日工资单价是指施工企业平均技术熟练程度的生产工人在每个工作日（国家法定工作时间内）按规定从事施工作业应得的日工资总额。

工程造价管理机构确定日工资单价应通过市场调查、根据工程项目的技术要求，参考实物工程量日工资单价综合分析确定。

工程计价定额不可只列一个综合日工资单价，应根据工程项目技术要求和工种差别适当划分多种日工资单价，确保各分部工程人工费的合理性。

2）材料费。材料费是指施工过程中耗费的原材料、辅助材料、构配件、零件、半成品或成品、工程设备的费用。

材料费包括材料原价、运杂费、运输损耗费、采购及保管工程设备费。其中：材料原价是指材料、工程设备的出厂价格或商家供应价格；运杂费是指材料、工程设备自来源地运至工地仓库或指定堆放地点所发生的全部费用；运输损耗费是指材料在运输装卸过程中不可避免的损耗费用；采购及保管费是指为组织采购、供应和保管材料及工程设备的过程中所需要的各项费用，包括采购费、仓储费、工地保管费、仓储损耗费；工程设备费是指构成或计划构成永久工程一部分的机电设备、金属结构设备、仪器装置及其他类似的设备和装置。

材料费的计算如下：

①材料费计算见式（6-18）和式（6-19）：

$$材料费=\sum(材料消耗量\times材料单价) \tag{6-18}$$

$$材料单价=\{(材料原价+运杂费)\times[1+运输损耗率(\%)]\}\times[1+采购保管费率(\%)] \tag{6-19}$$

②工程设备费计算见式（6-20）和式（6-21）：

$$工程设备费=\sum(工程设备量\times工程设备单价) \tag{6-20}$$

$$工程设备单价=(设备原价+运杂费)\times[1+采购保管费率(\%)] \tag{6-21}$$

3）施工机具使用费。施工机具使用费是指施工作业所发生的施工机械、仪器仪表使用费或租赁费。

施工机具使用费的构成包括施工机械使用费和仪器仪表使用费两个方面。

①施工机械使用费计算见式（6-22）和式（6-23）：

$$施工机械使用费=\sum(施工机械台班消耗量\times施工机械台班单价) \tag{6-22}$$

$$施工机械台班单价=折旧费+大修费+经常修理费+安拆费及场外运费+人工费+燃料动力费+车船税费 \tag{6-23}$$

式中：折旧费是指施工机械在规定的使用年限内，陆续收回其原值的费用；大修理费是指施工机械按规定的大修理间隔台班进行必要的大修理，以恢复其正常功能所需的费用；经常修理费是指施工机械除大修理以外的各级保养和临时故障排除所需的费用，包括为保障机械正常运转所需的替换设备与随机配备工具附具的摊销和维护费用、机械运转中日常保养所需的润滑与擦拭的材料费用及机械停滞期间的维护和保养费用等；安拆费是指施工机械（大型机械除外）在现场进行安装与拆卸所需的人工、材料、试运转费用以及辅助设施的折旧、搭设、拆除等费用；场外运费是指施工机械整体或分体自停放地点运至施工现场或由一施工地点运至另一施工地点的运输、装卸、辅助材料及架线等费用；人工费是指机上司机（司炉）和其他操作人员的人工费；燃料动力费是指施工机械在运转作业中所消耗的各种燃料及水、电等费用；税费是指施工机械按照国家规定应缴纳的车船使用税、保险费及年检费等。

②仪器仪表使用费计算见式（6-24）：

$$仪器仪表使用费=工程使用的仪器仪表摊销费+维修费 \tag{6-24}$$

4）企业管理费。企业管理费是指建筑安装企业组织施工生产和经营管理所需的费用。

企业管理费的构成内容包括管理人员工资、办公费、差旅交通费、固定资产使用费、工具用具使用费、劳动保险和职工福利费、劳动保护费、检验试验费、工会经费、职工教育经费、财产保险费、财务费、税金以及其他费用。其中：管理人员工资是指按规定支付给管理人员的计时工资、奖金、津贴补贴、加班加点工资及特殊情况下支付的工资等；办公费是指企业管理办公用的文具、纸张、账表、印刷、邮电、书报、办公软件、现场监控、会议、水电、烧水和集体取暖降温（包括现场临时宿舍取暖降温）等费用；差旅交通费是指职工因公出差、调动工作的差旅费和住勤补助费，市内交通费和误餐补助费，职工探亲路费，劳动力招募费，职工退休、退职一次性路费，工伤人员就医路费，工地转移费以及管理部门使用的交通工具的油料、燃料等费用；固定资产使用费是指管理和试验部门及附属生产单位使用的属于固定资产的房屋、设备、仪器等的折旧、大修、维修或租赁费；工具用具使用费是指企业施工生产和管理使用的不属于固定资产的工具、器具、家具、交通工具和检验、试验、测绘、消防用具等的购置、维修和摊销费；劳动保险和职工福利费是指由企业支付的职工退职金、按规定支付给离休干部的经费、集体福利费、夏季防暑降温、冬季取暖补贴、上下班交通补贴等；劳动保护费是企业按规定发放的劳动保护用品的支出，如工作服、手套、防暑降温饮料以及在有碍身体健康的环境中施工的保健费用等；检验试验费是指施工企业按照有关标准规定，对建筑以及材料、构件和建筑安装物进行一般鉴定和检查所发生的费用，包括自设试验室进行试验所耗用的材料等费用，不包括新结构、新材料的试验费，对构件做破坏性试验及其他特殊要求检验试验的费用和建设单位委托检测机构进行检测的费用，对此类检测发生的费用，由建设单位在工程建设其他费用中列支，但如果施工企业提供的具有合格证明的材料经检测不合格，该检测费用由施工企业支付；工会经费是指企业按《中华人民共和国工会法》规定的全部职工工资总额比例计提的工会经费；职工教育经费是指按职工工资总额的规定比例计提，企业为职工进行专业技术和职业技能培训、专业技术人员继续教育、职工职业技能鉴定、职业资格认定以及根据需要对职工进行各类文化教育所发生的费用；财产保险费是指施工管理用财产、车辆等的保险费用；财务费是指企业为施工生产筹集资金或提供预付款担保、履约担保、职工工资支付担保等所发生的各种费用；税金是指企业按规定缴纳的房产税、车船使用税、土地使用税、印花税等；其他费用包括技术转让费、技术开发费、投标费、业务招待费、绿化费、广告费、公证费、法律顾问费、审计费、咨询费、保险费等。

企业管理费的费率计算如下：

①以分部分项工程费为计算基础，见式（6-25）：

$$企业管理费费率(\%)=\frac{生产工人年平均管理费}{年有效施工天数\times人工单价}\times人工费占分部分项工程费比例(\%) \tag{6-25}$$

②以人工费和机械费合计为计算基础，见式（6-26）：

$$企业管理费费率(\%)=\frac{生产工人年平均管理费}{年有效施工天数\times(人工单价-每一工日机械使用费)}\times 100\% \tag{6-26}$$

③以人工费为计算基础，见式（6-27）：

$$企业管理费费率(\%)=\frac{生产工人年平均管理费}{年有效施工天数\times 人工单价}\times 100\% \tag{6-27}$$

注：式（6-25）~式（6-27）适用于施工企业投标报价时自主确定管理费的情况，是工程造价管理机构编制计价定额、确定企业管理费的参考依据。

工程造价管理机构在确定计价定额中的企业管理费时，应以定额人工费或（定额人工费+定额机械费）作为计算基数，其费率根据历年工程造价积累的资料，辅以调查数据确定，列入分部分项工程和措施项目中。

2. 设备及工器具购置费

设备及工器具购置费是指为工程项目购置或自制达到固定资产标准的设备、配置的首批工器具以及生产家具所需的费用。设备及工器具购置费由设备购置费和工器具及生产家具购置费组成（见图6-2）。

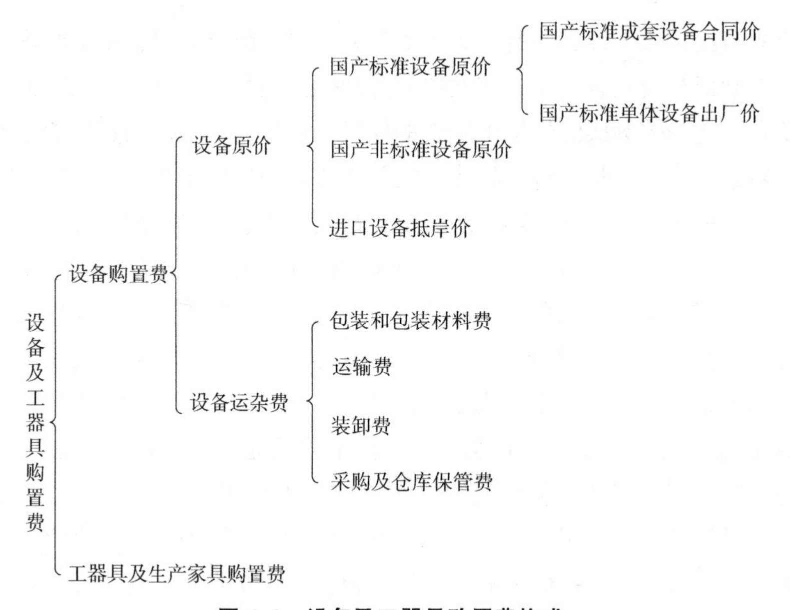

图6-2 设备及工器具购置费构成

（1）设备购置费

设备购置费包括设备原价（或进口设备抵岸价）和设备运杂费两部分。

1）国产设备原价。国产设备原价一般指设备制造厂的交货价，即出厂价。

2）进口设备抵岸价。进口设备抵岸价是指设备抵达买方边境港口或边境车站，并且缴完关税以后的价格。进口设备抵岸价由进口设备货价和进口从属费用组成。

3）设备运杂费。国产设备运杂费是指设备由设备制造厂仓库或交货地点运至施工工地仓库或设备存放地点所发生的运输及杂项费用。进口设备国内运杂费是指进口设备由我国到岸港口或边境车站起到工地仓库止所发生的运输及杂项费用。

设备购置费计算见式（6–28）：

$$设备购置费=设备原价或进口设备抵岸价+设备运杂费 \tag{6-28}$$

（2）工器具及生产家具购置费

工器具及生产家具购置费是指按照有关规定，为保证初期正常生产所必须购置的没有达到固定资产标准的设备、仪器、工具、器具、生产家具和备品备件等的购置费用，计算见式(6–29)：

$$工器具及生产家具购置费=设备购置费\times定额费率 \tag{6-29}$$

3. 工程建设其他费用

工程建设其他费用是指工程从项目筹建到工程竣工验收交付使用为止的整个建设期间，除建筑安装工程费用和设备、工器具购置费以外的，为保证工程建设顺利完成和交付使用后能够正常发挥效用而发生的各项费用的总和，该费用应列入建设项目总造价或单项工程造价。

工程建设其他费用包括建设用地费用、与项目建设有关的费用和与项目运营有关的费用(见图 6–3)。

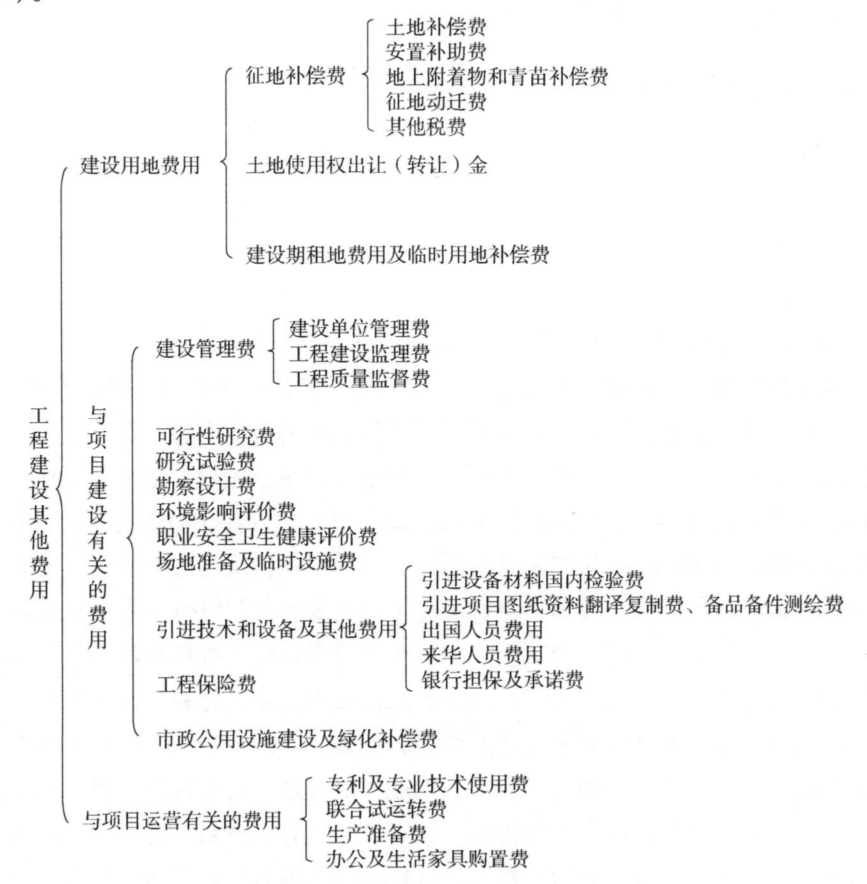

图 6–3　工程建设其他费用构成

4. 预备费

预备费是指考虑建设期可能发生的风险因素而增加的建设费用。基本预备费属于建设方考虑的建设费用，与施工单位报价无关。

按照风险因素的性质划分，预备费包括基本预备费和价差预备费。

(1) 基本预备费

基本预备费是指在项目实施中可能发生的、难以预料的支出，是需要预留的工程费用，又称不可预见费，具体包括：在已批准的初步设计范围内，技术设计、施工图设计及施工过程中所增加的工程费用，设计变更、局部地基处理等增加的费用；一般自然灾害造成的损失或预防自然灾害所采取的措施费用；竣工验收时为鉴定工程质量对隐蔽工程进行必要的挖掘和修复的费用。基本预备费计算见式（6-30）：

基本预备费=(设备及工器具购置费+建筑安装工程费+工程建设其他费用)×基本预备费率 (6-30)

式中：基本预备费率取值应执行国家及部门有关规定，为5%~10%。

(2) 价差预备费

价差预备费指在建设期内，由于人工、设备、材料、施工机械价格及费率、利率、汇率等变化，引起工程造价变化而需要增加的预留费用，包括人工、设备、材料、施工机械价差费、建筑安装工程费及工程建设其他费用调整等。

6.1.4 成本管理的任务及程序

一是掌握生产要素的价格信息；二是确定项目合同价；三是编制成本计划，确定成本实施目标；四是进行成本控制；五是进行项目过程成本分析；六是进行项目过程成本考核；七是编制项目成本报告；八是项目成本管理资料归档。

1. 成本计划编制

成本计划是以货币形式编制施工项目在计划期内的生产费用、成本水平、成本降低率，以及为降低成本所采取的主要措施和规划的书面方案。它是建立施工项目成本管理责任制、开展成本控制和核算的基础；此外，它还是降低项目成本的指导文件，是设立目标成本的依据，即是目标成本的一种形式。项目成本计划一般由施工单位编制，施工单位应围绕施工组织设计或相关文件进行编制，以确保对施工项目成本控制的适宜性和有效性。

编制成本计划的原则：一是从实际情况出发。必须根据国家的方针政策，充分挖掘单位潜力，使成本指标既积极可靠，又切实可行。施工项目管理部门降低成本的潜力在于正确选择施工方案、合理组织施工、提高劳动生产率、改善材料供应、降低材料消耗、提高机械利用率、节约施工管理费用等，但必须注意避免为降低成本而偷工减料、忽视质量，不顾机械的维护修理需求而过度、不合理使用，片面增加劳动强度，忽视安全工作，未给职工办理保险等。二是与其他计划相结合。如施工方案、生产进度计划、财务计划、材料供应及消耗计划等保持平衡。三是采用先进技术经济指标。四是统一领导、分级管理。五是适度弹性，成本计划应留有一定余地，保持计划的弹性。在计划期内，项目管理机构的内部或外部环境都有可能发生变化，尤其是材料供应、市场价格等有很大不确定性，因此计划编制应充分考虑变化可能，使计划具有一定的适应环境变化的能力。

2. 成本控制

成本控制是指对影响成本的各种因素加强管理，并采取有效措施，将实际发生的各种支出严格控制在成本计划范围内。通过动态监控和及时反馈，严格审查各项支出是否符合规定，计算实际成本和计划成本之间的差异，并进行分析，进而采取措施控制成本。项目工程成本控制贯穿于项目从招投标阶段开始至施工验收全过程，是全面成本管理的重要环节。成本控制可分为事前控制、过程控制和事后控制。

3. 成本核算

应根据项目成本管理制度明确项目成本核算的原则、范围、程序、方法、内容、责任及要求，健全项目核算台账。项目成本核算包括两个基本环节：一是按照规定的成本开支范围对成本进行归集和分配，计算成本的实际发生额；二是根据成本核算对象，采取适当方法，计算出项目的总成本和单位成本。

4. 成本分析

成本分析是指在成本核算基础上，对成本的形成过程和影响成本升降的因素进行分析，以寻找进一步降低成本的途径，包括有利偏差的挖掘和不利偏差的纠正。成本分析贯穿成本管理全过程，它在成本形成过程中，主要利用项目的成本核算资料，与项目成本、预测成本以及类似项目的实际成本等进行比较，了解成本变动情况。系统研究成本变动的因素，检查成本计划的合理性，并通过成本分析，深入研究成本变动规律，寻找降低项目成本的途径，以便有效进行成本控制。成本偏差的控制，分析是关键，纠偏是核心，因此要针对分析得出的偏差发生原因，采取切实措施加以纠正。

5. 成本考核

成本考核是指在项目完成后，对项目成本形成中的各责任者，按项目成本目标责任制的规定，将成本的实际指标与计划、预算进行对比和考核，评定项目成本计划的完成情况和责任者的业绩，并以此给予相应的奖励和处罚。通过成本考核，有效调动员工完成目标工作的积极性，从而降低项目成本、提高收益。

成本管理的每个环节都是相互联系和相互作用的：成本预测是成本决策的前提；成本计划是成本决策所确定目标的具体化；成本控制则是对成本计划的实施进行控制和监督，保证决策成本目标的实现；成本核算是对成本计划是否实现的最后检验，核算信息将为下一个项目成本预测和决策提供基础资料；成本考核是实现成本目标责任制的保证和实现决策目标的重要手段。

6.1.5 成本管理的原则及措施

1. 成本管理的原则

建设工程项目成本管理需要遵循以下六项原则：

(1) 领导者推动原则

领导者是项目成本的责任人，必然是建设工程项目施工成本的责任人。领导者应该制定项目成本管理的方针和目标，组织项目成本管理体系的建立和保持，创造使全体员工能充分参与项目施工成本管理、实现项目成本目标的良好内部环境。

(2) 以人为本，全员参与原则

建设工程项目成本管理的每一项工作、每一个内容都需要相应的人员来完善，抓住本质，全面提高人的积极性和创造性，是搞好项目成本管理的前提。项目成本管理工作是一项系统工程，项目的进度管理、质量管理、安全管理、财务管理等一系列管理工作都关系到项目成本，项目成本管理是项目管理的中心工作，须让全体人员共同参与。只有如此，才能保证项目成本管理工作顺利地进行。

(3) 目标分解，责任明确原则

建设工程项目成本管理的工作业绩最终要转化为定量指标，而这些指标的完成是通过各级、各岗位的具体工作实现的，为明确各级、各岗位的成本目标和责任，就必须进行指标分解。确定项目责任成本指标和成本降低率指标，是对工程成本进行的一次目标分解。

项目部还要对工程项目责任成本指标和成本降低率指标进行二次目标分解，根据岗位不同、管理内容不同，确定每个岗位的成本目标和所承担的责任。把总目标进行层层分解，落实到每一个人，通过每个指标的完成来保证总目标的实现。事实上，每个项目管理工作都是由具体的个人来执行的，执行任务而不明确责任等于无人负责，久而久之，便会形成人人都在工作而谁都不负责任的局面，项目管理就无法做好。

(4) 管理层次与管理内容一致性原则

建设工程项目成本管理是项目各项专业管理的一部分，为了完成或者实现工程管理和成本目标，就必须建立一套相应的管理制度，并授予相应的权力。对于不同的管理层次，管理内容和管理权力必须相称和匹配，否则会责、权、利不协调，从而导致管理目标和管理结果的扭曲。

(5) 动态性、及时性、准确性原则

建设工程项目成本管理是为了实现项目成本目标而进行的一系列管理活动，是对项目成本实际开支的动态管理过程。由于项目成本的构成是随着工程施工的进展而不断变化的，因而动态性是项目成本管理的属性之一。进行项目成本管理是不断调整项目成本支出与计划目标的偏差，使二者基本一致的过程，这就决定了项目成本管理不是一次性的工作，而是项目全过程每日每时都在进行的工作。项目成本管理需要及时、准确的信息，需要下级不断反馈，为上级部门或项目负责人进行项目成本管理提供科学的决策依据；如果这些信息严重滞后，就起不到及时纠偏、亡羊补牢的作用。项目成本管理所编制的各种成本计划，统计的各项费用支出，必须是实事求是的、准确的；如果计划的编制不准确，各项成本管理就失去了基准；如果各项统计不实事求是、不准确，成本核算就不能反映真实情况，只能导致决策失误。因此，确保项目成本管理的动态性、及时性、准确性是项目成本管理的灵魂；否则，项目成本管理就只能是纸上谈兵，流于形式。

(6) 过程控制与系统控制原则

项目成本是由项目实施过程的各个环节的费用支出形成的，因此，项目成本的控制必须采用过程控制的方法，分析每一个影响成本的因素，制定工作程序和控制程序，使之时时处于受控状态。

项目成本形成的每一个过程又是与其他过程互相关联的，一个过程成本的降低，可能会引起关联过程成本的提高。因此，项目成本的管理，必须遵循系统控制原则，进行系统分析，制定过程的工作目标必须从全局利益出发，不能为了小团体的利益，损害了整体的利益。

2. 成本管理的措施

成本管理的措施通常有组织措施、技术措施、经济措施和合同措施。

(1) 组织措施

组织措施是其他措施的前提和保障。一方面要从施工成本管理的组织方面采取措施，如实行项目经理责任制，建立健全成本管理责任体系，完善成本管理规章制度等；另一方面要编制施工成本控制工作计划，确定合理详细的工作流程，并进行动态管理。通过生产要素的优化配置、加强施工定额管理、施工任务单管理以及完整准确的信息传递和调度，尽量避免窝工损失、机械利用率降低、物料浪费及积压等现象，控制活劳动和物化劳动的消耗。

(2) 技术措施

技术措施指降低技术成本的措施，通过对多个技术方案进行比较和经济技术分析，确定最佳方案，在满足要求的前提下，选择更节约的技术、方法、设备，降低成本。要加强先进技术和方法的运用。

(3) 经济措施

经济措施是最常用的措施。管理人员应编制资金使用计划，确定、分解成本管理目标，对成本管理目标进行风险分析，制定防范性对策，严格控制方案实施过程中的各项开支，及时准确记录、收集、整理、核算实际支出的费用，对各种变更应及时做好增减账，通过偏差分析和未完工程预测，发现一些潜在的可能引起成本增加的情况，及时采取措施。

(4) 合同措施

合同措施包括从合同谈判开始到合同终结的全过程。首先，根据合同类型和规模合理确定合同结构模式，对各种合同结构模式进行分析、比较，在合同谈判时，选用适合工程规模、性质和特点的合同结构模式。其次，在条款中仔细考虑一切影响成本和效益的因素，特别是潜在的风险因素，通过对可能引起成本变动的风险因素的识别和分析，制定应对方案，采取必要的风险对策，如通过合理的方式，增加承担风险的个体数量，降低损失发生的概率，并最终使这些策略反映在合同的具体条款中。最后，在合同执行期间，合同管理的措施既要密切注视对方合同执行的情况，以寻求合同索赔的机会，也要密切关注自己履行合同的情况，以防被对方索赔。

6.1.6 建设工程成本核算及考核

1. 成本核算的原则

成本核算应按照企业会计准则要求，结合工程成本核算的特点进行。成本核算应遵循的主要原则包括分期核算原则、相关性原则、一惯性原则、实际成本核算原则、及时性原则、配比原则、权责发生制原则、谨慎原则、划分收益性支出与资本性支出原则和重要性原则。

其中，分期核算原则指成本核算的分期应与会计核算的分期相一致，便于财务成果的确定；相关性原则指会计信息应当符合国家宏观经济管理的要求，满足有关方面了解单位财务状况和经营成果的需要，满足单位加强内部管理的需要；一贯性原则指成本核算所采取的方法应前后一致，这样才能使各期成本核算资料口径统一、前后连贯、相互可比；实际成本核算原则指企业应当按实际发生额核算费用和成本，采用定额成本或者计算成本方法的，应当合理计算成本差异，月终编制会计报表时，调整为实际成本，必须根据计算期内实际生产量即已完成的工作量，以及实际消耗和实际价格计算实际成本；及时性原则指项目成本的核算、结转和信息提供，应当在要求时间内完成；配比原则指收入与其相对的成本、费用应当相互配合，为取得本期工作成果而发生的成本和费用，与本期实现的收入在同一时间内入账；权责发生制原则的核心是根据权责关系的实际发生和影响来确认单位的支出和收益；谨慎原则是指在市场经济条件下，在成本会计核算中应当对可能发生的损失和费用，作出合理预计，以增强抵御风险的能力；划分收益性支出与资本性支出原则是指成本、会计核算应当严格区分收益性支出与资本性支出，以正确计算当期损益；重要性原则是指对于成本有重大影响的业务内容，应当作为核算的重点，力求精确，而对于那些不太重要的琐碎的业务内容可以相对从简处理。

2. 成本核算的依据

成本核算的依据包括各种财产物资的收发、领退、转移、报废、清查、盘点资料；与成本核算有关的各项原始记录和工程量统计资料，工时、材料、费用等各项内部消耗定额，以及材料、结构件、作业、劳务的内部结算指导价。

3. 成本核算的范围

工程成本包括从项目合同签订开始至合同完成为止所发生的、与执行合同有关的直接费用和间接费用。直接费用是指为完成合同所发生的、可以直接计入合同成本核算对象的各项费用支出，一般包括材料费用、人工费用、设备费用、其他直接费用（即其他可以直接计入合同成本的费用）。间接费用是指为组织和管理施工生产活动所发生的费用。

4. 成本考核的方法

成本考核可以衡量成本降低的实际效果，也是对成本指标完成情况的总结和评价。应根据项目成本管理制度，确定项目成本考核目的、时间、范围、对象、方式、依据、指标、组织领导、评价与奖惩原则。成本考核的依据包括成本计划、成本控制、成本核算和成本分析的资料。成本考核的主要依据是成本计划所确定的各类指标，一般包括三种：一是成本计划的数量指标；二是成本计划的质量指标，如项目总成本降低率；三是成本计划的效益指标，如项目成本降低额。

项目管理机构成本考核的主要指标为项目成本降低额、项目成本降低率。要加强对项目管理机构的领导，充分依靠管理人员、技术人员的经验和智慧。成本考核可分别考核单位管理层和项目管理机构，同时应对项目管理机构的成本和效益进行全面评价、考核与奖惩。对项目管理机构进行考核与奖惩时，要真正做到公平、公正、公开，在此基础上落实成本管理责任制的奖惩措施，根据成本考核结果对相关人员进行奖惩。

§6.2 建设工程成本控制

6.2.1 成本控制的程序

成本控制是指在建设工程项目建设过程中，对所要消耗的人力资源、物质资源和费用开支进行指导、监督、检查和调整，及时纠正发生的偏差，将成本控制在计划范围之内，以保证建设目标实现。

成本控制的依据包括合同文件、成本计划、进度报告、工程变更与索赔资料、市场资源信息等。

其中，合同文件是成本控制的依据，从预算和实际成本两方面，研究节约成本、增加收益的有效途径，争取获得最大的经济效益；成本计划是根据项目具体情况制定的成本控制方案，既包括预定的具体成本控制目标，又包括实现控制目标的措施和规划，是成本控制的指导性文件；进度报告提供了对应时间节点的工程实施情况、工程实际支出等重要信息，成本控制就是通过将实际情况与成本计划相比较，找出差距，分析偏差原因，从而采取措施改进工作，进度报告还有助于管理者及时发现工程实施过程中的隐患，在可能发生重大损失之前及时采取有效措施；工程变更与索赔资料一般包括设计变更、进度计划变更、施工条件变更、标准与规范变更、工程量变更等，一旦出现变更，工程量、工期、成本都有可能变化，从而使成本控制工作更加复杂和困难，因此成本管理人员应当通过对变更与索赔资料中各类数据的计算、分析，及时掌握变更情况，包括已经发生的工程量、将要发生的工程量、工期是否拖延、支付情况等信息，判别变更与索赔可能带来的成本增减；市场资源信息可用来计算项目的成本偏差，估算成本发展趋势。

做好成本控制，必须制定规范化的控制程序。成本的过程控制有两类，管理行为控制程序和指标控制程序。管理行为控制程序是对成本进行全过程控制的基础，指标控制程序则是成本进行过程控制的重点，两个程序既相对独立又相互联系，既相互补充又相互制约。

管理行为控制的目的是确保每个岗位人员在成本管理过程中的管理行为符合程序和方法要求。做好管理行为控制，首先要清楚成本管理体系是否能对成本进行有效控制，其次要考虑体系是否运行有效。管理行为控制程序就是为规范项目成本的管理行为而制定的约束和激励体系，具体内容包括：一是建立项目成本管理体系的评审组织和评审程序；二是目标考核，定期检查；三是制定对策，纠正偏差。

指标控制程序是对实施情况的把控。项目能否达成目标，是成本控制成功的关键。对各岗位人员的成本管理行为进行控制，就是为了保证成本目标的实现。成本指标控制程序如下：一是确定成本管理分层次目标；二是采集成本数据，监测成本形成过程；三是找出偏差，分析原因；四是制定对策，纠正偏差；五是调整改进成本管理方法。

6.2.2 建设工程项目决策阶段的成本控制

投资估算是建设工程项目决策的重要依据之一，是在整个项目投资决策阶段，依据现有的资料和方法，对建设项目的投资数额进行粗略的估计。在整个投资过程中，要对建设工程成本进行估算，在此基础上研究是否建设。投资估算要保证必要的准确性，如果误差太大，必将导致决策失误。因此，准确全面地估算建设项目的工程成本是项目可行性研究乃至整个项目投资决策阶段成本管理的重要任务。

1. 投资估算及其作用

（1）投资估算

投资估算是指在对项目的建设规模、产品方案、工艺技术及设备方案、工程方案和项目实施进度等进行研究并基本确定的基础上，估算项目所需资金总额并测算建设期分年资金使用计划。投资估算是拟建项目编制项目建议书、可行性研究报告的重要组成部分，是项目决策的重要依据之一。

由于投资决策过程可进一步划分为规划阶段、项目建议书阶段、可行性研究阶段、评审阶段，所以投资估算工作可相应分为四个阶段。由于不同阶段所具备的条件和掌握的材料不同，因而投资估算的准确程度不同，所以每个阶段投资估算所起的作用不同。随着工作的不断深入、资料的不断丰富、估算的逐步准确，投资估算的作用也越来越重要。

按照现行项目建议书和可行性研究报告编制深度和审批的要求，投资估算一经批准，在一般情况下不得随意突破。因此，投资估算的准确与否不仅影响到项目建设前期的投资决策，还直接关系下阶段的设计概算、施工图预算以及建设期的造价管理和控制。

（2）投资估算的作用

1）投资估算是项目主管部门审批项目建议书和可行性研究报告的依据之一，并对制定项目规划、控制项目规模起参考作用。

2）投资估算是项目筹资决策和投资决策的重要依据，对于确定融资方式、进行经济评价和方案优选有着重要作用。

3）投资估算既是编制初步设计概算的依据，同时还对初步设计概算起控制作用，是项目投资控制目标之一。

2. 投资估算的编制依据与原则

（1）投资估算的编制依据

1）设计文件，包括批准的项目建议书、可行性研究报告、设计方案。

2）工程建设各类投资估算指标、概算指标、类似工程实际投资资料，以及技术经济总指标与分项指标。

3）设备现行出厂价格及运杂费率。

4）工程所在地主要材料价格实际资料、民用建筑造价指标、土地征用价格和建筑外部条件。

5）引进技术设备情况简介及询价报价资料。

6）现行的建筑安装工程费用定额及其他费用定额指标。

7）资金来源及建设工期。

8）其他有关文件、合同、协议书等。

9）工程所在地的地形、地貌、地质条件、水电气源、基础设施条件等现场情况，以及其他有助于编制投资估算的参考资料和同类工程的竣工决算资料等。

投资估算文件一般应包括投资估算编制说明及投资估算表。其中，投资估算编制说明包括工程概况、编制原则、编制依据、编制方法、投资分析、主要经济技术指标、存在的问题和改进建议，总估算表包括工程费用、工程建设其他费用、工程预备费等。

建设项目投资估算的编制深度应与项目建议书和可行性研究报告的编写深度相适应。在项目建议书阶段，应编制项目总估算书，包括工程费的单项工程投资估算、工程建设及其他费用估算、预备费的基本预备费和价差预备费估算。在可行性研究报告阶段，应编制出项目总估算书、单项工程投资估算，主要工程项目应分别编制每个单位工程的投资估算，对于附属项目或次要项目可简化编制成一个单项工程的投资估算，对于其他费用也应按单项费用编制，预备费应分别列出基本预备费和差价预备费。

（2）投资估算的原则

1）深入开展调查研究，掌握第一手资料。

2）实事求是地反映投资情况，不弄虚作假。

3）综合考虑设计标准和工程成本两方面的问题，在满足设计功能的前提下，节约建设成本。

4）尽量减少投资估算的误差，注意分析市场的变动因素，充分估计物价上涨因素和市场供求情况对成本的影响。

5）合理选用成本指标，切忌生搬硬套。

3. 投资估算的编制方法

根据项目的不同特点，投资估算采用的方法也不尽相同，应根据所需精度和可获取的技术经济资料选取适宜的估算方法。

（1）资金周转率法

这是一种用资金周转率来推测投资额的简便方法，计算见式（6–31）和式（6–32）：

$$资金周转率(\%)=\frac{年销售总额}{总投资}\times 100\%=\frac{产品年产量\times 产品单价}{总投资}\times 100\% \tag{6-31}$$

$$投资额=\frac{产品年产量\times 产品单价}{资金周转率} \tag{6-32}$$

拟建项目的资金周转率可以根据已建类似项目的有关数据进行估计，然后再根据拟建项目的预计产品的年产量及单价估算拟建项目的投资额。

这种方法比较简单，计算速度快，但精确度较低，适用于投资机会研究及项目建议书阶段的投资估算。

（2）生产能力指数估算法

这种方法是根据已建成的、性质类似的建设项目或装置的投资额和生产能力及拟建项目或生产装置的生产能力估算拟建项目的投资额，计算见式（6–33）：

$$C_2=C_1\left(\frac{Q_2}{Q_1}\right)^n f \tag{6-33}$$

式中：C_1——已建类似项目或装置的投资额；

C_2——拟建项目或装置的投资额；

Q_1——已建类似项目或装置的生产能力；

Q_2——拟建项目或装置的生产能力；

f——不同时期和不同地点的定额、单价、费用变更等的综合调整系数；

n——生产能力指数，$0 \leqslant n \leqslant 1$。

若已建类似项目或装置的规模和拟建项目或装置的规模相差不大，生产规模比值在0.5~2，则指数 n 的取值近似为1；若已建类似项目或装置与拟建项目或装置的规模相差不大于50倍，且拟建项目规模的扩大仅靠增大设备规模来达到时，则 n 的取值在0.6~0.7；若是靠增加相同规格设备的数量达到时，n 的取值在0.8~0.9。

采用这种方法，计算简单、速度快，但要求类似工程的资料可靠，条件基本相同，否则误差就会增大。

（3）分项比例估算法

比例估算法又分为两种：

1）以拟建项目或装置的设备费为基数，根据已建成的同类项目或装置的建筑安装费和其他工程费用等占设备价值的百分率，求出相应的建筑安装费及其他工程费用等，再加上拟建项目的其他有关费用，其总和即为项目或装置的投资。其计算见式（6-34）：

$$C=E(1+f_1P_1+f_2P_2+f_3P_3+\cdots+f_nP_n)+I \tag{6-34}$$

式中：C——拟建项目或装置的投资额；

E——根据拟建项目或装置的设备清单按当时当地价格计算的设备费（包括运杂费）的总和；

$P_1,P_2,P_3,\cdots,P_n$——已建项目中建筑、安装及其他工程费用等占设备费用的百分率；

$f_1,f_2,f_3,\cdots,f_n$——由于时间因素引起的定额、价格、费用标准等变化的综合调整系数；

I——拟建项目的其他费用。

2）与前者相似，以拟建项目中最主要、投资比重较大并与生产能力直接相关的工艺设备的投资（包括运杂费及安装费）为基数，根据同类型已建项目的有关统计资料，计算出拟建项目的各专业工程（土建、暖通、给排水、管道、电气及电信、自控及其他工程费用等）占工艺设备投资的百分率，据以求出各专业的投资，然后把各部分投资费用（包括工艺设备费）相加求和，再加上工程其他有关费用，即为项目的总费用。其计算见式（6-35）：

$$C=E(1+f_1P'_1+f_2P'_2+f_3P'_3+\cdots+f_nP'_n)+I \tag{6-35}$$

式中：C——拟建项目或装置的投资额；

E——根据拟建项目或装置的设备清单按当时当地价格计算的设备费（包括运杂费）的总和；

P'_1，P'_2，P'_3，…，P'_n——各专业工程费用占工艺设备费用的百分率；

$f_1,f_2,f_3,\cdots,f_n$——由于时间因素引起的定额、价格、费用标准等变化的综合调整系数；

I——拟建项目的其他费用。

(4) 指标估算法

房屋、建筑物的投资估算，常采用指标估算法。这种方法是根据各种具体的成本指标，进行单位工程投资的估算方法。投资估算指标的形式很多，如元/平方米、元/立方米、元/千伏安等，分别与单位面积法、单位体积法、单位容量法等相对应。根据这些成本指标，乘上拟建项目的面积、体积、容量等，就可求出相应工程项目的投资。

这种方法的特点是快速、准确，能密切结合工程的功能需要，充分采用各种设计参数和合理的计量单位，减少综合套用估、概算指标的盲目性，以及套用技术经济指标或类似工程而要作换算调整的烦琐性，尤其是弥补了名目繁多的建筑工程所缺乏的各种估、概算指标的空白或不足。因此这是一种比较实用的系统的民用建筑投资估算方法。

此外，还有流动资金的估算，主要用于生产经营性项目投产后，为正常生产运营所需的周转资金的估算，本书不再详细介绍。

6.2.3 建设工程项目设计阶段的成本控制

虽然投资控制应该是全过程的，但是建设工程的设计阶段对工程成本的全过程控制起着十分重要的作用。设计阶段是实现建设单位根据可行性研究拟订的设计委托书及投资估算的过程，也是对建设项目进行全面规划和具体描述实施意图的过程，是处理技术与经济关系的关键性环节。实践表明，设计阶段对工程总投资具有重要的影响，设计费虽然只占建设项目全寿命费用的很小比例，但是却基本决定了建设项目以后阶段的全部费用。

在设计阶段进行投资控制就是用批准的投资估算来控制初步设计，在初步设计阶段编制设计概算（有技术设计阶段的还要编制修正概算），用设计概算（或修正概算）控制施工图设计，在施工图设计阶段还要编制施工图预算。这样就形成了用估算控制设计概算、用设计概算控制施工图预算的完整的动态控制过程。除此之外，设计阶段的投资控制还要采用各种有效的方法和措施来提高设计的经济合理性，降低工程项目的全寿命周期费用，这些方法和措施包括推行标准设计、推行限额设计、进行价值工程分析等。

1. 设计概算

设计概算是设计文件的重要组成部分，是在初步设计或扩大初步设计阶段，在投资估算的控制下由设计单位根据初步设计图纸及说明、概算定额、各种费用定额、设备、材料预算价格等资料，用科学方法计算、编制和确定的项目从筹建至竣工交付使用所需全部费用的文件。

设计概算分为建设项目总概算、单项工程综合概算、单位工程概算三级。

建设项目总概算是确定整个建设工程从立项到竣工验收全过程所需费用的文件，单位工程概算分为建筑单位工程概算和设备及安装单位工程概算两大类，它是确定单项工程中各单位工程建设费用的文件，也是编制单项工程综合概算的依据。其中建筑工程概算可分为一般土建工程概算、给排水工程概算、采暖工程概算、通风工程概算、电气照明工程概算、工业管道工程概算、特殊构筑物工程概算。设备及安装工程概算分为机械设备及安装工程概算、电气设备及安装工程概算。

设计概算在工程投资中具有重要作用。设计概算是国家确定和控制基本建设投资、编制基本建设计划的依据，工程建设项目总概算经有关部门批准后即为工程建设项目总投资的最高限额，一般不得突破；设计概算是对设计方案经济评价与选择的依据，设计人员根据设计概算进行设计方案技术经济分析、多方案评选，以提高工程项目设计的经济效果；设计概算为下阶段施工图设计确定了投资控制的目标；在进行概算包干时单项工程综合概算及建设工程总概算是投资包干指标确定的基础，经主管部门批准的设计概算或修正概算是主管单位和包干单位签订包干合同、控制包干数额的依据；设计概算也是项目建设单位进行项目核算、建设工程“三算”对比、考核项目工程成本和投资经济效果的重要指标。

编制设计概算的主要依据有以下几种：

1）国家发布的有关法律、法规、规章、规程等。

2）被批准的可行性研究报告及投资估算、设计图纸等有关资料。

3）有关部门颁布的现行概算定额、概算指标、费用定额等和建设项目设计概算编制办法。

4）有关部门发布的人工、设备材料价格、运杂费率和造价指数等。

5）建设场地自然条件和施工条件，有关合同、协议等。

6）类似工程的概算文件和经济技术指标与其他资料。

为提高建设项目设计概算编制质量，科学合理确定项目建设投资，设计概算编制应坚持以下原则：一是严格执行国家的建设方针和经济政策。设计概算是一项重要的技术经济工作，要严格按照党和国家的方针政策办事，坚决执行勤俭节约的方针，严格执行规定的设计标准。二是要完整、准确地反映设计内容。编制设计概算时，要认真了解设计意图，根据设计文件、图纸准确计算工程量，避免重算和漏算，设计修改后，要及时修正概算。三是要坚持反映工程所在地当时的价格水平。为提高设计概算的准确性，要求实事求是地对工程所在地的建设条件，可能影响造价的各种因素进行认真调查研究，在此基础上正确使用定额、指标、费率和价格等各项编制依据，按照现行工程造价的构成，根据有关部门发布的价格信息及价格调整指数，考虑建设期的价格变化因素，尽可能使概算反映设计内容、施工条件和实际价格。

设计概算的基本编制单位是单位工程，单位工程概算编制完成后汇总成单项工程综合概算，进一步汇总综合概算得到建设项目总概算。在设计阶段，设计单位应根据项目建设单位的设计任务委托书的要求和设计合同的规定，努力将概算控制在委托设计的投资限额内。

(1) 单位工程概算的编制方法

单位工程是单项工程的组成部分，是指具有单独设计，可以独立组织施工，但不能独立发挥生产能力或使用效益的工程。单位工程概算是确定单位工程建设费用的文件，是单项工程综合概算的组成部分，它由直接费、间接费、利润和税金组成。单位工程概算分建筑工程概算和设备及安装工程概算两大类，建筑工程概算的编制方法有概算定额法、概算指标法、类似工程预算法等，设备及安装工程概算的编制方法有预算单价法、扩大单价法、设备价值百分率法和综合吨位指标法等，应该根据具体编制条件、依据和要求适当选取。

1）概算定额法编制建筑工程概算。概算定额法又叫扩大单价法或扩大结构定额法。它是采用概算定额编制建筑工程概算的方法，类似于用预算定额法编制施工图预算。首先根据概算定额编制成扩大单位估价表（概算定额基价）。扩大单位估价表是确定单位工程中各扩大分部分项工程或完整的结构构件所需全部材料费、人工费、施工机械使用费之和的文件，用扩大分部分项工程的工程量乘以扩大单位估价进行计算。

概算定额法要求初步设计达到一定深度，建筑结构比较明确，能按照初步设计的平面、立面、剖面图纸计算出楼地面、墙身、门窗和屋面等扩大分项工程（或扩大结构构件）项目的工程量时，才可采用。

其中工程量的计算必须按定额中规定的各个分部分项工程内容遵循定额中规定的计量单位、工程量计算规则及方法来进行。具体的编制步骤是：根据初步设计图纸和说明书按概算定额中划分的项目计算工程量，根据计算的工程量套用相应的扩大单位估价，计算出材料费、人工费、施工机械使用费三者之和，根据有关取费标准计算其他直接费、现场经费、间接费、利润和税金，将上述各项费用累加，其和就是建筑工程概算造价。用扩大单价法编制建筑工程概算比较精确，但计算工作量大，当初步设计达到一定深度、建筑结构比较明确时可采用这种方法编制建筑工程概算。

2）概算指标法编制建筑工程概算。当设计图纸较简单，无法根据图纸计算出详细的实物工程量时，可以选择恰当的概算指标来编制概算。其主要步骤是：首先，根据拟建工程的具体情况，选择恰当的概算指标；然后，根据选定的概算指标计算拟建工程概算成本；最后，根据选定的概算指标计算拟建工程主要材料用量。

概算指标法的适用范围是：当初步设计深度不够，不能准确地计算出工程量，但工程设计是采用技术比较成熟而又有类似工程概算指标可以利用时，可采用此法。

由于拟建工程往往与类似工程的概算指标的技术条件不尽相同，而且概算指标编制年份的设备、材料、人工等价格与拟建工程当时当地的价格也不会一样，因此，必须对其进行调整。

其调整方法如下：

①设计对象的结构特征与概算指标有局部差异时的调整见式（6-36）和式（6-37）：

$$\text{结构变化修正概算指标}=J+Q_1P_1-Q_2P_2 \tag{6-36}$$

式中：J ——原概算指标；

Q_1，Q_2——分别为换入结构和换出结构的含量；

P_1，P_2——分别为换入结构和换出结构的单价。

或者，

结构变化修正概算指标人工材料机械数量=原概算指标的人工材料机械数量+
换入结构构件工程量×相应定额人工材料机械消耗量-
换出结构构件工程量×相应定额人工材料机械消耗量

（6-37）

以上两种方法，前者是直接修正结构构件指标单价，后者是修正结构构件指标人工、材料、机械数量。

②设备、人工、材料、机械台班费用的调整见式（6-38）：

设备、人工、机械材料修正概算费用=原概算指标设备、人工、材料、机械费+
Σ（换入设备、人工、材料、机械数量×拟建地区相应单价）-
Σ（换出设备、人工、材料、机械数量×原概算指标的设备、人工、材料、机械单价）

（6-38）

3）类似工程预算法编制建筑工程概算。如果找不到合适的概算指标，也没有概算定额时，可以考虑采用类似工程预算法来编制设计概算。其主要编制步骤是：

①根据设计对象的各种特征参数，选择最合适的类似工程预算。

②根据本地区现行的各种价格和费用标准，计算类似工程预算的人工费修正系数、材料费修正系数、机械费修正系数、措施费修正系数、间接费修正系数等。

③根据类似工程预算修正系数和 5 项费用占预算成本的比重，计算预算成本总修正系数，并计算出修正后的类似工程平方米预算成本。

④根据类似工程修正后的平方米预算成本和编制概算地区的利税率，计算修正后的类似工程平方米成本。

⑤根据拟建工程的建筑面积和修正后的类似工程平方米成本，计算拟建工程概算成本。

用类似工程预算编制概算时，应选择与所编概算结构类型、建筑面积基本相同的工程预算为编制依据，并且设计图纸应能满足计算工程量的要求，只需个别项目按设计图纸调整。由于所选工程预算提供的各项数据较齐全、准确，概算编制的速度就较快。

用类似工程预算编制概算时的计算见式（6-39）：

$$D=AK \tag{6-39}$$

$$K=aK_1,+bK_2+cK_3,+dK_4,+eK_5, \tag{6-40}$$

$$\text{拟建工程概算成本}=D\times S \tag{6-41}$$

式中：D——拟建工程单方概算成本；

A——类似工程单方预算成本；

K——综合调整系数；

S——拟建工程建筑面积；

a，b，c，d，e——类似工程预算的人工费、材料费、机械台班费、措施费、间接费占预算成本的比重，如 $a=\frac{\text{类似工程人工费（或工资标准）}}{\text{类似工程预算造价}}\times 100\%$，其余类同；

K_1，K_2，K_3，K_4，K_5——拟建工程地区与类似工程预算成本在人工费、材料费、机械台班费、措施费和间接费之间的差异系数，如 $K_1=\frac{\text{拟建工程概算的人工费（或工资标准）}}{\text{类似工程预算人工费（或地区工资标准）}}$，其余类同。

4）设备购置费概算的编制。设备购置费是根据初步设计的设备清单计算出设备原价，并汇总求出设备总原价，然后按有关规定的设备运杂费率乘以设备总原价，两项相加得到的。其计算见式（6-42）和式（6-43）：

$$\text{设备购置费概算}=\sum(\text{设备清单中的设备数量}\times\text{设备原价})\times(1+\text{运杂费率}) \tag{6-42}$$

或

$$\text{设备购置费概算}=\sum(\text{设备清单中的设备数量}\times\text{设备预算价格}) \tag{6-43}$$

国产标准设备原价可根据设备型号、规格、性能、材质、数量及附带的配件，向制造厂家询价，或向设备、材料信息部门查询，或按主管部门规定的现行价格逐项计算。非主要标准设备和工器具、生产家具的原价可按主要标准设备原价的百分率计算，百分率指标按主管部门或地区有关规定执行。

5）设备安装工程费概算的编制

设备安装工程费概算的编制方法是根据初步设计深度和要求明确的程度来确定的，其主要编制方法有以下几种：

①预算单价法。当初步设计较深、有详细的设备清单时，可直接按安装工程预算定额单价编制安装工程概算，概算编制程序基本等同安装工程施工图预算。该法具有计算比较具体、精确性较高的优点。

②扩大单价法。当初步设计深度不够、设备清单不完备、只有主体设备或仅有成套设备重量时，可采用主体设备、成套设备的综合扩大安装单价来编制概算。

上述两种方法的具体操作与建筑工程概算类似。

③设备价值百分率法，又称安装设备百分率法。当初步设计深度不够，只有设备出厂价而无详细规格、重量时，安装费可按设备费的百分率计算。其百分率（即安装费率）由主管部制定或由设计单位根据已完类似工程确定。该法常用于价格波动不大的定型产品和通用设备产品。其计算见式（6-44）：

$$设备安装费=设备原价\times安装费率 \tag{6-44}$$

④综合吨位指标法。当初步设计提供的设备清单有规格和设备重量时，可采用综合吨位指标编制概算，综合吨位指标由主管部门或由设计院根据已完类似工程的资料确定。该法常用于设备价格波动较大的非标准设备和引进设备的安装工程概算。其计算见式（6-45）：

$$设备安装费=设备质量\times每吨设备安装费指标 \tag{6-45}$$

（2）单项工程综合概算的编制方法

综合概算是以单项工程为编制对象，确定建成后可独立发挥作用的建筑物或构筑物所需全部建设费用的文件，由该单项工程内各单位工程概算书汇总而成。综合概算书是工程项目总概算书的组成部分，是编制总概算书的基础文件，一般由编制说明和综合概算表两部分组成。

单项工程综合概算文件一般包括编制说明（不编制总概算时列入）和综合概算表（含其所附的单位工程概算表和建筑材料表）两大部分。当建设项目只有一个单项工程时，综合概算文件（实为总概算）除包括上述两大部分外，还应包括工程建设其他费用、建设期贷款利息、预备费和固定资产投资方向调节税的概算。

1）编制说明。编制说明应列在综合概算表的前面，其内容如下：

①编制依据：包括国家和有关部门的规定、设计文件、现行概算定额或概算指标、设备材料的预算价格和费用指标等。

②编制方法：说明设计概算是采用概算定额法还是采用概算指标法。

③主要设备、材料（钢材、木材、水泥）的数量。

④其他需要说明的有关问题。

2）综合概算表根据单项工程所辖范围内的各单位工程概算等基础资料，按照国家或部委所规定的统一表格进行编制。工业建设项目综合概算表由建筑工程和设备及安装工程两大部分组成，民用工程项目综合概算表只有建筑工程一项。

3）综合概算的费用组成。综合概算费用一般应包括建筑工程费、安装工程费、设备购置及工器具和生产家具购置费。当不编制总概算时，还应包括工程建设其他费、建设期贷款利息、预备费和固定资产方向调节税等费用项目。

（3）建设项目总概算的编制方法

建设项目总概算是设计文件的重要组成部分，是以整个工程项目为对象，确定项目从立项开始到竣工交付使用整个过程的全部建设费用的文件。它由各单项工程综合概算及其他工程和费用概算组成，按照主管部门规定的统一表格进行编制。

设计总概算文件一般应包括封面及目录、编制说明、总概算表、工程建设其他费概算表、单项工程综合概算表、单位工程概算表、工程量计算表、分年度投资汇总表、分年度资金流量汇总表、主要材料汇总表与工日数量表等。

2. 施工图预算

施工图预算是由设计单位在施工图设计完成后，根据施工图设计图纸，按照主管部门制定的现行预算定额、费用定额和其他取费文件，以及地区设备、材料、人工、施工机械台班等预算价格编制和确定的单位工程、单项工程预算价格和建筑安装工程造价的文件。

施工图预算的编制依据：施工图纸、说明书和标准图集，现行预算定额及单位估价表，施工组织设计或施工方案，材料、人工、机械台班预算价格及调价规定，建筑安装工程费用定额和工程量计算规则，预算工作手册及有关工具书，经批准的设计概算文件。

施工图预算有单位工程预算、单项工程综合预算和建设项目总预算。单位工程预算是指根据施工图设计文件、现行预算定额、费用标准以及人工、材料、设备、机械台班等预算材料价格，以一定的方法，编制单位工程的施工图预算；然后汇总所有单位工程施工图预算，成为单项工程施工图预算；再汇总所有单项工程施工图预算，便得到了一个建设项目建筑安装工程的总预算。单位工程预算包括建筑工程预算和设备安装工程预算。根据单位工程和设备的性质、用途的不同，建筑工程预算可以分为一般土建工程预算、卫生工程预算、工业管道工程预算、特殊构筑物工程预算和电器照明工程预算，设备安装工程预算又可以分为机械设备安装工程预算、电器设备安装工程预算。

施工图预算编制的方法有单价法和实物法两种。

1）单价法就是用地区统一单位计价表中的各项工程工料单价乘以相应的各分项工程的工程量得到包括人工费、材料费和机械使用费在内的单位工程直接费，据此计算出其他直接费、现场经费、间接费以及计划利润和税金，经汇总即可得到单位工程的施工图预算。

2）实物法编制施工图预算就是先用计算出的各分项工程的实物工程量分别套取预算定额，按类相加求出单位工程所需的各种人工、材料、施工机械台班的消耗量，再分别乘以当时当地各种人工、材料、施工机械台班的实际单价，求得人工费、材料费和施工机械使用费并汇总求和。对于其他直接费、现场经费、间接费、计划利润和税金等费用的计算则根据当时当地建筑市场供求情况确定。

3. 标准设计

工程标准设计是指在工程中尽量采用通用的标准图纸以提高工业化水平，加快工程进度，节约材料，降低建设投资。采用标准设计一般可加快设计进度 1~2 倍，节约建设投资

10%～15%。重复建造的建筑类型及生产性质、能力相类似的工厂、单独的房屋建筑和构筑物都应采用标准设计。对不同用途和要求的建筑物应按统一的建筑模数、建筑标准、设计规范、技术规定等进行设计。若房屋或构筑物整体不宜定型化时应将其中重复出现的建筑单元、房间和主要的结构节点构造在构、配件标准化的基础上定型化。建筑物和构筑物的柱网、层高及其他构件参数尺寸应力求统一，在满足使用要求和建造条件的情况下尽可能提高通用性、互换性。实践表明，采用标准设计可以加快设计的速度、缩短设计周期、节约设计费用；可以使施工工艺定型化，提高劳动生产率，节约材料，降低建筑投资；可加快施工准备和制作预制构件等工作，加快施工速度、降低建筑安装工程费用。

4. 限额设计

限额设计就是按批准的投资估算控制初步设计，按批准的初步设计概算控制施工图设计，将上一阶段审定的投资额作为下一阶段投资控制的目标，把本阶段的投资控制目标分解到各专业，然后再分解到各单位工程和分部工程。各专业在保证满足使用功能的前提下按分配的投资限额控制设计，严格控制技术设计和施工图设计的不合理变更，以保证总投资限额不被突破。

进行限额设计必须保证投资估算的准确性，尤其是要在每个专业、每项设计中都将限额设计作为重点工作内容。在整个设计过程中，工程设计技术人员和工程设计经济管理人员密切配合，做到技术和经济相统一。技术人员在设计时考虑经济支出，进行方案比较、优化设计；设计经济管理人员及时进行设计成本计算，为技术人员提供信息，达到投资动态控制的目的。各专业限额设计的实现是限额目标得以实现的重要保证。

（1）限额设计的全过程

限额设计的全过程实际是建设投资目标管理的过程，即目标分解与计划、目标实施、目标实施检查、信息反馈的控制循环过程。

1）投资分配。可行性研究报告获批以后，设计单位在设计之前应在可行性研究报告的总框架内将投资分配到各单项工程和单位工程，作为初步设计的成本控制总目标，也就是最高投资限额。这次分配往往不是只凭可行性研究报告就能办到的，而是要进行方案设计，在此基础上作出决策。

2）按限额进行初步设计（或加技术设计）。初步设计应严格按分配的成本控制目标进行。设计基本完成以后做出初步设计概算，然后通过对概算提供的技术经济指标进行技术经济分析，判断其成本是否满足投资限额要求；如不满足，则修改初步设计，直至满足限额要求。成本等于或低于分配的限额，才能报批初步设计。初步设计文件必须包括初步设计概算文件。初步设计概算成本就是技术设计及修正概算的最高限额。

3）施工图设计成本限额。已批准的初步设计及初步设计概算，无论是建设项目总成本还是单项工程成本，均应作为施工图设计成本的最高限额；还应由设计单位把该限额作为总目标分解到每个单位工程上，继而分解成为各专业设计（土建、水暖、通风、电气、电梯等）的成本控制目标。按照成本控制目标确定施工图设计的构造，选用材料和设备。

4）施工图设计的成本控制。进行施工图设计应把握两个标准：一是质量标准，二是成本标准。应做到两者协调一致相互制约，防止只顾质量而放松经济要求的倾向，当然也不能因为经济上的限制而消极地降低质量。因此，必须在成本限额的前提下优化设计。在设计的过程中，要对设计结果进行技术经济分析，对每种选型、每个构件、每种材料和设备的选择和决定算经济账，看是否有利于成本目标的实现。当经过局部技术经济分析证明可行性后，才能作出设计绘图决定。施工图设计技术经济分析应由专业设计人员完成。施工图预算应由设计单位的经济管理人员完成，完成后作出是否修改设计的判断，提供给设计决策者参考。只有施工图预算成本满足施工图设计成本限额时，施工图才能归档（定案）。

（2）限额设计要点

1）严格按建设程序办事。限额设计的前提是严格按建设程序办事，即按建设规律的要求依次进行。每项工作都必须在其前一步工作真正完成，能为本工作提供可靠基础后付诸实施。限额设计就是根据这一指导思想，将可行性研究报告的投资额作为初步设计成本的控制限额，将初步设计概算成本作为施工图设计的成本控制限额，以施工图预算成本作为施工决策的依据。

2）充分认识设计成本在投资控制中的作用。在可行性研究报告中确定的投资额，其主要特点是“意识”上的，还不是“物质”上的。“物质”上的成本决策，只有通过施工图设计的完成，才能作出。接下来就是按图施工和控制，“设计一条线，成本千千万”的道理尽人皆知，所以设计成本的形成在投资控制中具有关键作用。限额设计不是可有可无的。过去经常出现的“概算超估算”的情况，主要原因就是没有实行限额设计。如果实行限额设计后，概算成本的确超过了初步设计的投资额而又确有理由时，也不能“默认”这个结果，而应当提出改变投资限额的建议。只有经原可行性研究报告批准单位同意后，才能重新进行新可行性研究，重新编制可行性研究报告，重新确定初步设计投资限额。在一般情况下，这样的反复是不应发生的。

3）充分重视、认真对待每个设计环节及每项专业设计。在满足功能要求的前提下，每个设计环节和每项专业设计都应按照国家的有关规定、设计规范和标准进行，注意它们对成本的影响。在成本限额确定的前提下，通过优化设计而满足设计要求的途径非常多，这就要求设计人员善于思考，发挥才能，在设计的过程中要多作经济分析，发现偏离限额时立即改变设计。只有在每一个局部上把住关，总的投资限额才不会突破。所以设计人员在思想上要有成本意识，尽量使技术和经济不脱节。

4）加强设计审核。设计单位必须做好设计审核工作，不忽视每个环节。既要审技术，又要审成本；既要把住总成本关，又要把住分部分项工程成本关。要把审核设计作为成本动态控制的一项重要措施，为此，在组织上要落实。建设部规定，设计经济专业人员要占设计人员的5%~8%。

5）建立设计经济责任制。设计单位要进行全员的经济控制，必须在目标分解的基础上，科学地确定成本限额，然后把责任落实到每个责任人的身上。因此必须建立设计经济责任制，明确责、权、利，把设计经济责任制纳入设计全面质量管理的轨道。建立设计质量保证体系时，必须把成本作为设计质量控制的内容之一。

6）施工图设计时多沟通。施工图设计应尽量多听取现场施工人员的意见，使之符合施工要求。施工图设计交底会审后进行一次性洽商和修改，以尽量减少施工过程中的设计变更，避免造成成本失控。

5. 价值工程

价值工程（Value Engineering）又称价值分析（Value Analysis），是对所研究对象的功能与成本进行对比分析，旨在提高所研究对象价值的管理思想和技术。价值工程里的价值是指功能和成本的比值，其计算见式（6-46）：

$$V=\frac{F}{C} \tag{6-46}$$

式中：V——价值（系数）；

F——功能（系数）；

C——寿命周期费用（或成本）（系数）；

价值工程的核心工作是功能系统分析、功能评价和方案创新。具体地讲，价值工程就是分析研究对象的功能组成情况和成本构成情况，在保证用户所需功能的前提下尽量降低成本以提高产品的价值。由于价值工程的分析对象价值低、降低成本潜力大，故工程设计价值分析的对象应以下述内容为重点：

1）选择数量大，应用面广的构配件，如外墙、楼板、防水材料、人工地基等，因为它们降低成本的潜力大。

2）选择成本高的工程和构配件，因为它们改进的潜力大，对产品的价值影响大。

3）选择结构复杂的工程和构配件，它们有简化的可能性。

4）选择体积与重量大的工程和构配件，因为它们是节约原材料和改进施工（生产）工艺的重点。

5）选择对产品功能提高起关键作用的构配件，以期改进后对提高功能有显著效果。

6）选择在使用中维修费用高、耗能量大或使用期总费用较大的工程和构配件。

7）选择畅销产品，以保持优势、提高竞争力。

8）选择在施工（生产）中容易保证质量的工程和构配件。

9）选择施工（生产）难度大、费材料和工时的工程和构配件。

10）选择可利用新材料、新设备、新工艺、新结构及在科研上已有先进成果的工程和构配件。

总之，选择或可提高功能，或可降低成本，或有利于价值提高的那些对象。防止忽视价值水平而单独考虑提高功能或单独考虑降低成本，而导致价值降低的倾向。对于每项设计任务，应具体对待，不可一概而论。

进行价值分析时应注意的问题主要包括以下几方面：

1）进行价值分析应广泛收集和积累资料，包括费用资料、质量标准、用户的要求，施工单位的期望以及市场、科技动态等。

2）设计人员在设计时心中要有三笔账：一是成本限额；二是功能要求；三是现实成本。现实成本不能超过成本限额，功能要求要以符合规范和标准的要求为前提，三者以功能要求为主。

3）设计人员必须有创新精神，善于打破现有框架，不断开拓新领域，善于吸收科研成果。

4）提高建筑工业化水平是建设领域价值分析的最重要原则，而设计人员首先要执行这项原则。建筑工业化的核心是施工机械化，重要手段是构配件生产工厂化，必要前提是建筑标准化，还有建筑体系化和新材料及新工艺的使用等，均与设计有关。可以说，设计人员要在建筑工业化的任何一项内容上下功夫，都应坚持进行价值分析。价值分析应有提高建筑工业化水平的效果。

5）设计单位的技术经济人员应当配合设计技术人员进行价值分析，以弥补某些人知识上的不足。技术经济人员不只进行事后的技术经济分析，更重要的是在设计过程中进行动态的技术经济分析，以保证设计出价值高的图纸。进行价值分析跟踪是设计技术经济人员的责任，设计单位应在制度上建立有利于技术经济人员工作的环境。

6）设计人员进行价值分析，应当同有关设计专业、建筑材料和设备制造方面的专家结合，同施工单位及其专家结合，充分发挥“智囊团”的作用。

价值工程是提高设计经济合理性的重要手段，通过进行价值工程研究可以有效地减少工程项目的全寿命周期费用。事实上，进行价值工程研究的能力是衡量一个设计单位综合能力的重要因素之一，也应该是设计单位在设计阶段的重要工作内容之一。

6.2.4 建设工程项目招标阶段的成本管理

招标阶段是业主和承包商进行交易的阶段，合同价格将在这个阶段确定。业主方在招标阶段投资控制的主要工作内容是制定客观标准的标底，组织招标、评标，保证中标价格的合理性。

1. 标底价格

标底即标底价格，指招标人根据招标项目的具体情况编制的完成招标项目所需的全部费用，是依据国家规定的计价依据和计价办法计算出来的工程造价，是招标人用以反映拟建工程预期的价格，而不是实际的交易价格。标底由成本、利润、税金组成，应该控制在批准的总概算和投资包干之内。招标人以标底价格作为衡量投标人投标价格的一个尺度，也是招标人控制投资的重要手段。

《中华人民共和国招标投标法》没有明确规定招标工程必须设置标底价格，招标人可以根据工程的实际情况决定是否编制标底价格。显然，即使使用无标底招标方式进行工程招标，招标人在招标时也需要对工程的建造费用做出估算，以判断各个投标报价的合理性。

标底既然是评标的重要参照物，标底的准确性当然就十分重要。没有合理的标底可能会导致工程招标的失败，直接影响到对承包商的择优选用。编制切实可行的标底价格，真正发挥标底价格的作用，严格衡量和审定投标人的投标报价，是工程招标工作达到预期目标的关键。标底编制人员应严格按照国家的有关政策、规定，科学、公正地编制标底。在标底编制过程中应遵循以下原则：

1）根据国家统一工程项目划分、计量单位、工程量计算规则，以及设计图纸、招标文件格式，参照国家、行业或地方批准发布的定额和国家、行业、地方规定的技术标准规范及要素市场价格确定工程量和编制标底。

2）标底作为招标人的预期价格应该尽量客观、准确，应力求与市场的实际变化相吻合，要有利于价格竞争和工程质量保证。

3）标底应由直接费、间接费、利润、税金等组成，一般应控制在批准的建设项目估算或概算（修正概算）以内。

4）标底应考虑人工、材料、设备、机械台班等价格变化因素，还应考虑不可预见因素和承包商的风险补偿等。

5）一个工程只能编制一个标底。

6）标底在开标前应严格保密，所有接触过工程标底价格的人员都负有保密责任，不得泄露标底。

工程标底的具体编制需要根据招标工程项目的具体情况，如设计文件和图纸的深度，工程的规模、复杂程度，招标人的特殊要求，招标文件对招标报价的规定等选择合适的编制方法。如果在工程招标时施工图设计已经完成，标底价格应按施工图纸进行编制；如果招标时已经完成了初步设计，标底价格应按初步设计图纸进行编制；如果招标时只有设计方案，标底价格可用每平方米造价指标或单位指标等进行编制。

标底价格的编制除按设计图纸进行费用的计算外，还需考虑图纸以外的其他因素，如因合同条件、现场条件、主要施工方案、施工措施等所产生费用的取定，即：依据招标文件或合同条件规定的不同要求，选择不同的计价方式；依据不同的工程发承包模式，考虑相应的风险费用；依据招标人对招标工程确立的质量要求和标准，合理确定相应的质量费用，对高于国家验收的质量因素有所反映；依据招标人对招标工程确定的施工工期要求、施工现场的具体情况，考虑必需的施工措施费用和技术措施费用等。

标底价格编制完成后还应该对其进行审查，保证标底的准确、客观和科学。审查标底的目的是检查标底价格的编制是否真实、准确，标底价格如有漏洞应予以调整和修正。如总价超过概算应按有关规定进行处理，不得以压低标底价格作为降低投资的手段。

2. 投标报价

投标报价即投标人为了得到工程施工承包的资格，按照招标人在招标文件中的要求进行估价，然后根据投标策略确定投标价格，以争取中标并通过工程实施取得经济效益。因此投标报价是投标人即卖方的要价。编制投标报价的依据应是企业定额，该定额由企业根据自身技术水平和管理能力进行编制。企业定额应具有计量方法和基础价格，报价时还要以询价的方式了解相关价格信息，对企业定额中的基础价格进行调整后使用。

3. 评标

评标就是指招标人根据招标文件中规定的评价标准和办法对投标人的投标文件进行评价审定以确定中标单位的活动。

第一种标准就是综合评价法，往往制定一系列评价指标和相应的权重，在评标时对各个投标人的投标文件进行评价打分，总得分最高的投标人中标。在使用这种标准进行评标时必须给报价因素以足够的权重，报价的权重太低不利于对造价进行有效控制。

第二种评标标准的本质就是低价中标：在其他评标因素都符合招标文件要求的前提下经评审的最低报价中标。按照《中华人民共和国招标投标法》规定，中标的报价不得低于成本。这里所说的成本是指承包企业在工程建筑中合理发生的所有施工成本，包括直接工程费、间接费及税金。这个成本应该是指投标单位的个别成本，而不是社会平均成本，因为技术水平和管理水平的不同，企业的人工、材料、机械台班、工期等生产要素的消耗水平是不同的，相应地它们的个别成本也就不同。如果招标人用一个代表社会平均水平的成本（比如预算成本）来代表所有投标人的个别成本，那么就可能导致水平高的投标人反而被淘汰。所以在评标时应该由评标委员会的专家根据具体报价情况来判断各个投标人的个别成本。对于明显过低的投标报价，评标委员会认真研究后认定是低于其个别成本的，应该视其为废标。

招标投标实质上既是工程价格形成的方式也是承包合同形成的方式。招标人所发放的中标文件可认为是要约邀请，投标人的投标文件是正式的要约，中标通知书是正式的承诺。所以，根据《中华人民共和国民法典》，中标通知书一旦发放即意味着双方的承包合同正式成立。

6.2.5 建设工程项目施工阶段的成本管理

建设项目施工阶段投资控制的基本原理是把计划投资额作为投资控制的目标，在工程施工的过程中定期地把投资实际值与目标值进行比价，找出二者之间的偏差，分析产生偏差的原因，并采取有效措施加以控制，保证投资控制目标的实现。

建设工程施工阶段与投资控制有关的工作主要有资金使用计划的编制、工程计量及结算、工程变更、施工索赔、投资偏差分析等。

1. 资金使用计划的编制

投资控制的前提是先建立起投资控制的目标，因此必须编制资金使用计划，合理地确定投资控制目标值，包括投资的总目标值、分目标值、各详细目标值。如果没有明确的投资控制目标就无法进行项目投资实际支出值与目标值的比较，不能进行比较也就不能找出偏差，不知道偏差程度，就会使控制措施缺乏针对性。编制资金使用计划过程中最重要的步骤就是项目投资目标的分解。根据投资控制目标和要求的不同，投资目标的分解可以分为按投资构成分解、按子项目分解、按时间进度分解三种类型。这三种编制资金使用计划的方法并不是相互独立的，在实践中往往将这三种方法结合使用。

1）按投资构成分解的资金使用计划。工程项目的投资主要分为建筑安装工程投资、设备工具、器具购置投资及工程建设其他投资。由于建筑工程和安装工程在性质上存在着较大差异，投资的计算方法和标准也不尽相同，所以在实际操作中往往将建筑工程投资和安装工程投资分解开来。

2）按子项目分解的资金使用计划。大中型的工程项目通常是由若干单项工程构成的，而每个单项工程包括了多个单位工程，每个单位工程又是由若干个分部工程构成的，因此，先要把项目总投资分解到单项工程和单位工程中。一般来说，由于预算和概算大都是按照单项工程和单位工程来编制的，所以将项目总投资分解到各个单项工程和单位工程是比较容易的。

3）按时间进度分解的资金使用计划。工程项目的投资总是分阶段、分期支出的，资金应用是否合理与资金的时间安排有密切关系。编制按时间进度安排的资金使用计划，通常可利用控制项目进度的网络图进一步扩充而得。在建立网络图时，确定完成各项工作所需花费的时间，同时确定完成这一工作的合适的投资支出预算。在编制网络计划时应充分考虑进度控制对项目划分的要求，还应考虑确定投资支出预算对项目划分的要求，做到二者兼顾。

2. 工程计量及结算

工程计量是指根据设计文件及承包合同中关于工程量计算的规定，监理单位对承包商申报的已完成工程量进行核验。经过监理单位计量的工程量是向承包商支付工程款项的凭证。工程计量的作用不仅是控制项目的投资支出，也是约束承包商履行合同义务、强化承包商合同意识的手段。

工程价款的结算是指业主按照合同约定，定期对施工承包商完成的，经过监理单位计量的，符合合同质量要求的工程进行支付。

工程价款的结算方式有以下几种：

1）按月结算。即先支付工程预付款，在施工过程中按月结算工程进度款，竣工后进行竣工结算。按月结算方式是最常用的结算方式。

2）竣工后一次结算。建设项目或单项工程建设期在 12 个月以内，或者工程承包合同价值在 100 万元以下的，可以实行工程价款每月月中预支，竣工后一次结算的方式。

3）分段结算。当年开工，当年不能竣工的单项工程或单位工程按照工程形象进度，划分不同阶段进行结算。分段结算可以按月预支工程款。竣工后一次结算和分段结算的工程，当年结算的工程款应与分年度的工程量一致，年终不另清算。

4）结算双方约定的其他结算方式。在工程价款结算时还必须注意动态结算的问题。动态结算就是指在结算的时候要考虑各种动态因素，使结算额能够反映实际费用。

常用的动态结算办法有按实际价格结算法，按主材计算价差的方法，主要材料按材料计算价差、其他材料按系数计算价差的方法，竣工调价系数法，调值公式法等。

工程预付款是建设工程施工合同订立后由发包人按照合同约定，在正式开工前预先支付给承包人的工程款。它是施工准备和所需材料、结构件等流动资金的主要来源，国内习惯上又称预付备料款。预付工程款的具体做法由发承包双方在合同中约定。业主预先支付给承包商的工程预付款应该随着工程的进展、工程所需主要材料构件的用量逐渐减少以抵扣的方式予以陆续扣回。工程预付款扣回的方法在合同里规定，可以采用等比率或等额扣回的方式，也可从未施工工程尚需的主要材料及构件的价值相当于工程预付款数额时扣起，从每次中间结算工程价款中按材料及构件比重扣除，至竣工之前全部扣清。

工程进度款的支付一般按月实际完成工作量进行结算，工程竣工后办理竣工结算。在工程竣工前，承包人收取的工程预付款和进度款的总额一般不超过合同总额（包括工程合同签订后经发包人签证认可的增减工程款）的 95%，剩余的 5%作为尾款在工程竣工结算时除保修金外一并清算。

竣工验收过程要全面检查建设项目是否符合设计要求、工程质量是否达标、投资使用是否合理。只有经过竣工验收，建设项目才能实现由承包人管理向发包人管理的过渡。在工程竣工验收合格后，承包人应编制竣工结算提交发包人审核。发包人在规定时间内详细审核承包人编报的结算文件及其相关资料，出具审核结论。审定的结算经发包人、承包人签字确认后作为经济性文件，成为双方结清工程价款的直接证据。工程保修金一般为施工合同价款的 3%，在合同专用条款中具体规定，在质量保修期满后 14 天内退还给承包商。竣工结算审核内容见表 6–1。

表 6-1　竣工结算审核内容

<table>
<tr><th>竣工结算审核项目</th><th colspan="2">审核内容</th></tr>
<tr><td>（1）合同内价款的审查</td><td>①根据合同所约定的施工内容及范围现场查验是否施工到位，对不到位部分按合同约定的结算方式予以调减。
②对合同范围内明确定价的材料，查看其购置程序是否符合规定、手续是否完备、价格是否合理，对重大偏离公允价格的材料、设备等重点审核，并组织有关部门和经办人员商榷和处理，以维护发包人合法权益</td><td>合同方式为单价合同方式的合同内价款审查的主要内容，除总价合同方式需要审核的内容外，还应审查合同内工程量计算的准确性</td></tr>
<tr><td rowspan="3">（2）设计变更洽商及现场签证</td><td rowspan="3">根据合同约定审查设计变更、洽商及现场签证是否涉及费用调整，如不涉及费用调整应作为技术变更，结算时只对经济变更进行费用调整</td><td>审查经济变更工程量计算的准确性</td></tr>
<tr><td>审查经济变更项目综合单价计算的准确性，看是否按合同约定的原则套用综合单价，新增加项目的综合单价，其组价的原则是否按合同约定按投标费率进行组价，变更超出合同约定的范围是否对原综合单价进行了调整</td></tr>
<tr><td>审查由于变更导致措施项目费用的增加，根据合同约定是否进行调整，进行调整的原则是否符合合同要求</td></tr>
<tr><td rowspan="4">（3）暂估价调整的审查</td><td>调整内容</td><td>调整方式</td></tr>
<tr><td>审查暂估价项目确认后的价格内容是否与原来暂估价包含的内容一致</td><td>如确认的内容大于原暂估价所包含的内容，重复的部分应扣除</td></tr>
<tr><td>审查暂估价部分调整的数量是否超出了原投标时的数量</td><td>超出原清单数量范围的部分不应调整费用</td></tr>
<tr><td>审查是否对非暂估价进行了调价，审查暂估价项目调整的费用是否只计取了规费和税金</td><td>根据合同约定非暂估价不应调整</td></tr>
<tr><td>（4）索赔费用的审查</td><td colspan="2">审查索赔的理由充不充分、索赔的资料是否齐全、索赔的程序是否符合合同规定，审查索赔工程量的计算是否准确、索赔的单价是否合理、相关费用的计算是否符合有关规定</td></tr>
<tr><td>（5）价格调整费用的审查</td><td colspan="2">①审查价格风险是否超出了合同约定的风险范围，是否只调整了价格上涨而未调整价格下降。
②价格调整的方法是否按合同约定进行，不同时期的价格和数量是否进行内区分调整。
③根据合同约定，价格风险范围内的部分不应调整，应只调整超出部分。
④价格风险幅度应按不同时期造价信息价格进行对比，不应按信息价格和投标价格进行对比，或按市场价格与投标价格进行对比</td></tr>
<tr><td>（6）工期奖惩和质量奖惩的审核</td><td colspan="2">工期奖惩、质量奖惩按合同约定的处理原则进行处理，如承包人能提供证明文件证明非承包人原因导致不能满足合同要求的，应另行处理</td></tr>
<tr><td>（7）其他费用的审核</td><td colspan="2">应按相关文件及协议执行</td></tr>
</table>

结算审查中的注意事项如下：

1）结算审核时应加强对竣工资料的真实性、合规性的审查，如补充文件是否改变实质性内容，相关变更、签证单、竣工图纸是否真实，是否与工程实际一致等。

2）结算审查时除了对施工单位提交的结算资料进行审查，还应注意收集相关资料，避免施工单位未将减项资料进行提交而影响结算造价。

3）竣工结算审核时应注意对相关需要扣减项目的审核，如甲供材料，甲方代付水电费、供暖费，以及工期、质量罚款等。

4）竣工结算时应注意按合同约定的结算审核时间进行，避免由于结算审核时间不及时而引起相关纠纷。

5）竣工结算过程中产生的争议，应按公平、公正的原则进行处理，与发、承包双方及时沟通，并以会议的形式协商解决，避免相关仲裁、诉讼事件的发生。

3. 工程变更

工程变更是指在工程项目的实施过程中合同内容发生了变化，变更因素包括设计变更、施工现场条件变化，以及其他变更情况。由于工程项目的复杂性，工程变更是工程建设中常见的现象。由于工程变更所引起的工程量的变化、承包商的索赔等，都有可能使项目投资超出原来的目标投资额，所以必须对工程变更进行严格控制，注意其对未完成工程投资支出的影响及对工期的影响。

工程变更的程序是：提出工程变更、审查工程变更、编制工程变更文件、下达变更指令。

工程变更文件包括：工程变更令、工程量清单、新的设计图纸，以及有关技术标准、相关的其他文件或资料。

在监理单位签发工程变更令之前，承包商不得实施工程变更。未经监理单位审核同意而实施的工程变更不给予工程量计量。

由于工程变更引起的价格变更应该由施工承包商提出。

工程价款的调整按照以下原则进行：如果合同中已有适用于变更工程的价格，按合同已有的价格变更合同价款；如果合同中只有类似于变更工程的价格，可以参照类似价格变更合同价款；如果合同中没有适用或类似于变更工程的价格，由承包人提出适当的变更价格，由监理单位确认后执行；如果业主和施工承包商未能就工程变更的费用等方面达成协议，监理单位应提出一个暂定的价格，作为临时支付工程款的依据，该工程款最终结算时应以业主与承包商达成的协议为依据。

4. 施工索赔

工程施工索赔是指工程施工承包合同履行中，一方当事人因对方不履行或不完全履行合同规定的义务，或者由于对方的行为产生损失时，要求对方补偿损失的权利。索赔是工程承包中常发生的现象，施工现场条件、气候条件的变化，施工进度计划的修改及合同条款、技术规范、施工图纸的变更等因素都会在施工中不可避免地产生索赔。对索赔的管理是施工阶段投资控制的重要内容。

施工索赔分为承包商向业主提出索赔和业主向承包商提出索赔两种情况，一般来讲往往是前者，即承包商向业主提出索赔。

承包商向业主提出索赔的主要情况有以下几种：

1）不利的自然条件和人为障碍引起的索赔。不利的自然条件是指施工中遭遇到的实际自然条件比招标文件中所描述的更为困难和恶劣，是一个有经验的承包商无法预测的，导致了承包商必须花费更多的时间和费用。

2）工程变更引起的索赔。如果工程变更是由业主提出的，或者是应该由业主负责的，那么承包商有权就此变更向业主提出索赔。

3）工程延期的费用索赔。工期延期的索赔是指承包商对于由非自身原因所导致的工程延期而向业主提出的索赔。

4）加速施工的索赔。由于业主的原因，或者业主应该负责的原因导致承包商必须加班赶工，因此施工成本增加，承包商可以提出索赔要求。

5）业主不正当地终止工程而引起的索赔。

6）拖延支付工程款的索赔。如果业主在规定的应付款时间内未能向承包商支付应支付的款项，承包商可以提前通知业主，暂停工作或减缓工作速度，并有权获得任何误期的补偿和其他额外费用的补偿（如利息）。

7）业主的风险引起的索赔。业主的风险是指战争、叛乱、暴乱等。

8）不可抗力。如果承包商因不可抗力，妨碍其履行合同规定的义务，使工程遭受延误和（或）费用增加，承包商有权根据合同规定向业主提出索赔。

此外，如果合同有规定的话，承包商还可以就物价上涨和有关法律法规变化向业主提出索赔要求。

索赔费用的审查是竣工结算审查过程中的重点与难点，具体要求和审查要点见表 6–2。

表 6–2 审查索赔的要求和要点

类别	内容	
审查索赔的基本要求	（1）提出索赔必须以合同为依据。 （2）提出索赔必须有发、承包双方认可的签字。 （3）提出索赔方必须是损失实际发生。 （4）索赔费用计取符合国际或国内标准	
审查索赔费用的要点	索赔事件证明材料的完整性与充分性	审核索赔方提交的记录和证明材料是否真实、完整，必要时可要求承包人提交全部原始记录副本或现场踏勘取证
	索赔程序的合法性	审核索赔事件的处理是否按照合同条款约定的具体程序进行
	索赔提出及处理的时效性	只有在发、承包双方签订的工程施工合同文本中具体约定的时限内提出索赔或进行处理的，索赔才可能成立；否则，索赔方将自动失去对合法权益进行追偿的权利
	索赔事件的责任归划的合理性	根据合同条件及其风险分担方案，审查索赔事件发生后的责任划分是否符合合同条件及建设工程实施的惯例
	索赔费用计算	审查索赔费用计算的依据是否合理，计算结果是否准确

5. 投资偏差分析

为了进行有效的投资控制必须定期进行投资计划值（目标）与实际值的比较，当实际值偏离计划值时，应该分析产生偏差的原因，采取适当的纠偏措施，使投资超支尽可能小。在投资控制中，把投资的实际值与计划值的差异叫作投资偏差，即：投资偏差=已完工程实际投资-已完工程计划投资，结果为正表示投资超支，结果为负表示投资节约。

对偏差进行分析有几种不同的方法，常采用的有横道图法、表格法和曲线法。

1）横道图法是用横道图来进行投资偏差分析，也就是用横道标识投资额度。横道的长度与投资额度成正比。横道图法具有形象直观的优点，能够准确地表达出投资的绝对偏差，但是这种方法反映的信息量较少。

2）表格法是进行偏差分析最常用的一种方法，它将项目编号、名称、投资参数，以及投资偏差数总和归纳到一张表格中，然后直接在表格中进行比较。用表格法进行偏差分析具有灵活、适用性强、信息量大等优点。

3）曲线法是用投资累计曲线（S形曲线）来进行投资偏差分析的方法。曲线法具有形象直观的优点，但是很难用于定量分析。

偏差分析的一个比较重要的目的就是要找出引起偏差的原因，从而采取有针对性的措施，减少或避免相同问题再次产生。在进行偏差原因分析时，首先应当将已经导致和可能导致偏差的各种原因逐一列举出来。导致不同工程项目产生投资偏差的原因一般都有一定共性，因而可以通过对已建项目的投资偏差原因进行归纳、总结，为该项目采取预防措施提供依据。

6.2.6 建设工程项目竣工决算

竣工结算是工程建设项目经济效益的全面反映，是项目法人核定各类新增资产价值、办理其交付使用的依据。通过竣工结算，一方面能够正确反映工程建设项目的实际造价和投资结果，另一方面可以与概算、预算进行对比分析，考核投资控制的工作成效，总结经验教训，积累技术经济方面的基础资料，提高未来建设工程的投资效益。

竣工结算是工程建设项目从筹建到竣工投产全过程中发生的所有实际支出，包括设备工具、器具购置费、建筑安装工程费和其他费用等。

按照财政部、国家发改委和住建部的有关文件规定，竣工决算由竣工财务决算说明书、竣工财务决算报表、工程竣工图和工程竣工造价对比分析四部分组成。前两部分又称建设项目竣工财务决算，是竣工决算的核心内容。竣工决算咨询工作最终形成竣工决算成果文件提交给委托人。工程决算的审核是项目建设单位的责任。在审核过程中，建设单位的责任是提供真实完整的审查资料，工程造价咨询单位的责任是在建设单位提供资料的基础上进行审核。竣工财务决算是竣工决算的组成部分，是正确核定新增资产价值、反映竣工项目建设成果的文件，是办理固定资产交付使用手续的依据。

§6.3 建设工程造价及其管理

6.3.1 建设工程造价的概念、特点、作用与分类

1. 建设工程造价的概念

工程造价的全称是工程的建造价格。工程泛指一切建设工程，包括施工工程项目。工程造价由设备及工器具购置费用、建筑安装工程费用、工程建设其他费用、预备费、建设期贷款利息、固定资产投资方向调节税构成。

工程造价有两种含义，但都离不开市场经济的大前提。

第一种含义：工程造价是指建设一项工程预期开支或实际开支的全部固定资产投资费用。显然，这一含义是从投资者—业主的角度来定义的。投资者在投资活动中所支付的全部费用形成了固定资产和无形资产，所有这些开支就构成了工程造价。从这个意义上说，工程造价就是工程投资费用，建设项目工程造价就是建设项目固定资产投资。

第二种含义：工程造价是指工程价格，即为建成一项工程，预计或实际在土地市场、设备市场、技术劳务市场及承包市场等交易活动中所形成的建筑安装工程的价格和建设工程总造价。显然，工程造价的第二种含义是以社会主义商品经济和市场经济为前提的，它是以工程这种特定的商品形式作为交易对象，通过招投标、承发包或其他交易方式，在进行多次性预估的基础上，最终由市场形成的价格。

通常把工程造价的第二种含义只认定为工程承发包价格。应该肯定：承发包价格是工程造价中一种重要的，也是最典型的价格形式。它是在建筑市场通过招投标，由需求主体投资者和供给主体建筑商共同认可的价格。鉴于建筑安装工程价格在项目固定资产中占有50%~60%的份额，又是工程建设中最活跃的部分，鉴于建筑企业是建设工程的实施者及其重要的市场主体地位，工程承发包价格被界定为工程价格的第二种含义，很有现实意义。但是，如上所述，这样界定对工程造价的含义理解较狭窄。

所谓工程造价的两种含义是以不同角度把握同一事物的本质。以建设工程的投资者来说，市场经济条件下的工程造价就是项目投资，是“购买”项目要付出的价格，同时也是投资者在作为市场供给主体时“出售”项目时定价的基础。对于承包商、供应商和规划、设计等机构来说，工程造价是其作为市场供给主体出售商品和劳务的价格的总和，或是特指范围的工程造价，如施工项目造价。

2. 建设工程造价的特点

由于建筑工程项目的特点，工程造价有以下特点：

(1) 工程造价的大额性

能够发挥投资效用的任一项施工项目，不仅实物形体庞大，而且造价高昂，动辄数百万元、数千万元、数亿元、数十亿元，特大的施工项目造价可达百亿元、千亿元。施工项目造价的大额性使它关系到各方面的重大经济利益，同时也会对宏观经济产生重大影响。这就决

定了施工项目造价的特殊地位，也决定了造价管理的重要意义。

(2) 工程造价的个别性、差异性

任一施工项目都有特定的用途、功能、规模，因此，对每一个施工项目结构、造型、空间分割、设备配置和内外装饰都有具体的要求，工程内容和实物形态都具有个别性、差异性。同时，每一个施工项目所处时期、地区、地段都不相同，使得这一特点得到强化。

(3) 工程造价的动态性

任一施工项目从决策到竣工交付使用，都有一个较长的建设期，而且由于不可控因素的影响，在预计工期内，许多影响施工项目造价的动态因素会发生变化，如设计变更、建材涨价、工资提高等，这些变化必然会影响到造价。所以，施工项目造价在整个建设期中处于不确定状态，直至竣工决算后才能最终确定施工项目的实际造价。

(4) 工程造价的层次性

造价的层次性取决于施工项目的层次性。一个施工项目往往含有多个能够独立发挥设计效果的单项工程（车间、写字楼、住宅楼等），一个单项工程又是由能够各自发挥专业效能的多个单位工程（土建工程、电气安装工程等）组成的。与此相适应，施工项目造价有三个层次：施工项目总造价、单项工程造价和单位工程造价。如果专业分工更细，单位工程（如土建工程）的组成部分——分部分项工程也可以成为交易对象，如大型土石方工程、基础工程、装饰工程等，这样，施工项目造价的层次就增加了分部工程和分项工程而成为五个层次。即使从施工项目造价的计算和施工项目管理的角度看，施工项目造价的层次性也是非常突出的。

(5) 工程造价的兼容性

造价的兼容性首先表现在它具有两种含义，其次表现在造价构成因素的广泛性和复杂性。在施工项目造价中，首先是成本构成非常复杂，其中为获得建设工程用地支出的费用、项目可行性研究和规划设计费用、与政府一定时期政策（特别是产业政策和税收政策）相关的费用占有相当的份额。其次，盈利的构成也较为复杂，资金成本较大。

3. 建设工程造价的作用

(1) 工程造价是项目决策的依据

建设工程投资大、生产和使用周期长等特点决定了项目决策的重要性。工程造价决定着项目的投资费用。投资者是否有足够的财务能力支付这笔费用，是否认为值得支付这项费用，是项目决策中要考虑的主要问题。财务是一个独立的投资主体必须首先解决的问题。如果建设工程的价格超过投资者的支付能力，就会迫使投资者放弃拟建的项目；如果项目投资的效果达不到预期目标，投资者也会自动放弃拟建的工程。因此，在项目决策阶段，建设工程造价就成了项目财务分析和经济评价的重要依据。

(2) 工程造价是制订投资计划和控制投资的依据

工程造价在控制投资方面的作用非常明显。工程造价是通过多次预估，最终通过竣工决算确定下来的。每一次预估的过程就是对造价的控制过程；而每一次估算对下一次估算又都是严格的造价控制，具体地讲，每一次估算都不能超过前一次估算的一定幅度。这种控制是在投资者财务能力限度内为取得既定的投资效益所必需的。建设工程造价对投资的控制也表现在利用制定各类定额、标准和参数，对建设工程造价的计算依据进行控制。在市场经济利益风险机制的作用下，造价对投资的控制作用成为投资的内部约束机制。

（3）工程造价是筹集建设资金的依据

投资体制的改革和市场经济的建立，要求项目的投资者必须具有很强的筹资能力，以保证工程建设有充足的资金供应。工程造价基本决定了建设资金的需求量，从而为筹集资金提供了比较准确的依据。当建设资金来源于金融机构的贷款时，金融机构在对项目的偿贷能力进行评估的基础上，也需要依据工程造价来确定给予投资者的贷款数额。

（4）工程造价是评价投资效果的重要指标

工程造价是一个包含着多层次工程造价的体系，就一个工程项目来说，它既是建设项目的总造价，又包含单项工程的造价和单位工程的造价，同时也包含单位生产能力的造价或1平方米建筑面积的造价等。所有这些，使工程造价自身形成了一个指标体系。它能够为评价投资效果提供多种评价指标，并能够形成新的价格信息，为今后类似项目的投资提供参考。

（5）工程造价是合理利益分配和调节产业结构的手段

工程造价的高低，涉及国民经济各部门和企业间的利益分配。在计划经济体制下，政府为了用有限的财政资金建成更多的工程项目，总是趋向于压低建设工程造价，使建设中的劳动消耗得不到完全补偿，价值不能得到完全实现。而未被实现的部分价值则被重新分配到各个投资部门，为项目投资者所占有。这种利益的再分配有利于各产业部门按照政府的投资导向加速发展，也有利于按宏观经济的要求调整产业结构；但也会严重损害建筑企业的利益，从而使建筑业的发展长期处于落后状态，与整个国民经济的发展不相适应。在市场经济体制下，工程造价无例外地受供求关系的影响，并在围绕价值的波动中实现对建设规模、产业结构和利益分配的调节。加上政府正确的宏观调控和价格政策导向，工程造价在这方面的作用会充分发挥出来。

4. 建设工程造价的分类

建筑工程造价按用途可分为标底价格、投标价格、中标价格、直接发包价格、合同价格。

（1）标底价格

标底价格又称招标控制价，是招标人的期望价格，不是交易价格。招标人以此作为衡量投标人投标价格的一个尺度，也是招标人的一种控制投资的手段。编制标底价可由招标人自行操作，也可由招标人委托招标代理机构操作，由招标人作出决策。

（2）投标价格

投标人为了得到工程施工承包的资格，按照招标人在招标文件中的要求进行估价，然后根据投标策略确定投标价格，以争取中标并通过工程实施取得经济效益。如果中标，这个价格就是合同谈判和签订合同确定工程价格的基础。如果设有标底，投标报价时要研究如何使用标底。以靠近招标控制价（标底）者得分最高，这时，报价就无须追求最低标价。

招标控制价（标底）只作为招标人的期望，但仍要求低价中标，投标人必须以雄厚的技术和管理实力作后盾，编制出既有竞争力又能营利的投标报价。

（3）中标价格

《中华人民共和国招标投标法》第四十条规定："评标委员会应当按照招标文件确定的评标标准和方法，对投标文件进行评审和比较；设有标底的，应当参考标底。"可见，评标的依据一是招标文件，二是标底（如果设有标底时）。

《中华人民共和国招标投标法》第四十一条规定，中标人的投标应符合下列条件之一：一是"能够最大限度地满足招标文件中规定的各项综合评价标准"；二是"能够满足招标文件的实质性要求，并且经评审的投标价格最低，但是投标价低于成本的除外"。其中，第二个条件说的主要是投标报价。

（4）直接发包价格

直接发包方式是指由发包人与指定的承包人直接接触，通过谈判达成协议并签订施工合同，而不需要像招标承包定价方式那样，通过竞争定价。直接发包方式计价只适用于不宜进行招标的工程，如军事工程、保密技术工程、专利技术工程及发包人认为不宜招标而又不违反《中华人民共和国招标投标法》第三条（招标范围）规定的其他工程。

直接发包方式计价首先提出协商价格意见的可能是发包人或其委托的中介机构，也可能是承包人提出价格意见交发包人或其委托的中介组织进行审核。无论由哪一方提出协商价格意见，都要通过谈判协商，签订承包合同，确定合同价。

直接发包价格是以审定的施工图预算为基础，由发包人与承包人商定增减价的方式定价的。

（5）合同价格

合同价可采用以下方式：

1）固定价：合同总价或者单价在合同约定的风险范围内不可调整。

2）可调价：合同总价或者单价在合同实施期内，根据合同约定的办法调整。

3）成本加酬金。

另外，《建筑工程施工发包与承包计价管理办法》（2013 年 12 月 11 日住建部令第 16 号）第十三条规定："发承包双方在确定合同价款时，应当考虑市场环境和生产要素价格变化对合同价款的影响。"

6.3.2 建设工程造价的计价

1. 建设工程造价的计价特点

工程建设项目是一种与一般工业生产不同的特殊的生产活动，具有单件性和流动性、建设周期长、投资金额大、建设工期要求紧等特点，这些因素决定了建设工程造价与一般工业产品不同的计价特点，主要有以下几方面：

（1）单件性计价

每个工程项目都有特定的用途，建筑、结构形式不同，建设地点不同，采用的建筑材料、工艺也不同，因此每个工程项目只能单独设计、单独建设、单独计价。

（2）多次性计价

建设工程必须按照建设程序分阶段进行建设，不同阶段对工程造价的计价、管理有不同的要求，因此需要按照程序对建设各阶段进行多次计价（见图6-4）。工程计价是一个由粗到细，直到最终确定工程实际造价的过程。

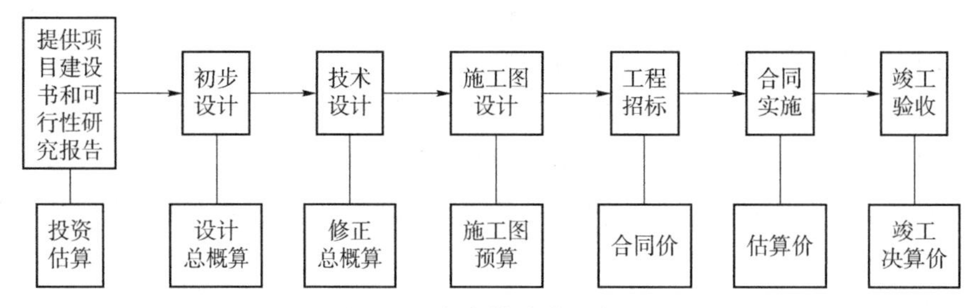

图6-4　多次性计价示意图

（3）组合计价

建设项目可分解为单项工程、单位工程、分部工程、分项工程，建设项目的组合性决定了工程造价的计算过程是逐步组合的过程。编制工程建设项目的设计概算和施工图预算时，需要按工程构成的分部分项工程组合，由下向上进行计价，这是一个从细部到整体的计价过程。建设工程项目计价过程和计价顺序：分部分项工程造价、单位工程造价、单项工程造价、建设项目总造价。

2. 工程造价计价的依据和作用

1）编制项目建议书和可行性研究报告时，确定项目的投资估算。一般可按相应工程造价管理部门发布的投资估算指标、类似工程的造价资料、工程所在地市场价格水平，结合工作实际情况等进行投资估算，此阶段为估算造价。投资估算是项目技术经济评价及投资决策的重要依据和基础。在项目建议书、可行性研究、方案设计阶段应编制投资估算作为工程造价的目标限额，它是控制初步设计概算和整个工程造价的限额，也是编制投资计划、筹措资金和申请贷款的依据。

2）初步设计阶段，编制设计总概算。在初步设计阶段，设计单位应根据初步设计图纸和有关说明等，采用概算定额或概算指标和费用标准等编制设计总概算。设计总概算包括项目从筹建到竣工验收的全部建设费用。初步设计阶段编制的总概算确定的建设工程预期造价称为概算造价。经批准的设计总概算是建设项目造价控制的最高限额，一般应控制在立项批准的投资控制额以内。设计概算批准后不得任意修改和调整，如需修改或调整需经原批准部门重新审批。

设计总概算是确定建设项目总造价、签订建设项目承包合同的依据，也是控制施工图预算和考核设计经济合理性的依据。

3）施工图设计阶段，编制施工图预算。施工图预算是指在建筑安装工程开工之前，根据已经批准的施工图纸，依据预算定额、工程量清单计价规范、工程所在地的生产要素价格水平以及其他因素编制的工程计价文件。此阶段工程计价文件确定的工程预计造价称为预算造价。施工图预算造价比概算造价更加详细和准确，但要受概算造价的制约，经审查批准的施工图预算造价不能超过设计总概算确定的造价。施工图预算是控制工程造价、进行工程招标投标、签订建筑安装工程承包合同的依据，也是确定标底的依据。

4）签订建设项目承包合同、建筑安装工程承包合同、材料设备采购合同所确定的合同价格，是由发包方和承包方共同依据有关计价文件、市场行情等确定的，工程项目的价格属于市场价格。合同价是发、承包双方进行工程结算的基础。

5）合同实施阶段对合同价格的调整。合同实施过程中，可能由于设计变更、超出合同规定的市场价格变化等各种因素使工程造价发生变化，因此在合同实施阶段，往往需要根据合同规定的范围和方法，对合同价进行必要的调整，并确定工程结算价。结算价是该结算工程的实际价格。

6）竣工验收阶段，编制竣工决算。工程项目通过竣工验收交付使用时，建设单位需根据项目发生的实际费用编制竣工决算，竣工决算确定的竣工决算价是该工程项目的实际工程造价。竣工决算是核定建设项目资产实际价值的依据。

3. 工程量清单计价

为适应我国建设投资体制和管理体制改革的需要，规范建设工程施工发承包行为，统一建设工程工程量清单的编制和计价方法，我国自 2003 年 7 月 1 日开始实施国家标准《建设工程工程量清单计价规范》（GB 50500—2003），后又经两次修订，现行国家标准为 2013 年修订的《建设工程工程量清单计价规范》（GB 50500—2013）（以下简称《计价规范》）。工程量清单计价是国际上普遍采用的、科学的工程造价计价模式，现在已成为我国在施工阶段公开招标投标活动中主要采用的计价模式。

《计价规范》的实施是我国工程造价计价工作向着“政府宏观调控、企业自主报价、市场形成价格”的目标迈出的坚实一步，改变了过去以固定“量、价、费”定额为主导的静态管理模式，提出了“控制量、指导价、竞争费”的改革措施，逐步过渡到了工程计价主要依据市场变化的动态管理机制。

工程清单计价具有以下特点：

1）强制性：对工程量清单的使用范围、计价方式、竞争费用、风险处理、工程量清单编制方法、工程量计算规则均作出了强制性规定，不得违反。

2）统一性：采用综合单价形式，综合单价中包括了工程直接费、间接费、管理费、风险费、利润、国家规定的各种规费等，使得参加投标的单位处于公平竞争的地位，有利于投标人报价的对比分析，有利于评标工作的开展，对发包商与承包商的标书编制责任进行了划分，避免歧义的发生。

3）完整性：包括了工程项目招标、投标、过程计价及结算的全过程管理。

4）规范性：对计价方式、计价风险、清单编制、分部分项工程量清单编制、招标控制价的编制与复核、投标价的编制与复核、合同价款调整、工程计价表格式均作出了统一规定。

5）竞争性：要求投标单位根据市场行情和自身实力报价，就是要求其注重工程量清单综合单价的分析，掌握理解工程量清单项目特征，加强企业的技术实力、施工组织实力、资源整合实力，在报价中反映出本投标单位的综合能力，这样才能在招投标工作中脱颖而出。

6）法定性：本质上是单价合同的计价模式，中标后的单价一经合同确认，在竣工结算时是不能调整的，即量变价不变。新增项目除外。

《计价规范》规定，全部使用国有资金投资或以国有资金投资为主的建设工程施工发承包，必须采用工程量清单计价；非国有资金投资的建设工程，尽可能采用工程量清单计价。

工程量清单是建设工程的分部分项工程项目、措施项目、其他项目、规费项目和税金项目的名称和相应数量的明细清单。工程量清单可分为招标工程量清单和已标价工程量清单。招标工程量清单是招标人依据国家标准、招标文件、设计文件以及施工现场实际情况编制的，随招标文件发布，供投标报价的工程量清单，包括说明和表格。招标工程量清单是工程量清单计价的基础，是编制招标控制价、投标报价、计算或调整工程量、索赔等的依据之一。已标价工程量清单是构成合同文件组成部分的投标文件中已标明的价格经算术性错误修正（如有）且承包人已确认的工程量清单，包括说明和表格。

招标工程量清单必须作为招标文件的组成部分，其准确性和完整性应由招标人负责。采用工程量清单方式招标发包，招标人必须将工程量清单作为招标文件的组成部分，连同招标文件一并发给投标人。招标工程量清单反映了拟建工程应完成的全部工作内容和相应工作，招标人对招标工程量清单的准确性和完整性负责，投标人依据招标工程量清单进行投标报价。

工程量清单计价是建设工程招标投标活动中，招标人按照国家统一的工程量计算规则提供工程量清单，由投标人依据招标工程量清单，结合建筑企业自身情况进行自主报价的工程造价计价方式。为了统一工程量计算规则和工程量清单编制方法，与《计价规范》相配套，国家有关部门制定了《房屋建筑与装饰工程工程量计算规范》（GB 50854—2013）等 9 本相关专业的工程量计算规范。

工程量清单计价适用于建设工程发承包及实施阶段的计价活动，是目前我国施工阶段公开招标投标主要采用的计价方式。建设工程发承包及实施阶段的计价活动包括编制招标控制价、投标报价、合同价款约定、工程计量、合同价款调整、合同价款期中支付、竣工结算与支付、合同的价款与支付、合同价款争议的解决、工程造价鉴定等。

工程量清单的主要作用包括：一是为投标人的投标竞争提供公开、公正和公平的共同基础。招标工程量清单提供了要求投标人完成的拟建工程的基本内容、实体数量和质量要求等基础信息，为投标人提供了统一的工程内容、工程量，在招标投标中，为投标人的竞争提供了共同基础。二是提供建设工程的计价依据。招标投标过程中，招标人根据工程量清单编制招标工程的招标控制价；投标人根据工程量清单的内容，依据企业定额计算投标报价，自主填报工程量清单所列项目的单价、合价。三是为工程付款和结算提供依据。发包人以承包人在施工阶段是否完成工程量清单规定的内容和投标所报的综合单价，作为支付工程进度款和工程结算的依据。四是为调整工程价款、处理索赔等提供依据。当发生工程变更、索赔、工程量偏差等情况时，可参照已标价工程量清单中的合同单价确定相应项目的单价及相关费用。

招标工程量清单需要拥有具有编制能力的招标人或受其委托、具有相应资质的工程造价咨询人编制。招标工程量清单必须作为招标文件的组成部分，其准确性和完整性由招标人负责。编制招标工程量清单的依据：一是《计价规范》和相关工程的国家计量规范；二是国家或省级、行业建设主管部门颁发的计价定额和办法；三是建设工程设计文件及相关资料；

四是与建设工程有关的标准、规范、技术资料；五是拟定的招标文件；六是施工现场情况、地勘水文资料、工程特点及常规施工方案；七是其他相关资料。工程量清单包括分部分项工程量清单、措施项目清单、其他项目清单、规费项目清单和税金项目清单。

6.3.3 建设工程造价的管理

1. 建设工程造价管理的概念

工程造价管理有两种含义：一是建设工程投资费用管理；二是工程价格管理。工程造价确定依据的管理和工程造价专业队伍建设的管理则是为这两种管理服务的。

建设工程的投资费用管理属于投资管理范畴，更准确地说，属于工程建设投资管理范畴。管理，是为了实现一定的目标而进行的计划、预测、组织、指挥、监控等系统活动。工程建设投资管理，就是为了达到预期的效果，对建设工程投资行为进行的计划、预测、组织、指挥和监控等系统活动。工程造价第一种含义的管理侧重于投资费用的管理，而不是工程建设的技术方面。建设工程投资费用管理，是指为了实现投资的预期目标，在拟订了规划、设计方案的条件下，预测、计算、确定和监控工程造价及其变动的系统活动。这一定义既涵盖了微观层次的项目投资费用管理，也涵盖了宏观层次的投资费用管理。

作为工程造价管理的第二种含义，工程价格管理属于价格管理范畴。在社会主义市场经济条件下，价格管理分两个层次。在微观层次上，它是生产企业在掌握市场价格信息的基础上，为实现管理目标而进行的成本控制、计价、定价和竞价的系统活动，反映了微观主体按支配价格运动的经济规律，对商品价格进行能动的计划、预测、监控和调整，并接受价格对生产的调节。在宏观层次上，它是政府根据社会经济发展的要求，利用法律、经济和行政手段对价格进行管理和调控，并通过市场管理规范市场主体价格行为的系统活动。工程建设关系国计民生，同时，政府投资公共、公益性项目在今后仍然会有相当份额。因此，国家对工程造价的管理，不仅承担一般商品价格的调控职能，而且在政府投资项目上也承担着微观主体的管理职能。这种双重角色的双重管理职能，是工程造价管理的一大特色。区分上述两种管理职能，进而制定不同的管理目标，采用不同的管理方法是必然的发展趋势。

2. 建设工程造价管理的特点

工程造价管理的特点主要表现在以下几方面：

1）时效性：反映的是某一时期内价格随时间的变化而不断变化的特性。

2）公正性：既要维护业主的合法权益，也要维护承包商的利益，站在公允的立场上一手托两家。

3）规范性：由于建筑产品千差万别，构成造价的基本要素应分解为便于比较与计量的假定产品，因而要求标准客观、工作程序规范。

4）准确性：运用科学技术原理和法律手段进行科学管理，使计量、计价、计费有理有据，有法可依。

3. 建设工程造价管理的对象、目标和任务

（1）工程造价管理的对象

工程造价管理的对象分客体和主体。客体是工程建设项目，而主体是业主、承包商或承建商（设计单位、施工企业）以及监理、咨询等机构及其工作人员。具体的工程造价管理工作，其范围、内容及作用各不相同。

（2）建设项目造价管理的目标

按照经济规律的要求，根据社会主义市场经济的发展形势，利用科学管理方法和先进管理手段，合理地确定造价和有效地控制造价，以提高投资效益和建筑安装企业经营效果。

（3）建设项目造价管理的任务

加强施工项目造价的全过程动态管理，强化施工项目造价的约束机制，维护有关各方面的经济效益，规范价格行为，提高微观效益和宏观效益。

4. 工程造价管理的基本内容

（1）工程造价的合理确定

所谓工程造价的合理确定，就是在建设程序的各个阶段，合理确定投资估算、概算造价、预算造价、承包合同价、结算价、竣工决算价。

在项目建议书阶段，按照有关规定编制的初步投资估算，经相关部门批准，作为拟建项目列入国家中长期计划和开展前期工作的控制造价。

在可行性研究阶段，按照有关规定编制的投资估算，经相关部门批准，即为该项目控制造价。

在初步设计阶段，按照有关规定编制的初步设计总概算，经相关部门批准，即作为拟建项目工程造价的最高限额。对于在初步设计阶段实行建设项目招标承包制，签订承包合同协议的，其合同价也应在最高限价（总概算）范围以内。

在施工图设计阶段，按规定编制施工图预算，用以核实施工图阶段预算造价是否超过批准的初步设计概算。

在施工图预算阶段，对以施工图预算为基础招标投标的工程，承包合同价也是以经济合同形式确定的建筑安装工程造价。

在工程实施阶段，要按照承包方实际完成的工程量，以合同价为基础，同时考虑因物价上涨所引起的造价提高，考虑设计中难以预计而在实施阶段实际发生的工程和费用，合理确定结算价。

在竣工验收阶段，全面汇集在工程建设过程中实际花费的全部费用，编制竣工决算，如实体现该建设工程的实际造价。

（2）工程造价的有效控制

所谓工程造价的有效控制，就是在优化建设方案、设计方案的基础上，在建设程序的各个阶段，采用一定的方法和措施把工程造价控制在合理的范围和既定的造价限额以内。具体来说，就是要用投资估算价控制设计方案的选择和初步设计概算造价，用概算造价控制技术设计和修正概算造价，用概算造价或修正概算造价控制施工图设计和预算造价，以求合理使用人力、物力和财力，取得较好的投资效益。控制造价在这里强调的是控制项目投资。

有效控制工程造价，应遵循以下 3 项原则：

1）以设计阶段为重点的建设全过程造价控制原则。工程造价控制贯穿于项目建设全过程，但是必须重点突出。工程造价控制的关键在于施工前的投资决策和设计阶段，而在作出投资决策后，控制工程造价的关键就在于设计。建设工程全寿命费用包括工程造价和工程交付使用后的经常开支费用（含经营费用、日常维护修理费用、使用期内大修理和局部更新费用），以及该项目使用期满后的报废拆除费用等。据西方一些国家分析，设计费一般只相当于建设工程全寿命费用的不足 1%，但这少于 1% 的费用对工程造价的影响度占却达到 75%以上。由此可见，设计质量对整个工程建设的效益至关重要。

长期以来，我国普遍忽视工程建设项目前期工作阶段的造价控制，而往往把控制工程造价的主要精力放在施工阶段——审核施工图预算、结算建设安装工程价款、算细账。这样做尽管也有效果，但毕竟是“亡羊补牢”，事倍功半。要有效地控制建设工程造价，就要坚决地把控制重点转到建设的前期阶段上来，尤其应抓住设计这个关键环节。

2）主动控制原则。传统决策理论是建立在绝对逻辑基础上的一种封闭式决策模型，它把人看作具有绝对理性的“理性的人”或“经济人”，在决策时会本能地遵循最优化原则，即取影响目标的各种因素的最有利值来实施方案。而美国经济学家西蒙首创的现代决策理论的核心则是“令人满意”准则。他认为，由于人的头脑能够思考和解答问题的容量同问题本身规模相比是渺小的，因此在现实世界里，要采取客观、合理的举动，哪怕接近客观合理性，也是很困难的。因此，对决策人来说，最优化决策几乎是不可能的。西蒙提出了用“令人满意”来代替“最优化”，他认为决策人在决策时，可先对各种客观因素、执行人据以采取的可能行动以及这些行动的可能后果加以综合研究，并确定一套切合实际的衡量准则。如某一可行方案符合这种衡量准则，并能达到预期的目标，则这一方案便是满意方案，可以采纳；否则，应对原衡量准则进行适当的修改，然后继续挑选。

一般说来，造价工程师的基本任务是合理确定并采取有效措施控制建设工程造价。为此，应根据业主的要求及建设的客观条件进行综合研究，实事求是地确定一套切合实际的衡量准则。只要造价控制的方案符合这套衡量准则，能取得令人满意的结果，就可以说造价控制达到了预期目标。

长期以来，人们一直把“控制”理解为比较目标值与实际值，当实际值偏离目标值时，分析其产生偏差的原因，并确定下一步的对策。在工程项目建设全过程进行这样的工程造价控制虽然有意义，但这种立足于调查—分析—决策基础之上的偏离—纠偏—再偏离—再纠偏的控制方法，只能发现偏离，不能使已产生的偏离消失，不能预防可能发生的偏离，因而只能说是被动控制。自 20 世纪 70 年代初开始，人们将系统论和控制论研究成果用于项目管理，将“控制”立足于事先主动地采取决策措施，以尽可能地减少、避免目标值与实际值的偏离，这是主动、积极的控制方法，因此被称为主动控制。也就是说，合理的工程造价控制不仅要影响投资决策，影响设计、发包和施工，被动地控制工程造价，更要能主动地影响投资决策，影响设计、发包和施工，主动地控制工程造价。

3）技术与经济相结合原则。技术与经济相结合是控制工程造价最有效的手段。要有效地控制工程造价，应从组织、技术、经济等多方面采取措施。从组织上采取措施，包括明确项目组织结构，明确造价控制者及其任务，明确管理职能分工；从技术上采取措施，包括重视设计多方案选择，严格审查监督初步设计、技术设计、施工图设计、施工组织设计，深入技术领域研究节约投资的可能；从经济上采取措施，包括动态地比较造价的计划值和实际值，严格审核各项费用支出，采取对节约投资的有力奖励措施等。

应该看到，技术与经济相结合是控制工程造价最有效的手段。长期以来，在我国工程建设领域，技术与经济相分离。许多国外专家指出，我国工程技术人员的技术水平、工作能力、知识面，跟国外同行相比几乎不分上下，但他们缺乏经济观念，设计思想保守，设计规范、施工规范落后。国外的技术人员时刻考虑如何降低工程造价，而我国技术人员则把它看成与己无关，是财会人员的职责；而财会、概预算人员的主要职责是根据财务制度办事，他们往往不熟悉工程知识，也很少了解工程进展中的各种关系和问题，只能单纯地从财务制度角度审核费用开支，难以有效地控制工程造价。为此，应以提高工程造价效益为目的，在工程建设过程中把技术与经济有机结合，通过技术比较、经济分析和效果评价，正确处理技术先进与经济合理两者之间的对立统一关系，力求在技术先进条件下的经济合理，在经济合理基础上的技术先进，把控制工程造价观念渗透到各项设计和施工技术措施之中。

7 建设工程采购与合同管理

§7.1 建设工程采购

7.1.1 建设工程项目采购概述

1. 项目采购的内涵

建设工程项目采购在不同国家或地区有不同表达方式。英联邦国家一般采用“Procurement Method”或者“Procurement System”（采购模式），美国以及受美国建筑业影响的国家一般采用“Delivery Method”或者“Delivery System”（交付模式）。国内表达方式比较多，如“承发包模式”“项目交付模式”“承包模式”等，其中，比较多的叫法是“承发包模式”。这里的“承发包模式”指工程建设过程中的所有交易的统称，既包括业主与承包商（施工承包商）之间的交易关系，也包含建设工程项目交易过程中业主与其他参与方之间的交易，如业主与设计方、咨询方或项目管理方之间的委托关系，与材料设备供应商之间的货物交易关系等。

虽然各个地区关于建设工程项目的交易方式的叫法不同，但其本质都是表示建设工程项目的交易方式，只是站的角度不同而已。“采购模式”是从买方的角度出发，即业主购买（采购）整个建设工程项目的过程；“交付模式”是从卖方的角度出发，即各个供应商（设计方、施工方、咨询方）按照业主的要求将建设工程项目（或服务成果）交付给业主；“承发包模式”是从交易的角度出发，将建设工程项目的每个交易过程都看成一个“承发包过程”，业主将工程建设项目全部或部分内容发包给承包商，承包商承接项目，按要求建设移交项目。从本质上讲，“采购模式”“交付模式”“承发包模式”三者是相同的，即都是对建设工程项目交易过程的定义，只是站的角度不同而已（见表7-1）。

建设工程采购是从资源市场获取资源的过程。在建设工程领域中，“采购”有狭义和广义之分：狭义的“采购”单指材料、设备等货物的采购；广义的“采购”是指将建设工程项目本身作为采购对象，对新建、改建、扩建、拆除、修缮或翻新构筑物及所属设备和改造自然环境的行为，具体包括建造房屋、土木工程、建筑装饰、设备安装、管线铺设、兴修水利、修建交通设施、铺设下水管道、改造环境等建筑项目的总承包勘察、设计、建筑材料、设备供应等。为获得建筑产品、服务或完成项目建设，业主须选择某一特定的交易方式进行建设工程项目的采购，交易方式就是业主在建筑市场购买产品或服务的方式方法。

表 7-1　项目采购类型

表达方式	适用范围	思考角度	具体内容
采购模式	英联邦国家	买方	业主购买（采购）整个建设工程项目的过程
交付模式	美国以及受美国建筑业影响的国家	卖方	各个供应商（设计方、施工方、咨询方）按照业主的要求将建设工程项目（或服务成果）交付给业主
承发包模式	中国	交易	业主将工程建设项目全部或部分内容发包给承包商，承包商承接项目，按要求建设移交项目

2. 项目采购的内容

从建设工程项目内容角度出发，建设工程项目采购是对建设工程项目全寿命期内的各项工作，包括勘察设计、施工、管理咨询、运营、维护等的组织形式进行确定；从建设工程项目管理的角度出发，建设工程项目采购是对建设工程项目的职能范围、合同结构、权利义务、风险等方面进行确定与分配的方式。不同的建设工程项目采购模式不同，合同结构和内容不同，建设工程项目采购模式的变化决定了建设工程合同与管理的变化。

3. 工程项目采购的特点

相比一般的货物、服务采购，建设工程采购有以下特点：

(1) 采购标的固定

工程项目建造在一定区域内，其设备、设施则固定或安装在基础设施或建筑物上。建设产品的固定性使其设计单一，不能成批生产，建设难度各异，且工程采购受到项目所在地自然、社会、经济和环境条件的影响较大。

(2) 采购过程复杂

现代工程项目技术复杂、工艺要求高、建设周期长，工程项目涉及采购人、承包商、监理、服务机构等众多的参与方，采购过程中还应接受规划、土地、环保、环卫、交通、消防、卫生防疫、文物保护等有关行政主管部门的监督指导，组织协调难度大。同时，工程项目不仅受明确的质量、进度和投资条件约束，建设过程中还要受地域、水文、气象以及配套服务等外部条件制约。因此，工程采购过程复杂，采购风险较大。

(3) 采购资金大额

建设投资项目的投资价值常常是几百万元甚至上亿元。采购资金的大额性要求必须对工程采购资金进行监管，以确保采购资金的专用性、提高资金的使用效率、加强工程采购中的廉政建设。此外，必须考虑各种可能的变化，如市场价格风险等。

(4) 采购内容综合

工程采购包括工程项目的勘察、设计、施工、监理以及与工程建设有关的重要设备和材料等的采购，既有施工采购，重要设备、货物、材料采购，还包括设计、监理、咨询等服务采购，是货物采购和服务采购的综合体。

4. 项目采购管理的重要性

建设工程采购管理是建设工程项目管理的重要组成部分。采购管理与项目工期、成本、质量、安全息息相关。采购管理的好坏，会影响供货价格、质量和及时性，进而影响整个项目的造价、质量和交工的及时性，还可能影响整个进度计划。以材料采购为例，一般建筑业中材料成本占总造价的70%~80%，如果材料费和库存费下降5%，企业利润率将增加28%，资本收益率将增加30%，可见采购管理对成本控制的重要意义。

7.1.2 建设工程项目采购机制

1. 工程采购参与方

工程采购参与方包括在工程项目采购活动中依法享有权利和承担义务的各类主体，包括采购人、供应商和采购代理机构等。

(1) 采购人

采购人是指依法进行工程采购的机关、企事业单位或团体组织，是采购活动的一方当事人，在工程采购合同中依法享有合同权利、承担合同义务。

采购人在采购活动中享有依法进行自行采购、选择采购代理机构、审查供应商资格、确定中标供应商、签订采购合同、参与采购履约验收、监督合同履行及提出特殊要求等权利，同时承担接受采购主管部门监督、尊重供应商合法和正当权益、保障采购活动符合采购法规要求以及违约责任等义务。在集中采购条件下，采购人的权利大大受到限制，采购人必须委托集中代理机构代为处理采购事项。

(2) 采购代理机构

采购代理机构是指在工程采购活动中为采购人提供采购代理服务的合法单位，在代理采购活动中处于代理人的地位，依法享有代理人的权利，承担代理人的义务。我国《政府采购法》将采购机构分为集中采购机构和一般采购代理机构，并对其业务范围作了明确划分。前者是由政府设立的非营利性事业法人，主要代理采购人纳入集中采购目录的、采购限额标准以上的采购项目；后者是指具备一定条件，经政府有关部门批准认定的拥有有关工程采购代理资格的中介机构，只能接受自行采购人委托，以代理人的身份办理招投标事宜。

采购过程中，采购机构与采购人不得相互串通损害国家利益、社会公共利益和其他当事人的合法权益，不得以任何手段排斥其他供应商参与竞争，在工程采购全过程中必须接受有关监督管理机关的监管。

(3) 供应商

采购供应商是指为采购人提供工程产品或服务的法人、组织或个人，包括中国境内外注册的企业、公司及其他能够提供工程产品与服务的自然人、法人，是采购活动的另一方当事人，在工程采购合同中独立享有合同权利、承担合同义务。工程采购供应商包括承包商、施工企业、勘察单位、设计单位、监理单位、咨询单位、设备及材料供应商等，在性质上包括潜在供应商和中标供应商。供应商不得采取向采购人、采购代理机构、评标委员会的组成人员、竞争性谈判小组的组成人员、询价小组的组成人员行贿等不正当手段谋取中标或者成交。

2. 工程采购程序

工程采购一般包括以下程序：

(1) 确定采购需求

在确定采购需求阶段，一般由采购人提出对品种、规格、数量的要求，若为政府投资项目，需列入政府年度采购计划。要评估采购需求的合理性，以避免盲目采购和重复采购。在确定采购需求之后，还须分析采购市场的供求状况、预测采购风险、掌握各供应商的资信、预测采购数量和价格。

(2) 选择采购方式

政府采购的方式主要有公开招标、邀请招标、竞争性谈判、单一来源采购、询价等。在工程采购中要根据不同的采购需求，选用适当的采购方式。若采购方式选择不当，不但会影响采购时效，还可能会造成人力、物力、财力资源的浪费。

(3) 供应商资格审查

选择完采购方式后，供应商提供有关资质证明文件和业绩情况，采购人对采购供应商进行资格审查，以保证采购质量。合格的供应商资格一般应包括以下几个方面：

1）具有独立承担民事责任的能力。

2）具有良好的商业信誉和健全的财务会计制度。

3）具有履行合同所必需的设备和专业技术能力。

4）有依法缴纳税收和社会保障资金的良好记录。

5）参加采购活动前三年内，没有重大违法违规记录。

6）法律、行政法规规定的其他条件。

采购人可以根据采购项目的特殊要求对供应商提出特定条件，但不得以不合理的条件对供应商实行差别待遇或者歧视待遇。

采购过程中，若采购人发现供应商提供的资料出现虚假或不完整等情况，应取消该供应商的资格并予以处罚。

(4) 执行采购方式

此阶段主要内容为执行采购方式和签订采购合同。

在确定执行采购方式和签订采购合同阶段，应严格按照既定的程序和规则进行采购，不能轻易自行改变采购方式，若确有必要改变采购方式，必须报有关部门批准并通知供应商。

采购方式确定后，采购双方应形成书面合同，对双方的权利和义务进行规范和约束。为保证供应商能切实履行义务，可根据实际情况在签订合同时规定缴纳一定数额的履约保证金。

(5) 履行采购合同

签订合同后，合同双方必须按规定执行，不得擅自变更条款。在合同执行过程中和执行结束时，采购人对合同执行成果进行查验，组织验收。验收由专业技术人员组成的验收小组进行，做好笔录。合同执行过程中，应按合同约定支付价款。

(6) 采购效益评估

采购合同执行完毕后，对项目执行情况和供应商的管理水平、服务能力等予以评估，为后续工作积累资料，总结经验。

具体的工程采购程序见图 7-1。

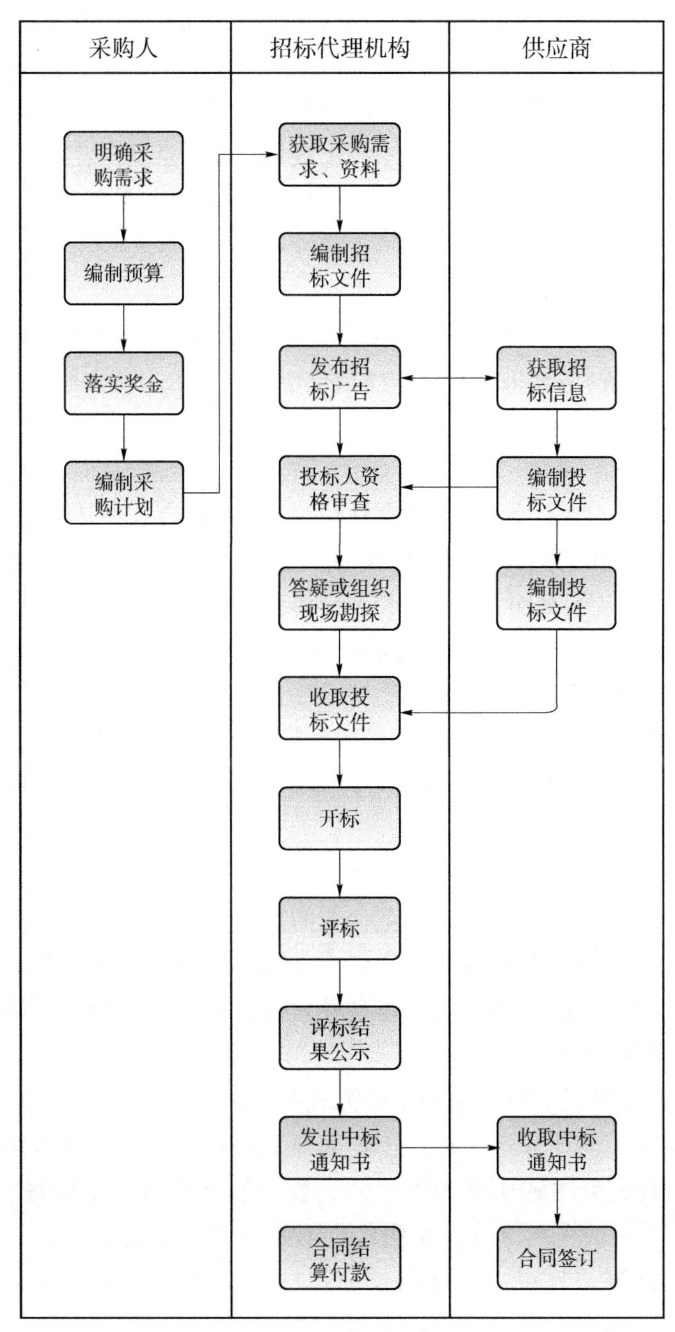

图 7-1　工程采购程序

3. 工程采购方式

(1) 国际通用采购方式

联合国国际贸易法委员会发布的《货物、工程和服务采购示范法》中规定了 7 种采购方式。

1）公开招标。

2）两阶段招标：第一阶段采购实体可以就拟购货物或工程的技术、质量和其他特点，以及合同条款和供货条件等广泛征求建议，采购实体据此确定技术规范后，进入正常招标的第二阶段。

3）征求建议书，即由采购实体与少数供应商接洽，征求建议，再与他们谈判有无可能对其建议书的实质内容做出更改，然后从中找出最佳和最后建议，最后按照原先公开的评价标准，以及原先向供应商公开透露的相对比重和方式，对那些最佳和最后建议进行评估和比较。

4）竞争性谈判。

5）限制性招标，即由采购实体向有限数目的供应商发出邀请进行招投标。

6）征求报价（询价），即采购实体从少数供应商中征求报价，然后选定报价最低又符合要求的供应商签约。

7）单一来源采购。

其中，两阶段招标、征求建议书和竞争性谈判三种采购方式不是让颁布国同时采用，而是根据各国（地区）具体情况、惯例选择采用，三种方法没有排定优先次序。另外，鉴于服务采购不同于货物和工程采购，它通常涉及无形商品的供应，其质量和精确内容难以以数量确定，主要取决于供应商的技术和专门知识而非简单的价格因素，因此《货物、工程和服务采购示范法》对服务采购所采用的采购方法作出了特别规定。

这7种采购方式涵盖了各国（地区）实践中已经在使用的多种方法，使采购实体可以解决可能遇到的不同情况，各国（地区）可以不将所有的采购方式纳入本国法律，而只选择其中几种。

要注意，即便相同的采购名称，在不同国家（地区）的实质内容也可能不完全相同。如新加坡的小额采购，相当于智利、印度尼西亚的直接采购；我国台湾地区的限制性招标所包含的比价和议价，分别相当于印度尼西亚的直接选择和日本的单一投标、新加坡的谈判。因此，在借鉴国际上的实践经验时，要注意各种采购方式的实际内容，不能仅仅从其采购方式的名称作出简单的结论。

采购环境是多种多样的，任何单一采购方式都难以适用于各种不同的采购环境，各个国家（地区）都规定了多种采购方式，并对每种采购方式的适用情形作出规定。综合来看，公开招投标因其充分的透明度和竞争性，被人们普遍认为是能最有效地促进竞争、节约费用和达到高效率的采购方式，受到各个国家（地区）青睐，是货物和工程采购最主要的方法，所有国家都规定了公开招投标程序，并成为采购尤其是政府采购的主流方式。

基于采购情况的复杂性，不可能全部采购均以公开招投标方式进行。如果采购金额价值较小，或者情况紧急，或者潜在供应商数量有限等，采用公开招投标方式要么成本太高，要么时间太长，要么投标太少形成不了竞争，都显得很不可行。因此，各国（地区）在公开招投标方式之外，都规定了其他采购方式，包括选择性招标、限制性招标、单一来源采购、竞争性谈判等。但是，各国（地区）规定的采购方式的种类数量不等，适用条件也不尽相同。一般而言，适用公开招投标之外的采购方式的情况主要是紧急情况和突发事件、考虑与现有设备的兼容性、涉及专利等专有权、采购有特殊功能的产品、低额采购等。

(2) 国内常用采购方式

国内的采购模式也因项目情况各异，工程建设项目的主要采购方式包括公开招标、邀请招标、竞争性谈判、单一来源采购、询价及国务院政府采购监督管理部门认定的其他采购方式：

1) 公开招标。公开招标是政府采购的主要采购方式，是指采购人按照法定程序，通过发布招标公告，邀请所有潜在的不特定的供应商参加投标，采购人通过某种事先确定的标准，从所有投标供应商中择优评选出中标供应商，并与之签订政府采购合同。

公开招标方式体现了市场机制公开信息、规范程序、公平竞争、客观评价、公正选择以及优胜劣汰的要求。公开招标因为投标人较多、竞争充分，且不容易串标、围标，有利于招标人从广泛的竞争者中选择合适的中标人并获得最佳竞争效益。

依法必须进行招标的项目应公开招标，按照法律规定在国家发改委和其他有关部门指定的媒介发布资格预审公告或招标公告，符合招标项目规定资格条件的潜在投标人不受所在地区、行业限制，均可申请参加投标。

依法必须公开招标的项目主要有三类：

一是国家重点项目和省、自治区、直辖市人民政府确定的地方重点项目（《中华人民共和国招标投标法》第十一条）；二是国有资金占控股或者主导地位的依法必须进行招标的项目（《中华人民共和国招标投标法实施条例》第八条）；三是其他法律法规规定必须进行公开招标的项目。例如，《中华人民共和国政府采购法》第二十六条规定，公开招标应作为政府采购的主要采购方式；《中华人民共和国土地复垦条例》第二十六条规定，政府投资进行复垦的，有关国土资源主管部门应当依照招标投标法律法规的规定，通过公开招标的方式确定土地复垦项目的施工单位。

依法必须公开招标的项目，因存在需求条件和市场供应的限制而无法实施公开招标，且符合法律规定情形的，经招标项目有关监督管理部门审批、核准或认定后，可以采用邀请招标方式。

2) 邀请招标。邀请招标也称选择性招标，是由采购人根据供应商或承包商的资信和业绩，选择一定数目的法人或其他组织（不能少于三家），向其发出投标邀请书，邀请他们参加投标竞争，从中选定中标供应商的一种采购方式。

邀请招标能够按照项目需求特点和市场供应状态，有针对性地从已经了解的潜在投标人中，选择具有与招标项目需求匹配的资格能力、价值目标以及对项目重视程度均相近的投标人参与投标竞争，有利于投标人之间均衡竞争，并通过科学的评标标准和方法实现招标需求目标，招标工作量和招标费用相对较小，既可以省去招标公告和资格预审程序（招投标资格审查）及时间，又可以获得基本或者较好的竞争效果。

邀请招标与公开招标相比，投标人数量相对较少，竞争开放度相对较弱；受招标人在选择邀请对象前已知的投标人信息的局限性，有可能会损失应有的竞争效果，得不到最合适的投标人和最佳竞争效益。有些招标人甚至利用邀请招标之名行虚假招标之实。为此，依法应当公开招标的，经招标项目有关监督管理部门审批、核准或认定后，方可采用邀请招标方式。

在下列情形之一的，经批准可以进行邀请招标：一是涉及国家安全、国家秘密或者抢险救灾，适宜招标但不宜公开招标的；二是项目技术复杂或有特殊要求，或者受自然地域环境限制，只有少量潜在投标人可供选择的；三是采用公开招标方式的费用占项目合同金额的比例过大的。国家重点建设项目的邀请招标，应当经国家国务院发展计划部门批准；地方重点建设项目的邀请招标，应当经各省、自治区、直辖市人民政府批准。全部使用国有资金投资或者国有资金投资占控股或者主导地位的且需要审批的工程建设项目的邀请招标，应当经项目审批部门批准，如果项目审批部门只审批立项的，则由有关行政监督部门审批。

3）竞争性谈判。竞争性谈判是指采购人或代理机构通过与多家供应商（不少三家）进行谈判，最后从中确定中标供应商的一种采购方式。

竞争性谈判要满足以下两点：一是要有竞争，即参与谈判的供应商不少于三家；二是要有谈判，即最终的结果必须在谈判的基础上确定。离开了这两条，所有的行为和结果都是不合理、不规范甚至是违规违法的，都是应当受到惩处的。

竞争性谈判是《中华人民共和国政府采购法》规定的政府采购方式之一，在特殊情况下，这种采购方式具有采购周期短、采购成本低等优点，方便灵活。但是在具体实施过程中一定要认真把握、操作准确，在采购人和评审专家出现重“判”轻“谈”或只“判”不“谈”情况时，政府采购代理机构一定要及时制止，以保证政府采购工作的严肃性，否则很容易会引发质疑和投诉。

竞争性谈判适用范围为：一是依法制定的集中采购目录以内，且未达到公开招标数额标准的货物、服务；二是依法制定的集中采购目录以外、采购限额标准以上，且未达到公开招标数额标准的货物、服务；三是达到公开招标数额标准、经批准采用非公开招标方式的货物、服务；四是按照招标投标法及其实施条例必须进行招标的工程建设项目以外的政府采购工程。

竞争性谈判适用条件为：一是招标后没有供应商投标或者没有合格标的，或者重新招标未能成立的；二是技术复杂或者性质特殊，不能确定详细规格或者具体要求的；三是非采购人所能预见的原因或者非因采购人拖延造成招标所需时间不能满足用户紧急需要的；四是因采购、专利、专有技术或者服务的时间、数量不能确定等原因不能事先计算出价格总额。

4）单一来源采购。单一来源采购也称直接采购，是指采购人向唯一供应商进行采购的方式，适用于达到了限购标准和公开招标数额标准，但所购商品的来源渠道单一，或属于专利、首次制造、合同追加、原有采购项目的后续扩充和发生了不可预见的紧急情况而不能从其他供应商处采购等情况。该采购方式的最主要特点是没有竞争性。

单一来源采购应满足下列条件之一：一是只能从唯一供应商处采购；二是发生了不可预见的紧急情况而不能从其他供应商处采购；三是必须保证原有采购项目一致性或者服务配套的要求，需要继续从原供应商处添购，且添购资金总额不超过原合同采购金额的10%。

5）询价。询价是指采购人向有关供应商发出询价单让其报价，在报价基础上进行比较并确定最优供应商的一种采购方式。

询价工作是投标程序中重要的一环，它有利于投标人优化报价并为报价决策提供依据。承包人询价是一种意向性的行为，并非一定要与所询价的分包人签订分包合同，接受询问的分包人的报价，同样不必是日后签订分包合同的合同价格，但询价双方应讲求信誉和职业道德。

（3）采购方式选用

每一种采购方式都各有利弊和使用范围。为了保障公平公正，提高效率，应根据不同项目的采购特点选择合适的采购方式。选择标准，应当以采购过程的透明度、竞争性、公正性和效率为衡量，需要综合考虑下列因素：

1）时间：是否属于急需的物品或采购项目，以及采购所需要的时间长短是否影响需求。

2）价值：低价值会降低发生腐败和机会主义行为的可能性及风险。

3）信息成本：获得信息的可能性和成本。

4）采购标的市场的公开性或竞争性：竞争有利于信息的获得和价格的透明。

5）采购标的专业化程度：资产的专用性会导致对供应商的依赖。

工程采购方式比较见表 7-2。

表 7-2　工程采购方式比较

采购方式	优点	缺点	适用范围
公开招标	公平公正公开、竞争性，有利于选择最佳供应方	程序复杂、成本较高、可能出现徇私舞弊现象	国有资产投资，投资大、周期长、技术成熟
邀请招标	程序简单、成本较少，招标时间短	邀请范围有限，显示部分供应商	技术性、专门性项目，或不适宜采用公开招标的项目
竞争性谈判	招标时间短、效率高、形式灵活，有利于保护国内供应商	采购人选择余地小	招标失败、标的规格无法确定、紧急或灾害条件
单一来源采购	环节简单、时效性强	缺乏竞争使采购人处于不利地位，容易徇私舞弊	招标失败、供应商单一、应急项目、原合同的补充（限额内）等
询价	采购环节简单、时效性强	招标人选择余地小	来源充足、标准统一、价格变化小的小型工程

§7.2　工程招标与投标管理

对建设工程的发包人来说，如何找到理想的有能力承担建筑工程任务且价格合理的单位，以获得满意的服务和产品是非常重要的。发包人也可以通过询价采购、直接委托等方式选择建设工程任务的实施单位；但通用做法是，建设工程的发包人通过招标或者其他竞争方式选择建设工程任务的承担单位，包括设计、咨询、施工承包和供货等单位。

7.2.1 招标方式

《中华人民共和国招标投标法》规定招标分为公开招标和邀请招标两种方式。公开招标亦称无限竞争性招标，招标人在公开媒体上发布招标公告，提出招标项目和要求，符合条件的一切法人或组织都可以参加投标竞争，都有同等的竞争机会。按规定应该招标的建设工程项目，一般应采用公开招标方式。

1. 公开招标

公开招标的优点是招标人有较大的选择范围，可在众多的投标人中选择报价合理、工期较短、技术可靠、征信良好的中标人。但是，公开招标的资格审查和评标的工作量比较大，耗时长、费用高，而且有可能因资格预审把关不严导致鱼目混珠的现象发生。

根据《中华人民共和国招标投标法》，以下项目必须采用招标方式确定承包人：大型基础设施、公用事业等关系社会公共利益和公众安全的项目；全部或者部分使用国有资金投资或国家融资的项目；使用国际组织或外国政府贷款、援助资金的项目。

要注意采用公开招标方式招标时，招标人不得以不合理的条件限制或排斥潜在投标人，例如不得限制本地区以外或本系统以外的法人或组织参加投标等。

2. 邀请招标

邀请招标亦称有限竞争性招标，招标人事先经过考察和筛选，将投标邀请书发给某些特定的法人或组织，邀请其参加投标。为了保护公众利益，避免邀请招标方式被滥用，各个国家和世界银行等金融组织都有相关规定，要求应该招标的工程建设项目一般采用公开招标，如果采用邀请招标方式需要经过批准。

世界银行贷款项目中的工程和货物的采购，可以采用国际竞争性招标、有限国际招标、国内竞争性招标、询价采购、直接签订合同等采购方式，其中，国际竞争性招标和国内竞争性招标都属于公开招标，而有限国际招标则相当于邀请招标。

招标人采用邀请招标方式，应当向三个以上具备承担招标项目的能力、资信良好的特定法人或者其他组织发出投标邀请书。

3. 招标办理

招标人可以自行办理招标事宜，也可以委托招标代理机构代办招标事宜。招标人自行办理招标事宜的，应当具有编制招标文件和组织评标的能力，即招标人具有与招标项目规模和复杂程度相适应的技术、经济等方面的专业人员；招标人不具备自行招标能力的，必须委托具备相应能力的招标代理机构办理招标事宜。

7.2.2 招标信息的发布

1. 招标公告

工程招标是一种公开的经济活动，因此要采用公开的方式发布信息。根据国家发改委2017年11月23日颁布的第10号令《招标公告和公示信息发布管理办法》，依法必须招标项目的招标公告和公示信息应当在“中国招标投标公共服务平台”或者项目所在地省级电子招标投标公共服务平台发布。

(1) 招标公告的主要内容

依法必须招标项目的资格预审公告和招标公告，应当载明以下内容：

1) 招标项目的名称、内容、范围、规模、资金来源。

2) 投标资格能力要求，以及是否接受联合体投标。

3) 获取资格预审文件或招标文件的方式、时间。

4) 提交资格预审文件或投标文件的截止时间、方式。

5) 招标人及其招标代理机构的名称、地址、联系人及联系方式。

6) 采用电子招标投标方式的，潜在投标人访问电子招标投标交易平台的网址和方法。

7) 其他依法应当载明的内容。

招标人或其委托的招标代理机构应当保证招标公告内容的真实、准确和完整。依法必须招标项目的招标公告和公示信息，应当根据招标投标法律法规以及国家发改委会同有关部门制定的标准文件编制，实现标准化、格式化。

(2) 招标公告的发布

拟发布的招标公告和公示信息文本应当由招标人或其招标代理机构盖章，并由主要负责人或其授权的项目负责人签名。采用数据电文形式的，应当按规定进行电子签名。招标人或其招标代理机构发布招标公告和公示信息，应当遵守招标投标法律法规关于时限的规定。

依法必须招标项目的招标公告和公示信息除在发布媒体发布外，招标人或其招标代理机构也可以同步在其他媒介公开，要确保内容一致。其他媒体可以依法全文转载依法必须招标项目的招标公告和公示信息，但不得改变其内容，同时必须注明信息来源。

招标人应当按招标公告或者投标邀请书规定的时间、地点出售招标文件或资格预审文件，自招标文件或者资格预审文件出售之日起至停止出售之日止，最短不得少于 5 日。

投标人必须自费购买相关招标或资格预审文件。招标人发售资格预审文件、招标文件收取的费用应当限于补偿印刷、邮寄的成本支出，不得以营利为目的。对于所附的设计文件，招标人可以向投标人酌收押金；对于开标后投标人退还设计文件的，招标人应当向投标人退还押金。招标文件或者资格预审文件出售后，不予退还。招标人在发布招标公告、发出投标邀请书后或者售出招标文件或资格预审文件后，不得擅自终止招标。

2. 招标文件的澄清或修改原则

如果招标人在招标文件已经发布之后，发现有问题需要进一步澄清或修改，必须遵循以下原则：

1) 时限。招标人对已发出的招标文件进行必要的澄清或者修改的，应当在招标文件要求提交投标文件截止时间至少 15 日前发出。

2) 形式。所有澄清文件必须以书面形式进行。

3) 全面。所有澄清文件必须直接通知所有招标文件收受人。

由于修正与澄清文件是对原招标文件的进一步补充说明，因此该澄清或者修改的内容应为招标文件的有效组成部分。

7.2.3 资格预审

1. 资格预审的内容

招标人可以根据招标项目本身的特点和要求，要求投标申请人提供有关资质、业绩和能力等的证明，并对投标申请人进行资格审查。

资格审查分为资格预审和资格后审。资格预审是指招标人在招标开始之前或者开始初期，由招标人对申请参加投标的潜在投标人进行资质条件、业绩、信誉、技术、资金等多方面的情况资格审查；经认定合格的潜在投标人，才可以参加投标。通过资格预审可以使招标人了解潜在投标人的资信情况，包括财务状况、技术能力以及以往从事类似工程的施工经验，从而选出优秀的潜在投标人参加投标，降低将合同授予不合格投保人的风险。通过资格预审，可以淘汰不合格的潜在投标人，从而有效地控制投标人的数量，减少多余的投标，进而减少评审阶段的工作时间，减少评审费用，也为不合格的潜在投标人节约投标的无效成本。通过资格预审，招标人可以了解潜在投标人对项目投标的兴趣，如果潜在投标人的兴趣大大低于投标人的预料，投标人可以修改招标条款，以吸引更多的投标人参加竞争。

2. 资格预审的程序

资格预审是一个比较重要的过程，要有比较严格的执行程序，一般程序如下：

1）由业主自行或者委托咨询公司编制资格预审文件，主要内容包括工程项目简介、对潜在投标人的要求、各种附表等。可以成立以业主为核心、由咨询公司专业人员和有关专家组成的资格预审文件起草工作小组。编写资格预审文件的内容要齐全，使用规范的语言，根据需要明确规定应提交的资格预审文件的份数，注明正本或副本。

2）在国内外有关媒体上发布资格预审通知，请有意参加工程投标的单位参加资格审查。在投标意向者明确会参与资格预审的意向后，给予具体的资格预审通知，该通知一般包括：业主和工程师的名称，工程所在位置、概况和合同包含的工作范围，资金来源，资格预审文件的发售日期、时间、地点和价格，预期的计划（授予合同的日期、竣工日期及其他关键日期），招标文件发出和提交投标文件的计划日期，申请资格预审须知，提交资格预审文件的地点及截止日期、时间，最低资格要求及其他。

3）在指定的时间、地点开始出售资格预审文件，并同时公布对资格预审文件答疑的具体时间。

4）由于各种原因，在资格预算文件发出后，购买文件的投标意向者可能对资格预审文件提出各种疑问，投标意向者应将这些疑问以书面形式提交业主，业主以书面形式回答。为保证竞争的公平性，应使所有投标意向者获得的信息量相同，对于任何一个投标意向者问题的答复，均要求同时通知所有购买资格预审文件的投标意向者。

5）投标意向者在规定的截止日期之前完成填报的内容，报送资格预审文件，所报送的文件在规定的截止日期后不能再进行修改。当然，业主可就报送的资格预审文件中的疑点，要求投标意向者进行澄清，投标意向者应按实际情况回答，但不允许投标意向者修改资格预审文件中的实质内容。

6）由业主组织资格预审评审委员会，对资格预审文件进行评审，并将评审结果及时以书面形式通知所有参加资格预审的投标意向者。对于通过预审的投标人，还要向其通知出售招标文件的时间和地点。通过资格预审的申请人少于三个的，应当重新进行资格预审。

3. 资格审查注意事项

根据《中华人民共和国招标投标法实施条例》第三十二条，招标人不得以不合理的条件限制、排斥潜在投标人或者投标人。招标人有下列行为之一的，属于以不合理条件限制、排斥潜在投标人或者投标人：

1）就同一招标项目向潜在投标人或者投标人提供有差别的项目信息。

2）制定的资格、技术、商务条件与招标项目的具体特点和实际需要不相适应或者与合同履行无关。

3）依法必须进行招标的项目以特定行政区域或者特定行业的业绩、奖项作为加分条件或者中标条件。

4）对潜在投标人或者投标人采取不同的资格审查或者评标标准。

5）限定或者指定特定的专利、商标、品牌、原产地或者供应商。

6）依法必须进行招标的项目非法限定潜在投标人或者投标人的所有制形式或者组织形式。

7）其他不合理条件限制、排斥潜在投标人或者投标人。

7.2.4 标前会议

标前会议也称投标预备会或招标文件交底会，是招标人按投标须知规定的时间和地点召开的会议。标前会议上，招标人除了介绍工程概况，还可以对招标文件中的某些内容加以修改或补充说明，以及对投标人书面提出的问题和会议上即席提出的问题给予解答，会议结束后，招标人应将会议纪要用书面通知的形式发给每一个投标人。

无论是会议纪要还是对个别投标人的问题的解答，都应以书面形式发给每一个获得投标文件的投标人，以保证招标的公平和公正，但对问题的答复不需要说明问题来源。会议纪要和答复函件形成招标文件的补充文件，都是招标文件的有效组成部分，与招标文件具有同等法律效力。当补充文件与招标文件内容不一致时，应以补充文件为准。

为了使投标单位在编写投标文件时有充分的时间考虑招标人对招标文件的补充或修改内容，招标人可以根据实际情况，在标前会议上确定延长投标截止时间。

7.2.5 评标

评标分为评标的准备、初步评审、详细评审、编写评标报告等步骤。

初步评审主要是进行符合性审查，即重点审查投标文件是否实质上响应了招标文件的要求。审查内容包括投标资格审查、投标文件完整性审查、投标担保的有效性、与招标文件是否有显著的差异和保留等。如果投标文件实质上不响应招标文件的要求，将作无效标处理，不必进行下一阶段的评审。另外还要对报价计算的正确性进行审查，如果计算有误，通常的处理方法是大小写不一致的以大写为准，单价与数量的乘积之和与所报的总价不一致的应以单价为准，投标文件正本和副本不一致的应以正本为准。这些修改一般应由投标人代表签字确认。

详细评审是评标的核心，是对投标文件进行的实质性审查，包括技术评审和商务评审。技术评审主要是对投标文件的技术方案、技术措施、技术手段、技术装备、人员配备、组织结构、进度计划等的先进性、合理性、可靠性、安全性、经济性等进行分析评价。商务评审主要是对投标文件的报价高低、报价构成、计价方式、计算方法、支付条件、收取费标准、价格调整、税费、保险及优惠条件等进行评审。

评标方法可以采用评议法、综合评分法或评标价法等，可根据不同的招标内容选择相应的方法。评标结束应该推荐中标候选人。评标委员会推荐的中标候选人应当限定在 1~3 人，并标明排列顺序。

根据 2017 年修订的《中华人民共和国招标投标法实施条例》，招标人根据评标委员会提出的书面评审报告和推荐的中标候选人确定中标人，招标人也可以授权评标委员会直接确定中标人，或者在招标文件中规定排名第一的中标候选人为中标人，并明确排名第一的中标候选人不能作为中标人的情形和相关处理规则。

7.2.6 合同谈判与签约

1. 合同订立程序

与其他合同的订立程序相同，建设工程合同的订立也采取要约和承诺方式。根据《中华人民共和国招标投标法》对招标、投标的规定，招标、投标、中标的过程实质就是要约、承诺的一种具体方式。招标人通过媒体发布招标公告，或向符合条件的投标人发出招标文件，为要约邀请；投标人根据招标文件内容在约定的期限内向招标人提交投标文件，为要约；招标人通过评标确定中标人，发出中标通知书，为承诺；招标人和中标人按照中标通知书、招标文件和中标人的投标文件等订立书面合同时，合同成立并生效。

2. 合同谈判内容

工程合同，尤其是施工合同的订立往往要经历一个较长的过程。在明确中标人并发出中标通知书后，双方即可就合同的具体内容和有关条款展开谈判，直到最终签订合同。以建筑工程施工承包合同为例，谈判的主要内容如下：

（1）关于工程内容和范围的确认

招标人和中标人可就招标文件中的某些具体工作内容进行讨论、修改、明确或细化，从而确定工程承包的具体内容和范围。在谈判中双方达成一致的内容，包括在谈判讨论中经双方确认的工程内容和范围方面的修改或调整，应以文字方式确定下来，并以“合同补遗”或“会议纪要”方式成为合同附件，并明确其为构成合同的一部分。对于为监理工程师提供的建筑物、家具、车辆以及各项服务，也应逐项详细地予以明确。

（2）关于技术要求、技术规范和施工技术方案

双方还可对技术要求、技术规范和施工技术方案等进行进一步讨论和确认，必要的情况下甚至可以变更技术要求和施工方案。

（3）关于合同价格的条款

依据计价方式的不同，建设工程施工合同可以分为总价合同、单价合同和成本加酬金合同。一般在招标文件中就会明确规定合同将采用什么计价方式，在合同谈判阶段往往

没有讨论的余地。但在可能的情况下，中标人在谈判过程中仍然可以提出降低风险的改进方案。

(4) 关于价格调整的条款

对于工期较长的建设工程，容易遭受货币贬值或通货膨胀等因素的影响，可能给承包人造成较大损失，价格调整条款可以比较公正地解决这一承包人无法控制的风险损失。无论是单价合同还是总价合同，都可以确定价格调整条款，即是否调整以及如何调整等。可以说，合同计价方式以及价格调整方式共同确定了工程承包合同的实际价格，直接影响着承包人的经济利益。在建设工程实践中，由于各种原因导致费用增加的概率远远大于费用减少的概率，有时最终的合同价格调整金额会很大，远远超过原定的合同总价，因此在投标过程中，尤其在合同谈判阶段，务必对合同的价格调整条款予以充分的重视。

(5) 关于合同款支付方式的条款

建设工程施工合同的付款分四个阶段进行，即预付款、工程进度款、最终付款和退还质量保证金。关于支付时间、支付方式、支付条件和审批程序等有很多选择，并且可能对承包人的成本、进度等产生比较大的影响，因此，合同支付方式的有关条款是谈判的重要方面。

(6) 关于工期和维修期

中标人与招标人可根据招标文件中要求的工期，或者根据投标人在投标文件中承诺的工期，并考虑工程范围和工程量的变动而产生的影响来商定一个确定的工期，同时，还要明确开工日期、竣工日期等。双方可根据各自的项目准备情况、季节和施工环境因素等条件洽商适当的开工时间。

对于具有较多的单项工程的建设工程项目，可在合同中明确允许分部位或分批提交业主验收（例如成批的房屋建筑工程应允许分栋验收），并从该批验收时开始计算该部分的维修期，保障发包、承包双方利益。

合同文本中应当对维修工程的范围、维修责任及维修期的开始和结束时间有明确的规定，承包人只承担由于材料和施工方法及操作工艺等不符合合同规定而产生缺陷的责任。承包人会力争以维修保函来代替业主扣留的质量保证金。与质量保证金相比，维修保函对承包人有利，主要是因为可提前取回被扣留的现金，而且保函是有时效的，期满就自动作废；同时它对业主并无风险，真正发生维修费用，业主可凭保函向银行索回款项，因此，这一做法是比较公平的。维修期满后，承包人应及时从业主处撤回保函。

(7) 合同条件中其他特殊条款的完善

这主要包括合同图纸、违约罚金和工期提前奖金、工程量验收、衔接工序和隐蔽工程施工的验收程序、施工占地、向承包人移交施工现场和基础资料、工程交付、预付款保函的自动减少额条款等。

§7.3 建设工程合同管理

合同管理是建设工程项目管理的重要内容之一，在建设工程项目的实施过程中，往往会涉及许多合同，比如设计合同、咨询合同、施工合同、监理合同、供货合同等。大型建设项目的合同数量可能达到数百上千。所谓合同管理，不仅包括对每个合同的签订、履行、变更和解除过程的控制和管理，还包括对所有合同进行筹划的过程。因此，合同管理的主要内容有：根据项目的特点和要求，确定设计任务委托模式和施工任务承包模式，选择合同文本，确定合同计价方法和支付方法，合同履行过程的管理与控制，合同索赔等。

7.3.1 合同管理概述

1. 合同文件构成

建设工程合同主要包括以下文件：

1）合同协议书。

2）工程量及价格。

3）合同条件，包括合同一般条件和合同特殊条件。

4）投标文件。

5）合同技术条件（含图纸）。

6）中标通知书。

7）双方代表共同签署的合同补遗（有时是合同谈判会议纪要形式）。

8）招标文件。

9）其他双方认为应该作为合同组成部分的文件，如投标阶段业主要求投标人澄清问题的函件和承包人所做的文字答复，双方往来函件等。

对所有在招标投标及谈判前后各方发出的文件、文字说明、解释性资料进行整理。对凡是与上述合同构成内容有矛盾的文件，应宣布作废。可以在双方签署的合同补遗中对此作出排除性质的声明。

2. 合同协议补遗及签订

（1）合同补遗

在合同谈判阶段双方谈判的结果一般以合同补遗的形式或合同谈判纪要形式，形成书面文件。应该注意的是，建设工程合同必须遵守法律，对于违反法律的条款，即使合同双方达成协议并签字盖章，也不受法律保护。

（2）合同签订

双方在合同谈判结束后应按上述内容和形式形成一个完整的合同文本草案，经双方代表认可后形成正式文件。双方审核无误后，由双方代表草签，至此合同谈判阶段即告结束。此时，承包人应及时准备和递交履约保函，准备正式签署施工承包合同。

3. 建设工程合同的主要类型

一个建设工程项目的实施，涉及的建设任务很多，往往需要许多单位共同参与，不同的建设任务由不同的单位分别承担，这些参与单位与业主之间应该通过合同明确其承担的义务和责任以及所拥有的权利。由于建设工程项目的规模和特点的差异，不同项目的合同数量可能会有很大的差别，大型建设项目可能会有成百上千个合同；但不论合同数量的多少，根据合同中的任务内容可以划分为勘察合同、设计合同、施工承包合同、物资采购合同、工程监理合同、咨询合同、代理合同等。根据《中华人民共和国民法典》，工程勘察、设计、施工合同为建设工程合同；出卖人转移标的物的所有权于买受人，买受人支付价款的合同为买卖合同；当事人就咨询或者服务订立的确立相互之间权利和义务的合同为技术合同。

(1) 建设工程勘察合同

建设工程勘察是指根据建设工程的要求，查明、分析、评价建设场地的地质地理环境特征和岩土工程条件，编制建设工程勘察文件的活动。建设工程勘察合同即发包人与勘察人就完成商定的勘察任务，明确双方权利义务关系的协议。

(2) 建设工程设计合同

建设工程设计是指根据建设工程的要求，对建设工程所需的技术、经济、资源、环境等条件进行综合分析论证，编制建设工程设计文件的活动。建设工程设计合同即发包人与设计人就完成商定的工程设计任务，明确双方权利义务关系的协议。

(3) 建设工程施工合同

建设工程施工，是指根据建设工程设计文件的要求，对建设工程进行新建、扩建、改建的施工活动。建设工程施工合同即发包人与承包人为完成商定的建设工程项目的施工任务，明确双方权利义务关系的协议。

(4) 物资采购合同

工程建设过程中的物资包括建筑材料和设备等。建筑材料和设备的供应一般需要经过订货、生产、运输、储存、使用安装等多个环节，经历一个非常复杂的过程。物资采购合同分建筑材料采购合同和设备采购合同，是指采购方与供货方就建设物资的供应明确双方权利义务关系的协议。

(5) 建设工程监理合同

建设工程监理合同是指建设单位（委托人）监理人签订，委托监理人承担工程监理任务而明确双方权利义务关系的协议。

(6) 咨询服务合同

咨询服务，根据咨询服务的内容和服务的对象不同可分为多种形式。咨询服务合同是由委托人与咨询服务的提供者之间就咨询服务的内容、咨询服务方式等签订的明确双方权利义务关系的协议。

(7) 代理合同

工程建设过程中的代理活动有工程代建、招标投标代理等，委托人应该就代理的内容，代理人的权限、责任、义务以及权力等与代理人签订协议。

4. 工程咨询合同管理

咨询是为客户或委托人提供适当建议或解决办法。20 世纪 50 年代以来，咨询行业在建筑业得到迅速发展，目前已经达到相当发达的程度。工程咨询业作为一个独立的行业，其服务范围通常包括投资机会咨询，规划、选址、可行性研究咨询，环境影响评价、安全评价、节能评价、融资咨询，招标投标咨询，工程勘察、工程设计、造价咨询，项目管理咨询，设备材料采购咨询，施工监理咨询，生产准备咨询，后评价咨询等，涵盖工程建设的全过程。

(1) 咨询合同

依据 FIDIC（国际咨询工程师联合会）编制的《业主/咨询工程师（单位）标准服务协议范本》，并参照其他国际组织的咨询服务协议，工程咨询合同的主要内容包括协议书、标准条件、特殊应用条件、附件等内容。其中，协议书的主要内容为确定签约双方的基本信息和合同包含的主要文件，若双方都在协议书上签字，表明合同将在约定的时间开始执行；通用条款主要包括九个板块，是合同的通用性条件，主要规定了签约双方的义务和责任，职员，保险，支付，协议书的开始、完成、变更和终止，争端的解决等；特殊条件包括对应标准条件的有关条款和附加条款，是对标准条件的补充说明，在合同履行过程中，专用条件优先于通用条件；附件包括咨询工程师的服务范围，业主提供的资源、设备、设施和其他服务，规定的报酬和支付方式等。

(2) 咨询方与客户的义务

1) 工程咨询方。工程咨询方的主要业务是认真行使职权，包括以下内容：

①工程咨询方在根据协议书履行其义务时，要认真贯彻国家有关法律、法规和政策，为维护国家的利益和客户的合法利益，运用专用技能谨慎而勤奋工作。

②根据客户与第三方签订的合同的授权或要求，行使权利或履行职责时，工程咨询方应该：一是根据合同进行工作，如果服务范围中未对该权利和职责的详细规定加以说明，则这些详细规定必须是工程咨询方可以接受的。二是在客户和第三方之间提供证明、行使决定权或处理权时，不是作为仲裁人，而是作为独立的专业人员，根据自己的专业技能和判断进行工作。三是在变更任何第三方的义务时，对于可能对费用、质量或时间产生重大影响的变更，需事先得到客户的批准（发生紧急情况除外，但事后工程咨询方应尽快通知客户）。四是如果项目所在的管辖区有需要，工程咨询方应具有履行本协议所述服务的资格，或者由具有相应资格的专业人员执行此类服务。五是工程咨询方让客户保持对其服务进展的了解。

2) 客户的主要义务：

①提供资料。为了不耽误服务，客户应在合理的时间内免费向工程咨询方提供他能够获取的并与服务有关的一切资料。

②及时决定。为了不耽误服务，客户应在合理的时间内就工程咨询方以书面形式提交的一切事宜作出书面决定。

③协助。客户应负责工程咨询方提供咨询服务时所涉及的所有对外关系的协调，为工程咨询方履行职责提供外部条件。提供与其他组织相联系的渠道，以便工程咨询方收集需要的信息。

④设备和设施。为了服务的需要，客户应免费向工程咨询方提供所需要的设备和设施。

⑤确认对接职员。在与工程咨询方协商后，客户应按照合同约定，从其雇员中为工程咨询方挑选并提供对接职员。

⑥其他服务。客户应按照合同约定，自费安排其他人员提供服务。工程咨询方应与此类服务的提供者合作，但不对此类人员或他们的行为负责。

(3) 咨询双方的责任

1) 工程咨询方的责任。没有对方的同意，工程咨询方不得转让本协议书规定的义务。即使客户同意工程咨询方把某些任务交给第三方来完成，工程咨询方仍然是唯一责任方。没有客户的书面同意，工程咨询方不得开展实施、更改或终止履行全部或部分服务的任何分包合同。

如果确认工程咨询方违反了合同的规定，客户提出了索赔，则工程咨询方应对由于其违约引起的或与之有关的事宜负责，并向客户赔偿。

2) 客户的责任。如果确认客户违反了对工程咨询方应尽的义务，工程咨询方提出了索赔，则客户应负责向工程咨询方赔偿。

(4) 咨询工程师的权利

1) 版权。FIDIC《白皮书》强调咨询工程师对其智力劳动成果的版权。FIDIC《白皮书》第三十九条指出"咨询工程师对于由他编制的所有文件拥有版权。业主仅有权为工程和预定的目的使用或复制此类文件，当为此目的使用而复制此类文件时不需取得咨询工程师的许可"。也就是说咨询工程师向业主提供服务，其提供的图纸、资料等文件属于个人所有，业主仅仅在合同工程的范围内拥有使用权。版权的界定提高了工程师的积极性，有助于提高工程师的工作热情。

2) 出版。FIDIC《白皮书》还允许咨询工程师在工程结束一定时间后，以项目为案例出版与工程相关的书籍。其第四十二条指出："除非在第二部分另有规定，咨询工程师可单独或与他人合作出版有关工程和服务的书籍。但如果在服务完成或终止后两年内出版有关书籍，则需得到业主的批准。"即在服务完成两年之后，咨询工程师可以工程为案例，自由出版工程相关的书籍。

5. 施工承包合同管理

建设工程施工合同有施工总承包合同和施工分包合同之分。施工总承包合同的发包人是建设工程的建设单位或取得建设工程总承包资格的工程总承包单位，在合同中一般称为业主或发包人。施工总承包合同的承包人是承包单位，在合同中一般称为承包人。施工分包合同又有专业工程分包合同和劳务作业分包合同之分。分包合同的发包人一般是取得施工总承包合同的承包单位，在分包合同中一般仍沿用施工总承包合同中的名称，即仍称为承包人，而分包合同的承包人一般是专业工程施工单位或劳务作业单位，在分包合同中统称为分包人或劳务分包人。

(1) 施工承包合同

施工承包合同有规定范本，编写参照住建部与国家市场监督管理局于 2017 年颁发的《建设工程施工合同（示范文本）》(GF—2017—0201)。

构成施工合同文件的组成部分，除了协议书、通用条款和专用条款，一般还应包括中标通知书，投标书及其附件，有关的标准、规范及技术文件、图纸、工程量清单、工程报价单或预算书等。

作为施工合同文件组成部分的上述各个文件的优先顺序是不同的，解释合同文件优先顺序的规定一般在合同通用条款内，可以根据项目的具体情况在专用条款中进行调整。原则上应把文件签署日期在后的和内容重要的排在前面，即更加优先。根据《建设工程施工合同(示范文本)》，通用条款规定的文件优先顺序（从高到低）如下：合同协议书，中标通知书(如果有)，投标函及其附录（如果有)，专用合同条款及其附件，通用合同条款，技术标准和要求，图纸，已标价工程量清单或预算书，其他合同文件。

各种施工合同示范文本的内容一般包括：词语定义与解释；合同双方的一般权利和义务，包括代表业主利益进行监督管理的监理人员的权利和职责；工程施工的进度控制；工程施工的质量控制；工程施工的费用控制；施工合同的监督与管理；工程施工的信息管理；工程施工的组织与协调；施工安全管理与风险管理。

（2）发包方与承包方的责任与义务

1）发包人的责任与义务。发包人的责任与义务有许多，最主要的有以下几方面：

①图纸的提供和交底。发包人应按照专用合同条款约定的期限、数量和内容向承包人免费提供图纸，并组织承包人、监理人和设计人进行图纸会审和设计交底。发包人最迟不得晚于开工通知载明的开工日期前 14 天向承包人提供图纸。

②对化石及文物的保护。发包人、监理人和承包人应按有关政府行政管理部门要求对施工现场发现的所有文物古迹以及具有地质研究或考古价值的其他遗迹、化石、钱币或物品采取妥善保管措施，由此增加的费用和延误的工期由发包人承担。

③出入现场的权利。除专用合同条款另有约定外，发包人员根据施工需要，负责取得出入施工现场所需的批准手续和全部权利，以及施工所需修建道路及其他基础设施的权利，并承担相关手续费用和建设费用。承包人应协助发包人办理修建场内外道路及其他基础设施的手续。

④场外交通。发包人应提供场外交通设施的技术参数和具体条件，承包人应遵守有关法律法规，严格按照道路和桥梁的限制荷载行驶，执行有关道路限速、限行、禁止超载的规定，并配合交通管理部门的监督和检查。场外交通设施无法满足工程施工需要的，由发包人负责完善，并承担相关费用。

⑤场内交通。发包人应提供场内交通设施的技术参数和具体条件，并应按照专用合同条款的约定向承包人免费提供满足工程施工所需的场内道路和交通设施。因承包人原因造成上述道路或交通设施损坏的，承包人负责修复并承担由此增加的费用。

⑥批准或许可。发包人应遵守法律，并办理法律规定由其办理的许可、批准或备案，包括但不限于建设用地规划许可证、建设工程规划许可证、建设工程施工许可证、施工所需临时用水、施工临时用电、中断道路交通、临时占用土地等许可和批准。发包人应协助承包人办理法律规定的有关施工证件和批文。因发包人原因未能及时办理完毕前述许可、批准或备案，由发包人承担由此增加的费用或延误的工期，并支付承包人合理的利润。

⑦提供施工现场。除专用合同条款另有约定外，发包人最迟于开工日期 7 天前向承包人移交施工现场。

⑧提供施工条件。除专用条款另有规定外，发包人应负责提供施工所需的条件，包括：将施工用水、电力、通信线路等施工所必需的条件接通至施工现场；保证向承包人提供正常施工所需的进入施工现场的交通条件；协调处理施工现场周围地下管线和邻近建筑物、构筑物、古树名木的保护工作，并承担相关费用；提供专用合同条款约定的其他设施和条件。

⑨提供基础资料。发包人应当在移交施工现场前向承包人提供施工现场及工程施工所必需的毗邻区域内供水、排水、供电、供气、供热、通信、广播、电视等地下管线资料，气象和水文观测资料，地质勘查资料，相邻建筑物、构筑物和地下工程等有关基础资料，并对所提供资料的真实性、准确性和完整性负责。按照法律规定所需的开工后方能提供的基础资料，发包人应尽其努力及时地在相应工程施工前的合理期限内提供，合理期限应以不影响承包人的正常施工为准。

⑩资金来源证明及支付担保。除专用合同条款另有约定外，发包人应在收到承包人要求提供资金来源证明的书面通知后 28 天内，向承包人提供能够按照合同约定支付合同价款的相应资金来源证明。除专用条款另有约定外，发包人要求承包人提供履约担保的，发包人应向承包人提供支付担保。支付担保可以采用银行保函或担保公司担保等形式，具体由合同当事人在专用合同条款中约定。

⑪支付合同价款。发包人应按合同约定向承包人及时支付合同价款。

⑫组织竣工验收。发包人应按合同约定及时组织竣工验收。

⑬现场统一管理协议。发包人应与承包人、由发包人直接发包的专业工程的承包人签订施工现场统一管理协议，明确各方的权利义务。施工现场统一管理协议可作为专用合同条款的附件。

2）承包人的责任与义务。承包人在履行合同过程中应遵守法律和工程建设标准规范，并履行以下义务：

①办理法律规定应由承包人办理的许可和批准，并将办理结果书面报送发包人存留。

②按法律规定和合同约定完成工程，并在保修期内承担保修义务。

③按法律规定和合同约定采取施工安全和环境保护措施，办理工伤保险，确保工程及人员、材料、设备和设施的安全。

④按合同约定的工作内容和施工进度要求，编制施工组织设计和施工措施计划，并对所有施工作业和施工方法的完备性和安全可靠性负责。

⑤在进行合同约定的各项工作时，不得侵害发包人与他人使用公用道路、水源、市政管网等公共设施的利益权利，避免对邻近的公共设施产生干扰。承包人占用或使用他人的施工场地，影响他人作业或生活的，应承担相应责任。

⑥按照环境保护的约定负责施工现场及周边环境与生态的保护工作。

⑦按照安全文明施工的约定采取施工安全措施，确保工程及其人员、材料、设备和设施的安全，防止因工程施工造成的人身伤害和财产损失。

⑧将发包人按合同约定支付的各项价款专用于合同工程，且应及时支付其雇用人员的工资，并及时向分包人支付合同价款。

⑨按照法律规定和合同约定编制竣工资料，完成竣工资料立卷及归档，并按专用合同条款约定的竣工资料的套数、内容、时间等要求移交发包人。

⑩应履行的其他义务。

6. 工程监理合同管理

(1) 监理合同

工程监理合同文件由协议书、中标通知书（适用于招标工程）或委托书（适用于非招标工程)、投标文件（适用于招标工程）或监理与相关服务建议书（适用于非招标工程)、专用条件、通用条件、附录（相关服务的范围和内容，委托人派遣的人员和提供的房屋、资料、设备）组成。合同签订后的实施过程中，双方依法签订的补充协议也是合同文件的组成部分。

（2）监理的工作内容

除专用条款另有约定外，监理工作内容包括以下几方面：

1）收到工程设计文件后编制监理规划，并在第一次工地会议 7 天前报委托人。根据有关规定和监理工作需要，编制监理实施细则。

2）熟悉工程设计文件，并参加由委托人主持的图纸会审和设计交底会议。

3）参加由委托人主持的第一次工地会议，主持监理例会并根据工作需要主持或参加专题会议。

4）审查施工承包人提交的施工组织设计，重点审查其中的质量安全技术措施、专项施工方案与工程建设强制性标准的符合性。

5）检查施工承包人工程质量、安全生产管理制度及组织机构和人员资格。

6）检查施工承包专职安全生产管理人员的配备情况。

7）审查施工承包人提交的施工进度计划，核查承包人对施工进度计划的调整。

8）检查施工承包人的试验室。

9）审核施工分包人的资质条件。

10）查验施工承包人的施工测量放线成果。

11）审查工程开工条件，对条件具备的签发开工令。

12）审查施工承包人报送的工程材料、构配件、设备质量证明文件的有效性和符合性，并按规定对用于工程的材料采取平行检验或见证取样方式进行抽检。

13）审核施工承包人提交的工程款支付申请，签发或出具工程款支付证书，并报委托人审核、批准。

14）在巡视、旁站和检验过程中，发现工程质量、施工安全存在事故隐患的，要求施工承包人整改并报委托人。

15）经委托人同意，签发工程暂停令和复工令。

16）审查施工承包人提交的采用新材料、新工艺、新技术、新设备的论证材料及相关验收标准。

17）验收隐蔽工程、分部分项工程。

18）审查施工承包人提交的工程变更申请，协调处理施工进度调整、费用索赔、合同争议等事项。

19）审查施工承包人提交的竣工验收申请，编写工程质量评估报告。

20）参加工程竣工验收，签署竣工验收意见。

21）审查施工承包人提交的竣工结算申请并报委托人。

22）编制、整理工程监理归档文件并报委托人。

(3) 项目监理机构和人员管理

监理人应组建满足工程需要的项目监理机构，配备必要的检测设备。项目监理机构的主要人员应具有相应的资格条件。

合同履行过程中，总监理工程师及重要岗位监理人员应保持相对稳定，以保证监理工作的正常进行。

监理人可根据工程进展和工作需要调整项目监理机构人员。监理人更换总监理工程师时，应提前7天向委托人书面报告，经委托人同意后方可更换；监理人更换项目监理机构其他监理人员，应以相应资格与能力的人员替换，并通知委托人。

监理人应及时更换不合格的监理人员。

(4) 监理的责任与义务

监理人应遵循职业道德准则和行为规范，严格按照法律法规、工程建设有关标准及合同履行职责。

1) 在监理与相关服务范围内，委托人和承包人提出的意见和要求，监理人应及时提出处理意见。当委托人与承包人之间发生合同争议时，监理人应协助委托人、承包人协商解决。

2) 当委托人与承包人之间的合同争议提交仲裁机构仲裁或者人民法院审理时，监理人应提供必要的证明材料。

3) 监理人应在专用条件约定的授权范围内，处理委托人与承包人所签订合同的变更事宜。如果变更超过授权范围，应以书面形式报委托人批准。在紧急情况下，为了保护财产和人身安全，监理人所发出的指令未能事先报委托人批准时，应在发出指令后的24小时内，以书面形式报委托人。

4) 除专用条款另有约定外，监理人发现承包人的人员不能胜任本职工作的，有权要求承包人予以更换。

7.3.2 合同计价方式

建设工程施工承包合同的计价方式主要有三种：总价合同、单价合同和成本补偿合同。而工程咨询服务的计价则完全不同于施工。

1. 单价合同

(1) 单价合同的含义

当施工发包的工程内容和工程量尚不能十分明确、具体地予以规定时，可以采用单价合同形式，即根据计划工作内容和估算工程量，在合同中明确每项工作内容的单位价格（如每米、每平方米或者每立方米的价格），实际支付则是根据每一个子项的实际完成工作量乘以该子项的合同单价计算该项工作的应付工程款。

单价合同的特点是单价优先，例如某土木工程施工合同中，业主给出的工程量清单表中的数字是参考数字，而实际工程款是按实际完成的工程量和合同确定的单价计算。虽然在投标报价、评标以及签订合同中，人们往往注重总价格，但是在工程款结算中单价优先。对于投标书中明显的数字计算错误，业主有权先做修改再评标。当总价和单价的计算结果不一致时，以单价为准调整总价。

(2) 单价合同的类型

单价合同又分为固定单价合同和变动单价合同。

固定单价合同条件下，无论发生哪些影响价格的因素都不对单价进行调整，因而对承包商而言存在一定的风险。

采用变动单价合同时，合同双方可以约定一个预估的工程量，当实际工程量发生较大变化时，可以对单价进行调整，同时还应该约定如何对单价进行调整；当然也可以约定，当通货膨胀达到一定水平或者国家政策发生变化时，可以对哪些工程内容的单价进行调整，以及如何调整等。因此，承包商的风险就相对较小。

(3) 单价合同的特点及应用

由于单价合同允许随工程量变化而调整工程总价，业主和承包商都不存在工程量方面的风险，因此对合同双方都比较公平。另外，在招标前，发包单位无须对工程范围作出完整的、详尽的规定，从而可以缩短招标准备时间，投标人也只需对所列工作内容报出自己的单价，从而缩短投标时间。

采用单价合同对业主的不利之处是，业主需要安排专门力量来核实已经完成的工程量，需要在施工过程中花费不少精力，协调工作量大。另外，由于计算应付工程款的实际工程量可能超过预测的工程量，即实际投资容易超过计划投资，因此对投资控制不利。

固定单价合同适用于工期较短，工程变化量幅度不会太大的项目。在工程实践中，采用单价合同有时也会根据估算的工程量计算一个初步的合同总价，作为投标报价和签订合同之用。但是当上述初步的合同总价与各项单价乘以实际完成的工程量之和发生矛盾时，则肯定以后者为准，即单价优先。实际工程款的支付，也将以实际完成的工程量乘以合同单价进行计算。

2. 总价合同

(1) 总价合同的含义

所谓总价合同，是指根据合同规定的工程施工内容和有关条件，业主应付给承包商的款额是一个规定的金额，即明确的总价。总价合同也称作总价包干合同，即根据施工招标时的要求和条件，当施工内容和有关条件不发生变化时，业主付给承包商的价款总额就不发生变化。

(2) 总价合同的类型

总价合同又分为固定总价合同和变动总价合同两种。

1) 固定总价合同。固定总价合同的价格计算是以图纸及规定、规范为基础的，工程任务和内容明确，业主的要求和条件清楚，合同总价一次包死，固定不变，即不再因为环境的变化和工程量的增加而变化。在这类合同中，承包商承担了全部的工程量和价格的风险。因此，承包商在报价时应对一切费用的价格变动因素以及不可预见的因素做充分的估计，将其包含在合同价格之中。

在国际上，这种合同被广泛接受和采用，因为有比较成熟的法规和经验。对业主而言，在合同签订时就可以基本确定项目的总投资额，对投资控制有利；在双方都无法预测的风险条件下和可能有工程变更的情况下，承包商承担了较大的风险，业主的风险较小。但是，工程变更和不可预见的困难也常常引起合同双方的纠纷或者诉讼，最终导致其他费用的增加。

当然，在固定总价合同中还可以约定在发生重大工程变更、累计工程变更超过一定幅度或者其他特殊条件下可以对合同价格进行调整。因此，需要定义重大工程变更的含义、累计工程变更的幅度，以及什么样的特殊条件才能调整合同价格和如何调整合同价格等。

采用固定总价合同，双方结算比较简单，但是由于承包商承担了较大的风险，因此报价中不可避免地要增加一笔较高的不可预见风险费。承包商的风险主要有两个方面：价格风险和工作量风险。价格风险有报价计算错误、漏报项目、物价和人工费上涨等，工程量风险有工程量计算错误、工程范围不确定、工程变更或者由计算深度不够所造成的误差等。

固定总价合同适用于以下情况：

①工程量小、工期短，估计在施工过程中环境因素变化小，工程条件稳定且合理。

②工程设计详细，图纸完整、清楚，工程任务和范围明确；工程结构和技术简单，风险较小。

③投标期相对宽裕，承包商可以有充足的时间详细考察现场、复核工程量、分析招标文件、拟订施工计划。

2）变动总价合同。变动总价合同又称为可调总价合同，合同价格是以图纸及规定、规范为基础，按照时价进行计算，得到包括全部工程任务和内容的暂定合同价格。它是一种相对固定的价格，在合同执行过程中，由于通货膨胀的原因而使工、料成本增加时，可以按照合同的约定对合同总价进行相应的调整。当然，一般对于设计变更、工程量变化和其他工程条件变化所引起的费用变化也可以进行调整。因此，通货膨胀等不可预见因素的风险由业主承担，对承包商而言，其风险相对较小，但对业主而言，不利于其进行投资控制，突破投资的风险较大。

在工程施工承包招标时，施工期限一年左右的项目，一般实行固定总价合同，通常不考虑价格调整问题，以签订合同时的单价和总价为准，物价上涨的风险全部由承包商承担。但是对建设周期一年半以上的工程项目，则应考虑下列因素引起的价格变化问题：

①劳务工资以及材料费用的上涨。

②其他影响工程造价的因素，如运输费、燃料费、电力等价格的变化。

③外汇汇率的不稳定。

④国家或者省、自治区、直辖市立法的改变引起的工程费用上涨。

（3）总价合同的特点和应用

显然，采用总价合同，对承发包工程的内容及其各种条件都应基本清楚、明确，否则承发包双方都有蒙受损失的风险。因此，一般是在施工图设计完成，施工任务和范围比较明确，业主的目标、要求和条件都清楚的情况下才采用总价合同。对于业主来说，由于设计花费时间长，因而开工时间较晚，开工后的变更容易带来索赔，而且在设计过程中也难以吸收承包商的建议。

总价合同的特点：一是发包单位可以在报价竞争状态下确定项目的总造价，可以较早确定或者预测工程成本；二是业主的风险较小，承包人将承担较多的风险；三是评标时易于确定最低报价的投标人；四是在施工进度上能极大地调动承包人的积极性；五是发包单位能更容易、更有把握地对项目进行控制；六是必须完整而准确地规定承包人的工作；七是必须将设计和施工方面的变化控制在最小限度内。

总价合同和单价合同有时在形式上很相似，例如有的总价合同的招标文件中也有工程量表，也要求承包商提出各分项工程的报价，与单价合同在形式上很相似；但两者在性质上是完全不同的，总价合同是总价优先，承包商报总价，双方商讨并确定合同总价，最终也按总价结算。

3. 成本加酬金合同

（1）成本加酬金合同的含义

成本加酬金合同也称为成本补偿合同，这是与固定总价合同正好相反的合同，工程施工的最终合同价将按照工程的实际成本再加上一定的酬金进行计算。在合同签订时，工程实际成本往往不能确定，只能确定酬金的取值比例或者计算原则。采用这种合同，承包商不承担任何价格变化或工程量变化的风险，这些风险主要由业主承担，对业主投资控制很不利。而承包商则往往缺乏控制成本的积极性，常常不仅不愿意控制成本，甚至还会期望提高成本以提高自己的经济效益，因此这种合同容易被那些不道德或者不称职的承包商滥用，从而损害工程的整体效益，所以应该尽量避免采用这种合同。

（2）成本加酬金合同的特点和适用条件

成本加酬金合同通常用于以下情况：

①工程特别复杂，工程技术、结构方案不能预先确定，或者尽管可以确定工程技术和结构方案，但是不可能进行竞争性的招标活动并以总价合同或单价合同的形式确定承包商，如研究开发性质的工程项目。

②时间特别紧，如抢险、救灾工程，来不及进行详细的计划和商谈。

对业主而言，这种合同形式的优点有以下几方面：

①可以通过分段施工缩短工期，而不必等待所有施工图完成才开始招标和施工。

②可以减少承包商的对立情绪，承包商对工程变更和不可预见条件的反应会比较积极和快速。

③可以利用承包商的施工技术专家，帮助改进或弥补设计中的不足。

④业主可以根据自身力量和需要，较深入地介入和控制工程施工及管理。

⑤可以通过确定最大保证价格约束工程成本不超过某一限值，从而转移一部分风险。

对承包商来说，这种合同比固定总价合同的风险低，利润比较有保障，因而比较受欢迎。其缺点是合同的不确定性，由于设计未完成，无法准确确定合同的工作内容、工程量以及合同的终止时间，有时难以对工程计划进行合理安排。

（3）成本加酬金合同的形式

成本加酬金合同的形式主要有：成本加固定费用合同、成本加固定比例费用合同、成本加奖金合同、最大成本加费用合同。

当施工承包合同中采用成本加酬金计算方式时，业主与承包商应注意以下问题：

1）必须有一个明确的如何向承包商支付酬金的条款，包括支付时间和金额百分比。如果发生变更和其他变化，酬金支付如何调整。

2）应该列出工程费用清单，要规定一套详细的工程现场有关的数据记录、信息存储甚至记账的格式和方法，以便对工地实际发生的人工、机械和材料消耗等数据认真而及时地记录。应该保留有关工程实际成本的发票或付款的账单、表明款额已经支付的记录或证明等，以便业主进行审核和结算。

4. 工程咨询合同计价方式

工程咨询行业以咨询人员的专业知识为客户提供专业化服务，提供解决问题的建议和方案，帮助客户进行决策。与施工生产有很大不同，咨询一般不需要专门的生产设备，主要投入是人，其服务具有知识密集性和综合性的特点。咨询服务费用涉及费用计算方法和费用构成要素两个主要问题。

（1）计算方法

由于咨询项目各有特点，客户的要求不同，咨询服务的内容和方式也不同。对于建筑工程项目来说，工程类型、结构、功能、技术复杂程度、质量要求和进度要求等都有很大差异，都会影响到咨询费的取费方式。咨询费的计算方法有很多种，究竟采用哪种方法要根据咨询服务的内容和方式，由咨询人员与客户协商确定，并在合同中写明。常用的咨询费计算方法包括以下几种：

1）人月费单价法。人月费单价法是咨询服务中最常用、最基本的以服务时间为基础的计费方法，它通常是用每人每月所需费用乘以相应的人月数，再加上其他非工资性开支（即可报销费用）计算。这种计算方法广泛用于一般性的项目规划和可行性研究、工程设计、项目管理和施工监理以及技术援助任务。需要说明的是，这种方法中的“人月费”并不仅仅是咨询人员的月工资。

2）按日计费法。按日计费法也是一种以服务时间为基础的计费方法，通常是用每人每日所需费用乘以相应的工作日数。采用这种方法时，咨询人员为该项咨询工作所付出的所有时间，包括旅行和等候时间都应作为有效工作时间计算。咨询人员出差时发生的旅费、食宿费和其他杂费由客户直接补偿，不包括在每日费率之中。每日费率与咨询服务项目的重要性、风险性和复杂程度有关，也与咨询人员的专业水平、资历和工资经验有关。这种计费方法通常要比按人月费率折算所得的平均日费用额高，一般适用于咨询工作期限短或不连续、咨询人员少的咨询项目，如管理或法律咨询、专家论证等。

3）工程建设费用百分比。这种方法是根据工程规模的大小、技术复杂程度、咨询服务内容的范围和要求等因素，取工程建设费的一定比例作为咨询费。在咨询内容和要求相同的条件下，工程规模越大、工程建设费越多、咨询费的比例越低。这种方法计算简单，不需要规定各种费用的含义，而且费率一般也容易找到可参考的咨询项目对象，客户与咨询机构容易达成协议，因而只要确定工程建设费，就可以计算出所需的咨询费。但是，在签订咨询合同时，往往没有确定工程建设费的额度或仅有预计的工程建设费用（如概算或预算），因此，在合同中，除了确定费率，还必须明确费率的计算基数，即究竟是以估计的工程建设费用还是以实际的工程建设费用为基础。若根据估计的工程建设费的比例确定咨询费，则即使在工程实施过程中由于设计修改、优化或采用其他措施而降低工程费用，咨询机构和人员也不会受到损失。若根据实际价值费用的比例来确定咨询费，则当通过合理的技术经济措施如修改设计、材料代用、改进施工方案等，使工程建设费用降低时，咨询费也相应减少，这无疑会影响咨询人员改进工作、主动控制和降低工程建设费用的积极性。因此，有些国际组织如世界银行不主张采用以实际工程建设费用作为百分比计算基础的咨询合同。若以实际工程建设费用的比例确定咨询费，应在合同中规定对节约或降低工程建设费的奖励办法。这种计费方法主要用于有明显的相对独立阶段的连续性咨询服务，如可行性研究、工程设计、施工监理等。

另外，对于项目管理和工程监理等需要一定量的人力跟踪项目实施，服务时间、成本与项目实施周期有很大关联性的咨询类服务，采用百分比法对咨询机构的经济风险很大，一旦由于非咨询机构的原因导致工期大幅度拖延，而业主不能对咨询服务费提供一定的经济补偿，将对咨询机构产生巨大影响。国内的这种案例不在少数。因此，百分比法一般适用于工程规模较小、工期较短（一般不超过一年）的建筑工程项目。当工期较长时，工程实施过程中可能发生的变化较多，这种方法对咨询人员来说有一定的风险，需要在合同中明确规定工程项目范围、工期以及发生重大变化时咨询费的调整办法，如重大的设计变更（工程范围扩大、技术复杂程度增加等）、工资、物价、外汇汇率等的变化。若规定不论发生什么情况都不调整咨询费额，则需要在固定咨询费中加进一定数额的不可预见费，也就是适当提高咨询费的数额。

咨询工作与其他物资生产不同，工作质量的差异性可能比较大，有时候难以评定其成果的优劣。因此，规定采用统一的百分比法计算工程咨询服务费难以体现不同咨询机构、不同服务质量的差异。

（2）费用构成

咨询服务费用的计算可以采用不同的计算方法。但作为咨询机构，其基本的出发点都是保证补偿咨询服务工作所发生的全部成本，并能取得合理的利润。人月费单价法实际上是咨询机构估算咨询服务费用的最基本的方法，其他计费方法大多不过是这种方法转换后的表现形式而已。采用人月费单价法时，除了根据咨询任务的范围、内容、难易程度等估计所需要的人月数，合理确定各种费用的数额或比例就成为关键。咨询服务费用由酬金、可报销费用、不可预见费用三部分组成，其中以酬金的计算最为复杂。

（3）合同计价

工程咨询服务合同的计价主要采用总价和成本加酬金方式。

1）总价合同。根据咨询服务的内容、要求、难易程度、所需咨询人员的大致数量和时间等因素，确定一个总的咨询费额。咨询费总额可以根据估计的工程建设费和商定的费率来确定，也可以按照人月费单价法，根据咨询服务所需人员的数量和服务时间等确定。

2）成本加固定酬金。这种方法是对咨询人员在咨询工作中所发生的全部成本予以补偿，并另外支付一笔固定的酬金。所谓成本，包括工资性费用（基本工资和各种社会福利）、公司管理费和可报销费用。所谓固定酬金，是一笔用于补偿咨询人员的不可预见费、服务态度奖励和利润的费用，可以是费率固定或数额固定。若费率固定，则至少为成本的15%～20%，咨询机构才能得到合理的利润；若数额固定，应预先估计将要发生的成本，再乘上适当的费率。究竟采用哪一种形式，应在合同中予以明确（多采用后者）。

采用成本加固定酬金这种方法时，要准确地记录咨询工作所消耗的人、财、物等一切费用，并有可靠的凭证。采用这种计算方法的前提是客户和咨询人员就咨询服务的范围取得一致意见，因为咨询人员在估算成本和确定合理的固定酬金时，必须首先明确工作范围。由于实际的咨询服务工作量较原来预计的工作量可能发生重大变化，因而应在协议中明确"必要时重新协商固定酬金"的条款。当需要咨询人员在详细的工作范围尚未确定之前就开始工作的，也可采用这种计算方法，并大多采用费率固定。

若采用数额固定，则应注意两点：一是尽管完整、详细的工作范围尚不能确定，但有关项目的大致范围、内容和目标应该明确；二是协议中应规定固定酬金可以适时调整，以适应可能发生的项目范围、服务内容、完工时间等方面的变化。

7.3.3 合同管理与实施控制

1. 合同管理概述

合同管理是指参与项目各方均应在合同实施过程中自觉地、认真严格地遵守所签订的合同的各项规定和要求，按照各自的职责，行使各自的权利、履行各自的义务、维护各方的权利，发扬协作精神，处理好"伙伴关系"，做好各项管理工作，避免出现严重的合同问题，使项目目标得到完整的体现。在项目管理中，合同管理是一个较新的管理职能。

在国外，从20世纪70年代初开始，随着工程项目管理理论和实际经验的积累，人们越来越重视对合同管理的研究。在发达国家20世纪80年代前人们较多地从法律方面研究合同；在80年代，人们较多地研究合同事务管理；从80年代中期之后，人们开始更多地从项目管理的角度研究合同管理问题。

合同管理是工程项目管理的核心，广义地说，工程项目的实施和管理的全部工作都可以纳入合同管理的范围。合同管理贯穿于工程实施的全过程和各个方面，对整个项目的实施起总控制和总保证作用。在现代工程中，没有合同意识则项目整体目标不明，没有合同管理，则项目管理难以形成系统，难以有高效率，项目目标则难以顺利实现。

2. 合同管理的主要内容

合同管理的主要任务可分合同签订前和合同签订后两个阶段。

（1）合同签订前的主要任务

对招标文件进行分析，对合同文本进行审查，并写出相应的分析报告，对合同的风险性及可以取得的利润做出评估；进行工程合同的策划，如分包合同策划，解决各合同之间的协调问题，并对分包合同进行审查；为工程预算、报价、合同谈判和合同签订提供决策的信息、建议、意见等；对合同修改进行法律方面的审查，配合企业制定报价策略，配合合同谈判。

（2）合同签订后的主要任务

建立合同实施的保证体系，以保证合同实施过程中的一切日常事务性工作有秩序地进行，使工程全部处于控制中，保证合同目标的实现。对合同实施情况进行跟踪，收集合同实施的信息，收集各种工程资料，并作出相应的信息处理，将合同实施情况与合同分析资料进行对比分析，找出其中的偏离，对合同履行情况作出诊断，提出合同实施方面的意见、建议，甚至警告。

在我国建设工程项目管理中，合同管理越来越重要，它贯穿于工程实施的全过程。在市场经济环境中，工程项目管理必须以合同管理为核心，这是提高管理水平和经济效益的关键。有效的合同管理是促进参与工程建设各方全面履行合同约定的义务，确保建设目标质量、投资、工期实现的重要手段。因此，加强合同管理工作对于承包商以及业主都具有重要的意义。

3. 合同管理的分类

建设工程合同管理，是合同相关方依据法律法规和内部规章制度，对合同从签订到履行的各环节进行组织、指导、协调及监督，维护自身利益，处理合同纠纷，防范合同风险，保证合同顺利履行的一系列活动。

建设工程合同管理按不同的标准可以分成不同的种类。

1）按合同种类划分，可分为勘察、设计合同管理，施工合同管理，物资采购合同管理，监理合同管理。

2）按建设工程合同管理的对象不同，可分为对人的管理和对财物的管理。

3）按合同管理实现的目标，可分为投资管理、工期管理、质量管理、风险管理。投资管理的目的是保证投资计划的顺利实施，节约资金，提高资金的使用效率。工期管理是指保证工程项目建设按进度进行，保证工程项目按期完成。质量管理是工程项目合同管理的重点与核心，工程质量达标是整个合同管理所要实现的最终目的。风险管理是指对合同风险采取措施进行有效管理，避免因风险造成损失，风险管理包括了风险认知、风险分析、风险控制、风险预防、风险转移等内容。

4）按照合同履行过程来划分合同管理，更能直观地反映合同管理的全貌，按此标准合同管理可分为合同签订管理、合同履行管理、合同履行后的管理。

合同签订管理从业主的角度来说，就是了解勘察设计、施工、监理等有关各方的资质，掌握有关各方的履约能力和信誉，同时还包括办理完毕规划、征地、拆迁等相关手续，落实水、电、交通等条件，为合同顺利履行打下基础。

合同履行管理从业主的角度来说，是要按照合同条款办理拨付资金手续，提供有关资料，发生合同变更时及时与对方协商，督促对方按期履行合同，及时办理交接手续并接收工作成果等。

合同履行后的管理，包括质量索赔和合同档案管理。质量索赔管理是在发现建设工程质量问题时，及时与有关合同方交涉并索赔。合同档案管理，是按照国家法律法规及单位内部的有关规定，认真整理、及时移交、妥善保管相关档案资料。

4. 合同管理的意义

工程项目的建设过程是履行合同的过程，合同管理是业主进行项目管理的重要内容和方法之一，也是整个工程项目管理的核心与关键所在，是促使参与工程项目的各方全面履行合同约定的义务，实现工程项目建设目标的重要手段。合同管理贯穿于工程项目建设全过程，涉及工程项目建设的各个方面，加强合同管理对工程建设相关单位具有十分重要的意义。

（1）加强合同管理是市场经济的客观要求

市场经济的特征是竞争，竞争是经济发展的动力，建设工程项目的有关各方作为市场主体，平等地参与市场竞争。为了在激烈的市场竞争环境下求得生存并得到发展，建设工程项目的有关各方必须加强各项管理工作。合同作为建设工程项目有关各方联系市场的纽带，加强对其管理有助于树立良好的企业形象，提升市场竞争力。

（2）加强合同管理有助于维护自身利益，化解利益纠纷

工程项目建设过程中，业主方与施工方、监理方、物资供应方之间，项目总承包商与分包商之间，不可避免地存在着各种各样的纠纷，建设工程合同一旦签订就对合同有关方产生约束力，有关方就必须严格按合同约定履行各自义务，出现纠纷也以合同作为解决纠纷的依据，加强合同管理有利于维护自身的合法权益。

（3）加强合同管理有利于促进工程建设市场的繁荣发展

目前，工程建设有些方面欠缺法律意识和诚信观念，工程建设市场中的不正当竞争行为较为普遍，市场秩序比较混乱，妨碍了工程建设市场的发展。加强合同管理，有利于规范有关各方的市场行为，有助于工程建设市场的繁荣发展，维护各方合法权益，提高投资效益。

（4）加强合同管理也是迎接国际化竞争挑战的需要

随着国内工程建设市场逐步放开，大量国外工程承包商将进入我国，国外承包商实力雄厚，管理方式先进，国内有关企业面临着严峻挑战。加强合同管理，不断健全各项合同管理制度，能使国内企业尽快树立国际化市场观念和遵循市场规则与国际惯例的意识，勇敢面对日益严峻的挑战。同时，对业主也提出了要求：如何规避合同风险，转变观念，由行政干预切实转变成依法办事。

在工程实施的过程中，要对合同的履行情况进行跟踪与控制，并加强工程变更管理，保证合同的顺利履行。

5. 动态合同管理

合同实施贯穿工程项目实施的全过程。工程项目实施受到诸多因素影响，不是一成不变的，而是动态的实施过程。

（1）合同变更管理

合同变更是指依法对原合同进行的修改和补充。合同变更是动态合同管理的主要内容，也是合同实施过程中应重点控制的内容。通常建设单位的新要求和设计变更是合同变更的主要原因，但工程环境的变化和新技术新规范的要求也会导致合同变更，合同实施过程中也会不断调整合同目标。合同变更通常不能免除合同双方的责任，但对合同实施影响很大，定义工程目标和工程实施的各种文件都应做相应的修改和变更，合同双方的责任也随之发生变化，有些工程变更还会引起工程返工、停工及材料损失等。

（2）工程变更的管理

注意对工程变更条款的合同分析，对变更的决算方式和费用的支付方式予以明确，督促工程师提前做出工程变更，要求迅速全面地落实变更指示，并及时分析工程变更的影响。在工程变更中应特别注意因变更引起的工程返工、停工及材料损失，注意有关证据的收集，为竣工决算提供依据，防止施工单位索赔，同时做好反索赔的准备。

6. 高校工程建设合同管理中存在的问题

(1) 合同订立阶段的问题

1) 合同法律意识淡薄:

①合同主体不当。合同当事人应具有民事权利能力和民事行为能力，高校基建管理部门不是有效合同主体，应先完善项目法人和法人委托的相关流程。

②合同文本不规范、不平等。有些高校在签订合同时不采用标准合同文本，而采用自制的合同文本，合同内容笼统，条款不全面、不完善、不严谨，甚至采用口头委托或命令的方式下达任务，待工程完工后再补签合同，起不到合同的约束作用。

③违规签订无效合同。在高校工程中，施工单位利用他人名义签订合同或超越本企业资质等级签订合同的情况普遍存在。有些施工单位在自己不具备有关施工资质的情况下，为了承包工程非法借用他人资质参加工程投标，非法获得承包资格，签订无效合同；有效施工单位为获取项目承包资格低价中标，中标后又将工程以更低价格非法转包给没有资质的施工队伍，这些施工单位缺乏对承包工程的基本控制和监督手段，进而对工程质量、进度造成严重影响。

2) 合同风险高:

①合同风险规避或转移风险意识不足，具体包括：签订无效合同，合同文件、合同条款及审批手续不完备，合同文本存在差异，合同双方责任和权益失衡或制约不力，合同双方理解不一致产生歧义。另外，有些高校合同实施的后果及法律责任不明，合同条款缺少转移风险的保险、担保、索赔等条款。

②违约责任不明确、不详细、不具体。合同内违约责任相关条款不具备可操作性或约定不具约束力，违约责任的承担方式不明，违约金或赔偿金规定不明或无法操作，免责条款缺失等，导致高校承担过高风险。

③因第三方原因造成的工期延误或经济损失责任不明而承担过高风险。

(2) 合同履约阶段的问题

1) 合同管理体系和制度缺失。高校有学期学年制的周期，对建设工期极为重视，对合同管理则相对缺乏，由此会导致合同管理体系和制度缺失。合同的归口管理、分级管理、授权管理机制不健全，管理程序和架构不明确，缺乏必要的合同审查和评估，缺乏对合同管理的有效监督和控制。

2) 合同履约程度低，违约现象严重。有些高校工程建设合同的签约双方都不认真履行合同，随意修改或违背合同规定，合同违约现象多有发生。部分高校以垫资为条件违法发包，还有些高校不按合同约定支付工程进度款，建设工程竣工验收合格后不及时办理竣工结算手续，甚至部分工程已使用多年，仍以种种理由拒付工程款；有些施工单位不按期组织施工，不按规范施工，形成延期工程、劣质工程，严重影响工程建设质量。

3) 缺乏专业的合同管理人才。工程建设合同涉及的内容众多、专业面广，合同管理人员除了要有专业技术知识，还应具有法律知识和造价管理知识。目前，高校缺乏专业的合同管理人才，而合同变更的动态合同管理则对合同管理人员提出了更高的要求。

4) 合同管理信息化程度不高，管理手段落后。高校工程建设合同管理仍处于分散状态，合同归档不够，合同履约过程中监督控制不严，合同履行后没有进行全面的总结和评估，反馈不够，管理粗放，方法落后。很多高校仍然采用手工作业方式签订合同、采集合同信息、存储档案，或使用低版本管理软件，没有按照现代项目管理理念对合同管理流程进行重构和优化，合同管理的信息化程度偏低，没能实现项目内部信息资源的有效开发和利用。

7.3.4 合同风险管理

1. 合同风险概念及分类

(1) 项目风险概述

风险一词在我们的日常生活中经常提到，但是要给其下一确切的定义却不容易。不同国家、不同的学者均对风险的概念提出了自己的见解，到目前为止，关于风险的定义还没有统一的说法。风险的内涵一般可以理解为：出现了损失，或者是未实现预期的目标值，这种损失出现与否是一种不确定的现象，这种不确定性具有可度量性。它可用概率表示出现的可能程度，但不能对出现与否作出确定性判断。

由于建设工程的特点和建筑市场的环境，工程建设过程中存在着大量的不确定因素和风险，建设工程项目风险，按照来源可分为设计风险、施工风险、环境风险、经济风险、财务风险、自然风险、政策风险、合同风险、市场风险等。

技术风险包括：新技术、新工艺以及特殊的施工设备；现场条件复杂，干扰因素多，施工技术难度大；技术力量、施工力量、装备水平不足；技术设计、施工方案、施工计划、组织措施存在缺陷和漏洞；技术规范要求不合理或过于苛刻，工程变更等。

经济风险包括：通货膨胀，业主经济状况恶化，支付能力差，无力支付工程款；承包商资金供应不足，周转困难，带资承包，实物支付出具保函；外汇及汇率保护主义，税收歧视等。

自然风险包括：影响工程实施的气候条件，特别是长期冰冻、炎热酷暑期过长、长期降雨等；台风、地震、海啸、洪水、火山爆发、泥石流等自然灾害；施工现场的地理位置，对物资材料运输产生影响的各种因素；施工场地狭小，地质条件复杂可能导致工程毁损或有害于施工人员健康的人为或非人为因素形成的风险等。

合同条款风险包括：合同中明确规定的承包商应承担的风险；标书或合同条款不合理，或过于苛刻，致使承包商的权利与义务极不平衡；合同条文不全面，不完整，没有将合同双方责权利关系表达清楚，没有预计到合同实施过程中可能发生的各种情况；合同中的用词不准确、不严密；承包商不能清楚地理解合同的内容，造成失误。

工程管理风险包括：管理班子的配备，管理人员选用；施工人员的积极性，与业主、监理工程师、主管部门的关系；合同管理与索赔，联合承包及分包。

政治风险包括：战争或内乱；国有化、没收与征用；政策与法律法规；社会风气及治安状况；对外关系、国际信誉等。

这些风险中有的是因无法控制、无法回避的客观情况导致的，即客观性风险，包括自然风险、政策风险和环境风险等，有的则主要由人的主观原因造成。建设工程合同风险，是建设工程项目各类合同从签订到履行过程中所面临的各种风险，其中既有客观原因带来的风险，也有人为因素造成的风险。建设工程合同签订后在履行的过程中，客观上就存在着风险。另外，由于各种主观人为因素的影响，如对合同条款的审查不细，把关不严，致使某些合同条款不严谨或有漏洞，由此给承包商的索赔创造了机会。由此可见对建设工程合同风险进行分析研究，探讨减少乃至避免合同风险出现的方法尤为重要，有利于进一步规范建筑市场，减少利益纠纷。

（2）建设工程合同风险的分类

合同风险可分为广义的合同风险和狭义的合同风险。狭义的合同风险主要指合同签订和履行方面的风险，广义的合同风险不但包括合同签订和履行方面的风险，而且还包括直接或间接对合同产生影响的风险。在这里我们讨论广义的合同风险。

合同风险按其分类标准不同可有不同的分类方式。如按责任方主体划分，有发包人风险、承包人风险、第三方风险；按阶段划分，有合同签订前风险和合同履行方面的风险；按风险对合同目标的影响分析，它体现的是合同风险要素作用的结果，可分为工期风险、费用风险、质量风险、安全风险等；按其表现形式或产生原因，分为环境风险、技术风险、经济风险、合同签订履行风险四类。

依据合同风险发生的条件，建设工程合同风险的主要表现形式可以分为客观性合同风险和主观性合同风险。

1）客观性合同风险。客观性合同风险是由自然原因、法律法规、合同条件及国际惯例的规定等原因造成的，通常是无法回避的，经过人们努力也是无法得到控制的。例如自然灾害造成合同履行拖延，这属于自然风险；又如合同约定遇到材料价格上涨时，不对价格进行调整，施工方要承担全部风险，如果约定部分进行调整，则施工方承担部分风险，这属于市场风险。

2）主观性合同风险。主观性风险是人为原因造成的。目前，建筑市场的竞争十分激烈，施工方为了能承揽到建设工程，多采用低价或不合理工期中标；而业主除了价格和工期，对其他合同条款往往不仔细研究，合同签订上有一定的随意性和盲目性，容易出现因签订的合同条款有缺陷而导致的风险。例如合同中对价款的支付笼统地约定为分期支付，但没有约定具体时间，这属于人为因素使所签合同的条款有缺陷；另外，在关于“不可抗力”的约定中，大部分业主都签订为“同通用条款”，导致出现问题时，相互扯皮，造成损失。又如设计合同中约定业主提供必要的资料，但业主在交付资料时却没有办理交付手续，这属于合同在履行过程中缺乏经验而导致的风险。有些主观性风险则是因合同一方恶意违约造成的，例如我国建设工程领域普遍存在的盲目分包的现象。主观性合同风险是可以控制的，通过采取一定的方法控制风险事故的发生，能有效避免风险损失。

2. 建设工程合同风险来源

客观性合同风险来源于人们对自然界认知的局限性、市场经济环境的变化以及国家法律法规和政策的调整，这些客观因素是人们无法准确预见和有效控制的。

主观性合同风险，成因比较复杂，主要有以下几个方面：

（1）对合同的重要性认识不足，防范合同风险的意识不强

我国合同制度建立的时间很短，人们对合同的认识普遍比较肤浅，主动重视合同、遵守

合同的意识不强，缺乏对合同风险的控制意识。加上在实践当中，合同也没有完全发挥其应有的作用，导致人们轻视甚至忽视了对合同风险的控制。

(2) 相关人员的合同、管理、法律知识缺乏，综合素质不高

在建设工程领域既有成立时间早、实力雄厚的国有或民营企业团体，也有刚成立的私营、乡镇小建筑公司或建筑队，人员素质的差别非常大。在业主单位内部，管理人员多数集中在工程技术方面，专业合同管理人员所占的比重较低，这些合同管理人员对合同管理及法律方面的专业知识和相应的实践经验相对比较缺乏，难以对合同进行有效的管理，这些因素制约着合同管理水平和风险控制能力的提高。

(3) 相关人员缺乏认真负责的工作态度

合同管理制度的缺位，使管理人员之间权责划分不清，缺少相应的激励和约束机制，管理人员责任心不强，有些风险损失就是源于管理人员的疏忽大意。专业知识本来就比较缺乏，再没有一个认真负责的工作态度，更加剧了风险损失的发生。

(4) 合同管理及风险控制体系不健全

建设工程项目的合同管理和风险控制环节多，参与人员广，需要建立一个全面、完善、严谨的控制体系，方能对合同风险实施有效的控制。建设工程项目的业主单位普遍缺少相应的控制体系，或者控制体系有漏洞，造成了合同风险的出现。

由于工程建设的复杂性，建设环境及各种外部条件存在一些不确定因素，很难事先完全把握，因而给工程建设各方带来风险。任何项目内在的基本风险都可以在业主、设计单位、承包商、专业承包商和材料设备供应商之间通过不同的合同关系分配，某些风险对建设工程成本的影响相当大，所以正确识别风险、评价风险、对待风险是建设者必须认真审视的一个重要问题。

3. 建设工程合同风险管理的主要内容

(1) 风险识别，即确定项目风险

工程建设项目进行风险管理第一步是风险识别，根据对项目组成结构特点的分析，综合项目内外环境等各要素的关系，发现项目运行过程中存在的不确定性及其来源。

(2) 风险分析评价

风险分析评价，即评估发生风险事件的可能性并分析风险事件对项目的影响。风险评价是在风险识别基础上运用各种方法评价项目面临风险的严重程度，以及这些风险对项目可能造成的影响。风险分析是对风险事件可能产生的后果进行评价，并确定其严重程度。

(3) 风险控制，即实施并修订风险计划

风险控制是在项目实施过程中对风险进行监测和实施控制措施的工作。风险控制工作有两方面内容：一是实施风险控制计划中的预定规避措施对项目风险进行有效控制，妥善处理风险事件造成的不利后果；二是监测项目变数的变化，及时作出反馈与调整。当项目变数发生的变化超出原先预计或出现未预料的风险事件，必须重新进行风险识别和风险评估，并制定规避措施。

(4) 风险监控

风险监控就是要跟踪已识别的风险，识别剩余风险和新出现的风险，修改风险管理计

划，保证风险计划的实施，并评估消减风险的效果。在项目执行过程中，需要时刻监督风险的发展与变化情况，并确定随着某些风险的消失而带来的新的风险。风险监控通过对风险规划、识别、分析、评价、处置全过程的监视和控制，保证风险管理能达到预期的目标，它是项目实施过程中一项重要工作。

4. 建设工程合同风险管理流程

建设工程合同风险管理是对建设工程合同存在的风险因素进行识别、度量和评价，并且制定、选择和实施风险处理方案，从而达到风险控制目的的过程。建设工程合同风险管理全过程分为两个主要阶段：风险分析阶段和风险控制阶段。

风险分析阶段主要包括风险识别与风险分析评价两大内容，而风险控制阶段则是在合同分析的基础上，制订控制计划对风险进行控制，并对控制机制本身进行监督以确保其成功。风险分析阶段和风险控制阶段是一个连续不断的循环过程，贯穿于整个项目运行的始终(见图 7-2)。

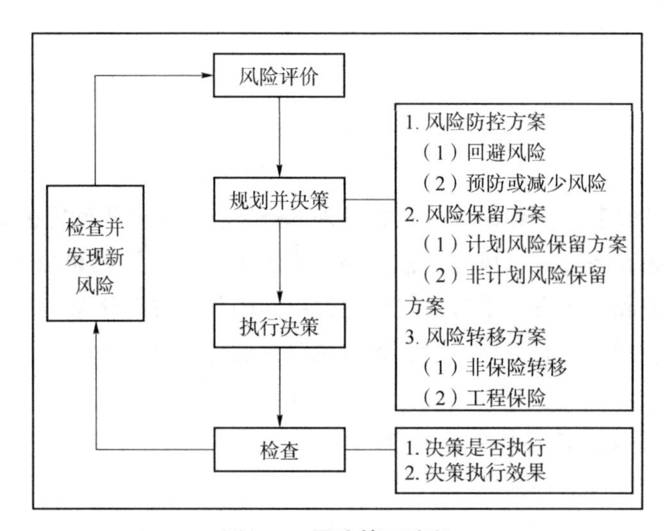

图 7-2　风险管理流程

§7.4　高校建设项目采购管理

近年来，各高校招生规模不断扩大，都在不断扩建自己的新校区。为了保证高质量教育教学水平和高水平科研工作的开展，各基层工程如雨后春笋般在各大高校中展开。随着各高校对于基建工程招标采购内部控制管理的重视度加深及国家招标制度的强化普及，各高校都在不断强化工程招标采购内部管理体系。

7.4.1　高校建设项目采购管理的主要内容

高校建设项目招标采购管理的主要内容包括内部环境、控制活动、风险评估、信息与沟通、内部监督等方面。

内部环境包括组织架构、发展战略、人力资源、组织文化、社会责任；控制活动不仅包括招标、投标、评标、中标等采购实施全过程，还包括决策论证与审批控制、评审过程控制、实施与使用阶段控制、回访总结与后评价控制等；风险评估包括风险识别、风险分析、风险应对、风险监控等；信息与沟通指部门之间和各岗位之间的沟通、信息公开、信息技术与系统、反舞弊机制等；内部监督既包括高校内部纪检监察、审计等方面的专业监督，也有来自广大师生员工的群众监督。

高校建设工程、货物和服务采购活动具有种类多、金额大、专业性强等特点，各高校有不同的管理模式和组织机制，综合来看，高校工程项目采购模式有两种：一是高校设置采购招投标管理部门，由采购部门对高校招标采购工作进行统一管理；另一种是由高校基本建设管理部门自行管理，接受学校审计、纪委等监管部门的监督管理。

高校建设工程项目一般实行法人责任制，成立由主管校长统一协调管理，基本建设部门、国有资产管理部门、财务管理部门、招标采购管理部门、审计处、监察处以及档案馆等有关部门组成项目建设领导小组，各职能部门分工协作、各司其职。同时，各高校根据国家及地方有关法律法规，制定一系列基本建设投资项目管理文件，在建设过程中严格遵照管理文件执行。

7.4.2 高校基建项目招标采购的常见问题

1. 管理层面领导分工不够科学

对于高校基建项目招标采购内部控制组织架构的建设还不够完善，内部并没有形成完整的分工体系，各部门职责分散，决策、执行、监督管理等职能部门并未分离，各部门相互渗透，难以形成制衡体系，出现问题后，难以及时发现问题并追究责任。

2. 高校管理层的风险意识尚存在薄弱之处

基建项目招标采购内部控制的关键是防范和管理风险，而招标采购风险评估则是内部控制的关键要素。有些高校招标采购领域中，招标采购风险评估机制尚未建立，对于基建工程招标采购风险的评估更是极少开展，往往是出现问题后再去想办法解决，而不是事先就有足够的预警机制来进行防范，管理层的风险意识尚不够强烈。

3. 专业技术人才不足、招标的规范性不够严谨

高校基建项目招标采购内部控制管理工作涉及造价、财务、审计及管理监督等多项领域，部分招标采购人员专业性不强。高校基建工程招标采购队伍人员专业性不够强，对于招投标过程了解不够深入，缺乏专业知识和经验。部分评标人员被贿赂拉拢，在招标过程中经常会出现暗箱操作，泄露招标标底等欺诈现象。由于高校基建工程招标采购队伍人员专业性不够强，缺乏经验，在编制招标文件时时常出现不够严谨的情况，致使一些不法投标者有空可钻。在评标过程中，有些高校对于评审办法不够了解，评标过程中时常是价低者中标，导致一些不法的投标人谎报条款，压低工程造价，通过这种不正当手段将项目拿到手之后又在后期施工过程中偷工减料，使工程质量严重不达标，给后续管理带来了很大的不便。

4. 审计部门的监督受限

由于每个项目转单中涉及的部门领导都需签字，导致高校审计部门评审专家队伍责任心不够，有些专家对招标采购项目涉及的技术要求并不十分熟悉，而高校审计部门对于基建工程的介入仅仅是在招标和工程竣工结算环节，对于项目实施的过程、工程进度款拨发及项目尾款结算等难以实施有效的长期监督，对于事前招投标和事中各项关键节点缺乏连接性的监督控制。

7.4.3 高校建设项目采购风险评估

招标采购风险评估机制的建立可以帮助高校基建工程招标采购降低风险，进而减少经济损失。综合多方面的因素，梳理招标采购各环节中隐藏的风险，对风险进行评估。

风险评估是内部控制的关键要素，内部控制的目的是防范和管控风险。高校建设项目招标采购领域面临着不少风险，但高校普遍尚未建立风险评估机制或机制不健全，针对招标采购领域的风险评估更是极少开展。因此必须建立招标采购风险评估机制，对领域内的各类风险因素进行识别、分析和评估，既要建立单个项目全过程风险评估机制，也要建立招标采购总体层面的风险评估机制。

风险评估可以采用头脑风暴法，首先由相关部门工作人员和专家共同提出风险因素，然后将风险因素按发生概率分为经常、一般、偶然、极少、不发生，按后果严重性分为非常严重、比较重要、一般重要、次要、可忽略，分别对应 4、3、2、1、0 分。对风险发生概率与后果进行打分，概率得分与后果得分相乘并汇总平均后，各个风险因素将具有 0~16 的分值，分值越大其重要性越高。根据分值可以按表 7-3 中的风险重要性对各风险因素进行评定，如 9 分以上是不可接受风险，必须重点处理，由相关部门及时研究采取内部控制措施，消除风险或将风险降低到可接受的水平。

表 7-3 风险重要性评定表

项目	后果	非常严重	比较重要	一般重要	次要	可忽略
可能性		4	3	2	1	0
经常	4	16	12	8	4	0
一般	3	12	9	6	3	0
偶然	2	8	6	4	2	0
极少	1	4	3	2	1	0
不发生	0	0	0	0	0	0

7.4.4 高校招标采购管理要点

1. 组织架构

首先，管理人员必须认识到基建项目内部控制制度的完善对高校基建工程招标采购全过程的重要性。高校基建工程招标采购内部控制制度的不完善很容易导致互相牵制现象的发生，因此高校必须构建完善的基建工程内部控制制度，这样就可以明确分工，科学安排各项工作，促使高校基建工程招标采购工作顺利开展。

在组织架构设计和建设中，要确保决策、执行和监督相互分离，形成制衡。要成立独立统一的招标采购部门，实行归口管理。归口管理是内部控制的基本方法。由于高校招标采购存在分散化、条块化管理的现象，高校可能设置多个招标办公室并挂靠在相应的职能部门，如基建、设备等部门均设置专门的采购科室，并有对外采购、签署合同职能，这样就会存在内部控制重大隐患，使招标需求人与招标管理人不相容、职责未分离，进而产生管理职责缺位或重叠现象，造成拆分项目逃避招标、工作人员专业性不足、舞弊腐败等不良等后果。因此高校尤其是规模较大的高校应对招标采购实行归口管理，成立独立统一的招标采购部门，部门内部按业务类别设置工程、货物、服务等专业科室，负责对全校资源需求的招标采购，从根源上提高采购管理水平和资金使用效益。

招标采购涉及学校各项目部门，需要形成各部门协同参与、各司其职、各负其责、相互制约、相互协调的工作机制。如需求人负责提出需求及其必要性、可行性；财务部门负责资金预算审查；发展规划部门负责牵头组织论证，辅助学校决策；纪检监察、审计等部门负责全过程监督；学校党委常委会、校务会等机构负责决策审批及重大问题的讨论解决。

2. 人力资源建设

(1) 加强招标采购队伍建设

部分招标采购人员专业性不强、服务意识淡薄，甚至违法乱纪损害高校利益和声誉。高校应重视并加强招标采购队伍建设，突出专业性、服务性和廉洁从业建设。在招标采购人员的招聘、奖惩、晋升等环节都要强调专业能力，建立持证上岗制度，定期进行业务培训和集体学习，有计划地安排招标采购人员到资产管理、工程建设等岗位交流轮岗，不断提高队伍的业务能力和综合素质。要明确招标采购各岗位职责权限，提高工作人员服务意识，建立激励与约束机制，使薪酬奖惩与员工服务成果、服务质量、服务态度紧密挂钩，促进服务型队伍建设。同时，通过自律、廉洁教育、强化监督等方式，确保招标采购人员遵循职业道德、廉洁从业，确保学校招标采购领域风清气正。

(2) 加强评审专家队伍建设

高校部分招标采购评审专家专业性不符合要求，责任心不强，对招标采购项目涉及的技术并不熟悉；学校对评审专家的选取办法不规范，评审人员不符合任职条件，甚至有监督部门人员参与评审并领取报酬。高校应明确评审专家的任职条件、选取办法、持续培训和动态监管制度，并分类建立全校统一的评审专家库。评审专家应满足基本任职条件，如从事相关领域工作满 8 年并具有高级职称或者具有同等专业水平，熟悉有关招标投标的法律法规，能够认真、公正、诚实、廉洁地履行职责，身体健康。高校人才济济，各个行业的专家教授众多，建立高标准高质量的评审专家库具有先天优势，可以采用个人申请、单位推荐等方式在校内遴选，同时适当邀请校外专家以增强评审工作的广泛和有效性。项目评审专家应从符合条件的专家中随机抽取，与投标人或供应商有利害关系的专家应回避，特殊项目需要指定评审专家的，应当经过高校审批同意。高校监督部门的工作人员不得入选专家库。建立持续培训和动态监管制度，定期对评审专家进行法律法规业务能力、行业趋势等方面的培训，对评审专家的工作业绩和职业道德进行定期考核，根据考核结果予以奖惩，有严重问题者随时取消评审专家资格，动态调整专家库。

3. 全流程控制

（1）事前控制

建立投资决策论证与审批制度。事前控制的缺失最易造成各类问题和风险，如各部门以自身方便为原则，不经高校审批而自行采购，造成重复购置和资源浪费；违反国家和高校规定，将法定招标项目拆分为校定招标，将校定招标项目拆分为不招标；部分项目未落实好资金来源、设计尚未完成就招标开工，给后期实施带来困难和混乱。因此高校应从招标采购的源头加强控制管理，建立决策论证与审批制度。高校各单位的招标采购需求必须经过发展规划、财务、招标采购、资产管理等部门的联合论证，并经高校最终审批后方可进行。论证与审批内容包括项目的必要性与可行性、资金来源与预算、招标采购内容、招标采购数量、技术标准、招标控制价、招标方式与组织形式、法律条件、合同主要条款等，招标采购后的重大变更也须按原流程进行论证审批。

（2）事中控制

加强评审过程管理和质量控制。高校个别招标采购项目在使用阶段受到质疑和指责，究其原因是评审过程不够科学深入、评审办法不适合项目实际情况，导致技术不优、质量低下、价格虚高的方案中标。高校应以“公平、公正、科学、择优”为原则加强评审过程管理和质量控制，有针对性地选择评审专家。评审专家应熟悉招标采购目的与范围、主要技术要求、主要商务条款、评审标准和方法等内容，招标文件应尽量采用国家标准范本。评审全过程应严格按照招标投标法、政府采购法及其实施条例以及高校规定进行，对投标文件是否实质规范要进行认真审查，逐项审查重大偏差和细微偏差，深入评审投标人（供应商）资质、业绩、报价、技术标准等内容，防止漏项、不平衡报价等现象，规范专家自由裁量权，真正选出质量、价格、进度等各方面对高校最有利的方案。

评审结束后评审委员会应拟写“性价比较表”或“综合评估比较表”，连同书面评审报告一并提交给招标采购部门。招标采购的评审办法有经评审的最低投标价法、综合评估法、性价比法、层析分析法、灰色关联度法等。

（3）事后控制

建立回访总结和后评价制度。高校招标采购存在前期评审与后期实施割裂的现象，重前期评审、轻后期实施。但实施和使用阶段最容易出现各类问题，如：中标人服务质量和服务态度差，欺骗需求和使用人；部分项目违法分包转包，酿成质量安全事故；个别投标人拉拢腐蚀高校工作人员；部分项目随意更改合同主要条款，严重虚报结算量价；部分投标人无理取闹，破坏校园稳定；项目效果不佳，投资失控。上述问题有中标人（供应商）的原因，也有高校决策不准、管理不善的原因，但相关部门对这些现象及原因缺乏关注、研究和总结。高校招标采购应转变“重前期、轻后期”的观念，建立回访总结和后评价制度，招标采购、发展规划、财务、资产管理等部门必须“向后看”，将后期实施和使用情况纳入视野，及时监督并纠正各类问题风险。项目最终结束后各部门应共同开展后评价，对需求和使用人的满意度进行回访统计，总结并评价项目各阶段的得失成败，为学校未来招标采购项目提供经验教训和指导。同时根据后评价结果及时动态管理投标人（供应商）诚信库，实行守信激励、失信惩戒、优胜劣汰，对存在严重问题的要及时剔除。

4. 招标采购信息与沟通机制建设

实行信息公开。信息公开是内部控制的有效措施，教育部门多次要求高校公开“仪器设备、图书、药品等物资设备采购和重大基建工程的招投标”。高校应建立招标采购信息公开制度，项目论证、审批、招标、评审、中标、实施、结算等过程和结果，各类违规问题及处理结果等信息都应实行校内公开；制定并公开组织结构图、业务流程图、岗位说明书、员工手册等文件，使各部门及全校师生了解招标采购业务的办事流程和职责权限。信息公开，一是可以促进信息沟通和传递，降低信息传递成本，有利于投标人、供应商的充分参与和竞争；二是为校内有需求的单位和师生提供信息参考，如公开设备货物的型号、中标价有利于有相同需求的师生了解市场行情；三是保障师生的知情权、表达权和监督权，自觉接受广大师生员工的监督和意见建议。

5. 招标采购电子化平台和信息管理系统

利用信息系统是信息与沟通机制建设的重要方面。高校应当充分采用信息技术加强招标采购管理，开发或购买涵盖业务全要素、全周期，涵盖需求人、发展规划、招标采购、财务、纪监、审计等相关部门和人员职责权限的信息管理系统，参照《电子招标投标办法》积极推进电子化招投标，实现全流程电子化交易、信息集中共享与监督等功能，实现自动控制和高效控制，节省人力资源成本，减少或消除人为操纵和失误，提高招标采购的科学性、及时性、实效性。

6. 强化招标采购内部监督

招标采购是高校廉政风险较为集中的领域，近些年暴露出不少违法犯罪事件。高校应强化招标采购内部监督，强化纪监审计等部门的专业监督，自觉接受师生监督，建立反舞弊机制，强化岗位责任追究机制。

7. 建立协同监督体系

高校招标采购应建立协同监督体系，各监督部门既明确分工又相互协作。高校纪检监察部门应对化整为零逃避招标、评审过程适当性、领导干部插手干预、违法转包分包、违反纪律牟取私利、有无订立背离招投标文件和合同的其他协议等情况进行监督。高校审计部门要审计招标采购内部控制和风险管理的适当性、合法性和有效性，审计招投标与采购程序及其结果的真实性、合法性和公正性等内容。审计部门既可以开展招标采购专项审计，也可以在日常业务如合同审计、结算审计、财务审计等工作中重点关注招标采购情况，审计部门还要依法依规对招标采购部门负责人开展经济责任审计。此外还应充分发挥财务、资产管理等部门在资金资产使用与管理等方面的监督职责。高校各监督部门应通过信息共享、联合监督等方式凝聚监督合力，取得事半功倍的实效。监督结果要及时向招标领导小组、主管校领导反馈，及时改进学校招标采购工作。同时高校应惩防并举、重在预防，设立举报信箱、投诉热线，明确举报投诉的处理程序、办理时限和办结要求，建立举报人保护制度，鼓励师生员工、投标人、供应商及其他利益相关方举报违法违规、腐败犯罪、不作为等现象。

8. 强化责任追究机制

在明确各个部门和岗位职责权限的基础上，建立严格的责任追究机制并严格执行，对存在各类不端行为的高校工作人员或评委，依纪依规依法给予党纪或政纪处分，涉嫌违法犯罪的应移交相关部门处理。对存在以他人名义投标、弄虚作假、骗取中标等现象的中标人和供应商，要依照法律法规、招投标文件和合同规定追究其责任，同时通过“黑名单”、上报主管部门等措施加以处理，使高校招标采购领域形成良好风气。

招标采购是高校事业发展的重要保障制度，是高校内部控制建设的重点领域。为更好地发挥高校招标采购的职能作用，高校有必要重视并加强招标采购内部控制建设，研究完善措施和对策，进一步提高招标采购管理水平，科学防范各类风险，促进招标采购质量和服务成效的优化提高，为高校事业发展提供更好的基础条件保障。

8　建设工程项目的实施管理

§8.1　项目进度控制

8.1.1　项目进度管理概述

进度指项目活动在时间上的排列，强调在协调控制下的工作进展情况。进度常以工期来代称，讲进度就是讲工期。项目都存在进度问题，多是通过合同条款和进度计划进行约束，保证项目尽快完工，并投入使用。作为项目管理三要素的关键环节，进度与成本、质量存在辩证的有机关系。按照合同条款要求合理安排进度，有利于项目质量和成本的控制。

进度管理指通过对项目建设过程的控制，按期完成工程建设。工程建设项目尤其是大型重点建设项目，工期要求十分紧迫，施工方的工程进度压力非常大，数百天的连续施工、一天两班次的施工，甚至 24 小时的连续施工时有发生。如果不是正常有序的施工、盲目赶工，难免会导致施工质量问题和施工安全问题的出现，并且会引起施工成本的增加。因此施工进度不仅关系到施工进度目标是否能实现，还直接关系到工程的质量和成本。在工程实践过程中，必须树立和坚持最基本的工程管理原则，即在确保工程质量前提下，控制工程进度。

开展工程项目的进度管理，就是在全面分析工程项目的各项工作内容、工作程序、持续时间和逻辑关系的基础上，编制具体可行、经济合理的进度计划，并在计划实施过程中通过采取各种有效措施，进行组织、指挥、协调和控制等活动，确保进度目标的实现。

项目进度管理的内容主要包括进度计划编制和进度计划控制两大部分，进度计划的编制方法主要包括里程碑计划、横道图、网络计划和项目管理软件等，进度控制的主要方式是将实际施工进度与进度计划进行对比分析，发现问题并及时调整计划。进度计划比较的主要方法有甘特图比较法、S 形曲线图比较法、香蕉曲线比较法、甘特图与香蕉曲线综合比较法、垂直图比较法、前锋线比较法等。

1. 项目进度管理的主要内容

项目进度管理的主要内容是编制项目进度计划和控制项目进度计划。编制项目进度计划是指制定在规定时间内合理且经济的进度计划；控制项目进度计划是指在执行进度计划过程中，检查实际进度是否按计划要求进行，若出现偏差，及时找出原因，采取必要的补救措施，或调整、修改原计划，直至项目完成。

项目进度管理的步骤一般为：活动定义、活动排序、活动资源估算、活动时间估算、项目进度计划编制、项目进度控制。

(1) 活动定义

活动定义一般建立在项目范围确定和工作分解结构的基础上，指确定可交付成果所包括的各项具体活动。

(2) 活动排序

活动排序需参考项目范围说明、活动清单和属性、里程碑清单，通过前导图、箭线图、条件图等方法，得到活动间的依赖和制约关系。

(3) 活动资源估算

活动资源估算是在确定工程量的基础上，计算每项活动所需的工时数和台班数，从而得到活动资源需求量。

(4) 活动时间估算

活动时间估算指在活动资源估算和逻辑关系确定的基础上，估算每项活动所需的工期，并进一步确定活动的开始时间和结束时间。

在完成上述工作的基础上，进行项目进度计划的编制，并利用目标计划进行项目进度控制。

(5) 项目进度计划编制

完成活动定义、活动排序、活动资源估算、活动时间估算以后，综合考虑项目资源和其他制约因素，可以确定项目活动的开始结束时间、实施方案和措施，完成整个项目进度计划的编制。通过编制项目进度计划，合理安排项目的时间，从而确保项目目标达成。项目进度计划编制能够为资源调配、时间调配提供依据，也是施工过程中项目进度控制的依据。

在建设工程项目进度计划系统中，必须注意各进度计划和各子系统进度计划的相互协调及联系，比如总进度计划、项目子系统进度计划与项目子系统中的单项工程进度计划的相互协调，控制性进度计划、指导性进度规划与实施性进度计划的相互协调，业主方编制的整个项目实施进度计划、设计方编制的进度计划、施工和设备安装方编制的进度计划、采购和供应商编制的进度计划的相互协调。

(6) 项目进度控制

项目进度控制是指项目进度计划制订完成后，在项目实施过程中，对实施进展情况进行检查、对比、分析、调整，以保证项目进度计划总目标得以实现的活动。项目进度计划明确了每项活动的进度安排，然而施工过程中难以预料的问题很多，在计划执行过程中经常会发生偏差，这就需要项目管理人员及时纠偏，或根据需要合理调整计划，使项目按照合同的要求完成。

项目进度控制是一种循环性的例行活动，主要工作内容包括：确定固定的报告期；对执行进度予以跟踪检查，统计和分析收集的数据，控制项目的整个执行过程，将实际进程与计划进程相比，如出现项目延误、超出预算或不符合技术规格的情况，必须采取措施对项目进行进度调整，使项目回到正常的轨道；如已根据变更修订了计划，并已经过客户的批准同意，则必须建立新的项目计划。

2. 工程项目进度管理的影响因素

由于建设工程具有规模大、工程结构与工艺技术复杂、建设周期长及相关参与单位多等特点，因此建设工程进度将受到诸多因素的影响，主要包括环境因素、资源因素、技术因素、人为因素、风险因素等（见表 8-1），其中人为因素是最主要的干扰因素。

表 8-1 进度管理影响因素

类别	具体因素	说明
资源因素	建设资金	资金是否到位直接影响物资采购、人员工资等，可能发生停工待料现象，延误工期
	劳动力	人力资源是否充足影响施工进度
	工程配件、材料	材料供应不足，使并行工序分段实施，延长工期
	施工机具、设备	施工机具过多会导致资源浪费，现场堆砌过多堵塞施工现场，影响施工；机具配置过少，施工效率低下，人员材料闲置
技术因素	施工工艺、技术	工艺技术不合理、计划不周，管理不善或对新技术规范、标准、工艺、方法不熟悉，都会影响施工进度
环境因素	地理位置、地形地貌、气候、水文环境等	工程若处于交通不便、地形地质条件复杂、施工现场狭窄、运输距离远等不方便施工区域，影响进度控制
风险因素	政治因素	战争、罢工、内乱、拒付债务、制裁等造成停工
	经济风险	延迟付款、汇率浮动、通货膨胀、分包单位违约等
	自然灾害	地震、泥石流、海啸、洪水等自然灾害
	技术风险	工程事故、试验失败、标准变化等
人为因素	政府单位	工程报建或报批出现问题，延误进度
	建设单位	前期是否做好进度计划、办好施工手续、做好资金筹备和监理委托授权等工作
	监理单位	监理工程师的责任心和管理协调能力
	设计单位	图纸设计是否合理及施工过程中的设计变更情况
	施工单位	管理者能力、施工者能力、工人道德素质、责任意识等
	材料及设备供应商	是否能如期供货，货品质量是否达标

3. 项目进度管理的技术方法

在计划执行过程中，由于组织、管理、经济、技术、资源、环境和自然条件等因素的影响，实际进度与计划进度往往会产生偏差，如果偏差不能及时纠正，必将影响进度目标的实现。因此，在计划执行过程中采取相应措施来进行管理，对保证计划目标的顺利实现具有重要意义。进度计划执行中的管理工作主要有：检查并掌握实际进展情况，分析产生进度偏差的主要原因，确定相应的纠偏措施或调整办法。

随着项目管理理念的不断深入，进度计划技术得到快速发展。目前常用的进度计划编制方法有横道图法、广义的网络计划技术、网络图法（关键路径法）等。

（1）横道图法

横道图法，在国外又被称为甘特图法，它是项目进度管理中使用最广泛、最简单的进度表制备方法。它于 1917 年创立，是最常用的计划方法之一。在这个方法中，横轴表示时间的进度，横轴时间表示每个进程的活动时间，左边的竖列表示特定的工作内容，以活动所对应的横道位置表示活动的起始时间，横道的长短表示持续时间的长短。横道图法是一种直观的工期计划方法，它结构简单，易于绘制，并以图表的形式清晰地表达了时间表。图形不仅简洁，直观，易于掌握，而且还使计算机软件能够自动绘制，更具表现力。它使用多线和多色来表达项目的不同阶段和不同类型的工作，使其更加清晰和集中。然而，这种方法也有一定的局限性：很难看出各项活动之间的依赖关系，而且该方法应对变化的灵活性很差，很难进行快速有效的优化和调整。以上横道图的种种特征决定了它通常用于小型项目的调度或大中型项目的初始规划阶段。

（2）广义的网络计划技术

广义的网络计划技术是进度管理的核心技术。1956 年美国杜邦公司首先在化学工业上使用的关键路径法和美国海军在建立北极星导弹时所采用的计划评审法是网络计划技术的主要起源。以上两种方法逐渐渗透到许多领域，成为网络计划技术的主流。20 世纪 60 年代，著名数学家华罗庚教授将网络计划技术引入我国，并不断推广开来。网络计划技术的管理理念遵循 PMBOK 项目管理九大知识体系之核心的项目整体管理，或称项目集成管理。项目整体管理实现的基础是项目计划，通过项目计划信息平台，项目管理者可以实现管理行为的全面协调。项目计划是一个不断完善、更新、细化的动态过程。用进度控制软件，不同的责任单位可以编制自己的计划，因其所处的管理层次不同、管理的宏微观差异，计划分为不同等级；不同级别计划之间有内在关联，并能够进行比较和分析，但不能相互替代。项目其他业务计划围绕施工计划展开，各业务管理与进度管理有机结合，实现各部门在统一的进度协调下协同工作。

（3）网络图法

网络图法也称为关键路径法，于 1957 年提出，伴随工业生产和现代科学技术的发展而产生，被公认为目前计划管理方面最先进的技术。网络图法在工程项目管理中的应用缩短了项目工期，降低了造价，提高了工作效率和项目进度管理水平。经过长时间的发展，网络图法的种类不断增多，目前比较常用的有关键路径法、计划评审法以及建立在前两者基础上的搭接网络图法。网络图法就是将项目工作内容分解成相对独立的工序，根据工序的开始结束时间、持续时间、先后顺序、逻辑关系，通过单代号或双代号网络图的形式表达项目的进度情况。应用网络图可以计算工作时间，明确反映各工作间的制约和依赖关系，找出影响项目进度的关键工作，抓住主要矛盾，避免盲目抢工，实现进度目标。利用网络图可以更好地进行劳动力、材料设备、施工机具设备等资源的调配，控制费用计划，降低成本。现代计算机技术实现复杂网络计划的制订、计算、检查和调整，可以进行项目工期优化、资源优化、费用优化，达到三者间的平衡，并能方便地进行项目进度控制，实现计划进度与实际进度间的对比，及时发现偏差，快速更新项目计划。

8.1.2 项目进度计划管理

1. 建筑施工进度计划特征

建立施工进度计划是建筑施工项目开始实施的第一步。与一般意义上的项目管理相比，由于建筑施工具有自身的特点，其进度计划也有自身的特点，主要表现在多变性、层次性、高度协调性、连续性和阶段性等几个方面。

(1) 施工进度计划的多变性

建筑施工的单件性、临时性造成施工条件和环境的复杂多变。它不但受资源、设备的影响，而且受气候条件、周围环境、道路交通、地下障碍等的影响，还要受人为因素的影响，如施工项目部内部人员的素质，设计单位、业主单位、监理单位，政府各部门，乃至附近居民的影响。由于上述原因，计划多变是建筑施工进度计划的特点之一。为了保证合同工期，进度控制成为施工项目管理的核心，因此必须采取各项措施做好进度控制工作。

(2) 施工进度计划的层次性

工程项目具有可分解的特性，将一个整体的工程项目按其组成和结构特征分解为若干个子项目，相似的子项目划归为一个层次，每一个层次看作一个小的系统，这是解决一个复杂问题通常所采取的方法。工程项目分解的层次和粗细程度由工程项目的规模、结构复杂程度、施工方法和计划管理的需要来决定。将工程项目分解成子项目后，再将工程项目的总目标分解为多个分目标，便于对工程项目进行计划、组织和控制，便于控制进度。根据进度计划的制订要求以及编制对象的不同可分为四种：施工总进度计划系统、单位工程进度计划系统、分部工程进度计划系统、分项工程进度计划系统（见图 8-1）。这样，便形成了施工进度计划系统的不同层次。

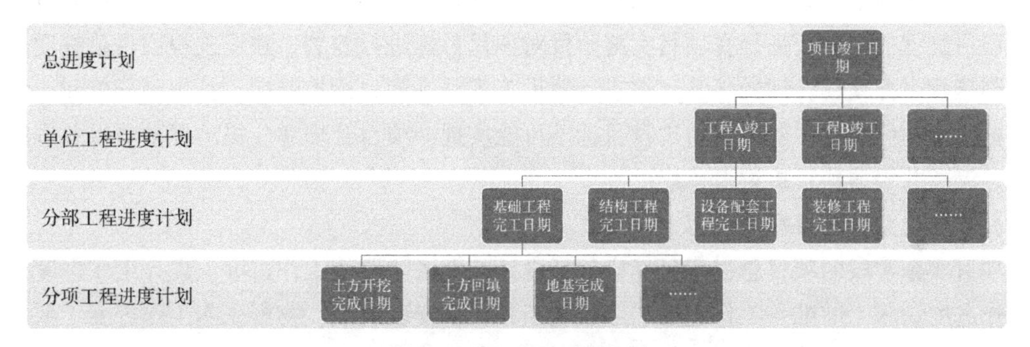

图 8-1 施工进度计划层次

(3) 施工进度计划的高度协调性

建筑施工既属于大量手工操作的装配性质的作业，又属于动态变化的现场型作业，在施工劳动力安排上、物资设备供应上、资金的合理使用上、场地空间的占用上、技术要求工艺操作上都比较复杂。它既要求严格按照一定的施工顺序开展工作，又要求有必要的技术间隔和流水组织及合理的深度交叉施工。同时施工项目实施过程的各阶段、与之相关的各管理层次、相关的管理部门之间，存在着为实现同一目标的大量结合部。在这些结合部内，存在着复杂的关系和矛盾，处理不好，便会形成协作配合的障碍，进而影响项目目标的实现。因此，要求在施工过程中进行大量的、综合性的协调工作。如果没有及时、周密的综合协调，人流、物流、财流和工艺流等方面必然会被随时出现的矛盾和发生的问题所影响、阻塞，致使施工生产无法正常进行和推动。

(4) 施工进度计划的连续性和阶段性

建筑施工的流动性、露天生产、施工周期长等特点，要求建筑施工企业和施工项目经理部从始至终地进行施工准备工作，包括开工前的全场性施工准备、单位工程施工准备、施工过程中的分部分项工程作业条件准备和冬雨期施工的季节性施工准备。施工准备工作是随着工程类型、性质、规模及现场条件的不同而改变的，因此，施工进度计划系统既有连续性又有阶段性，必须有计划、按步骤、分期分批、分阶段地进行，并贯穿项目施工的全过程。

2. 项目进度目标的论证

工程项目进度控制是一个动态过程，包括进度目标的分析和论证，论证进度目标是否合理，是否可能实现。如果经过科学论证后目标不可能实现，则必须调整目标进度。确定进度目标后，收集资料和调查研究，在此基础上编制进度计划。

为有效控制施工进度，需要对以下问题进行思考：如何确定合理的目标进度；思考哪些主要因素会对整个工程建设的项目进度发生影响；如何正确把控工程进度和工程质量的关系；如何与施工方合作，确保施工进度目标的实现；加强对项目施工基本理论、方法、措施和手段的研究学习。

业主方进度控制的任务是控制整个项目实施阶段的进度，包括控制设计准备阶段的工作进度、设计工作进度、施工进度、物资采购工作进度、项目动用前准备阶段的工作进度等。业主方控制设计进度的依据是出图计划，业主方控制施工进度的重点是施工计划，业主方控制供货进度的内容包括采购、加工制造和运输等。

建设工程项目的总进度目标指的是整个工程项目的进度目标，它是在项目决策阶段确定的。项目管理的主要任务是在项目实施阶段对项目目标进行控制。建设工程项目总进度目标的控制是业主方项目管理的任务，在进行建设工程总进度目标控制前，首先要分析和论证进度目标实现的可能性。若项目总进度目标不可能实现，项目管理者应提出调整项目总进度目标的建议，并提请项目决策者审议。

（1）项目总进度目标的内容

项目实施阶段的项目总进度目标应包括设计前准备阶段的工作进度、设计工作进度、招标工作进度、施工前准备工作进度、工程施工和设备安装进度、物资采购工作进度、项目使用前的准备工作进度等。建设工程项目总进度目标的论证，应分析和论证上述各项工作的进度，以及上述各项工作进展的相互关系。在建设工程项目总进度目标论证时，往往还没有掌握比较详细的设计资料，也缺乏比较全面的有关工程发包的组织、施工组织和施工技术等方面的资料，以及其他有关项目实施条件的资料，因此总进度目标的论证并不是单纯的进度规划编制，还涉及工程实施的条件分析和工程实施策划方面的问题。

大型建设工程项目总进度目标论证的核心工作是通过编制总进度纲要论证总进度目标实现的可能性。总进度纲要的主要内容包括项目实施的总体部署、总体进度计划、各子系统进度规划、里程碑事件的进度计划目标、总进度目标实现的条件和应采取的措施等。

（2）进度目标的论证程序

项目工程进度总进度目标论证的程序为：调查研究和收集资料，项目结构分析，项目计划系统的结构分析，项目的工作编码，编辑各层进度计划，协调各层进度计划的关系并编制总进度计划。若编制的总进度计划不符合项目进度目标则设法调整，通过多次调整，进度目标仍无实现则报告项目决策者。其中，调查研究和收集资料包括：了解和收集项目决策阶段有关项目进度目标确定的情况和资料，收集与进度有关的项目组织、管理、经济和技术资料，收集类似项目的进度资料，了解和调查该项目的总体部署，了解和调查该项目实施的主客观条件。

8.1.3 项目进度调整

实现进度目标一方面要重视进度计划的编制，同时也要根据项目进展对进度计划予以必要调整，要定期跟踪检查所编制进度计划的执行情况，发现执行有偏差，及时采取纠偏措施，或调整进度计划，以确保进度控制目标的实现。进度控制的过程也是随着项目的进展不断调整进度计划的过程。

1. 进度计划比较

实际进度与计划进度的对比，可利用横道图、S 曲线、前锋线比较法、网络图、进度表格等形式直观反映两者间的差距。

（1）横道图比较法

横道图，是将计划进度与实际进度并列标注，进行直观比较的方法。通过记录与比较，为进度控制者提供了实际施工进度与计划进度之间的偏差，为采取调整措施提供了明确的任务。这是施工中进行工程建设进度控制经常用的一种最简单、熟悉的方法，但是它仅适用于施工中的各项工作都按均匀的速度进行的情况，即每项工作在单位时间里完成的任务量都是相等的。

横道图比较法记录方法比较简单，形象直观，容易掌握，应用方便，被广泛地应用于简单的进度监测工作中。但是，由于它以横道图进度计划为基础，因此，带有不可克服的局限性，如各工作之间的逻辑关系不明显，关键工作和关键线路无法确定，一旦某些工作进度产生偏差时，难以预测其对后续工作和整个工期的影响或确定调整方法。

横道图示意图见图 8-2。

序号	分项工程名称	工作日																														
		11月			12月			1月			2月			3月			4月			5月			6月			7月			8月			
		10	20	30	10	20	30	10	20	30	10	20	30	10	20	30	10	20	30	10	20	30	10	20	30	10	20	30	10	20	30	31
1	基础工程																															
2	一层结构																															
3	二层结构																															
4	三层结构																															
5	四层结构										春																					
6	五层结构																															
7	六层结构										节																					
8	跃层结构																															
9	内外抹灰																															
10	楼地面工程										放																					
11	屋面工程																															
12	内外墙涂料										假																					
13	外墙面砖																															
14	水电预埋、安装工程																															
15	竣工验收																															

图 8-2 横道图示意图

(2) S 形曲线比较法

对大多数工程来说，单位时间完成的工程量或百分比，从整个工程来看呈两头少中间多的正态分布趋势，将工程量累加后，就形成一条中间陡两头缓的类似“S”形的曲线。

S 形曲线可以进行工程实际进度分析。实际进度曲线上的点落在计划进度的曲线左侧上方，表明此时刻实际进度比计划进度超前；反之，实际进度曲线上的点落在计划进度的曲线右侧下方，表明此时刻实际进度比计划进度拖后。另外，根据同一横坐标或竖坐标的差值，还可以进行进度偏差分析。

S 曲线与横道图比较法有一定相似之处，该方法也可较直观地反映项目的实际进展状况，由进度控制人员事先绘制出计划累积完成工作量的 S 曲线，在项目施工过程中，逐步将实际完成的工作情况标注在该曲线图上，以便对所存在的偏差进行直观对比分析。

S 形曲线示意见图 8-3（引用自百度图片）。

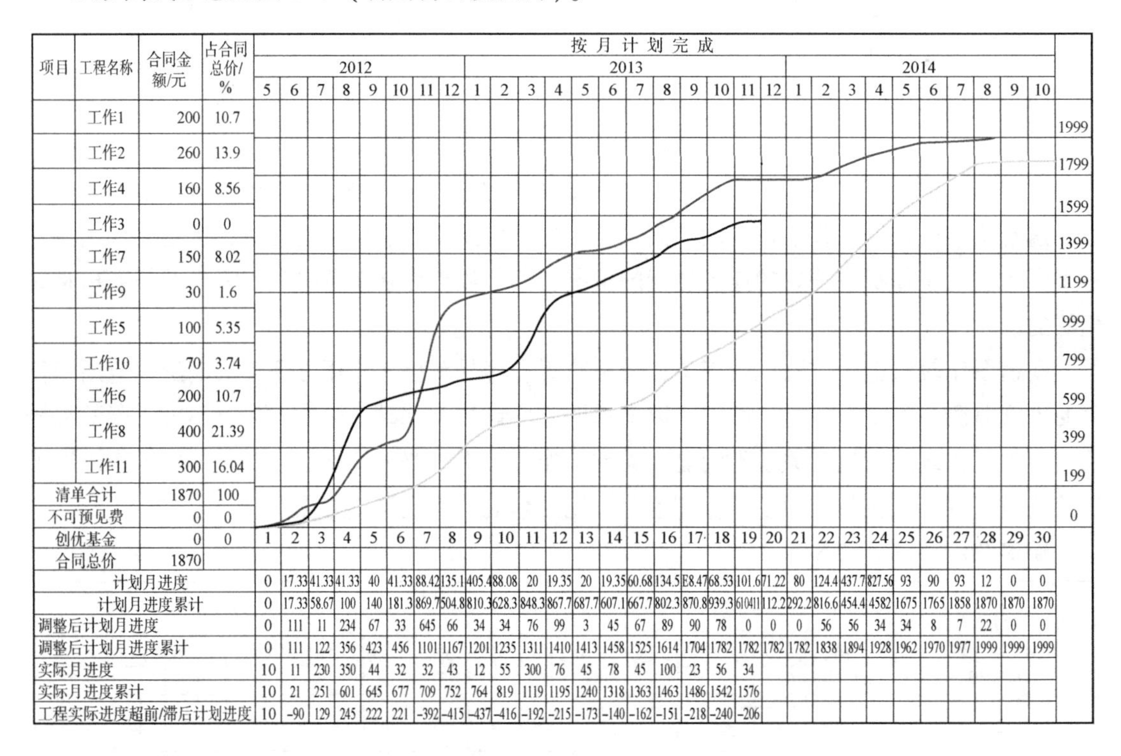

项目	工程名称	合同金额/元	占合同总价/%
	工作1	200	10.7
	工作2	260	13.9
	工作4	160	8.56
	工作3	0	0
	工作7	150	8.02
	工作9	30	1.6
	工作5	100	5.35
	工作10	70	3.74
	工作6	200	10.7
	工作8	400	21.39
	工作11	300	16.04
清单合计		1870	100
不可预见费		0	0
创优基金		0	0
合同总价		1870	

	1	2	3	4	5	6	7	8	9	10	11	12	13	14	15
月份	2012.5	6	7	8	9	10	11	12	2013.1	2	3	4	5	6	7
计划月进度	0	17.33	41.33	41.33	40	41.33	88.42	135.1	405.4	88.08	20	19.35	20	19.35	60.68
计划月进度累计	0	17.33	58.67	100	140	181.3	869.7	504.8	810.3	628.3	848.3	867.7	687.7	607.1	667.7
调整后计划月进度	0	111	11	234	67	33	645	66	34	34	76	99	3	45	67
调整后计划月进度累计	0	111	122	356	423	456	1101	1167	1201	1235	1311	1410	1413	1458	1525
实际月进度	10	11	230	350	44	32	32	43	12	55	300	76	45	78	45
实际月进度累计	10	21	251	601	645	677	709	752	764	819	1119	1195	1240	1318	1363
工程实际进度超前/滞后计划进度	10	-90	129	245	222	221	-392	-415	-437	-416	-192	-215	-173	-140	-162

	16	17	18	19	20	21	22	23	24	25	26	27	28	29	30
月份	8	9	10	11	12	2014.1	2	3	4	5	6	7	8	9	10
计划月进度	134.5	E8.47	68.53	101.6	71.22	80	124.4	437.7	827.56	93	90	93	12	0	0
计划月进度累计	802.3	870.8	939.3	610411	112.2	292.2	816.6	454.4	4582	1675	1765	1858	1870	1870	1870
调整后计划月进度	89	90	78	0	0	0	56	56	34	34	8	7	22	0	0
调整后计划月进度累计	1614	1704	1782	1782	1782	1782	1838	1894	1928	1962	1970	1977	1999	1999	1999
实际月进度	100	23	56	34											
实际月进度累计	1463	1486	1542	1576											
工程实际进度超前/滞后计划进度	-151	-218	-240	-206											

图 8-3　S 形曲线示意图

(3)“香蕉”曲线比较法

在网络计划中，除了关键活动，其他活动都有最早可能开始时间和最迟必须开始时间，分别用 T_{ES} 和 T_{LS} 表示，对于关键活动有 $T_{ES}=T_{LS}$。如果分别按最早可能开始时间和最迟必须开始时间安排进度来绘制“S”曲线，就可得到两条“S”曲线：T_{ES} 曲线和 T_{LS} 曲线，这两条曲线具有相同的开始时间和相同的结束时间，它们合在一起的形状像一根“香蕉”，故命名为“香蕉”曲线。而实际进度的曲线为 R 曲线。

把“香蕉”曲线与 R 曲线进行比较，如果 R 曲线位于“香蕉”曲线范围之内，表示进度正常，处于理想状态；如果 R 曲线位于 T_{ES} 曲线上方，表示实际进度超前了，如果 R 曲线在 T_{LS} 曲线下方，表示实际进度延后了；根据曲线提供的进度信息，可以预测将来实际进度的发展趋势。“香蕉”曲线反映了进度的偏差值，为进度控制提供决策信息，如图中 Δta 表示在检查日期进度提前完成的时间，Δya 表示在检查日期进度提前完成工程量的百分比；选择不同的进度控制日期点 ta，可以跟踪判断进度的不同执行状态，是提前或是延后；利用“香蕉”曲线的终点与预测 R 曲线终点横坐标的相差值，可以估计实际进度未来完成状态，即工期是提前或是延后。详见图 8-4。

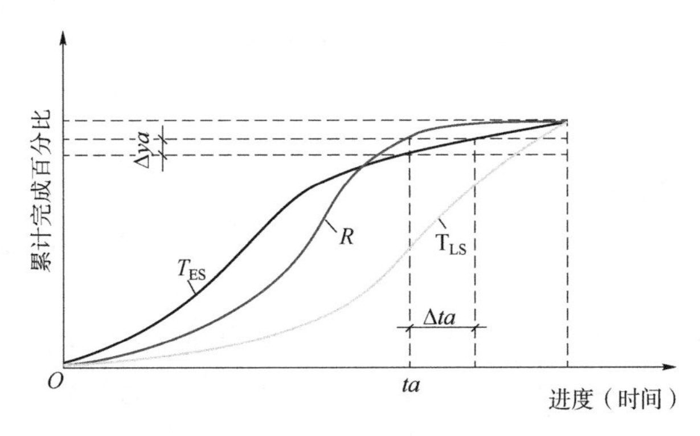

图 8-4 “香蕉”曲线比较法示意图

（4）前锋线比较法

前锋线比较法是在原时标网络计划上，从检查日期的坐标点出发，用点画线一次连接各项工作的实际进度的前端点，最后连接另一时间坐标轴上的检查时间点，形成垂直折线的方法。

这种比较进度的方法仍然是通过将实际进度与计划进度进行比较来确定进度偏差。将计划进度与实际进度前线位置进行比较，可以看出偏差的大小，并预测偏差对后续施工期的影响。

2. 进度计划控制

进度控制是一项全面的、复杂的、综合性的工作，工程实施的各个环节都影响工程进度计划，因此要从各方面采取措施促进进度控制工作。

（1）加强组织管理

网络计划在时间安排上是紧凑的，要求参加施工的不同管理部门及管理人员协调配合努力工作。因此，应从全局出发合理组织，统一安排劳力、材料、设备等，在组织上使网络计划成为人人必须遵守的技术文件，为网络计划的实施创造条件。

（2）严格界定责任

为保证总体目标实现，对工期应着重强调工程项目各分级网络计划控制。严格界定责任，依照管理责任层层制定总体目标、阶段目标、节点目标的综合控制措施，全方位寻找技术与组织、目标与资源、时间与效果的最佳结合点。

（3）网络计划的实施效果应与经济责任制挂钩

把网络计划内容、节点时间要求的具体落实，实行逐级负责制，使对实际网络计划目标的执行有责任感和积极性。同时规定网络计划实施效果的考核评定指标，使各分部、分项工程完成日期、形象进度要求、质量、安全、文明施工均达到规定要求。

(4) 运用信息化方法

网络计划的编制修改和调整应充分利用计算机，以利于网络计划在执行过程中的动态管理。

3. 进度计划调整

项目进度调整的内容包括：分析进度偏差的原因，分析偏差对后续工作的影响，确定影响总工期和后续工作的限制条件，采取相应的进度调整措施，实施调整后的进度计划。

项目进度调整主要包括两方面的工作，分析进度偏差的影响和进行项目进度计划的调整。

(1) 分析进度偏差的影响

通过进度比较方法，当出现进度偏差时，应分析偏差对后续工作及总工期的影响，主要从以下几个方面进行分析：

1) 分析产生进度偏差的工作是否为关键工作。若出现偏差的工作是关键工作，则无论其偏差大小，对后续工作及总工期都会产生影响，必须进行进度计划调整；若出现偏差的工作是非关键工作，则需根据偏差值与总时差和自由时差的大小关系，确定其对后续工作和总工期的影响程度。

2) 分析进度偏差是否大于总时差。如果工作的进度偏差大于该工作的总时差，则必将影响后续工作和总工期，应采取相应的调整措施；若工作的进度偏差小于或等于该工作的总时差，表明对总工期无影响，但其对后续工作的影响需要将其偏差与其自由时差相比较才能作出判断。

3) 分析进度偏差是否大于自由时差。如果工作的进度偏差大于该工作的自由时差，则会对后续工作产生影响，应根据后续工作允许影响的程度进行调整；若工作的进度偏差小于或等于该工作的自由时差，则对后续工作无影响，进度计划可不调整。

(2) 项目进度计划的调整

项目进度计划的调整，一般有以下几种方法：

1) 关键工作的调整。关键工作无机动时间，其中任一工作持续时间的缩短或延长都会对整个项目工期产生影响。因此，关键工作的调整是项目进度调整的重点。调整方法有以下两种情况：

①关键工作的实际进度较计划进度提前时的调整方法。若仅要求按计划工期执行，则可利用该机会降低资源强度及费用。实现的方法是：选择后续关键工作中资源消耗量大或直接费用高的工期予以适当延长，延长的时间不应超过已完成的关键工作提前量；若要求缩短工期，则应将计划的未完成部分作为一个新的计划，重新计算与调整，按新的计划执行，并保证新的关键工作按新计算的时间完成。

②关键工作的实际进度较计划进度落后的调整方法。调整的目标就是采取措施将耽误的时间补回来，保证项目按期完成。调整的方法主要是缩短后续关键工作的持续时间。

调整进度计划有增加工作面、延长每天的施工时间、增加劳动力及施工机械的数量的组织措施；有改进施工工艺和施工技术以缩短工艺技术间歇时间、采取更先进的施工方法以减少施工过程或时间、采用更先进的施工机械的技术措施；有实行包干奖励、提高资金数额、对所采取的技术措施给予相应补偿的经济措施；还有改善外部配合条件、改善劳动条件等其他配套措施。在采取相应措施调整进度计划的同时，还应考虑费用优化问题，从而选择费用增加较少的关键工作为压缩的对象。

2）改变某些工作的逻辑关系。若实际进度产生的偏差影响了总工期，则在工作之间的逻辑关系允许改变的条件下，可改变关键线路和超过计划工期的非关键线路上有关工作之间的逻辑关系，达到缩短工期的目的。这种方法调整的效果是显著的。例如，可以将依次进行的工作变为平行或相互搭接的关系，以缩短工期。但这种调整应以不影响原定计划工期和其他工作之间的顺序为前提，调整的结果不能形成对原计划的否定。

3）重新编制计划。当采用其他方法仍不能奏效时，则应根据工期的要求，将剩余工作重新编制网络计划，使其满足工期要求。

4）非关键工作的调整。当非关键线路上某些工作的持续时间延长，但不超过其时差范围时，则不会影响项目工期，进度计划不必调整。为了更充分地利用资源，降低成本，必要时可对非关键工作的时差做适当调整，但不得超过总时差，且每次调整均需进行时间参数计算，以观察每次调整对计划的影响。非关键工作的调整方法有三种：一是在总时差范围内延长非关键工作的持续时间；二是缩短工作的持续时间；三是调整工作的开始或完成时间。当非关键线路上某些工作的持续时间延长而超过总时差范围时，则必然会影响整个项目的工期，关键线路就会转移。这时，其调整方法与关键线路的调整方法相同。

5）增减工作。由于编制计划时考虑不周，或因某些原因需要增减或取消某些工作，则需重新调整网络计划，计算网络参数。增减工作不应影响原计划总的逻辑关系，以便使原计划得以实施。增减工作只能改变局部的逻辑关系。增加工作，只是对原遗漏或不具体的逻辑关系进行补充。减少工作，只是对提前完成的工作或原不应设置的工作予以删除。增减工作后，应重新计算网络时间参数，以分析此项调整是否对原计划工期产生影响。若有影响，应采取措施使之保持不变。

6）资源调整。若资源供应发生异常，应进行资源调整。资源供应发生异常是指因供应满足不了需要，如资源强度降低或中断，影响到计划工期的实现。资源调整的前提是保证工期不变或使工期更加合理。

8.1.4 项目进度管理的主要问题

目前工程项目进度管理中普遍存在的问题，主要表现在以下几个方面：

1. 进度管理影响因素多，管理无法到位

工程建设过程十分复杂，影响进度管理的因素颇多。地理位置、地形地貌等环境因素，劳动力、材料设备、施工机具等资源因素，施工技术因素，道德意识、业务素质、管理能力等人为因素，政治、经济、自然灾害等风险因素都会影响到工程项目的进度管理。多种因素的综合影响，直接导致事前控制不力、应急计划不足、管理无法到位的现象发生。

2. 进度计划过于刚性，缺乏灵活性

目前工程项目进度管理中，多采用甘特图、网络图、关键线路法，配合使用项目管理软件，进行进度计划的制订和控制。这些计划制订以后，经过相关方审批，直接用于进度控制。现场设计变更及环境变化现象时有发生，由于计划过于刚性，调整优化复杂，工作量大，会导致实际进度与计划逐渐脱离，计划控制作用失效。

3. 项目参与单位多，组织协调困难

因工程项目的自身特点，需要多方参与单位共同完成，各单位除完成自身团队管理外，还要做好与其他相关方的协调。协调不力，会直接导致工程进度延误。当前的工程模式，项目利益相关方并不能充分协作，不利于项目目标的实现。例如，由于协调不力，供应商不能按期、保质、保量地供应材料设备，机械设备使用时间段的争抢与纠纷，施工段划分不合理、流水组织不力，业主单位工程款无法按期支付等，承包商未能及时解决，都会影响工程进度。

4. 工程进度与质量、成本之间难以平衡

在施工过程中，进度、成本和质量三者相互联系，任何一方的变动都会导致其他两方的变化。

加快进度，就意味着增加成本，影响质量。采取赶工措施必然要增加资源的投入，带来费用的增加。三者之间的平衡直接决定了项目目标的实现。当前工程项目中，由于相关技术和方法的缺乏，很难对三者进行综合考虑和平衡，容易出现抢进度、增加成本、质量不达标、返工进度又拖后的恶性循环，最终导致进度的不断拖后和成本的不断增加。

进度管理是一个系统工程，要想有效地控制建设工程的进度，必须对影响进度的因素进行全面、细致的分析和预测，应用先进的信息技术以及相关方法工具，事先制定措施，事中采取有效措施，事后进行妥善补救，以缩小实际进度和计划进度的偏差，实现对建设工程进度的主动控制和动态管理。

§8.2　工程质量控制

质量控制是建设工程项目管理的主要控制目标之一。建设工程项目的质量控制，需要系统有效地应用质量管理和质量控制的基本原理和方法，建立和完善工程项目质量保障体系，落实项目各参与方的质量责任，通过项目实施各个环节质量控制的职能活动，有效预防和正确处理可能发生的工程质量事故，在政府的监督下，实现建设工程项目的质量目标。质量控制主要内容包括建设工程项目质量控制体系、建设工程项目施工质量控制、建设工程项目施工质量验收、施工质量不合格的处理、建设工程项目质量的政府监督等。

8.2.1　项目质量控制的内涵和特点

建设工程项目质量是指通过项目实施形成的工程实体的质量，是反映建筑工程满足法律、法规的强制性要求和合同约定的要求，包括在安全、使用功能以及在耐久性、环境保护等方面满足要求的明显和隐含能力的特性总和。其质量特性主要体现在适用性、安全性、耐久性、可靠性、经济性及环境的协调性等六个方面。

质量管理是指在质量方面指挥和控制组织的协调活动，包括建立和确定质量方针和质量目标，并在质量管理体系中通过质量策划、质量保证、质量控制和质量改进等手段实施全部质量管理职能，从而实现质量目标的所有活动。工程项目质量管理是指在工程项目实施过程中，指挥和控制项目参与各方关于质量的相互协调活动，是围绕着使工程项目满足质量要求而开展的策划、组织、计划、实施、检查、监督和审核等所有管理活动的总和。它是工程项目的建设、勘察、设计、施工、监理等单位的共同职责。项目参与各方的项目经理必须调动与项目质量有关的所有人员的积极性，共同做好本职工作，才能完成项目质量管理的任务。

质量控制是质量管理的一部分，是致力于满足质量要求的一系列活动，主要包括：设定目标，按照质量要求，确定需要达到的标准和控制的区间、范围、区域；测量检查，测量实际成果满足所设定目标的程度；评价分析，评价控制的能力和效果，分析偏差产生的原因；纠正偏差，对不满足目标的偏差，及时采取针对性措施，尽量纠正偏差。也就是说，质量控制是在具体的条件下围绕着明确的质量目标，通过行动方案和资源配置的计划、实施、检查和监督，进行事前控制、事中控制和事后控制，致力于实现预期质量目标的系统过程。

工程项目的质量要求，主要由业主提出。项目的质量目标，是业主的建设意图通过项目策划，包括项目的定义及建设规模、系统构成、使用价值和功能、规格、档次、标准等的定位策划和目标决策来确定的。项目承包方为了实现较高的顾客满意度，也可以提出更高的质量目标。工程项目质量控制就是在项目实施的整个过程中，包括项目的勘察设计、招标采购、施工安装、竣工验收等各个阶段，项目参与各方致力于实现项目质量总目标的一系列活动。

项目的质量涵盖设计质量、材料质量、设备质量、施工质量、影响项目运行的环境质量等，各项指标均需符合相关技术规范和标准的规定，满足业主的要求。工程项目质量控制的任务就是对项目的建设、勘察、设计、施工、监理单位的工程质量行为以及涉及项目工程实体质量的设计质量、材料质量、设备质量、施工安装质量进行控制。由于项目的质量目标最终由项目工程实体的质量来体现，项目工程实体的质量最终是通过施工作业形成的，设计质量、材料质量、设备质量往往也要在施工过程中进行检验，因此，施工质量控制是项目质量控制的重点。

工程项目质量管理是一个全过程活动，包括项目决策、工程设计、工程施工及竣工验收阶段的质量控制。施工阶段是工程实体质量形成的关键环节，工程质量好坏很大程度上取决于施工质量。由于工程项目一次性投入高，使用寿命长，施工工序多，建设风险大，使得建筑产品质量有其自身的特点：一是影响因素多。建设工程质量受到多种因素的影响，如决策、设计、材料、机具设备、施工方法、施工工艺、技术措施、人员素质、工期、工程造价等，这些因素直接或间接地影响工程项目的质量。二是质量易波动。由于建筑生产的单一件性、流动性不像一般工业产品的生产那样，有固定的生产流水线，有规范化的生产工艺和完善的检测技术，有成套的生产设备和稳定的生产环境，所以工程质量容易产生波动且波动幅度大。三是质量隐蔽性。工程项目在施工过程中，分项工程交接多、中间产品多、隐蔽工程多，因此质量存在隐蔽性，若不及时检查并发现已存在的质量问题，很容易产生判断错误。

四是终检的局限性。工程项目建成后不可能像一般工业产品那样依靠终检来判断产品质量，或将产品拆卸、解体来检查其内在的质量，所以工程项目的竣工验收难以发现工程内在的、隐蔽的质量缺陷。五是评价方法的特殊性。工程质量的检查评定及验收是按检验批、分项工程、分部工程、单位工程进行的。工程质量是在施工单位按合格质量标准自行检查评定的基础上，由建设单位组织有关单位、人员进行检验并确认验收的。

8.2.2 项目质量控制的责任和义务

《中华人民共和国建筑法》和《建设工程质量管理条例》规定，建设工程项目的建设单位、勘察单位、设计单位、施工单位、监理单位都要依法对建设工程质量负责，尤其要突出建设单位的首要责任和落实施工单位的主体责任。

1. 建设单位

建设单位应当将工程发包给具有相应资质等级的单位，并不得将建设工程肢解发包。

建设单位应当依法对工程建设项目的勘察、设计、施工、监理以及工程建设有关的重要设备、材料等的采购进行招标。

建设单位必须向有关勘察、设计、施工、工程监理等单位提供与建设工程有关的原始资料，原始资料必须真实、准确、齐全。

建设工程发包单位不得迫使承包方以低于成本的价格竞标，不得任意压缩合理工期，不得明示或者暗示设计单位或者施工单位违反工程建设强制性标准，降低建设工程质量。

建设单位应当将施工图审查设计文件按要求报有关行政主管部门或者行政主管部门指定的部门审查，施工图设计文件未经审批核准的，不得使用。

实行监理的建设工程，建设单位应当委托具有相应资质等级的工程监理单位进行监理。

建设单位在领取施工许可证或者开工报告前，应当按照国家有关规定办理工程质量监督手续。

按照合同规定，由建设单位采购建筑材料、建筑构配件和设备的，建设单位应当保证建筑材料、建筑构配件和设备符合设计文件和合同要求，建设单位不得明示或者暗示施工单位使用不合格的建筑材料、建筑构配件和设备。

涉及建筑主体和承重结构变动的装修工程，建设单位应当在项目施工前委托原设计单位或者具有相应资质等级的设计单位提出设计方案，没有设计方案的不能施工，房屋使用者在装修过程中，不得擅自变动房屋建筑主体和承重结构。

建设单位收到建设工程竣工报告后，应当组织设计、施工、工程监理等有关单位进行竣工验收，建设工程验收合格的，方可交付使用。

建设单位应当严格按照国家有关档案管理的规定，及时收集、整理建设项目各环节的文件资料，建立健全建设档案信息，并在建设工程竣工验收后，及时向建设行政主管部门或者其他有关部门移交建设项目档案。

2. 勘察、设计单位

从事建设工程勘察、设计的单位应当依法取得相应等级的资质证书，在其资质等级许可的范围内承揽工程，并不得转包或者违法分包所承揽的工程。

勘察设计单位必须按照工程建设强制性标准进行勘察、设计，并对所勘察、设计工作的质量负责。注册建筑师、注册结构工程师等注册执业人员应当在设计文件上签字，对设计文件负责。

勘察单位提供的地质、测量、水文等勘察成果必须真实准确。

设计单位应当根据勘察成果文件进行建设工程设计。设计文件应当符合国家规定的设计深度要求，注明工程合理使用年限。

设计单位在设计文件中选用的建筑材料、建筑构配件和设备，应当注明规格、型号、性能等技术指标，其质量要求必须符合国家规定的标准。除有特殊需求的建筑材料、专用设备、工艺生产线等外，设计单位不得指定生产、供应商。

设计单位应当就审查合格的施工图设计文件向施工单位作出详细说明。

设计单位应当参与建设工程质量事故分析，并对因设计造成的质量事故提出相应的技术处理方案。

3. 施工单位

施工单位对建筑工程的施工质量负责。施工单位应完善质量管理体系，建立岗位责任制度，设置质量管理机构，配备专职质量负责人，全面加强质量管理；推行工程质量安全手册制度，推进工程质量管理标准化，将质量管理要求落实到每个项目和员工；建立质量责任标识制度，对关键工序、关键部位隐蔽工程实施举牌验收，加强施工记录和验收资料管理，实现质量责任可追溯。施工单位不得转包或者违法分包工程。

建设工程实行总承包的，总承包单位应当对全部建设工程质量负责；建设工程勘察、设计、施工、设备采购的一项或者多项实行总承包的，总承包单位应当对其承包的建设工程或者采购的设备的质量负责。

总承包单位依法将建设工程分包给其他单位的，分包单位应当按照分包合同的约定对其分包工程的质量向总承包单位负责，总承包单位与分包单位对分包工程的质量承担连带责任。

施工单位必须按照工程设计图纸和施工技术标准施工，不得擅自修改工程设计，不得偷工减料。施工单位在施工过程中发现设计文件和图纸有差错的，应当及时提出意见和建议。

施工单位必须按照工程设计要求、施工技术标准和合同约定，对建筑材料、建筑构配件、设备和商品混凝土进行检验，检验应当有书面记录和专人签字，未经检验或者检验不合格的，不得使用。

施工单位必须建立健全施工质量的检测制度，严格工序管理，做好隐蔽工程的质量检查和记录，隐蔽工程在隐蔽前，施工单位应当通知建设单位和建设工程质量监督机构。

施工人员对涉及结构安全的试块、试件以及有关材料，应当在建设单位或者工程监理单位监督下现场取样，并送具有相应资质等级的质量检测单位进行检测。

施工单位对施工中出现质量问题的建设工程或者竣工验收不合格的建设工程，应当负责返修。

施工单位应当建立健全教育培训制度，加强对员工的教育培训，未经教育培训或者考核不合格的人员，不得上岗作业。

4. 监理单位

工程监理单位应当依法取得相应等级的资质证书，在资质等级许可范围内承担工程监理业务，且不得转让工程监理业务。

工程监理单位与被监理工程的施工承包单位以及建筑材料、建筑构配件和设备供应单位有隶属关系或者其他利害关系的，不得承担该项目的工程监理业务。

工程监理单位应当依照法律、法规以及有关技术标准、设计文件和工程承包合同要求，代表建设单位对施工质量进行监理，并对施工质量承担监理责任。

工程监理单位应当选派具有相应资格的总监理工程师和监理工程师进驻施工现场。未经监理工程师签字，建筑材料、建筑构配件和设备不得在工程上使用或者安装，施工单位不得进行下一道工序的施工。未经总监理工程师签字，建设单位不得拨付工程款，不得进行竣工验收。

监理工程师应当按照工程监理规范的要求，采取旁站、巡视和平行检验等形式，对建设工程实施监理。

为确保项目质量，住建部制定了《建筑工程五方责任主体项目负责人质量终身责任追究暂行办法》(建质〔2014〕124 号)，该办法规定，建筑工程五方责任主体项目负责人是指承担建筑工程项目建设的建设单位项目负责人、勘察单位项目负责人、设计单位项目负责人、施工单位项目经理及监理单位总监理工程师。建筑工程五方责任主体项目负责人质量终身责任是指参与新建、扩建、改建的建筑工程的项目负责人，按照国家法律法规和有关规定在工程设计使用年限内，对工程质量承担相应责任，符合下列情形之一的，县级以上地方人民政府住房和城乡建设主管部门应当依法追究项目负责人的质量终身责任。

1）发生工程质量事故。

2）发生投诉、举报、群体性事件、媒体报道，并造成恶劣社会影响的严重工程质量问题。

3）由于勘察、设计或施工原因造成尚在设计使用年限内的建筑工程不能正常使用。

4）存在其他应追究责任的违法违规行为。

工作质量终身责任实行书面承诺和竣工后永久性标牌等制度。违反法律法规规定，造成工程质量事故或严重质量问题的，除依照有关法律法规追究项目负责人终身责任外，还应依法追究相关责任单位和责任人员的责任。

5. 政府部门

政府监督机构质量控制是外部的、纵向的控制。政府监督机构的质量控制是按省市或专业部门建立的有权威的工程质量监督机构，根据有关法规和技术标准，对本地区本部门的工程质量进行监督检查。其控制依据主要是有关的法律文件和法定技术标准。施工阶段以不定期的检查为主，主要是对基础、首层、主体等阶段性工作进行抽检核查。

8.2.3 工程质量控制的内容

建设工程质量的优劣可以从功能性能、安全可靠、艺术特性、环境影响四个方面考虑。其中，建筑的功能性能特性主要表现在项目使用功能需求的一系列特性指标，如房屋建筑的平面空间布局、通风采光性能，道路交通的通行能力等。建筑的安全可靠特性指建筑不仅要满足使用功能和用途要求，而且在正常的使用条件下，应当达到安全可靠的标准，如建筑结构自身安全可靠，使用过程防腐蚀、防坠、防火、防盗、防辐射，以及设备系统运行与使用安全等。建筑的可靠性质量必须在满足功能性质量需求的基础上，结合技术标准、规范要求进行确定与实施。建筑的文化艺术特性指建筑具有深刻的社会文化背景，历来人们都把具有某种特定历史文化内涵的建筑产品视同为艺术品，其个性的艺术效果，包括建筑造型、立面外观、文化内涵、时代表征以及装修装饰、色彩视觉等，不仅使用者关注，而且社会也关注，不仅现在关注，而且未来也会关注和评价。工程项目文化艺术特征的质量，来自设计者的设计理念、创意和创新，以及施工者对设计意图的领会和精益施工。建筑的环境影响特性主要是指在建设与使用过程中对周边环境的影响，包括项目的规划布局、交通组织、绿化景观、节能环保，以及与周边环境的协调性或适宜性。

建设工程项目质量的影响因素，主要是指在项目质量目标策划、决策和实现过程中影响质量的各种客观因素和主观因素，包括人的因素、机械因素、材料设备因素、方法因素和环境因素（简称“人、机、料、法、环”）等。

1. 人的因素

在工程项目质量管理中，人的因素起决定性作用。项目质量控制应以控制人的因素为基本出发点。影响项目质量的人的因素不仅包括直接履行项目质量职能的决策者、管理者和作业者个人的质量意识和活动能力，还包括承担项目策划、决策或实施的建设单位、勘察设计单位、咨询服务机构、工程承包企业等单位组织的质量管理体系及其管理能力。前者是个体的人，后者是群体的人。我国实行建筑业企业经营资质管理制度、市场准入制度、职业资格注册制度、作业及管理人员持证上岗制度等，从本质上说都是对从事建筑工程活动的人的素质和能力进行必要的控制。人作为控制对象，应尽量避免工作失误，还要有控制动力，能充分调动人的积极性，发挥主导作用。要有效控制项目参与各方的人员素质，不断提高人的工作能力，以保证项目质量。

2. 机械因素

机械主要是指施工机械和各类工器具，包括施工过程中使用的运输设备、吊装设备、操作设备、测量仪器、计算器具以及施工安全设施等。施工机械设备是所有施工方案和工法得以实施的物质基础，合理选择和正确使用施工机械设备，是保证项目施工质量和安全的重要条件。

3. 材料设备因素

材料包括工程材料和施工用料，又包括原材料、半成品、产品、构配件和周转材料等，各类材料是工程施工的基本物质条件，材料质量不符合要求，工程质量就不可能达到标准。设备是指工程设备，是组成工程实体的工艺设备和各类机具，如各类生产设备、装置和辅助配套的电梯、泵机，以及通风空调、消防、环保设备等，它们是工程项目的重要组成部分，其质量的优劣直接影响到工程使用功能的发挥。所以加强对材料设备的质量控制，是保证工程质量的基础。

4. 方法因素

方法因素也可称为技术因素，包括勘察、设计、施工所采用的技术和方法，以及工程检测、试验的技术和方法等。从某种程度上说，技术方案和工艺水平的高低决定了项目质量的优劣。依据科学的理论，采用先进合理的技术方案和措施，按照规范进行勘察、设计、施工，必将保证项目的结构安全和使用功能。比如建设主管部门推广应用的建筑业十项新技术，即地基基础和地下空间工程技术、钢筋与混凝土技术、模板与脚手架技术、装配式混凝土结构技术、钢结构技术、机电安装工程技术、绿色施工技术、防水技术与维护结构节能、抗震加固与监测技术、信息化技术，对消除质量通病、提升工程品质都有积极作用，效果明显。

5. 环境因素

影响项目质量的环境因素，包括项目的自然环境因素、社会环境因素、管理环境因素和作业环境因素。

自然环境因素主要指工程地质、水文、气象条件和地下障碍物以及其他不可抗力等影响项目质量的因素，如复杂的地质条件必然对建设工程的地基处理和基础设计提出更高要求，处理不当就会对结构安全造成不利影响；在地下水位高的地区，若在雨季进行基坑开挖，遇到连续降雨或排水困难，就会引起基坑塌方或因地基受水浸泡而影响承载力等；在寒冷地区冬季施工措施不当，工程会受到冻融而影响质量；在基层未干燥或大风天进行卷材屋面防水层的施工，会导致粘贴不牢及空鼓等质量问题。

社会环境因素主要指对项目质量造成影响的各种社会环境因素，包括国家建设法律法规的健全程度及其执行力度、建设工程项目法人决策的理性化程度、建筑市场包括建设工程交易市场和建筑生产要素市场的发育程度及交易行为的规范程度、政府工程质量监督及行业管理成熟程度、建设咨询服务业的发展程度及其服务水准的高低、廉政管理及行风建设情况等。

管理环境因素主要指项目参建单位的质量管理体系、质量管理制度和各参建单位之间的协调等因素。比如参建单位的质量管理体系是否健全、运行是否有效，决定了该单位的质量管理能力；在项目施工中根据承发包的合同结构，理顺管理关系，建立统一的现场施工组织系统和质量管理的综合运行机制，确保工程项目质量保证体系处于良好的状态，创造良好的质量管理环境和氛围，是使施工顺利进行、提高工程质量的保证。

作业环境因素主要指项目实施现场平面和空间环境条件，各种能源介质供应、施工照明、通风、安全防护、施工场地给水排水，以及交通运输和道路条件等因素，这些条件是否良好都会直接影响施工能否顺利进行，以及施工质量能否得到保证。

上述因素对项目质量的影响具有复杂多变和不确定性的特点，对这些因素进行控制是项目质量控制的主要内容。

施工阶段工程项目质量控制一般采用以下几种措施进行监督控制：一是现场监督。检查人员在现场用旁站和巡视等方法观察、监督与检查其施工过程，注意并及时发现质量事故的苗头和影响质量因素的不利发展变化、潜在的质量隐患以及出现的质量问题等，以便及时进行控制。二是测量。测量是对建筑对象几何尺寸、方位等控制的重要手段，就是利用量测工具或计量仪表，通过实际量测结果与规定的质量标准或规范的要求相对照，从而判断质量是否符合要求。三是试验法。试验法指通过现场试验或试验室试验来分析判断质量情况。

8.2.4 项目质量风险分析和控制

建设工程项目质量的影响因素中有可控因素和不可控因素，这些因素对项目质量的影响存在不确定性，这就形成了建设工程项目的质量风险。建设工程项目的质量风险，通常就是指某种因素对实现项目质量目标造成不利影响的不确定性，这些因素导致发生质量损害的概率和造成质量损害的程度都是不确定的。在项目实施的整个过程中，对质量风险进行识别、评估、响应及控制，减少风险源的存在，降低风险事故发生的概率，减少风险事故对项目质量造成的损害，把风险损失控制在可以接受的程度，是项目质量控制的重要内容。

1. 质量风险识别

项目质量风险的识别就是识别项目实施过程中存在哪些风险因素、可能产生哪些质量损害。可以按风险类别考虑，如自然风险、管理风险、技术风险、环境风险等；也可以根据责任承担单位进行划分考虑，如业主方的风险、勘察设计的风险、施工方的风险、监理方的风险等。

项目质量风险具有广泛性，影响质量的各方面因素都有可能存在风险，项目实施的各个阶段都有不同的风险。进行风险识别，应在广泛收集质量风险相关信息的基础上，集合从事项目实施的各方面工作和具有各方面知识的人员参加。风险识别可按风险责任单位和项目实施阶段分别进行，如设计单位在设计阶段或施工阶段的质量风险识别、施工单位在施工阶段或保修阶段的质量风险识别等。识别可分三步进行：一是采用层次分析法画出质量风险结构层次图。可以按风险的种类列出各类风险因素可能造成的质量风险，也可按项目结构图列出各子项目可能存在的质量风险，还可以按工作流程图列出各实施步骤可能存在的质量风险。不要轻易否定或排除某些风险，对于不能排除但又不能确认存在的风险，宁可信其有。二是分析每种风险的促发因素。分析的方法可以采用头脑风暴法、专家调查访谈法、经验判断法和因果分析图等。三是将风险识别的结果汇总为质量风险识别报告，可以采用列表的形式，内容包括风险偏好、风险种类、触发风险的因素、可能发生的风险事故的简单描述以及风险承担的责任方等。

2. 质量风险评估

质量风险评估包括评估各种质量风险发生的概率和评估各种质量风险可能造成的损失量两方面。风险评估应采取定性与定量相结合的方法进行，通常可以采用经验判断法或德尔菲法，对各风险事件发生的概率、事件后果对项目的结构安全和主要使用功能影响的严重性由专家进行打分，然后汇总分析，以估算每个风险事件的风险水平，进而确定其风险等级。

3. 质量风险响应

(1) 质量风险应对策略

常用的质量风险应对策略包括风险规避、减轻、转移、自留及其组合等。

规避指采取恰当的措施避免质量风险的发生。例如，依法进行招标投标，慎重选择有资源、有能力的项目设计、施工、监理单位，避免因责任单位选择不当而发生质量风险；正确进行项目的规划选址，避开不良地或容易发生地质灾害的区域；不选用不成熟、不可靠的设计、施工技术方案；合理安排施工工期和进度计划，避免可能发生的雨季、大风、冻灾等对工程质量的损害。

减轻指针对无法规避的质量风险，研究制定有效的应对方案，尽量把风险发生的概率和损失量降到最低，从而降低风险等级。例如，在施工中有针对性地制定和落实有效的施工质量保证措施和质量事故应急预案，可以降低质量事故发生的概率并减少事故损失量。

转移是指依法采用正确的方法把质量风险转移给其他方承担。常用方法包括分包转移、担保转移和保险转移。

1）分包转移。例如，施工总承包单位依法把自己缺乏经验、没有足够把握的部分工程，通过分包合同分包给有经验、有能力的单位施工；承包单位依法实行联合承包，也是分担风险的办法。

2）担保转移。例如，建设单位在工程发包时要求承包单位提供履约担保，工程结算时扣留一定比例的质量保证金。

3）保险转移是指质量责任单位向保险公司投保适当的险种，把质量风险全部或部分转移给保险公司。

自留又称风险承担。当质量风险无法避免或者估计可能造成的质量损害不会很严重，且预防成本不会很高时，风险自留也是一种有效的风险应对策略。风险自留有两种：无计划自留和有计划自留。无计划自留指不知风险存在或虽预知有风险而未作预处理，一旦风险事件发生，视造成的质量缺陷情况进行处理。有计划自留指明知有一定风险，经分析由自己承担风险更合适，预先做好处理可能造成的质量缺陷和承担损失的准备。在建筑工程预算价格中，通常预留一定比例的不可预见费，一旦风险发生产生了损失，由不可预见费支付。

(2) 质量风险管理计划

质量风险应对策略应形成项目质量风险管理计划，内容一般包括：项目质量风险管理方针、目标，项目风险识别和评估结果，质量风险应对策略和具体措施，质量风险控制的责任分工，相应的资源准备计划。

4. 质量风险控制

项目质量风险控制是指在对质量风险进行识别、评估的基础上，按照风险管理计划对各种质量风险进行控制，包括对风险的预测、预警。

建设单位质量风险控制的主要内容包括：一是确定工程项目质量风险控制方针、目标和策略，根据相关法律法规和合同约定，明确项目各参与方的质量风险控制职责。二是对项目实施过程中业主方的质量风险进行识别、评估，确定相应的应对策略，制订质量风险控制计划和工作实施办法，明确项目管理机构各部门的质量风险控制职责，落实风险控制的具体责任。三是在工程项目实施期间，对建设工程项目质量风险控制实施动态管理，通过合同约束，对参建单位质量风险管理工作进行督导、检查和考核。

8.2.5 高等院校基建工程项目质量控制

目前针对高校基建工程施工过程质量控制的研究不多，相对完整的高校基建工程施工过程质量管理与控制的应用实例也比较少。鉴于高校基建管理的特点和工程质量控制理论的阐述，结合工程实例，讨论高校基建工程建设项目的质量控制。

1. 高校基建质量管理的特点

高校基建工程项目从开始筹办到竣工交付使用，要经过可行性研究、选址意见书确定、立项批复、规划审查、勘察设计、设计审查、招投标、组织施工、质量监督、工程监理、竣工验收等阶段，每一个阶段的工作，都直接影响着工程的最终质量。要确保工程建设的总体质量，就要对工程建设实施全面质量管理。因此，工程建设质量的保证必须要求高校各部门通力合作，对建设项目的选址、设计方案选择、施工队伍确定、原材料质量把关、施工管理、质量监督、工程监理等各环节进行严格管理；科学地进行质量控制，把保证工程质量的要求和措施落实到相应的各个阶段、各部门的各项工作中来，加强目标实施过程中的检查，真正发挥高校建设项目管理部门在工程建设中的管理作用和总体质量控制中的主导作用。

2. 高校基建质量管理内容

国务院第号令发布的《建设工程质量管理条例》第二章中明确规定了建设单位的质量责任和义务。高校建设项目管理部门作为整个工程建设过程中的组织、监督、协调者，为了确保工程质量，必须掌握工程建设每个阶段的重点工作和关键点，针对具体问题，采取具体措施，严把工程建设各个环节的质量关，最终有效地确保工程质量，从而提高工程项目的总体质量水平。具体来说，高校建设项目管理部门在工程建设中，应着重抓好以下几个方面的工作：

(1) 严格执行基本建设程序

基本建设程序指基本建设项目从酝酿、论证、决策、设计、施工到竣工验收交付使用的整个过程，它是工程建设客观规律的反映，也是国家为保证工程质量制定的管理制度。在这个过程中的各个环节，相互衔接、环环紧扣，反映了建设项目的内部联系，任何一个环节都可能影响全局，甚至造成不可弥补的损失。通过对近几年出现的工程质量事故的分析，发现工程建设者不按照建设程序进行工作是造成工程质量事故的一个重要原因。国家对建设工程的审批程序有严格规定，立项前必须进行可行性研究论证，由立项审批部门对建设内容、工期和投资概算等内容进行审核和批复，城市规划部门要根据城市规划要求对建设项目的建设地点、外形、颜色设计方案等内容进行审核批复，对临街建筑和临城市主干道的建设项目要求更高。建设管理部门要组织电力供应、城市给排水、消防、环保、市政等部门对建设项目的初步设计进行审查批复，并对施工图纸、勘察资料进行质量审查。学校项目的投资主体是国家财政资金，因此，项目概算和工程决算必须由主管部门组织审核。这些烦琐的基本建设程序是国家为了保证项目的工程质量和投资效益制定的，每一项程序都是为了针对建设项目解决不同阶段的具体问题而设立，必须遵守和执行。否则，违反基建审批程序，前期准备工作不充分或有些问题在前期准备阶段得不到解决，盲目施工，都会给国家财产和人民生命安全造成巨大损失。因此，加强基本建设管理的首要任务是严格执行基本建设程序。

在规划建设阶段实行严格管理，按照政府部门对工程建设管理的有关程序去实施工程建设。因此，高校基建管理部门要认真做好建设项目的可行性研究论证，落实建设资金来源，做好项目立项工作，然后再依法选择勘察设计单位和建设监理单位，采用公开招投标方式确定施工单位，把各个工作环节的目标和责任落实到目标责任人，发现问题及时研究和解决，并对整个工程建设项目的计划做动态调整和安排，这样就会达到事半功倍的效果。

（2）把好设计审查关

高校基建管理部门对工程勘察和设计应给予高度重视。工程建设质量的好与坏很大程度取决于设计质量的好与坏，因为施工图是建筑规范的集中体现，是施工时直接对照的标准。勘察设计的质量好坏直接决定着建设工程的成败、投资效益的高低、使用功能的好坏。因此，在每项工程的前期工作中都必须紧紧地抓住这个环节不放，一定要搞好总体设计、初步设计和施工图设计。

现在设计单位对大项目比较重视，更愿意接受委托，但对小的个体项目不愿意参加设计公开招标，甚至有的单位接受设计委托了，但实际上交给个人完成，由设计院签章，收取管理费。这样设计的图纸质量得不到保证，可能造成建筑、结构、安装上的矛盾。由于工程设计埋下的种种隐患，在施工过程中图纸常一改再改，严重影响了施工质量。因此，学校基建管理部门必须紧紧抓住图纸预审和会审这个环节，解决设计不符合规范的问题。

（3）优选施工队伍

选择好施工队伍，是直接影响工程质量、进度提高、有效投资的重要环节。目前，建设市场施工队伍庞大，各类施工企业鱼龙混杂，既有实力雄厚、技术力量强的大中型建筑企业，也有普通、小型的建筑企业。面对诸多的施工队伍，如何选择好的施工队伍，是保证工程质量和工程进度的首要条件，是高校建设管理部门应该特别重视的问题。

一是严格投标施工单位资格预审。资格审查不仅仅是“审查资质证书”，而是全面地审查投标单位行为规范与素质、市场准入、单位资质等，并对其经营规模、经营状况、技术力量、业绩、安全记录和履约情况等进行综合评定，真正使进入投标阶段的投标人均是合格的投标人。二是收取较高比例的投标保证金。为了进一步排斥打牌子、挂靠以及联合的施工单位入围，避免出现围标现象和恶意抬标给业主带来的风险，在招标实践中常收取较高的投标保证金来提高入围门槛。三是评标方法中加强施工单位和项目经理的业绩权重，使优秀的施工单位和项目经理中标的可能性增加。四是选用合适的商务标评标办法。如拦标价方法，既控制投标上限，也实际控制了投标下限，保证中标施工单位的合理利润，提高有实力的优秀施工单位的投标积极性。五是确定合适的评标方法，尽量减少人为因素，保证评标的公平、公正、公开。通过以上努力，在招标中胜出的一般都是技术、管理水平较高的施工企业和优秀的项目经理，这为将来较理想的施工质量奠定了坚实的基础。

（4）控制合理的造价

既要确保工程质量，又要节约投资，二者既是相互矛盾又是互为统一的关系。高校基建管理部门应当从建设项目的适用性出发，在方案构思、设计评选、建筑标准的确定等各个方面严格把关。要按客观规律办事，既要千方百计地降低工程造价、减少不必要的开支、节约工程费用，也要充分考虑到建筑标准和工程质量对造价的客观要求。为确保优良的工程质量，必须采用优质材料：优质材料价格肯定要高于普通材料，一分价钱，一分质量。同时，在当前建筑市场饱和的情况下，特别注意防止简单节约投资的想法。如：强行要施工单位让利、垫付资金过多；选择低档次的建筑材料和设备；不顾客观现实，强行搞预算一次性包死等。这些不适当的做法违背了建筑市场的客观规律，势必会影响工程质量、降低投资效益。

施工单位在没有赢利甚至没办法保本的前提下，不可能严格按规范操作，不可能采购优质材料。因此，为保证工程质量，必须在造价上做出合理的选择。

高校基建管理部门还应该对工程中用量大、质量要求高、价格昂贵的材料或设备，要求甲方进行市场调查，掌握市场经济信息，在合同中另行约定，或者注明甲方采购。这样既可以降低工程造价，又可以保证工程质量。

(5) 强化工程监理制度

由于高校建设项目管理部门的人员往往是临时从各个方面抽调来的管理人员，多数没有专业知识和工程建设的管理经验，相互之间一时难以密切配合，管理水平和效率较低，根本不能有效地发挥组织、协调、约束作用；经过一段时间的学习、工作实践、相互了解，他们积累了一些技术、管理经验后，又因工作调整而从事其他工作。以后其他工程项目建设又重新组建基建管理机构，在很低的管理水平上如此重复，使得管理水平和投资效益一直难以提高。

工程建设管理是建筑、结构、水、暖、电、工艺、设备、建筑经济、建筑施工等多门学科集于一体的综合学科，需要各专业技术人员通力合作、相互配合、相互协作，才能完成。即使有些建设单位的基建管理部门有一些专业技术人员，但他们也受各自所学专业单一的限制难以对工程进行全面的质量控制和管理。因此，国家强制推行监理制度。建设单位必须解放思想，充分认识社会监理的必要性，一定要委托具有相应资质等级的工程监理单位进行监理。

所谓建设监理，就是由专门设置的建设监理机构，根据建设管理部门的行政法规和技术标准，综合运用法律、经济、行政和技术手段，对工程建设参与者的行为和他们的责、权、利进行必要的协调和约束，保证工程建设井然有序地进行，从而达到工程建设的好、快、省和取得最大投资效益的目的。有些单位，认为有建设管理部门就可以对工程质量进行全面的管理，为了节省监理费用，不聘用监理单位。但实际情况是，由于建筑工程质量产生于建设过程的每道工序之中，仅仅依靠监理单位的全过程监理，放松建设单位的管理和质量监督站定期的检查和抽查，很难保证建筑施工质量的优良。因而委托监理也不等于完全取代建设单位的基建管理工作，高校建设项目管理部门的定期和阶段性的检查仍然是非常必要的。所以，委托监理后，高校基建管理部门仍然需要为严把质量关做大量细致的工作，必须协调建设单位、质量监督管理站和监理单位三方对质量的管理合力，才能保证质量。

§8.3 建设工程安全生产管理

建筑工程施工现场安全管理不仅仅是一个多工种相互协作的工程问题，也是一项复杂的系统工程。在建筑工程建设的全寿命周期中，即从项目的立项开始到最后的拆除报废整个过程中都会时刻存在着安全问题，并且不同阶段的安全管理的内容和重点也不尽相同，这就使建筑工程施工项目安全管理变得非常复杂和困难，既要求对不同阶段潜在的安全问题进行全面而详尽的分析研究，同时还得根据实际工作现场情况以及周围的环境状况制定相应的安全防治措施。而施工阶段作为建筑工程最为关键的阶段，对其进行施工现场的安全管理将不仅可以保证从业人员的生命健康，同时也是实现建筑业可持续发展的重要组成部分之一。

8.3.1 安全生产相关管理制度

由于建设工程规模大、周期长、参与人数多、环境复杂多变，导致安全生产的难度很大。2016 年 2 月颁布的《中共中央国务院关于进一步加强城市规划建设管理工作的若干意见》和 2017 年 2 月颁布的《国务院办公厅关于促进建筑业持续健康发展的意见》（国办发〔2017〕19 号）中强调，建设工程应完善工程质量安全管理制度，落实工程质量安全主体责任，强化工程质量安全监督管理，提高工程项目质量安全管理水平。因此，依据现行的法律法规，通过建立各项安全生产管理制度体系，规范建设工程参与各方的安全生产行为，在重大工程项目中进行风险评估或论证，在项目中将信息技术与安全生产深度融合，提高建设工程安全生产管理水平，防止和避免安全事故的发生是非常重要的。

现阶段正在执行的主要安全生产管理制度包括：安全生产责任制度，安全生产许可证制度，政府安全生产监督检查制度，安全生产教育培训制度，安全措施计划制度，特种作业人员持证上岗制度，专项施工方案专家论证制度，危及施工安全的工艺、设备、材料淘汰制度，施工起重机械使用登记制度，安全检查制度，生产安全事故报告和调查处理制度，“三同时”制度，安全预评价制度，工伤和意外伤害保险制度。

1. 安全生产责任制

安全生产责任制是最基本的安全管理制度，是所有安全生产管理制度的核心。安全生产责任制是按照安全生产管理方针和“管生产必须管安全”的原则，将各级负责人员、各职能部门及其工作人员、各岗位生产工人在安全生产方面应做的事情及应负的责任加以明确规定的一种制度。具体来说，就是将安全生产责任分解到相关单位的主要负责人、项目负责人及专业负责人身上。

2. 安全检查制度

安全检查制度是清除隐患、防止事故、改善劳动条件的重要手段，是安全生产管理工作的一项重要内容。通过安全检查可以发现企业及生产过程中的危险因素，以便有计划地采取措施，保证安全生产。安全检查的方式有单位组织的定期安全检查、各级管理人员的日常巡回检查、专业性检查、季节性检查、节假日前后检查、不定期检查等。安全检查的主要内容包括查思想、查管理、查隐患、查整改、查事故处理等。安全检查的重点是检查“三违”和安全责任制的落实，检查后应编写安全检查报告，报告应包括已达标项目、未达标项目、存在的问题、原因分析、纠正和预防措施。对查出的安全隐患，不能立即整改的，要制订整改计划，定人、定措施、定经费、定完成日期。在未消除安全隐患前，必须采取可靠的防范措施，如有危及人身安全的紧急险情，应立即停工。

3. “三同时”制度

“三同时”制度是指凡是我国境内新建、改建、扩建的基本建设项目、技术改造项目和引进的建设项目，其安全生产设施必须符合国家规定的标准，必须与主体工程同时设计、同时施工、同时投入生产和使用。安全生产设施主要是指安全技术方面的设施、职业卫生方面的设施、生产辅助性设施。《中华人民共和国劳动法》第 53 条规定“新建、改建、扩建工程的劳动安全卫生设施必须与主体工程同时设计、同时施工、同时投入生产和使用”。《中华人民共和国安全生产法》第28条规定“生产经营单位新建、改建、扩建工程项目的安全设施，必须与主体工程同时设计、同时施工、同时投入生产和使用。安全设施投资应当纳入建设项目概算”。新建、改建、扩建工程的初步设计，要经过行业主管部门、安全生产管理等的审查，同意后方可进行施工；工程项目完成后，必须经过主管部门、安全生产管理部门的竣工检验；建设工程项目投产后，不得将安全设施闲置不用，生产设施必须和安全设施同时使用。

4. 安全预评价制度

安全预评价是根据建设项目可行性研究报告内容，分析和预测项目可能存在的危险、有害因素的种类和程度，提出合理可行的安全对策措施及建议。开展安全与评价工作是贯彻落实“安全第一，预防为主”方针的重要手段，是实施科学化、规范化安全管理的工作基础。科学、系统地开展安全评价工作，不仅能够直接起到消除危险因素、减少事故发生的作用，还有利于全面提高企业的安全管理水平，有利于系统地、有针对性地加强对不安全状况的治理和改造，最大限度地降低安全生产风险。

8.3.2 建筑工程施工现场安全管理的主要内容

建筑工程施工项目建设过程中所面临的安全管理影响因素是错综复杂的，并且由于处于不断变化的动态社会环境中，建筑工程施工现场的安全管理影响因素也在不断发生变化，这就要求建筑工程施工现场安全管理必须有章可循，必须制定建筑工程施工现场安全管理的步骤和流程。由于施工阶段是建筑工程施工项目最为主要的阶段，施工阶段的安全管理影响因素也是最为复杂的，且影响的程度以及产生的后果也最为严重。因此，建筑工程施工项目的施工现场安全管理步骤和过程主要是针对施工阶段而制定的。建筑工程施工项目施工阶段施工现场安全管理的步骤和流程主要包括以下几个方面：建筑工程施工项目初步的工程分析、国家有关安全管理的法律法规研究、建筑工程施工项目施工现场安全管理现状调查、识别建筑工程施工现场安全管理影响因素、评价建筑工程施工现场安全管理影响、制定建筑工程施工现场安全管理预防控制方案、实施建筑工程施工现场安全管理预防控制方案、建筑工程施工现场安全管理影响报告书的编写。

8.3.3 建筑工程施工现场安全管理影响因素

1. 人的行为

人的行为会影响建筑工程施工现场的安全管理，包括建设单位、施工单位、安全监督管理部门、施工作业人员等所有项目参与者。如：建设单位未严格执行基本建设程序，将建设工程承包给不具备相应资质等级的施工单位以便从中获取利益，未配备足够的安全管理措施费或者不按照规定足额支付有关施工现场的安全生产、文明施工的措施费用等；施工单位建筑施工企业安全生产意识薄弱，未落实安全管理责任制，没有制定健全的安全生产管理体系或安全管理责任制没有具体落实，发现潜在的安全事故时没有及时有效处理，对于复杂的单项工程没有按要求制定安全施工方案，没有配备或者缺少专职的安全管理人员，施工作业人员缺乏安全生产管理知识，特种作业人员没有按照要求持证上岗等。

2. 施工所需要的材料和机械设备不合格

建设工程施工项目施工现场所需的材料、设备和工具的流动性较大，在建设过程中，所使用的材料以次充好，进场的材料没有按照严格的监测程序进行监测，施工现场材料未按规定储存和保护，机械设备的安装检测程序不规范，机械设备定期的维修和保养状况不达标等都是导致施工现场安全事故的重要因素。在实际的施工过程中，应该对施工所使用的机械设备定期进行维修和保养，从而保证其处于最佳的工作状态。

3. 施工环境

施工环境对建筑工程施工现场安全管理产生影响的因素主要有以下几个方面：一是施工现场所在地的气候条件；二是施工现场的照明情况；三是施工现场的综合基础环境；四是施工现场周围的环境情况。其中，施工现场所在地的气候条件和施工现场的综合基础环境是最为主要的两个方面。施工现场所在地的气候条件不仅仅决定着施工项目的建设工期，因为建设工程施工项目大部分施工作业都是在露天环境下进行的，其对施工现场的天气条件的要求相对比较严格；同时，施工现场所在地的气候条件还在一定程度上会引发安全事故，比如基坑的开挖过程中若出现连续降雨可能会导致基坑塌陷或者挖掘机械倾覆等安全事故。施工现场的综合基础环境指的是施工现场的生产环境、办公环境、施工作业人员的日常生活和休息环境等，这些环境如未得到有效的、科学的管理就可能会导致安全事故的发生。

4. 施工管理方法

施工管理方法对建筑工程施工现场安全管理产生影响的因素主要有以下几个方面：一是建设工程施工项目施工现场的施工安全管理机构的设置；二是安全生产教育培训工作的开展情况；三是现场施工安全保护措施的执行；四是安全事故预防及应急处理措施。建设工程施工项目施工现场的施工安全管理机构的设置以及配置符合要求的专职安全管理人员是降低施工现场安全事故的有效措施之一，也是《建筑施工企业安全生产管理机构设置及专职安全生产管理人员配备办法》（建质〔2004〕213 号）中明确规定的。

§8.4 建设工程职业健康与环境管理

随着社会和经济的发展，职业健康问题日益受到重视。2007 年，世界卫生组织（the World Health Organization，WHO）正式发布了职业健康全球行动计划（Workers' Health：Global Plan of Action）。在国内，随着《中华人民共和国职业病防治法》的颁布，我国相继制定了一系列职业健康相关的法规和标准文件，这表明职业健康的重要性已得到广泛的认识，职业健康保护开始由理念宣传进入行动阶段。在党的十八大报告中，“提高人民的健康水平”被列为我国改善民生加强社会建设的重要方面之一。建筑业作为国民经济基础产业，其施工阶段具有从业人员众多、劳动密集、生产露天性以及作业场所条件恶劣等特点，因此也是职业健康隐患显著的行业。并且，由于工程项目的独特性和生产的流动性，工艺和作业环境不确定因素较多，又使施工阶段的职业健康风险因素和管理相较一般工业行业更为复杂。

8.4.1 建设工程职业健康安全与环境管理的要求

项目决策阶段，建设单位应按照有关建设工程法律法规的规定和强制性标准的要求，办理各种有关安全与环境保护方面的审批手续。对需要进行环境影响评价或安全预评价的建设工程项目，应组织或委托具有相应资质的单位进行建设工程项目环境影响评价和安全预评价。在项目设计与施工过程中，建设单位应督促设计单位、施工单位、监理单位按照有关安全要求进行设计和施工。项目竣工后，建设单位应向环境保护行政主管部门申请环评验收或环境影响登记备案。环保设施竣工验收合格后，才能投入生产和使用。

随着人类社会进步和科技发展，职业健康安全与环境问题越来越受关注。为了保证劳动者在劳动生产过程中的健康安全，保护人类的生存环境，必须加强职业健康安全和环境管理。

8.4.2 文明施工

文明施工是指保持施工现场良好的作业环境、卫生环境和工作秩序。文明施工也是保护环境的重要措施。文明施工的内容包括：规范施工现场的场容，保持作业环境的整洁卫生；科学组织施工，使生产有序进行；减少施工对周围居民和环境的影响；遵守施工现场文明施工的规定和要求，保证职工的安全和身体健康。

文明施工的要求主要包括现场围挡、封闭管理、施工场地、材料堆放、现场住宿、现场防火、治安综合管理、施工现场标牌、生活设施、保健急救，社区服务 11 项内容。

建设工程项目必须满足有关环境保护法律法规的要求，在施工过程中应注意保护环境，保护环境也是文明施工的重要内容之一。工程建设过程中的污染主要包括对施工场界内的污染和对周围环境的污染，对施工场界内的污染防治属于职业健康问题，对周围环境的污染防治是环境保护问题。建设工程的环境保护措施主要包括大气污染的防治、水污染的防治、噪声污染的防治、固体废弃物的处理以及文明施工措施等。

为保证作业人员的身体健康和生命安全，改善作业人员的工作环境与生活环境，防止施工过程中各类疾病的发生，建设工程施工现场还应加强卫生防疫工作。

8.4.3 健全建筑施工企业职业健康管理模式的建议

1. 施工企业层级职业健康管理

一是各级施工企业强化落实主体责任，成立以企业主要负责人、分管生产安全负责人为领导，各职能部门负责人组成的职业健康委员会，研究、统筹、协调、指导企业的职业健康管理工作，解决突出矛盾和难题，组织开展职业健康安全管理活动，落实“管安全生产必须管职业健康”的相关要求，建立健全自我约束、持续改进的内生机制，建立全过程职业健康管理制度。

二是完善组织机构，配齐人员。各级施工企业设立职业健康管理机构，配备专兼职职业健康管理人员和相关技术人员，专门负责开展职业健康管理工作，并定期组织专业知识培训，加强人才队伍建设。从各级企业到项目部均设置职业健康联络员及联络平台，打造纵向到底的职业健康管理系统。

三是制定职业健康安全管理办法。结合施工企业及所承担的项目情况，编制具有指导意义的职业健康安全管理办法，指导项目开展职业健康安全管理工作，并对施工现场的职业危害进行识别和控制，提出有效的解决办法。

四是加强职业健康管理标准化建设与考核。通过建立职业健康管理系列标准，把职业健康纳入企业标准化考核，健全岗位责任体系，层层签订职业健康管理目标责任书，层层落实职业病危害防治责任，确保职业健康管理工作落实到位。

2. 项目施工现场职业健康管理

一是健全项目职业健康管理制度体系。施工项目建立以后，应根据国家及行业相关的职业健康安全管理的政策、法规、规范和标准，结合工程项目特点建立一套切实有效的职业健康安全管理制度，具体包括职业健康安全生产责任制度、职业健康安全生产教育制度、职业健康安全生产检查制度、不同职业危害的职业健康安全管理制度等，用制度约束施工人员的行为，以达到职业健康安全生产的目的。

二是加强职业健康施工安全技术管理。针对工程特点、施工现场环境、使用机械及施工中可能使用的有毒有害材料，提出职业健康安全技术和防护措施，从技术上消除潜在的危险因素。职业健康安全技术措施必须在施工前编制，并以书面形式对施工人员进行职业健康安全技术交底。

三是加强职业健康培训。对从业人员上岗前、在岗期间进行定期职业卫生知识培训，加强职业病宣传教育工作，使他们了解并遵守职业病防治法律、法规、规章和操作规程。

四是建立职业危害告知制度。定期对施工现场生产作业场所职业病危害因素进行检测与评价，定期向所在地安全生产监督管理部门申报职业危害因素，并向员工公布。加强职业病防护和职业健康体检，建立职业健康监护档案，发现有不适宜某种有害作业的疾病患者，及时调换工作岗位。

五是树立“职业病危害因素浓度（强度）超标就是隐患”的理念，将职业病危害因素分析和治理纳入风险分级管控和隐患排查治理双重预防机制中，加强职业病危害风险管控。

六是加强施工作业人员入场前的职业健康体检工作。由于建筑施工作业人员流动量大，疑似职业病患者难以及时发现，且职业病发病后追溯相关企业责任难度大，职业病患者发病后，往往不能得到有效的医疗救护保障，所以应加强对施工作业人员入场前的体检，特别是焊工、油漆工、水泥上料工、混凝土振动棒工、打桩机工等接触职业危害的作业人员，对其进行入场前的职业健康体检，掌握作业人员的职业健康情况，有针对性地开展职业健康管理工作。

3. 建立职业健康科技支撑体系

一是加强职业病防治信息化建设。将现代信息技术与职业健康管理工作相结合，建立职业病防治信息化系统平台，对施工现场的职业危害因素分类管理，利用信息技术，将企业内疑似职业病作业人员和职业病人员分类录入系统，建立职业健康监护档案（包括劳动者职业史、职业危害接触史、职业健康检查结果和职业病诊疗等有关个人健康资料）进行监测，加强跟踪与体检工作，无论职业病禁忌、疑似职业病或患职业病人员流动到任何一个施工现场，都能查到相关职业病情况。强化职业病危害源头治理，探索建立基于职业病危害风险管理的分级分类监管模式，建立企业职业病危害风险类别和等级数据库。

二是加强新兴业务领域职业危害防治工作。随着新技术、新工艺、新设备和新材料的广泛应用，新的职业病危害因素不断出现，新的职业病危害问题不容忽视，对职业病防治工作提出了新挑战。传统的职业危害防治理论和技术不能完全适用于新兴业务领域，建筑施工企业需要根据施工项目的职业危害类别与职业健康技术服务机构合作，加强新兴业务领域的职业危害防治工作，与职业病诊断鉴定机构和职业健康体检机构合作，强化新兴业务领域的职业病危害基础研究、预防控制、诊断鉴定、综合治疗能力。

§8.5 绿色建筑与绿色施工

建筑业是我国资源浪费最严重的行业之一，建筑能耗高、能效低，建筑用能污染严重是建筑业可持续发展面临的一个重大问题。传统施工以追求经济效益为主要目标，注重按承包合同、施工图纸、技术要求、项目计划及项目预算完成项目的各项目标，节约资源和保护环境处于从属地位；当经济效益与节约资源、环境保护发生冲突时，往往不惜以浪费资源和破坏环境为代价。随着经济发展意识和观念的转变，可持续发展是所有发展中的市场主体的目标，也是建筑工程企业所追求的目标，因此“绿色施工管理将是未来施工管理创新及施工企业发展的方向”。绿色施工是一项复杂的系统工程，绿色施工的实现不仅依赖绿色施工技术，还需要全面考虑施工现场场地环境、资源利用、废弃物处理以及现场施工组织管理等因素。

8.5.1 绿色建筑与绿色施工的内涵

绿色建筑通俗来说是指在建筑的全生命周期内（包括立项、规划、设计、施工、后期运营到拆除的全过程），能够尽可能多地节约资源（土地、水源、能源、材料），在维护生态平衡的同时，为我们营造一个清洁、舒适、高效的生存环境，并与自然保持平衡关系的一类建筑物的统称。我国绿色奥运建筑评估体系给出的“绿色建筑”概念是：最大限度地节能、节水、节地、节材；最大限度地减少气、液、固体废弃物对大气、水、生态循环、自然环境的破坏；营造健康舒适的人居环境和良好的室内外环境，健康为主，适度舒适。

绿色建筑施工是建设绿色建筑，贯彻“四节一环保”理念，加强绿色建筑施工管理水平的最重要阶段。住建部2007年印发的《绿色施工导则》中，对绿色施工的定义为：工程建设中，在保证质量、安全等基本要求的前提下，通过科学管理和技术进步，最大限度地节约资源与减少对环境有负面影响的施工活动，实现“四节一环保”（节材、节水、节能、节地和环境保护）。《绿色奥运建筑评估体系》中，对绿色施工的定义为：通过切实有效的管理制度和工作制度，最大限度地减少施工活动对环境的不利影响，减少资源与能源的消耗，实现可持续发展的施工技术。我国《绿色建筑评价标准》中，对绿色建筑的定义为：在建筑的全寿命周期内，最大限度地节约资源（节能、节地、节水、节材）、保护环境和减少污染，为人们提供健康、适用和高效的使用空间，与自然和谐共生的建筑。北京市《绿色施工管理规程》中，对绿色施工的定义为：建设工程施工阶段严格按照建设工程规划、设计要求，通过建立管理体系和管理制度，采取有效的技术措施，全面贯彻落实国家关于资源节约和环境保护的政策，最大限度节约资源，减少能源消耗，降低施工活动对环境造成的不利影响，提高施工人员的职业健康安全水平，保护施工人员的安全与健康。

绿色建筑施工阶段相对于绿色建筑的全寿命周期是短暂的，但是对生态环境的影响却是集中性的，对资源和能源的消耗也是最多的。绿色建筑施工管理就是通过先进的绿色施工工艺和技术，在保证施工过程安全可靠、施工质量严格受控的前提下以实现“四节一环保”为目标的管理活动，绿色施工是社会发展的必然趋势。

绿色施工并不是一种完全独立的施工体系，而是继承并发展传统施工，按照科学发展观进行的和谐提升。绿色施工的特点主要表现在以下几个方面：

1. 资源节约

建设项目通常要使用大量的材料、能源和水等资源，绿色施工要求在保证工程安全和质量的前提下把节约资源（节材、节水、节能、节地等）作为施工中的控制目标，并根据项目的特殊性制定具有针对性的节约措施。

2. 环境友好

绿色施工的另一个重要方面就是尽量降低施工过程对环境的负面影响，以“减少场地干扰、尊重基地环境”为原则制定环保措施，主要针对扬尘、噪声、光污染、水污染、周边环境改变以及大量建筑垃圾等抓好环保工作以达到环境保护目标。

3. 经济高效

在可持续发展的思想指导下，运用生态学规律指导人们在施工中正确利用资源以求实现“资源产品、再生资源、再生产品”的循环流动，如此一来，能源和资源都得到了合理而持久的利用，提高了利用效率，从而实现经济高效。

4. 系统性强

传统施工虽然有资源和环保指标，但相对来说比较局限，比如利用环保的施工机具和环保型封闭施工等，而绿色施工是一个系统工程，其理念体现在每个环节中并且环环相扣、紧密相连，包括施工策划、材料采购、现场施工、工程验收等，“绿色”贯穿于全过程。

5. 信息技术支持

随着项目施工的进展，各种资源的利用量是随着工程量和进度计划安排的变化而变化的。通常传统施工在选择机械、设备、材料等资源时往往用主观的方式进行决策，如此选择相对较为粗放，为保险起见决策者一般会刻意高估资源需求量从而导致不必要的浪费，此外在工程量动态变化中进行动态调整的工作更是难上加难。因此只有借助信息技术才能高效地动态监管实施绿色施工。

8.5.2 绿色建筑施工管理原则

绿色建筑的施工过程就是一个基于可持续发展理念，在施工阶段保证安全、健康、质量的前提下，通过科学管理和技术进步，尽可能地减少浪费、减少对周围自然环境破坏的过程。绿色建筑施工管理就是要做到低耗、高效，以保护环境为原则，实现绿色建筑施工过程高效、低耗、环保，以取得最大综合效益。因此，绿色建筑的施工管理应与社会、环境、经济效益有机统一，协调发展。

绿色施工作为建筑全寿命周期中的一个重要阶段，是实现建筑领域资源节约和节能减排的关键环节，是可持续发展思想在工程施工中的应用体现，是绿色施工技术的综合应用，是用“可持续”的眼光对传统施工技术的重新审视。

绿色施工以建造绿色建筑为目标，注重建筑物实体在建造和使用过程的“绿色”化：注重优选绿色环保建筑材料，注重选择先进的施工工艺、施工方法，注重分项工程的绿色验收和监督管理。通过净化施工过程，为绿色建筑营造绿色通道。

实施绿色施工，对施工策划、材料采购、现场施工、工程验收等各阶段进行控制，加强对整个施工过程的管理和监督。

8.5.3 绿色建筑施工管理的影响因素

1. 认知因素

绿色建筑施工管理并不仅仅是施工企业单方面的任务，它贯穿了整个建筑建设过程的方方面面，设计阶段的设计方案是否节能环保、材料供应商提供的材料是否是绿色建材、政府是否建立健全了绿色激励制度等都决定着绿色建筑施工管理水平的高低。我国关于绿色建筑施工管理的理论还没有完善，相关的管理制度还不健全，绿色建筑参建各方主体之间的管理职能还不明确。

2. 政策因素

我国推行绿色建筑已有十年时间，虽然现在政府已经出台《绿色奥运建筑评估体系》及新版《绿色建筑评价标准》，但是《绿色奥运建筑评估体系》不适合当前情况，新版《绿色建筑评价标准》中也没有明确对绿色建筑施工管理建立独立的评判标准。我国的政策部门对绿色建筑施工管理的认识度仍不够，政策上缺乏相应的绿色质量标识和绿色建筑施工标准，如施工现场的各种能耗限定标准和建筑垃圾的排放量限定等。同时缺乏针对各参与主体的有关绿色建筑施工管理的激励机制，在一定程度上也降低了施工各方对绿色建筑施工管理的积极性。

3. 材料和机械设备因素

绿色建筑想要实现的一个重要环节就是建筑材料绿色化和机械设备的安排合理化，但是目前我国对建筑材料市场的管理不够严格，标准方面缺乏有关建筑材料的绿色评价标准和标识，很多商家依旧沿用旧的粗放式的生产方式。这些因素导致了施工单位采购材料时没有具体的绿色评判标准，从而影响绿色建筑施工。另外，由于施工过程中所需要使用的机械设备种类很繁杂，但是政府方面关于机械设备性能的绿色评价和标准还未完善，导致施工企业以满足基本施工需要和经济效益为依据来选择机械设备，造成了施工过程多余的能源浪费和污染物排放超标的现象。

4. 现行施工工艺因素

当前很多施工企业依然沿用传统施工管理方法，在施工组织和施工方案的设计中对于工艺工序的选择和安排存在着很多不符合绿色理念的地方，传统的施工管理是以质量、工期和成本三要素为核心进行施工安排的，忽略了绿色建筑节约资源保护环境的要求。同时由于现场基层管理人员和作业人员绿色意识的匮乏，很难将绿色建筑施工质量管理理念落实到实际操作中去。

5. 建筑工业化、信息化水平较低

我国目前正在大力发展建筑工业化和施工信息化，这两种模式将成为当前和今后的主流方向，同时也是促进绿色建筑施工质量管理水平提高的有效方式。建筑业工业化程度的提高，能够对“将绿色装配式施工方式运用到施工过程中”起到有力保障，从而提高施工效率缩短工期，降低能耗，保护环境以及节约材料，最终达到提高施工质量水平的目的。加强信息化建设能够提升施工阶段各方作业人员的交流沟通，及时获取施工现场各方情况，减少资源在信息传递过程中的浪费。当前我国建筑行业无论是工业化还是信息化建设水平还达不到预期要求。

8.5.4 绿色建筑施工管理的内容

绿色建筑施工管理的内容主要就是在确保施工质量达到标准的基础上实施“四节一环保”。

1. 环境保护管理

针对施工现场的各种污染源包括粉尘、噪声、废弃物排放、潜在危险元素、化学物放射源的泄漏等进行影响严重程度、污染规模大小和影响周期等方面的分析评价，根据评价结果针对重大影响因素制定切合实际的预控措施。

2. 节材与材料资源利用管理

对施工现场的结构材料、维护材料、周转材料和装饰材料等所有材料进行节约管理，建立完善的材料管理体制，视施工现场具体情况而定，安排采购计划，包括供货时间、采购批次、进场装卸堆放地点等，要加强管理，减少库存，避免二次搬运和材料采购过程中发生的损耗，提高材料的整体利用率。

3. 节水与水资源利用管理

现场施工生活过程中要运用绿色环保的节水设备和技术，对现场临设的生活用水、生产加工区的搅拌用水、现场养护用水、冲洗用水等都要运用有效的节水措施，优先使用非传统水源的同时也要建立用水循环装置，进行计量管理并保证用水安全。

4. 节能与能源利用管理

通过针对施工现场的能源消耗制定相关指标，优先采用节能、高效、环保的施工机械设备、工艺、材料，形成对现场机械设备、生产和生活等能源消耗大户的管理策略。

5. 节地与土地资源保护管理

针对施工现场现有土地资源，从尽量提高临时用地使用率，减少废地、死角和对土地的破坏，尽可能利用荒地等方面进行临时用地方案优化。另外在施工平面布置方面应充分而科学地利用现有建筑物和现有管线道路设施为现场施工作业活动服务。

8.5.5 绿色建筑施工管理框架

绿色施工总体框架由施工管理、环境保护、节材与材料资源利用、节水与水资源利用、节能与能源利用、节地与施工用地保护六个方面构成。这六个方面涵盖了绿色施工的基本指标，同时包含了施工策划、材料采购、现场施工、工程验收等各阶段指标的子集。绿色施工中强调新技术的运用，以保证施工管理的顺利进行，这足以说明绿色施工管理在绿色施工中处于重要地位。绿色施工管理主要包括组织管理、规划管理、实施管理、人员安全与健康管理和评价管理。

1. 绿色施工管理组织

首先设计和建立科学、完善的绿色施工管理体系，制定详细的绿色施工目标和管理制度，从而使施工整体任务在绿色施工管理体系支配下，建筑参建各方都能各司其职、相互配合，保证绿色施工各项工作顺利进行。

（1）建立两级绿色施工管理机构

一级机构包括建设单位、施工单位、设计单位和监理单位，二级机构主要指施工单位成立的负责管理的机构，例如绿色施工管理小组等。这两级施工管理机构全权负责整体绿色施工管理工作，两级机构的第一责任人应分别由建设和施工单位项目经理担当。各级机构应挑选综合素质高的人员负责处理分项任务和协调，以管理责任人为节点积极调动人员从事绿色施工管理的热情，实现全方位、全过程的绿色施工管理。

（2）施工过程中，明确划分不同单位的管理任务

为提高管理效率，避免施工出现错误，应准确掌握各项任务具体负责的单位和部门，监督各部门任务完成情况，从而及时协调单位间的施工任务，保证任务的顺利进行。建立有效的内外信息传递机制，使施工单位各部门准确把握外部政策变化及项目内绿色施工的整体情况。在项目设计阶段，建设单位应尽量考虑方案的可行性，避免过于追求外观效果，应采用较为成熟的材料产品，合理规划。

2. 建设项目绿色施工的规划管理

规划管理指制定和执行总体的方案及具体施工方案，实现对施工过程的有效控制，落实绿色施工各项要求，以达到绿色施工的目的。总体管理方案编制质量关系着实际的管理效果，应注重将绿色施工理念融入管理方案中，并兼顾不同单位的实际情况，以保证总体方案的顺利实施。

首先，实际编制过程中，建设单位应将详细、真实的有关绿色施工资料提供给设计、施工单位，建设单位编制招标文件时应明确绿色施工的目标要求，提供涉及施工项目各方面的支持，同时还应负责不同单位的绿色施工管理工作；设计单位应根据施工的具体要求，综合机电设备、装修、土建等各方面内容，形成一个便于管理的整体，为统一规划和管理奠定坚实的基础；正式开工前设计单位应向施工单位进行交底，使其充分把握施工要实现的目标和意图；监理单位应负起责任，认真审查和监督绿色施工任务的具体落实情况，保证施工单位按照设计目标要求进行施工。

其次，编制具体施工方案。根据建筑工程任务将总体施工方案进行细分，编制时应注意

准确把握以下内容：一是应将施工中涉及的材料使用、资源节约等进行量化，通过明确的数值表现出来。二是在满足总体方案要求的前提下，应详细列出不同施工阶段应注意的具体控制要求，列出绿色施工具体控制措施，例如节地措施、节材措施等，同时还应列出能够反映绿色管理的内容。

3. 建设项目绿色施工的实施管理

实施管理是绿色施工方案的具体落实，应加强施工过程的控制和管理，保证其满足绿色施工方案的要求。施工管理主要包括对绿色施工目标的控制和施工现场管理两方面内容。

（1）绿色施工目标控制

可以将绿色施工目标进行分解，按照具体施工要求划分绿色施工目标，并将其划分成不同的阶段进行施工，注重绿色施工策划目标在实际施工中的体现，以此对施工中的目标进行控制。由于建筑工程建设处在不断变化之中，为了实现绿色施工目标，应对整个施工过程进行监控，收集现场工程实测数据和各项参数，定期将其与绿色施工目标规定的内容进行对比，出现偏差时认真分析偏差产生的原因，及时采取有效措施进行纠正。同时还应加强对施工整个过程的控制，包括材料采购、施工策划和准备等环节。

（2）现场施工管理

现场施工是建设资源消耗和环境污染产生的主要阶段，现场施工管理水平的高低，直接关系着整体绿色施工目标能否顺利实现。绿色施工现场管理包含准确把握绿色控制要点、制订管理计划、制定专项管理措施、监督实施四方面内容，其中把握绿色施工控制要点的最根本任务是：结合建筑工程的实际情况，明确施工的每个细节的绿色施工控制目标，尤其是对项目重、难点部分做好技术交底工作，大力宣传绿色施工控制的重要性，营造良好的绿色施工环境，使施工人员自觉规范施工行为，满足绿色施工目标要求；明确不同部门管理人员的职责，并使其准确掌握外界与现场，以及管理成员之间的交流途径和方式；根据建筑工程特点制定针对性强的专项管理措施，通过培训、定期举行技术交流大会等措施总结施工管理经验，提升一线施工管理人员的管理技能；认真监督施工过程，保证绿色施工控制要点落实到位。

4. 建设项目绿色施工的人员安全与评价管理

人员安全是保证建筑工程顺利实施的前提，应从施工人员生活和施工过程两方面进行管理。为员工提供良好的生活环境，加强对员工饮水、膳食及住宿环境的管理，为工程的顺利实施奠定基础。施工过程中应制定详细的安全事故应急预案，规范施工行为，定期举行培训活动提高员工安全施工意识，使其掌握一定的自救技能，为绿色施工管理顺利开展创造良好的条件；按照绿色施工管理体系，组织专门的评估小组，对施工效率及时评定，及时纠正偏离绿色施工管理目标的行为，提高绿色施工管理效果。

§8.6 工程变更与索赔

8.6.1 工程变更管理

工程变更一般是指在工程施工过程中，根据合同约定对施工的程序，工程的内容、数量、质量要求及标准等作出变更。

1. 工程变更的原因

工程变更一般有以下几个方面的原因：一是业主变更指令，对建筑有了新要求，如业主有新的意图、修改项目计划、削减项目预算等；二是由于设计人员、监理方人员、承包商事先没有很好地理解业主的意图，或设计错误导致图纸修改；三是工程环境的变化，预定的工程条件不准确，要求实施方案或实施计划变更；四是由于产生新技术和知识，有必要改变原计划、原实施方案或实施计划，或由于业主指令及业主责任的原因造成承包商施工方案改变；五是政府部门对工程的新要求，如国家计划变化、环境保护要求、城市规划变动等；六是由于合同实施出现问题，必须调整合同目标或修改合同条款。

2. 工程变更的范围

根据 FIDIC 施工合同条件，工程变更的内容包括以下几个方面：一是改变合同中所包括的任何工作的数量；二是改变工作的质量和性质；三是改变工程任何部分的标高、基线、位置和尺寸；四是删减任何工作，但要交他人实施的工作除外；五是任何永久工程需要的任何附加工作、工程设备、材料或服务；六是改动工程的施工顺序和时间安排。

3. 工程变更的顺序

根据统计，工程变更是索赔的主要起因。由于工程变更对工程施工过程影响很大，会造成工期的拖延和费用的增加，容易引起双方的争执，所以要十分重视工程变更管理问题。一般工程施工承包合同中都有关于工程变更的具体规定。工程变更一般按照以下程序进行：

1）提出工程变更。根据工程实施的实际情况，承包商、业主方、设计方都可以根据需要提出工程变更。

2）工程变更的批准。承包商提出的工程变更，应该交由工程师审查并批准；设计方提出的工程变更应该与业主协商或经业主审查并批准；业主方提出的工程变更，涉及设计修改的应该与设计单位协商，并一般通过工程师发出。工程师发出工程变更的权利，一般会在施工合同中明确约定，通常在发出变更通知前应得到业主批准。

3）工程变更指令的发出及执行。为了避免耽误工程，工程师和承包人就变更价格和工期补偿达成一致意见之前有必要先行发布变更指示，先执行工程变更工作，然后再就变更价格和工期补偿进行协商和确定。工程变更指示的发出有两种形式：书面形式和口头形式。一般情况下要求用书面形式发布变更指示，如果由于情况紧急而来不及发出书面指示，承包人应根据合同规定要求工程师书面认可。根据工程惯例，除非工程师明显超越合同权限，否则承包人应该无条件地执行工程变更的指示。即使工程变更价款没有确定，或者承包人对工程师答应给予付款的金额不满意，承包人也必须一边进行变更工作，一边根据合同寻求解决办法。

4. 工程变更的责任分析与补偿要求

根据工程变更的具体情况可以分析确定工程变更的责任和费用补偿。

1）由于业主要求、政府部门要求、环境变化、不可抗力、原设计错误等导致的设计修改，应该由业主承担责任。由此所造成的施工方案变更，以及工期延长和费用增加，应该向业主索赔。

2）由于承包人的施工过程、施工方案出现错误或疏忽而导致的设计修改，应该由承包人承担责任。

3）施工方案变更要经过工程师的批准，不论这种变更是否会给业主带来好处（如工期缩短、节约费用）。由于承包人的施工过程、施工方案本身的缺陷而导致的施工方案变更，所引起的费用增加和工期延长应该由承包人来承担责任。业主向承包人授标前或签订合同前，可以要求承包人对施工方案进行补充、修改或作出说明，以便符合业主的要求。在授标后或签订合同后业主为了加快工期、提高质量而变更施工方案，由此所引起的费用增加可以向业主索赔。

8.6.2 建设工程索赔

在国际工程承包市场上，工程索赔是承包人和发包人保护自身正当权益、弥补工程损失的重要而有效的手段。

1. 索赔依据

建设工程索赔通常是指在工程合同履行过程中，合同当事人一方因对方不履行或未能正确履行合同，或者由于其他非自身因素而受到经济损失或权利损害，通过合同规定的程序向对方提出经济或时间补偿要求的行为。索赔是一种正当的权利要求，是合同当事人之间一项正常的而且普遍存在的合同管理业务，是一种以法律和合同为依据的合情合理的行为。

（1）索赔的起因

索赔可以由以下一个或几个方面的原因引起：一是对方违约，不履行或未能正确履行合同义务与责任；二是合同错误，如合同条文不全、错误、矛盾，设计图纸、技术规范错误等；三是合同变更；四是工程环境变化，包括法律、物价和自然条件的变化等；五是不可抗力因素，如恶劣气候条件、地震、洪水、战争状态等。

（2）索赔的分类

1）按照索赔目的和要求分类，一般分为工期索赔和费用索赔。工期索赔一般指承包人向业主，或者分包人向承包人要求延长工期；费用索赔即要求补偿经济损失，调整合同价格。

2）按照索赔事件的性质分类：一是工期延期索赔。因为发包人未按合同要求提供施工条件，或者发包人指令工程暂停或不可抗力事件等原因造成工期拖延的，承包人向发包人提出索赔；如果由于承包人原因导致工期拖延，发包人可以向承包人提出索赔；由于非分包人的原因导致工期拖延，分包人可以向承包人提出索赔。二是工程加速索赔。通常是由于发包人或工程师指令承包人加快施工进度，缩短工期，引起承包人的人力、物力、财力的额外开支，承包人提出索赔；承包人指令分包人加快进度，分包人也可以向承包人提出索赔。三是工程变更索赔。由于发包人或工程师指令增加或减少工程量，或增加附加工程、修改设计、变更施工顺序，造成工期延长和费用增加，承包人对此向发包人提出索赔，分包人也可以对此向承包人提出索赔。四是工程终止索赔。由于发包人违约或发生不可抗力事件等造成工程非正常终止，承包人和分包人因蒙受经济损失而提出索赔；如果由于承包人或者分包人的原因导致工程非正常终止，或者合同无法继续履行，发包人可以对此提出索赔。五是不可预见的外部障碍或条件索赔，即施工期间在现场遇到一个有经验的承包商通常不能预见的外界障碍和条件，例如地质条件与预计的（与提供的资料）不同，出现未预见的岩石、淤泥或地下水等，导致承包人损失，这类风险通常应该由发包人承担，即承包人可以据此提出索赔。六是不可抗力事件引起的索赔。不可抗力通常是指一方无法控制的、该方在签订合同前不能对之进行合理防备的、发生后该方不能合理避免或克服的、不主要归因于他方的。发生不可抗力事件导致的承包人损失，通常应该由发包人承担，即承包人也可以据此提出索赔。七是其他索赔。如货币贬值、汇率变化、物价变化、政策法令变化等原因引起的索赔。

（3）承包商向业主索赔

在建设工程实践中，比较多的是承包商向业主提出索赔。常见的建设工程施工索赔如下：

1）因合同文件引起的索赔。包括有关合同文件的组成问题引起的索赔，合同文件有效性引起的索赔，因图纸或工程量表中的错误而引起的索赔。

2）有关工程施工的索赔。包括地质条件变化而引起的索赔，工程中人为障碍引起的索赔，增减工程量的索赔，各种额外的试验和检查费用的补偿、工程质量要求的变更而引起的索赔，指定分包商违约或延误造成的索赔，其他有关施工的索赔。

3）关于价款方面的索赔。包括价格调整方面的索赔，关于货币贬值和严重经济失调导致的索赔，拖延支付工程款的索赔。

4）关于工期的索赔。包括关于延长工期的索赔，由于延误产生损失的索赔，赶工费用的索赔。

5）特殊风险和人力不可抗拒灾害的索赔。包括特殊风险的索赔和人力不可抗拒灾害的索赔。特殊风险一般是指战争、敌对行动、入侵行为、核污染及冲击波破坏、叛乱、革命、暴动、军事政变或篡权、内战等；人力不可抗拒灾害主要是指自然灾害，这类灾害造成的损失应向承保的保险公司索赔。在许多合同中承包人以业主和承包人共同的名义投保工程一切险，这种索赔可同业主一起进行。

6）工程暂停、终止合同的索赔。施工过程中，工程师有权下令暂停全部或任何部分工程，只要这种暂停命令并非承包人违约或其他意外风险造成的，承包人不仅可以得到要求工期延长的权利，而且可以就其停工损失获得合理的额外费用补偿。终止合同和暂停工程的意义是不同的，有些是因为意外风险造成的损害十分严重而终止合同，也有些是由“错误”引起的合同终止，例如业主认为承包人不能履约而终止合同，甚至从工地驱逐该承包人。

7）财务费用补偿的索赔。财务费用的损失要求补偿，是指因各种原因使承包人财务开支增大而导致的贷款利息增加等财务费用。

（4）业主向承包商索赔

在承包商没有按合同要求实施工程时，工程师除了可向承包商发出批评、警告，要求承包商及时改正，在许多情况下，还可以代表业主根据合同向承包商提出索赔。

1）索赔费用和利润。承包商没按合同要求实施工程，发生下列损害业主权益或违约的情况时，业主可索赔费用和利润：一是工程进度太慢，要求承包商赶工时，可索赔工程师的加班费；二是合同工期已到而工程仍未完工，可索赔误期损害赔偿费；三是质量不满足合同要求，如不按照工程师的指示拆除不合格的工程和材料，不进行返工或不按照工程师的指示在缺陷责任期内修复缺陷，则业主可找另一家公司完成此类工作，并向承包商索赔成本及利润；四是质量不满足合同要求，工程被拒绝接收，在承包商自费修复后，业主可索赔重新检验费；五是未按合同要求办理保险，业主可前去办理并扣除索赔相应的费用；六是由于合同变更或其他原因造成工程施工的性质、范围或进度计划等方面发生变化，承包商未按合同要求去及时办理保险，由此造成的损失或损害可向承包商索赔；七是未按合同要求采取合理措施，造成运输道路、桥梁等的破坏；八是未按合同要求，无故不向分包商付款；九是严重违背合同（如工程进度一拖再拖，质量经常不合格等），工程师一再警告而没有明显改进时，业主可没收履约保函。

2）索赔工期。FIDIC 于 1999 年出版的新版合同条件《施工合同条件》规定，当承包商的工程质量不能满足要求，即某项缺陷或损害使工程、区段或某项主要生产设备不能按原定目的使用时，业主有权延长工程或某一区段的缺陷通知期。

2. 索赔成立的前提条件

一是与合同对照，事件已造成了承包人工程项目成本的额外支出或直接工期损失；二是造成费用增加或工期损失的原因，按合同约定不属于承包人的行为责任或风险责任；三是承包人按合同规定的程序和时间提交索赔意向通知和索赔报告。以上三个条件必须同时具备，缺一不可。

索赔的依据主要包括三个方面：一是合同文件；二是法律、法规；三是工程建设管理。针对具体的索赔要求，具体依据也不相同，例如有关工期的索赔要依据进度计划、变更指令等。

3. 索赔证据

索赔证据是当事人用来支持其索赔成立或和索赔有关的证明文件及资料。索赔证据作为索赔文件的组成部分，在很大程度上关系到索赔的成功与否。证据不全、不足或没有证据，索赔是很难获得成功的。在工程项目实施过程中，会产生大量的工程信息和资料，这些信息和资料是开展索赔的重要证据。因此在施工过程中，应该自始至终做好资料积累工作，建立完善的资料记录和科学管理制度，认真系统地积累并管理合同、质量、进度以及财务收支等方面的资料。

可以作为证据使用的材料有以下 7 种：

1）书证。是指一些文字和数字记载的起证明作用的书面材料和其他载体，如合同文本、财务账册、欠据、收据、往来信函以及确定有关权利的判决书、法律文件等。

2）物证。是指以其存在、存放的地点外部特征及物质特征来证明案件事实真相的证据，如购销过程中封存的样品，被损坏的机械、设备，有质量问题的产品等。

3）证人证言。是指知道、了解事实真相的人所提供的证词，或向司法机关所作的陈述。

4）视听材料。是指能够证明案件真实情况的影像资料，如录音带、录像带等。

5）被告人供述和有关当事人陈述。包括被告人向司法机关所作的承认事实的陈述或申请从减、从轻、免除处罚的辩解和申述，以及当事人就案件事实向司法机关所作的陈述。

6）鉴定结论。是指专业人员就案件有关情况向司法机关提供的专门的书面鉴定意见，如损伤鉴定、痕迹鉴定、质量责任鉴定等。

7) 勘验、检验笔录。是指司法人员或行政执法人员对与案件有关的现场物品、人身等进行勘察、试验、实验或检查的文字记载。这项证据也具有专门性。

索赔证据要具有真实性、及时性、全面性、关联性和有效性。

4. 索赔的一般程序和方法

(1) 索赔意向通知书

在工程实施过程中发生索赔事件以后，或者承包人发现索赔机会，首先要提出索赔意向，即在合同规定时间内将索赔意向以书面形式及时通知发包人或者工程师，向对方表明索赔愿望、要求或者声明保留索赔的权利，这是索赔工作程序的第一步。索赔意向通知书要简明扼要地说明索赔事由发生的时间、地点、简单事实情况描述和发展动态、索赔依据和理由、索赔事件的不利影响等。

(2) 索赔资料的准备

在索赔资料准备阶段，主要工作包括：一是跟踪和调查索赔事件，掌握事件产生的详细经过；二是分析索赔事件产生的原因，划清各方责任，确定索赔根据；三是损失或损害的调查分析与计算，确定工期索赔和费用索赔值；四是收集证据，获得充分而有效的各种证据；五是起草索赔文件。

(3) 索赔文件的提交

提出索赔的一方应该在合同规定的时间内向对方提交正式的书面索赔文件，例如我国《建设工程施工合同（示范文本）》规定，承包人必须在发出索赔意向通知后的28天内或经过工程师同意的其他合理时间内，向工程师提交详细的索赔文件和有关资料。如果索赔事件对工程的影响持续时间长，承包人则应按工程师要求的合理间隔（一般为28天）提交中间索赔报告，并在索赔事件影响结束后的28天内提交一份最终索赔报告，否则将失去就该事件请求补偿的索赔权利。

索赔文件的主要内容包括以下几个方面：一是总述。概要论述索赔事项发生的日期和过程，承包人为该索赔事项付出的努力和附加开支，承包人的具体索赔要求。二是论证部分。论证部分是索赔报告的关键部分，其目的是说明自己有索赔权，是索赔能否成立的关键。三是索赔款项（或工期）计算部分。如果说索赔报告论证部分的任务是解决索赔权利能否成立，则款项计算就是解决能得到多少款项，前者定性，后者定量。四是证据部分。要注意引用的每个证据的效力或可信程度，对重要的证据资料最好附以文字说明，或附以确认件。

(4) 索赔文件的审核

对于承包人向发包人的索赔请求，索赔文件首先应该交由工程师审核。工程师根据发包人的委托授权对承包人索赔的审核工作主要分为判定索赔事件是否成立和核查承包人的索赔计算是否正确、合理两个方面，并在授权范围内作出判断：初步确定补偿额度，或者要求补充证据，或者要求修改索赔报告等。对索赔的初步处理意见应提交发包方负责人。

(5) 发包项目负责人审查

对于工程师的初步处理意见，发包方负责人需要进行审查和批准，然后工程师才可以签发有关证书。如果索赔额度超过工程师的权限范围，应由工程师将审查后的索赔报告报请发包方项目负责人审批，并与承包人谈判解决。

（6）协商

对于工程师的初步处理意见，发包人和承包人可能都不接受或者其中的一方不接受，此时双方可就索赔的解决进行协商，其中可能包括复杂的谈判过程，要经过多次协商才能达成一致。如果经过努力无法就索赔事宜达成一致意见，则发包人和承包人可根据合同约定选择采用仲裁或者诉讼方式解决。

（7）反索赔的基本内容

反索赔的工作内容一般包括两个方面：一是防止对方提出索赔，二是反击或反驳对方的索赔要求。要成功地防止对方提出索赔，应采取积极的防御策略。首先，自己严格履行合同规定的各项义务，防止自己违约，并通过加强合同管理，使对方找不到索赔的理由和根据，使自己处于不能被索赔的地位。其次，如果在工程实施过程中发生了索赔事件，则应立即着手研究和分析合同依据、收集证据，为提出索赔和反索赔做好两手准备。如果对方提出了索赔要求或者索赔报告，则自己一方应采取各种措施来反击反驳对方的索赔要求。常用的措施包括：一是抓住对方的失误，直接向对方提出索赔，以对抗和平衡对方的索赔要求，要求在最终解决索赔时互相让步，或者互不支付。二是针对对方的索赔报告仔细地研究和分析，找出理由和证据，证明对方索赔要求或索赔报告不符合实际情况和合同规定，没有合同依据或事实证据，索赔值计算不合理或不准确等，反击对方的不合理索赔要求，推除或减轻自己的责任，使自己不受或少受损失。

（8）对索赔报告的反击或反驳要点

对对方索赔报告的反击或反驳要点主要包括：一是索赔要求或索赔报告的时限性。审查对方是否在索赔相关事件发生后的索赔时限内提出了索赔要求或报告。二是索赔事件的真实性。三是索赔事件的原因、责任分析。如果索赔事件确实存在，则要通过对事件的调查分析确定原因和责任。如果事件责任属于索赔方自己，则索赔不能成立；如果合同双方都有责任，则应按各自的责任大小分担损失。四是索赔理由分析。分析对方的索赔要求是否与合同条款或有关法规一致，所受损失是否属于非对方负责的原因造成。五是索赔证据分析。分析对方所提供的证据是否真实、有效、合法，是否能证明索赔要求成立。证据不足、不全、不当、没有法律证明效力或没有证据，索赔不能成立。六是索赔值审核。经过上述的各种分析、评价，如果仍不能从根本上否定对方的索赔要求，则必须对索赔报告中的索赔值进行认真细致的审核，审核的重点是索赔值的计算方法是否合情合理，各种取费是否合理适度，有无重复计算，计算结果是否准确等。

8.6.3 合同争议的解决方式

国际工程施工承包合同争议解决的方式一般包括协商、调解、仲裁和诉讼等。

1. 协商

协商解决争议是最常见也最有效的方式，是应该首选的最基本的方式。双方依据合同，通过友好磋商和谈判，互相让步，折中解决合同争议。协商解决方式对合同双方都有利，按合同原则达成和解，为继续履行合同以及将来进一步友好合作创造条件。

2. 调解

如果合同双方经过协商谈判达不成一致意见，则可以要求中间人进行调解。调解人通过调查分析，了解有关情况，根据争议双方的有关合同作出自己的判断，并对双方进行协调和劝说，以和平的方式解决合同争议。

通过调解解决合同争议有以下优点：一是提出调解能较好地表达双方对协商谈判结果的不满意和解决争议的决心；二是由于调解人的介入，增加了解决争议的公正性，双方都会顾及声誉和影响，适度接受调解人的劝说和意见；三是程序简单，灵活性较大，调解不成不影响采取其他解决方法；四是节约时间、精力和费用；五是双方关系仍比较友好、不伤感情。

3. 仲裁

由于诉讼在解决工程承包合同争议方面存在明显的缺陷，国际工程承包合同的争议，尤其是较大规模项目的施工承包合同争议，双方即使协商和调解不成功，也很少采用这种方式解决。当协商或调解不成时，仲裁是国际工程承包合同争议解决的最常用方式。国际工程承包合同争议解决的仲裁地点通常有三种选择：一是在工程所在国仲裁，这是比较常见的选择。有些国家规定承包合同在本国实施，则只准使用本国法律，在本国仲裁，裁决结果要符合本国法律，拒绝第三国或国际仲裁机构裁决，这对外国承包商很不利。二是在被诉方所在国仲裁。三是在合同中约定的第三国仲裁。

仲裁的效力应该在双方的合同中约定，即仲裁决定是否为终局性的。如果合同一方或双方对裁决不服，是否可以提起诉讼，是否可以强制执行等。在我国仲裁实行一裁终局制。

与诉讼方式相比，采用仲裁方式解决合同争议具有以下特点：一是仲裁程序效率高、周期短、费用少。二是保密性强。仲裁程序一般都是保密的，从开始到终结的全过程中，双方当事人和仲裁员及仲裁机构都负有保密的责任。三是专业化。建设工程承包合同争议的双方往往会指定具有建设工程技术、管理和法规等知识的专业人士担任仲裁员，从而可以更加快捷、更加公正地审理和解决合同争议。

9　工程验收与档案管理

§9.1　建筑工程质量验收

建设工程项目施工质量验收是指建筑工程在施工单位自行质量检查评定的基础上，由参与建设活动的有关单位共同对检验批、分项、分部、单位工程的质量进行抽样复查，根据相关标准以书面形式对工程质量合格与否作出确认。检验批、分项工程的质量验收和分部工程的质量验收归属于施工过程质量验收的范围，而单位工程验收一般归属于竣工质量验收的范围。

工程验收是全面考核施工质量、检验设计、保障工程质量安全、有效发挥工程效益的重要环节，是保障工程质量由设计概念向工程实体转化的重要手段。工程验收与工程质量息息相关，贯穿于整个工程建设生命周期。不同验收阶段的验收内容（如设计要求）可以看成是该验收节点质量状态的理想目标值，所以，工程验收工作的开展，就可以看成是工程质量达成度逐步逼近质量理想目标值的过程。随着验收工作的不断推进，工程实体质量的达成度逐步提高，验收节点实体质量状态发生转移，不断逼近质量理想目标值，使得工程实体质量逐步形成。

根据验收内容，工程验收可分为分部工程验收、单位工程验收、合同项目完成验收、竣工技术预验收、竣工验收；根据施工阶段，施工质量验收可分为施工过程的质量验收及工程项目竣工质量验收。

9.1.1　施工过程的质量验收

1. 施工过程质量验收的主要内容

施工过程质量验收一般包括检验批质量验收、分项工程验收和分部工程验收。其中，检验批和分项工程是质量验收的基本单元；分部工程是在所含全部分项工程验收的基础上进行验收的，在施工过程中随完工随验收，并留下完整的质量验收记录和资料。正确地进行工程项目质量的检查评定和验收，是施工质量控制的重要环节。施工过程质量验收后应留下完整的质量验收记录和资料，为工程项目竣工质量验收提供依据。

（1）检验批质量验收

检验批是指“按同一生产条件或按规定的方式汇总起来供检验用的，由一定数量样本组成的检验体”。检验批是工程验收的最小单位，是分项工程乃至整个建筑工程质量验收的基础。检验批验收应由专业监理工程师组织施工单位项目专业质量检查员、专业工长等进行验收。

(2) 分项工程验收

分项工程的质量验收要在检验批验收的基础上进行。一般情况下，两者具有相同或相近的性质，只是批量的大小不同而已。分项工程可由一个或若干检验批组成。分项工程应由专业监理工程师组织施工单位项目专业技术负责人等进行验收。

(3) 分部工程验收

分部工程验收要在其所含各分项工程验收的基础上进行。开展分部工程验收，需满足以下条件：分部工程的所有单元工程已经完成，单元工程已经完成质量检验与评定且全部合格，有关质量缺陷已经处理完毕或有下阶段处理意见，验收所需要的资料已经满足要求，并满足合同中约定的其他条件。

分部工程验收的主要工作包括：检查单元工程的质量评定是否符合规定，检查工程完成情况，鉴定工程质量是否满足国家强制性标准及合同约定要求，对分部工程质量进行评定，对遗留问题提出处理意见，对验收发现的问题提出处理要求并落实责任单位，形成分部工程验收签证书。

分部工程应由总监理工程师组织施工单位项目负责人和项目技术负责人等进行验收；勘察、设计单位项目负责人和施工单位技术、质量部门负责人应参加地基与基础的分部工程验收；设计单位项目负责人和施工单位技术、质量部门负责人应参加主体结构与节能分部工程验收。必须注意的是，由于分部工程所含的各分项工程性质不同，因此它并不是在所含分项验收基础上的简单相加，即所含分项验收合格且质量控制资料完整，只是分部工程质量验收的基本条件；还必须在此基础上对涉及安全、节能、环境保护和主要使用功能的地基基础、主体结构和设备安装分部工程进行见证取样试验或抽样检测；而且还需要对其观感质量进行验收，并综合给出质量评价，对于评价为“差”的检查点应通过返修处理等方式进行补救。

项目验收流程见图 9-1。

图 9-1　项目验收流程

（4）合同验收

合同项目工程完成验收需具备的条件为：合同范围内的工程已按要求完成，但经项目法人（或项目管理单位）同意列入保修期完成的尾工除外；合同要求的各种工程验收已完成；施工现场已经进行了清理并符合合同文件要求；已经试运行的工程安全可靠，符合合同的要求；工程观测仪器和设备已按设计要求安装和调试，并测得初始值及施工期各项观测值；历次验收问题及质量缺陷已处理完毕；验收资料已整理完毕并满足验收要求；合同中约定的其他条件。

合同项目完成验收的主要工作是：检查合同范围内的工程完成情况；检查施工现场清理情况；检查验收资料整理情况；检查施工期工程投入使用或试运行情况；检查合同完工结算情况；审查有关验收报告；确定合同范围内的项目尾工和处理意见；对验收发现的问题提出处理要求并落实责任单位；对合同项目工程质量进行检验和评定；形成合同项目完成验收鉴定书。

2. 施工过程质量验收不合格的处理

施工过程的质量验收以检验批的施工质量为基本验收单元。检验批质量不合格可能是由于使用的材料不合格，或施工作业质量不合格，或质量控制资料不完整等原因所致，处理方法包括：一是在检验批验收时，发现存在严重缺陷的应返工重做，有一般的缺陷时可通过返修或更换器具、设备消除缺陷，返工或返修后应重新进行验收。二是个别检验批发现某些项目或指标（如试块强度等）不满足要求难以确定能否验收时，应请有资质的检测机构检测鉴定，当鉴定结果能够达到设计要求时，应予以验收。三是当检测鉴定达不到设计要求，但经原设计单位核算认可能够满足结构安全和使用功能的检验批，也可予以验收。

严重质量缺陷或超过检验批范围的缺陷，经有资质的检测机构检测鉴定不能满足最低限度的安全储备和使用功能时，必须进行加固处理，经返修或者加固的分项、分部工程，满足安全及使用条件时，可按技术处理方案和协商文件的要求予以验收，责任方应承担经济责任。

通过返修或加固处理后，仍不能满足安全或重要使用要求的分部工程及单位工程，严禁验收。

9.1.2 专项工程质量验收

专项验收也称为部门验收或综合验收，是指有关行政部门进行的专项验收，即规划、消防、环保、质检、防雷设施、无障碍设施、人防设施、城建档案等行政部门依据职权所进行的对工程中所涉及的规划、消防、特定产品质量和环保等专门事项符合法律强制性规定的认可或者准许使用的活动，包括规划验收、消防验收、环保验收和特定产品质量安全验收等。专项验收是有关行政机关行使行政权力的行为，更多的是行使一种监督权力，而不属于竣工验收的范畴。由于各地环保、消防等主管行政部门对工程项目的设计、施工、检验和验收的要求不尽相同，在施工结束、整体工程竣工验收前应当报请当地相关行政主管部门对建设工程项目进行专项验收，在专项验收合格并取得相应证明后，施工单位方可向建设单位提出建设工程竣工验收申请。

1. 规划专项验收

规划专项验收开展前，先由建设单位组织完成竣工测量工作，即委托具有资质的检测机构进行竣工测量和实物测量，测绘单位负责竣工测量、出具竣工测绘图纸，并将检测结果与规划批复进行对比。规划竣工测量工作完成后，建设单位根据规划主管部门要求，准备建设工程项目竣工地形图、建设工程规划竣工验收申请表、建设用地规划许可证、建设工程规划许可证等资料，向项目所在地政府规划主管部门申请规划专项验收。规划主管部门现场验收认可后，出具建设项目竣工规划验收合格证。

2. 消防专项验收

根据《中华人民共和国消防法》第十三条，根据国家工程建设消防技术标准需要进行消防设计的建设工程竣工，依照下列规定进行消防验收、备案：第一，国务院住房和城乡建设主管部门规定应当申请消防验收的建设工程竣工，建设单位应当向住房和城乡建设主管部门申请消防验收；第二，前款规定以外的其他建设工程，建设单位在验收后应当报住房和城乡建设主管部门备案，住房和城乡建设主管部门应当进行抽查。

消防专项验收中的一个必备条件是电梯验收，建设单位组织监理单位、电梯施工单位先完成自检，同时还要实现五方对讲功能和消防迫降功能等要求，然后由电梯施工单位工程技术部门负责组织报请当地特种设备检测中心检验。消防检测包括消检和电检，此项验收也是消防验收必备条件，由消防单位工程技术部门组织报审当地有资质的消防检测机构进行电检、消检，建设工程中用到的装修材料需要做防火性能检测，取得相关合格检测报告。在整个消防检测过程中，建设单位要组织消防施工单位重点协助和配合消防检测单位。在电梯验收、消防检测完成后，由建设单位组织完成相关规划要求，例如永久道路、建筑外立面、主要出入口、围墙等的整改。同时重要的节点工程要求施工完成，如防排烟系统、防火卷帘门、疏散照明系统、孔洞封堵等，并且要具备联动调试的条件，场地要平整坚固，室内和室外消防栓可以正常喷水，消防结合器完成等。建设工程项目施工结束后，由施工企业聘请具有相应资质的检测单位进行检测，取得消防设施、电气防火技术检测合格证明文件，自检合格后，施工企业准备好符合消防部门要求的验收资料，报请当地消防主管部门进行消防验收。

3. 人防专项验收

人防专项验收是指在建设工程完工后，对符合竣工验收条件的建设工程，由建设单位向当地人民防空行政主管部门提交人防工程竣工验收申请表及符合建设工程竣工验收条件的相关资料。人民防空主管部门对建设工程竣工验收条件及竣工验收资料进行全面审查，对于符合验收条件的，向建设单位出具准予竣工验收的回复，对不符合验收条件的，建设单位要按照整改要求进行整改，整改完毕后重新申请验收。

4. 环保专项验收

建设项目完工后，建设单位应向有审批权的环境保护行政主管部门提出试生产申请。环境保护行政主管部门接到试生产申请后，组织相关部门对申请试生产的建设项目环境保护设施及其他环境保护设施的落实情况进行现场检查，并作出审查决定，对符合要求的给予同意试生产的批复；对环境保护设施未按规定建成或落实的，出具不予同意试生产函，并说明理由。需要进行试生产的建设工程项目，建设单位应当自建设项目投入试生产之日起三个月内向审批该建设工程项目环境影响报告书、环境影响报告表或环境影响登记表的环保部门，申请该建设工程项目需要配套建设的环保设施竣工验收。

5. 档案专项验收

《城市建设档案管理规定》(住建部令第9号) 第八条规定："列入城建档案馆档案接受范围的工程，建设单位在组织竣工验收前，应当提请城建档案管理机构对工程档案进行预验收，预验收合格后，由城建档案管理机构出具档案认可文件。"第九条规定："建设单位在取得工程档案认可文件后，方可组织工程竣工验收，建设行政主管部门在办理竣工验收备案时，应当查验工程档案认可文件。"

档案专项验收主要流程为：建设单位组织总承包单位按照当地城建档案馆要求对相关工程资料进行统一整理，各分包单位按照总包的要求整理后报总包统一装订。监理单位也需要完成相应的资料，最后由建设单位统一报市、区级城建档案馆验收并取得建设工程档案预验收意见书。在建设工程竣工验收后，建设单位向工程所在地建设行政主管部门竣工验收备案之前，现行阶段的项目文件移交城建档案馆，城建档案馆将这一时期的项目文件暂时保存在档案室，档案室实际上起着文件中心的作用，并对其进行审核和复核，向建设、施工、监理单位提出整改意见，整改合格后出具《建设工程竣工档案质量认定书》。城建档案馆对工程项目档案的形成及质量的监督和指导有其必要性，因此，建设单位在组织建设工程竣工验收时必须取得城建档案认可文件。办理建设工程竣工档案验收意见书的流程：到建设工程项目所在地文档中心领取并填写建设工程档案专项验收申请表，相关资料和施工单位、监理单位提供的资料经文档中心验收合格后，获得建设工程项目竣工档案验收意见书，然后办理建设工程档案接收证明书，领取房屋建筑工程和市政基础设施工程竣工验收备案表。

9.1.3 工程竣工质量验收

项目竣工质量验收是施工质量控制的最后环节，是对施工过程质量控制成果的全面检验，是从终端把关方面进行质量控制。未经验收或验收不合格的工程不得交付使用。

1. 建设工程竣工验收的概述

根据《建设工程质量管理条例》，建设工程是指土木工程、建筑工程、线路管道和设备安装工程及装修工程，验收是指建设工程在施工企业自行检查评定的基础上，参与建设活动的有关单位共同对检验批、分项、分部、单位工程的质量进行抽样复验，以书面形式对建设工程质量是否合格作出确认。竣工验收由施工单位在完成施工任务后向建设单位提交建设工程竣工报告申请工程竣工验收，建设单位收到建设工程竣工报告后，对符合竣工验收要求的建设工程，组织勘察方、设计方、施工方、监理方等相关单位并邀请消防、环保、电梯、无障碍设施、供电、供水、供气、城市规划、防雷装置、建设行政等有关部门对该建设工程的质量是否达到施工合同约定的标准和国家法律规定的强制性要求进行检查核验，对于符合要求、达到标准的建设工程出具合格证明，并予以接收。建设工程竣工验收是一项法律活动，是根据国家法律、法规、规章和政策、工程设计图纸、施工合同、技术规范等规定来进行的。

建设工程是一项多工种、多专业、室内外交叉的行业，是由手工操作与机械化施工相结合而完成的特殊产品，也是项目建设过程中各专业施工的综合成果，是经过施工过程验收而形成的耐用消费品。建设工程竣工验收是一项建设成果的验收。竣工验收首先是一个工程学上的概念，因为它涉及建筑工程勘察、设计、施工等工程学上的专业技术与专业内容，是工程学上的一个专业术语。其次竣工验收也是一个法律概念，国家对建设工程竣工验收有相应的法律规范，建设工程竣工验收的主体、程序和标准都是法律明确规定的，建设工程竣工验收活动必须依法进行。建设工程竣工验收包括以下 6 层含义：

1）建设工程竣工验收实际上是一种对建设工程质量认定的活动，其目的是检验建设工程质量是合格还是不合格。即建设工程质量合格的，通过验收；建设工程质量不合格的，不能通过验收。

2）建设工程竣工验收的对象是已经竣工的建设工程，未竣工的建设工程不能进行竣工验收。竣工和验收属于同一阶段的前后工作程序。

3）建设工程竣工验收的内容是建设工程施工合同中明确约定的工程内容。施工合同约定内容之外的工程内容不属于竣工验收的范围。

4）建设工程竣工验收的主体是建设、勘察、设计、施工、工程监理等五家相关业务单位。《建设工程质量管理条例》第十六条规定："建设单位收到建设工程竣工报告后，应当组织设计、施工、工程监理等相关单位进行竣工验收。"可见，建设单位是建设工程竣工验收的主体，这是法律明确规定的。其中，建设单位是建设工程竣工验收的组织者和参与者，而勘察方、设计方、施工方、工程监理单位是竣工验收的参与者。竣工验收主体各自委派代表组成竣工验收委员会，竣工验收委员会具体负责竣工验收活动。当然，在建设工程竣工验收活动中，政府委托的第三方机构工程质量监督机构也要参与，但它不是竣工验收主体，它的职责是对建设工程竣工验收活动依法进行监管，指出和纠正竣工验收活动中的违规、违法行为，保证竣工验收活动依法、依规进行。竣工验收相关主体要自觉接受政府质量监督机构的监督，依法、依规进行建设工程竣工验收活动。

5）建设工程竣工验收要依照法律规定程序进行。根据建设工程竣工验收相关法律法规规定，建设工程竣工验收的程序包括：施工单位提交完整的竣工验收报告；建设单位收到竣工验收报告后及时依法组成竣工验收小组；竣工验收小组依法对建设工程进行实地查勘并对工程项目技术资料和施工管理资料进行检查；勘察、设计、施工、工程监理等单位分别签署相关质量文件；工程质量监督机构提出质量监督意见；竣工验收主体各方出具验收结论。

6）我国建设工程竣工验收的标准《建筑工程施工质量验收统一标准》是国家及相关部门制定的有关工程质量的强制性标准，竣工验收的质量标准是法律规定的，不能采用施工合同当事人约定的标准。

建设工程竣工验收是一项法定义务，因为建设工程质量关系到公共利益和公共安全，国家基于对建设工程质量安全因素的考虑，实行了建设工程竣工验收这一强制性义务规范及相应制度设计。建设工程竣工验收主体各方应该依照相关法律、法规的规定自觉并严格履行建设工程竣工验收活动中各自的义务责任：施工单位在工程竣工后，应该及时提交竣工验收报告并积极配合验收工作；建设单位应该依法及时组织相关业务单位进行竣工验收；勘察、设计、监理单位要依法严格签署相应的建设工程质量文件；建设工程质量监督机构对建设工程竣工验收活动要严格履行行政监督责任。

2. 建设工程竣工验收的重要性

（1）建设工程竣工验收是安全责任和质量责任的法律界线

建设工程施工过程有非常大的安全风险责任，稍有不慎就会酿成悲剧，甚至造成破坏社会稳定的不良影响，轻则给建设单位和施工单位带来经济损失，施工单位将被行政处分，企业资质降低，重则给相关人员带来刑事责任，甚至政府相关领导也会因为重大安全事故责任而被停职、开除公职等。区分不同阶段的安全法律责任，最简单的是建设工程竣工验收这一法律界线，即建设工程经过竣工验收之后，施工项目的安全责任就从施工单位转移到了建设单位，建设单位交付之后，又转移给了最终的使用者或所有者。所以，建设工程竣工验收是划分不同主体安全责任的法律界线，从而督促相关单位主动履行安全职责，减少安全事故。

在建设工程施工过程中，施工方完成了建设工程的建设任务，履行了施工合同的主要义务，并不意味着施工合同履行已经完成，已竣工项目工程只有经过验收合格才意味着施工方履行完成了施工合同义务，所以验收与否是决定应该由建设方还是施工方来承担工程质量责任的分界线。建设工程竣工验收是工程交付使用的法定条件，在建设工程实务中，不时存在建设工程未经竣工验收建设方就擅自开始使用的情况，这既是建设方对自身利益不负责任的表现，也是对公共安全与公共利益的潜在危害。一经使用就很难分清质量责任，这种情况下建设工程出现质量问题的责任由建设方自行承担，因为法律明确规定建设工程竣工验收合格后方可交付使用；未经验收或者验收不合格的，不得交付使用。建设工程竣工验收是强制性规定。当然，承担责任仅仅限于其使用部分，已经处于建设方的控制之下，但未擅自使用的部分如果出现质量问题建设方不承担责任。在建设工程的合理使用寿命内地基基础工程和主体结构所产生的质量问题，也应由施工方承担责任。

（2）建设工程竣工验收是竣工结算的前提条件

由于建设工程竣工验收是竣工结算的前提条件，竣工结算是否顺利对施工方非常重要，因此，施工方需要按照施工合同约定的时间及时提交建设工程竣工验收报告并积极配合建设方组织的竣工验收活动。只有及时进行竣工验收，才能及时进行竣工决算。在建设工程实务中，经常存在施工方一方面要求建设方进行竣工结算，另一方面又不积极配合建设方进行竣工验收的情况。依据《建设工程施工发包与承包计价管理办法》第十六条规定，工程经竣工验收合格后，方可进行竣工结算。依据最高人民法院《关于审理建设工程施工合同纠纷案件适用法律问题的解释》第三条的规定，建设工程竣工验收不合格的，承包人请求支付工程价款的，不予支持。这些法律规定表明，竣工验收是竣工结算的前提条件。对此，施工方应当有正确的认识，采取正确的行动。

3. 建设工程竣工验收的依据及条件

施工质量验收的依据包括国家相关法律法规和建设主管部门颁布的管理条例和办法，如《中华人民共和国建筑法》第六十一条规定："交付竣工验收的建筑工程，必须符合规定的建筑工程质量标准，有完整的工程技术经济资料和经签署的工程保修书，并具备国家规定的其他竣工条件。建设工程竣工验收合格后，方可交付使用；未经验收或者验收不合格的，不得交付使用。”《建设工程质量管理条例》第十六条规定：“建设单位收到建设工程竣工报告后，应当组织设计、施工、工程监理等有关单位进行竣工验收，建设工程经验收合格的，方可交付使用。”除此以外，还有建筑工程施工质量验收统一标准，专业工程施工质量验收规范，经批准的设计文件、施工图纸及说明书，施工承包合同及其他相关文件可作为验收依据。

建设工程进行竣工验收前，需满足下列条件：

1）完成了工程设计内容和合同约定的各项内容。

2）施工单位在工程完工后对工程质量进行了检查，确认工程质量符合有关法律、法规和工程建设强制性标准，符合设计文件及合同要求，并提出了竣工报告。工程竣工报告已经项目经理和施工单位有关负责人审核签字。

3）对于委托监理的工程项目，监理单位对工程进行了质量评估，具有完整的监理资料，并提出了工程质量评估报告。工程质量评估报告已经总监理工程师和监理单位有关负责人审核签字。

4）勘察、设计单位对勘察、设计文件及施工过程中由设计单位签署的设计变更通知书进行了检查，并提出了质量检查报告。质量检查报告已经该项目勘察、设计负责人和勘察单位、设计单位有关负责人审核签字。

5）有完整的技术档案和施工管理资料。

6）有工程使用的主要建筑材料、建筑构配件和设备的进场试验报告，以及工程质量检验和功能性试验资料。

7）建设单位已按合同约定支付工程款。

8）有施工单位签署的工程质量保修书。

9）建设主管部门及工程质量监督机构责令整改的问题已全部整改完成。

10）完成法律法规规定的其他条件。

4. 竣工验收的阶段划分

竣工验收一般可分为单位工程验收、竣工技术预验收和竣工验收三个阶段。

（1）单位工程验收

单位工程是工程项目竣工质量验收的基本对象，单位工程质量验收的前提条件为：分部工程已经完成并通过分部工程验收；分部工程验收遗留问题已经处理完毕并经过验收，未处理的遗留问题应有充分的理由并有下阶段处理意见；验收所需的资料满足要求，包括施工图纸以及竣工图纸；施工场地已经进行清理；合同中约定的其他条件。

单位工程验收的主要工作是：检查工程完成情况；检查分部工程验收遗留问题处理情况；对单位工程质量进行检验与评定；对遗留问题提出处理意见；对验收中发现的问题提出处理要求并落实责任处理单位；检查可以投入使用的单位工程是否具备安全运行条件；形成单位工程验收鉴定书。

单位工程验收合格应符合下列规定：一是所含分部工程的质量均验收合格；二是质量控制资料完整；三是所含分部工程有关安全、节能、环境保护和主要使用功能的检验资料完整；四是主要使用功能的抽查结果符合相关专业质量验收规范的规定；五是感官质量符合要求。

（2）竣工技术预验收

竣工技术预验收旨在解决分部工程验收、单位工程验收及合同验收的遗留问题，使工程质量达成度提高。

竣工技术预验收需具备的条件为：工程主要建设内容已按批准的设计全部完成；工程设计变更已按规定履行相关程序；施工合同验收已经完成，项目法人已组织完成项目质量评定且达到合格标准；完工财务决算或概算执行情况报告已做出；历次验收遗留问题已处理完毕；《安全评估补充报告》已提出；工程观测仪器和设备已安装和调试测得初始值及各项观测值，并提出《安全监测分析报告》；工程安全生产条件和设施已经检查，并提出综合分析报告；各专项验收已通过；在完工验收前应提交和备查的资料已经准备就绪；国家规定的其他条件。

竣工技术预验收的主要工作是：审查有关单位的工作报告；检查工程施工、设备制造及安装等方面的情况，鉴定工程施工质量；检查历次验收遗留问题和初期运行中所发现问题的处理情况；确定尾工内容清单、完成期限和责任单位；检查安全评估报告及补充报告结论、安全监测分析报告结论，对重大技术问题做出评价；检查工程安全生产条件和设施分析报告；检查工程验收资料的整理情况；根据需要，对工程质量做必要的抽检；提出完工验收的建议时间；起草竣工验收鉴定书（初稿）。

（3）竣工验收

竣工验收阶段是工程质量达成度的最后阶段。竣工验收的主要条件为：无须进行竣工技术预验收的，应具备竣工技术预验收规定的全部条件；需进行竣工技术预验收的，已完成验收并提出竣工技术预验收工作报告；质量监督报告已提交，工程质量达到合格标准。

竣工验收工作的主要内容是：未进行竣工技术预验收的，开展竣工技术预验收规定的全部工作；进行竣工技术预验收的，检查工程建设和管理情况，检查竣工技术预验收确定的在竣工验收前应完成的工作是否已经完成；检查专项验收完成情况；检查完工财务决算或概算执行情况报告的完成情况；鉴定工程质量；通过竣工验收鉴定书。

5. 竣工质量验收的组织

工程竣工质量验收由建设单位负责组织实施。建设单位组织单位工程质量验收时，分包单位负责人应参加验收。施工质量验收应按以下程序进行：

1）工程完工并对存在的质量问题整改完毕后，施工单位向建设单位提交工程竣工报告，申请工程竣工验收。实行监理的工程，工程竣工报告必须经总监理工程师签署同意。

2）建设单位收到工程竣工报告后，对符合竣工验收要求的工程组织勘察、设计、施工、监理等单位组成验收组，制定验收方案。对于重大工程和技术复杂工程，根据需要邀请有关专家参加验收组。

3）建设单位应当在工程竣工验收七个工作日前将验收时间、地点及验收组名单书面通知负责监督该工程的工程质量监督机构。

4）建设单位组织工程竣工验收。首先，建设、勘察、设计、施工、监理单位分别汇报工程项目的合同履约情况，以及在工程建设各个环节执行法律法规和工程建设强制性标准的情况；然后，审阅建设、勘察、设计、施工、监理单位的工程档案资料，实地查验工程质量；最后，对工程勘察、设计、施工、设备安装质量和各管理环节等方面作出全面评价，形成验收组人员签署的工程竣工验收意见。参与工程竣工验收的建设、勘察、设计、施工、监理等各方不能形成一致意见时，应当协商提出解决办法，待意见一致后，重新组织工程竣工验收。

工程竣工验收合格后，建设单位应当及时提出工程竣工验收报告。工程竣工验收报告主要内容包括：工程概况，建设单位执行基本建设程序情况，对工程勘察、设计、施工、监理等方面的评价，工程竣工验收时间、程序、内容和组织形式，工程竣工验收意见及需要附加说明的文件。

建设单位应当自建设工程竣工验收合格之日起 15 日内，向建设工程所在地的建设主管部门备案。

9.1.4 存在的问题及提高策略

1. 存在的问题

建筑工程的项目质量验收是对建筑成果的验收，然而，人们看到的只是建筑的表面成果，看不见建筑质量的全貌，特别是建筑的钢筋、水泥等材料的质量，只有通过验收才能确定安全。但是，现阶段我国建筑工程项目质量的验收存在以下几个方面问题：

1）建筑工程项目质量验收标准模糊。建筑工程项目质量验收标准中的一些规定过于抽象，不具备实际的操作指导作用。例如，《建筑工程质量验收评定统一标准》中有对观感质量的标准规定，这个规定没有具体指出观感的含义和内容，而且在规定中还存在模棱两可的标准。

2）建筑工程项目质量验收标准不符合实际。例如，钢筋保护层中允许 5 毫米的偏差，这个要求在实际中很难做到；设计中的受力钢筋保护层为 30 毫米，但是在实际中如果保护层设置为 30 毫米，那么主梁的主筋就会达到 60 毫米，这样的设计不符合建筑的安全标准。可见，建筑工程项目的验收标准和实际应用存在落差，严重影响了建筑工程质量。

3）建筑工程项目质量验收没有及时备案。有的建筑工程质量验收在交付之后没有及时进行备案，严重影响了产权证的办理，给建筑使用单位的及时使用造成延误。甚至，有些建筑工程没有进行验收手续的办理，影响了验收的效率。

4）社会及个人对建筑工程项目质量验收认识不够。主观上，个人对建筑工程项目质量验收不重视，认为验收可有可无。客观上，社会群体的外部环境对这项工作没有进行狠抓、严打，使得人们认为这项工作办理较为复杂，不愿关注。

5）建筑工程项目质量验收的人员素质不高。有些建筑工程的验收工作缺少专业人员，使得工程备案验收工作的效率低下，不能有效地保证建筑工程的安全。专业人员素质不高、参差不齐影响了验收备案资料收集以及验收过程的有效完成。

6）建筑工程项目质量验收各部门之间缺少沟通。建筑工程项目质量验收的工作不是一个部门就可以完成的，需要工程的多个部门进行配合，如建筑工程主管单位、建设单位、施工单位、质检单位等；但是，现阶段的验收工作并没有充分调动这些部门之间的合作和交流，一旦出现问题各个单位之间互相推卸责任，严重影响了验收工作的进行。

2. 加强建筑工程项目质量验收水平的策略

(1) 规范建筑工程项目质量验收标准

规范验收标准是建筑质量的保证，验收标准的不规范会影响质量验收工作，因此，要制定规范的验收标准。验收标准的制定应该以共同做好工程质量工作、坚持管控到底为指导思想，通过政府的工程质量管理政策的颁布，总结工程质量管理验收的经验，从验评分离、强化验收、完善手段、过程控制这几个方面进行验收：第一，验评分离是指将工程项目的质量检验和质量评定的内容分开进行验收。第二，强化验收是指将部分验收内容和评定标准中的验收内容结合，并努力形成一个新的验收规范。新形成的验收规范要作为强制的标准执行，使建设单位在验收时将其作为准则。第三，完善手段的内容包括加强建设施工中的检测手段，完善验收方法，加强对实体建设质量的监控检验。第四，过程控制是指对质量验收进行监管，要在施工的整个工程中对验收进行监管，形成分项、分批、分层、分部的验收。

(2) 增强相关人员对验收的思想认识

要对所有参与建筑工程验收的人员进行建筑工程项目质量验收的必要性教育，让所有人员认识到验收工作的重要性。同时，还要增强人们的备案观念，减少大型建筑工程事故的发生。通过增强相关人员对验收的思想认识，能够充分调动其工作积极性。

(3) 明确验收的规章制度，提高备案效率

建筑工程一般历时长，备案资料常常在过程中出现漏办、补办的现象。为了解决这个问题，就要明确验收的规章制度，减少或者避免在施工中人为因素对建筑工作的干扰。规章制度的明确，要求各个部门互相负责、互相协调和配合，并且要对不遵循制度的部门进行严惩。

(4) 加强对备案资料立卷归档的整理

备案资料是各个部门按照法律规定标准审定的资料，能够在权属明确、解决纠纷等方面起到法律效应。因此，建筑工程的档案管理机构要加强对备案资料立卷的整理，充分实现备案资料的功用。

(5) 加快验收专业队伍建设，提高人员素质

验收工作的有效进行不仅需要制度、标准以及备案资料的完备，还需要相关人员的专业技术。因此，建筑工程项目质量验收工作要着力提高专业人员的素质及其专业技术水平，从而更好地将验收工作落实。

§9.2 工程资料与档案管理基本要求

工程档案是对工程建设过程中技术管理人员所采取的管理方法及技术手段、取得的实际成效等的真实反映和记录，是建设发展的重要基础和依据。完整、准确、翔实的工程档案，对工程建设运营管理意义重大：一是可以敦促参建单位按照国家相关法律法规开展建设工作。二是能够为项目后续维修改建提供基础资料。由于工程交工后工程使用者大多不了解工程建设过程等情况，日后的工程维修和改扩建存在困难，这时就可以依靠工程档案开展研究

设计工作。三是可以为工程质量问题提供责任判定的基本依据。工程项目建设涉及的参建单位及人员众多，并且建设过程持续时间较长，在项目建设进行过程中，难免会发生一些失误导致质量问题，而对于质量问题的责任判定往往就要依靠工程档案，通过档案查找责任主体，保护无责任方的合法权益，尤其是在工程实体投入使用后工程质量出现问题时，更要依靠工程档案资料解决责任划分问题。四是可以记录传承优秀的工程技术方法。从工程档案中可以挖掘施工经验和技术手段，并将这些经验和技术手段应用到其他工程项目中去，以不断改进和提升工程项目管理水平和技术技能，促进工程质量的有效提升。因此，做好工程档案管理工作才能更好地为工程建设服务，为工程建设的经济效益目标服务。

9.2.1　工程资料档案的分类

工程资料可分为工程准备阶段文件，监理资料，施工过程文件，竣工图，工程竣工文件及声像、微缩、电子档案6类。

1. 工程准备阶段文件

工程准备阶段文件包括立项文件，建设征地、用地、拆迁等土地审批核准文件，勘察、测绘和设计文件，招投标文件及承包合同，项目开工审批文件，资金证明文件，建设、施工和监理机构及负责人承诺文件等。

2. 监理资料

监理资料包括监理资料概述、监理投标文件、监理管理资料、监理工作记录、竣工验收资料、监理工作其他资料等。

3. 施工过程文件

施工过程文件包括建筑安装工程和市政基础设施工程两类，建筑安装工程又分为土建工程（建筑与结构）、机电工程（电气、给排水、消防、采暖、通风与空调、燃气、智能、电梯）和室外工程。其中，土建工程施工文件包括施工技术管理文件，地基基础工程，施工材料、预制构件的质量证明文件及复试报告，施工试验记录，工程检测报告，施工记录，工程质量事故处理记录及工程质量检验记录。机电工程施工文件根据各施工专业不同，大体包括施工技术管理文件，主要材料、设备出厂合格证、产品质量证明书和进场检（试）验报告，隐蔽工程检查验收记录，施工试验记录，材料试验检验报告，工程质量事故处理记录，工程质量验收记录等。室外工程施工文件包括室外安装（给水、雨水、污水、热力、电信、电力、照明、消防等）施工文件，及室外建筑环境（建筑小品、水景、道路、园林绿化等）施工文件。

4. 竣工图

竣工图包括综合竣工图和各专业竣工图。

5. 工程竣工验收文件

工程竣工文件包括工程概况表（建设单位负责）、竣工总结（施工单位负责）、单位及子单位工程质量竣工验收记录（施工单位负责）、房屋建筑工程质量检查报告书（勘察和设计单位负责）、房屋建筑工程质量评估报告书（监理单位负责）、房屋建筑工程竣工报告书（建设单位与施工单位均应出具）、竣工验收备案书（建设单位负责）及工程质量保修书

(施工单位负责)。

6. 声像、微缩、电子档案

声像、微缩、电子档案包括工程照片、工程录音、工程视频材料等。

9.2.2 建设工程档案特点

1. 复杂性

通常情况下,建设工程从项目立项到竣工验收经历的建设周期较长,工程建设由多个不同专业共同施工完成,使用的建筑材料种类众多,同时施工工艺比较复杂,而且工程建设过程中往往各专业、各施工工序间相互交叉施工作业,导致了工程档案的复杂性。

2. 时效性

建筑工程文件的形成收集要紧跟施工进度进行,有很强的时效性。如在工程隐蔽前,施工单位一定要邀请监理单位的专业监理工程师到现场进行实际检查测量,并将检查测量的数据填写在隐蔽工程检查验收记录上。经检查确认评定合格后,才可以进行下一道工序的施工;否则工程一旦隐蔽完成,就无法再看到实际的施工情况,监理无法对施工质量进行评定,也不会在此隐蔽工程检查验收记录上签字,造成不必要的麻烦。

3. 真实性

真实性是对所有档案资料的本质要求,不真实的档案没有任何利用价值,也没有存档的意义。建筑工程档案必须是真实的,因为建设工程档案是工程施工过程的原始记录,是工程施工质量的重要体现,也是建筑工程质量监督部门进行竣工验收的重要依据。

4. 综合性

建设工程项目大多数涉及土建、给排水、电气、消防、市政等多个专业,是多个专业共同施工完成的综合性的系统工程,所以形成的档案资料涉及多个专业。同时,不同专业的施工大多由不同的施工单位负责,因此档案工作是不同专业、不同施工单位资料档案的集成,具有很强的综合性。

5. 成套性

工程档案的成套性是指各专业、各施工单位将工程档案收集整理在一起,形成一套完整的工程档案,只有完整的成套的工程档案才能体现出重要价值。

6. 随机性

档案资料是紧随施工进度产生的,具有一定的规律性,如各类检验批质量验收记录,但还有一些档案资料的产生是由具体工程事件引发的,如根据业主的临时要求产生的设计变更等,所以工程档案还拥有随机性的特点。

9.2.3 档案管理的基本规定

工程在施工过程中所形成的资料应按《建筑工程资料管理规程》(JGJ/T 185)要求进行整理,高校所在的地方如有地方标准且地方标准要求高于《建筑工程资料管理规程》,可使用地方标准,但必须满足以下基本要求:

1. 工程资料的管理

工程资料应与建筑工程建设过程同步形成，并应真实反映建筑工程的建设情况和实体质量；工程资料管理应制度健全、岗位职责明确，并应纳入工程建设管理的各个环节和各级相关人员的职责范围；工程资料的套数、费用、移交时间应在合同中明确；工程资料的收集、整理、组卷、移交及归档应及时。

2. 工程资料的形成

工程资料形成单位应对资料内容的真实性、完整性、有效性负责，由多方形成的资料，应各尽其责；工程资料的填写、编制、审核、审批、签认应及时进行，其内容应符合相关规定；工程资料不得随意更改，当需要修改时，应实行划改，并由划改人签署；工程资料的文字、图表、印章应清晰；工程资料应为原件，当为复印件时，提供单位应在复印件上加盖单位印章，并应有经办人签字及日期，提供单位对资料的真实性负责；工程资料应内容完整、结论明确、签认手续齐全；工程资料宜采用信息化技术进行辅助管理。

9.2.4 工程资料的移交与归档

工程资料移交与归档应符合国家现行有关法规和标准的规定，当无规定时应按合同约定移交与归档。

1. 工程资料移交

施工单位应向建设单位移交施工资料；实施施工总承包的，各专业承包单位应向施工总承包单位移交施工资料；监理单位应向建设单位移交监理资料。工程资料移交时应及时办理相关移交手续，填写工程资料移交书、移交目录。建设单位应按国家有关法规和标准的规定向城建档案管理部门移交工程档案，并办理相关手续。有条件时，向城建档案管理部门移交的工程档案应为原件。

2. 工程资料归档内容

工程资料归档内容见表 9-1。

表 9-1 工程资料归档内容

类别	归档范围
管理类	1. 上级主管部门关于基建工作的管理办法、条例、通知等
	2. 本校上报的请示、报告，上级主管部门的批复
	3. 基建工作年度、季度、月度总结或工作报告
	4. 本校有关项目建设的计划、简报、会议纪要等
	5. 本校项目扩建、改造、新建等问题给学校的请示、报告
	6. 征地计划、规划、城建、园林、水务、消防、人防等主管部门对项目的核准或批复文件
	7. 征地补偿协议书、补偿费用标准、补偿凭证及付款凭证
	8. 部门工作职责、岗位责任制、机构沿革等
	9. 学校的房产证、土地证等产权证

续表

类别	归档范围
技术类	1. 资金证明
	2. 规划许可证
	3. 建筑图纸（方案图、初设图、施工图、竣工图）
	4. 勘探报告
	5. 工程决算报告
	6. 项目合同（设计、施工、咨询、监理、设备等）
	7. 城建档案回执
	8. 其他基建项目过程材料

3. 工程资料归档保存期限

工程资料归档保存期限应符合国家现行有关标准的规定。当无规定时，不宜少于 5 年；建设单位工程资料归档保存期限应满足工程维护、修缮、改造、加固的需要；施工单位工程资料归档保存期限应满足工程质量保修及质量追溯的需要。

9.2.5 高校建设工程档案管理

高校基本建设项目档案是高校档案的重要组成部分，是高校办学条件不断发展的真实记录和历史凭证，从校园建设规划、筹建、设计、实施到竣工的全过程中，形成了项目建议书、可行性研究报告、初步设计、施工图纸、合同、审批材料、审计资料、监理文件、预决算报告、竣工验收报告等档案材料。完善的基建档案是高校进行整体规划和管理的重要依据，也是保证高校稳定运转和日后改建、扩建、维护、设施使用、安全管理正常进行的重要凭证和依据。因此，基建档案管理不仅服务于当前需求，还有利于未来发展，在高校发展的每一个时期，基建档案管理均占有极其重要的地位。

近年来，国家对教育的投资越来越重视，高校的招生规模扩大了很多，大部分高校都修建了新校区，高校的基本建设进入了高速发展时期。在建设过程中，每个项目都会产生大量的工程资料，这些资料必须要进行完整的归档。怎样科学高效地管理好基建档案，使其在高校建设和发展中发挥重要作用，需要认真思考和探究。

1. 高校基建工程档案管理的特点

根据《普通高等学校档案管理办法》（国家教育委员会第 6 号令），高校基建档案是指高等学校在基建管理和基建工程项目活动过程中直接形成的，有保存价值的文字、图表及声像载体等材料，包括基建文件档案材料、施工文件档案材料、竣工图纸档案材料。与一般的档案相比，高校的基建档案有其特殊性。

（1）材料种类多，比较复杂

根据国家档案局、国家计委关于印发《基本建设项目档案资料管理暂行规定》（国档发〔1998〕4 号）第二条规定，“基本建设项目档案资料是指在整个建设项目从酝酿、决策到建成投产（使用）的全过程中形成的、应当归档保存的文件，包括基本建设项目的提出、调研、可行性研究、评估、决策、计划、勘测、设计、施工、调试、生产准备、竣工、试生产（使用）等工作活动中形成的文字材料、图纸、图表、声像材料等形式与载体的文件材料。”由此可见，基建档案与教学、科研、党政等档案相比，种类繁多，基建档案作为一个大类，其下还要分若干小类，同时又要保持这些小类的有机联系，所以十分复杂。

（2）归档时间长，收集过程难

一个工程项目从筹建到竣工验收，短则一年，长则需要几年的时间。工程竣工后，高校基建部门还需要一段时间的整理才能将基建档案移交给档案馆。因此，一个基建项目的所有资料完整地归入档案馆，少则几个月、多则几年，导致基建档案管理难度增大。收集难度大主要缘于相关单位众多，高校基建部门、设计单位、建设单位、施工单位、总发包单位、分包单位等都有各自的档案，档案馆要和这些单位不断合作，才能收集齐全一套基建档案。并且，收集基建档案必须要全程跟踪，不能等竣工验收后才收集，因此收集过程长、难度大。

（3）全过程动态性，不好控制

其他档案归档基本上是一次性的，而基建档案归档过程贯穿于整个项目始终，因此建设项目期间的资料处于不确定状态。在前期即施工阶段如发现问题，就要更改计划或者图纸；在后期竣工验收阶段，如发现问题就要进行改建或者重建。因此，前期所收集的档案很有可能被后期收集的档案所代替，这种动态性也给收集、管理带来了不少麻烦。

2. 高校基建档案管理的常见问题

（1）文件不齐全，内容不完整

其主要原因有两个方面：一是高校领导对基建档案的认识不足，只重视工程建设进度、质量和资金投入，忽视了对工程档案的管理；二是建设、设计、施工、监理各职能部门相关工作人员档案意识不强，未设置专职档案人员，影响档案的完整性和准确性。

（2）档案管理与项目建设不同步

基建工程是庞大的系统工程，涉及规划、住建、消防、园林、水务多项内容，涉及建设方、设计、勘察、施工、监管等诸多部门，涵盖建筑、结构、水、暖、电等诸多专业，档案资料范围广、类型多、数量大，致使档案管理工作相当烦琐。另外，有些项目为满足使用需要，大大缩短了建设周期；有些高校为加快推进新校区建设，多项工程同时开工，导致档案管理进度难以跟上，往往楼已经交付使用了，而相关档案材料却不能及时归档。一旦发生人员变动，档案工作失去连续性，极易造成文件丢失。

（3）内容整理不规范专业

由于档案管理人员非建设工程项目组成员或未全流程跟进项目进展，对建设项目程序及建设内容不了解，对项目建设流程认知不清，因此对收集到的资料不能准确进行分类整理，难以保证档案的准确性、系统性，影响后续的查阅。另外，工程材料质量不高，如归档材料中的图纸不清晰或破损严重，材料和图纸随意使用铅笔、圆珠笔、红色、纯蓝墨水等不符合归档要求的笔墨书写，材料、纸张大小不统一，文件资料被任意涂改，字迹模糊不清，归档材料中的重要文件签字或盖章不全，竣工图纸没盖竣工图章或竣工图章不符合规定，一些具有凭证作用或法律效力的关键性文件丢失原件，复印件模糊不清等，都不符合归档要求。

(4) 缺乏先进的手段来保护档案的完整性

在实际工作中，基建档案要求永久保存，而一些年代久远的基建档案往往破损比较严重。目前，档案利用方式主要是查阅和借阅纸质档案，对档案原件的频繁利用容易造成档案资料的磨损和残缺。有些图纸原件被施工人员带到现场使用，由于没有悉心保护，容易造成图纸缺页少码或破损丢失。比如对一些老建筑进行改建扩建，需要查找以前修建时的电、水、结构等施工图，而当档案馆管理人员找出该楼的资料时，却发现图纸已经严重泛黄，字迹也很模糊，工程人员无法看清图纸，给改建工程造成了一定困难，无法发挥基建档案的参考作用。造成上述情况的原因主要是缺乏先进的设备和措施来保护档案的质量。基建档案不能像科研、教学、党政档案那样单纯用数据库管理，更多时候需将图纸转化为图片进行管理，其过程需要采用先进的设备和技术，而现在高校的基建档案普遍缺乏这些条件。

3. 档案管理的原则

(1) 完善档案管理工作体制机制

《中华人民共和国档案法》规定，国家对档案工作实行统一领导、分级负责、集中保存、统一管理的原则。规定一切机关、团体、企事业单位以及其他组织形成的档案，均由本单位的档案机构集中管理，定期向有关部门移交，任何人不能据为己有，也不能由承办单位和个人分散保存，一切档案不履行规定和批准手续，不得任意转移、分散或销毁。因此，高校基本建设主管部门及参与项目建设的设计、施工、监理等单位，应将工程项目从规划到工程交付使用全过程产生的档案进行分类、立卷归档，并按规定分别向建设单位移交，建设单位清点整理后再移交至项目所在地城建档案管理部门及高校档案管理部门归档。

各参建单位尤其是建设单位应高度重视基建档案建设，将基建档案工作纳入基建工作规划、建设、管理的统一体系内，实行集中统一管理。建立档案管理的长效机制，一是要设立专门科室及专人负责工程档案资料的收集管理工作，档案管理人员应全过程参与项目建设，对基建文件图纸跟踪管理，及时掌握、收集、整理工程建设的第一手资料。二是要明确学校内部档案管理职责，责任到人。高校基本建设项目大多由基本建设主管部门负责，因此基建档案的责任单位应为基本建设主管部门，高校档案主管部门负责业务指导和验收入库管理。三是要明确建设、施工、设计、监理等各参建方职责，建立档案收集责任制度、施工现场预立卷制度、档案检查监督制度等，可以在招投标文件中对各参建单位的档案责任予以明确，将档案整理交付工作与工程拨款挂钩，在施工合同、设计合同和监理合同中，依据国家及高校有关规定对档案工作提出具体要求，将施工、设计、监理各参建方所负责的档案资料验收合格作为结算工程款的前置条件，用经济手段加强对各参建单位基建工程档案的监控管理。四是适度加大资金投入，给予一定的档案专用经费，保证必要的设施设备，购买档案信息管理软件，并配备一定的保管保护措施。五是将档案管理工作纳入部门考核。

(2) 坚持“三个同步”

“三个同步”指基建项目开工与基建档案建立同步，工程建设过程与基建档案收集整理同步，工程竣工验收与竣工档案验收同步。

坚持建立施工现场工程开工与档案建立监督工作同步，工程开工之初由于准备工作尚未就绪，最容易忽视档案材料的收集工作，高校基建主管部门应督促设计、施工、监理单位做好档案管理工作，制定好工程档案管理机制，把档案管理的控制始点前置，使档案资料管理工作有规可循，从制度上保证工程档案管理工作的顺利进行。

坚持项目归档材料的收集、积累与施工进度同步。校方基建档案人员要深入施工现场，对参建单位的档案工作进行指导、督查。尤其要抓住工程建设的几个重要结点和阶段，如地基与基础验收阶段、主体验收阶段、隐蔽工程验收阶段、交工验收阶段等等，检查工程原始资料是否真实、准确、齐全、完整，表格填写是否规范，是否满足施工规范要求。要对工程档案资料定期进行检查，如每周或每月进行一次巡回检查，这样能够及时发现档案管理中存在的问题，促进档案工作的顺利进行。要定期进行阶段性清查清欠，对没有及时归档的部分，要列出清单及时索取，督促及时归档借用档案，防止因借用人保管不善而造成档案丢失损坏。在施工单位结算施工进度款时，高校基建主管部门须督促施工单位随附档案材料的收集、整理情况，做好资料交接工作。

工程竣工验收与工程档案验收同步。竣工验收是对工程质量的全面检验和考核，是工程建设的最后一道关口，档案管理人员要扎实严肃认真地把好档案验收关，做好竣工阶段档案的监督管理，档案不合格则不能进行基建工程竣工验收。

档案验收的主要内容包括工程前期文件、各种隐蔽工程记录、设计基础文件、施工技术文件、竣工图文件、事故处理文件和各项专业验收文件，还要检查档案内容是否齐全、手续是否完备、质量是否符合归档要求等。

为确保工程档案顺利通过验收，应对工程竣工档案进行初验，检查每个合同的项目档案是否齐全完整，整理组卷是否符合规范和档案接收部门的要求，并对存在的问题提出整改意见和整改期限，在工程最终竣工验收前检查整改落实情况，给出验收意见。对于在工程档案验收中发现的问题要进行收集整理，并督促各单位进行改正，对于档案丢失或不按时按质进行移交的单位要进行处罚。

档案验收前，工作人员要对整个工程建设过程中所形成的档案资料进行收集、整理、组卷，对组卷好的档案进行分册编码装订并形成移交清单目录。档案资料编制与档案整理组卷装订需要同档案接收部门进行沟通，统一标准和要求，争取各参建单位的配合和支持，最后按照档案接收部门的要求及时移交。

4. 加强档案规范化管理

（1）档案完整

基建工程档案应完整，内容齐全，除了纸质档案，电子文件、图纸、录音录像等电子档案也应同时归档，以确保基建文件完整准确，同时方便查阅。

（2）建立一套系统的立卷方法

立卷归档是档案整理工作的重要环节。一个建设项目从提出、立项、计划、设计、实施到竣工验收的全过程会产生很多资料，为便于档案查阅，要建立系统的立卷方法。

《建设工程文件归档整理规范》（GB/T 50328）及国家地方有关文件规定，建立标准化的基建档案管理制度，规范档案管理工作。基建文件归档时，应将高校基建工程档案归属于高校档案全宗的一个类别，按照建筑物名称立案卷号、分别组卷，同时遵循建筑工程“先发生的在前面，后发生的在后面”的规律，制定档号编制规则，并按照工程进展顺序依次排列。同一工程的案卷按工程建设阶段分类立卷，如工程前期、设计文件、监理文件、施工文件、竣工图、竣工验收文件等，卷内文件按顺序排列。如 JJ 代表基建大类，在 JJ 下设立二级目录，采用的格式是“年度号+分类号+案卷号+顺序号”。在实际工作中，当装入档案盒时，基建档案的文字材料应按事项、专业顺序排列，主件与附件不能分开。图纸按专业排列，同专业图纸按编号排列。既有文字又有图纸的，文字在前，图纸在后。

（3）加强档案本身的保管工作

设立专门的档案室，温度湿度适宜资料的长期存放；档案室内的门窗注意防盗，配备专门的防潮设备；尤其要注意档案室的防火工作，配备灭火器等消防设施；对档案室要定期检查，控制温度和湿度，采取防虫措施；制定严格的档案借阅登记制度，档案借阅必须登记，重要的档案借阅必须经相关领导批准；档案借阅要有明确的归还时间，延期必须重新登记；明确规定惩罚措施，若借阅人不爱护档案，随意涂改、损坏资料应予惩戒。

（4）加强档案信息的保密工作

工程档案是对工程建设过程的真实记录，里面包含工程建设者的管理方法、施工技术等重要的工程信息，是建筑企业重要的财富。因此，必须建立严格的保密制度，保证工程档案信息的安全。

5. 利用电子信息进行基建档案管理

目前很多高校对基建档案的保存仍是传统的档案管理模式，以手工为主，查阅费时费力，事倍功半。当高校进行基建项目改建时，如要查阅文字资料，通过复印就能解决；但要利用竣工图时，由于页面大很难提供复印件，因此只能将原件借出，这样频繁使用可能会导致原件破损严重。由此看出，传统的管理方式不仅手续烦琐，而且不利于档案资料的保存，所以把传统的手工模式下的档案管理转变为一个快捷、方便、先进的现代化档案管理系统模式势在必行。现代社会，电子信息化技术越来越盛行，针对基建档案管理的特殊性，档案管理很有必要从传统的人工方式向现代化管理方式转变，以提高基建档案管理的效率。在实际操作中，可以将档案资料通过扫描存入计算机，形成电子档案，用先进的信息技术把办公系统与档案管理系统对接，实现远距离传递信息，再将档案的检索及查询与先进的信息技术相结合，实现远程访问，这样工作人员在办公室就能查询到需要的基建档案，档案馆的基建管理人员也不再需要到库房提取，省时又省力。另外，将档案资料扫描为电子版进行存储的直接优势是可以避免由于年代久远造成档案破损。

要全面实现电子信息化管理基建档案，就要求高校配备先进的硬件设施，提高档案管理人员的能力，不断探索新技术的应用，为基建部门服务，促进基建档案工作的可持续发展。

6. 提高工作人员的能力

基建档案管理工作技术性较强，资料既相互独立又缺少必然的联系。在工作实践中，作为基建档案管理人员，一定要熟悉工程项目建设中已经建成的、正在建设的和即将建设的项目，这要求基建档案管理人员既要有档案学方面的知识，又要有一定的建筑学方面的专业知识，而且要熟悉基建的基本术语，以便和基建部门更好地沟通。如果不掌握这些基建知识，收集档案时就难免被动。可以通过授课方式对管理人员进行档案业务知识培训，介绍工程档案管理相关法律法规和管理制度，宣贯档案收集和整理的基础知识，如工程项目档案的归档范围、整理要求、移交时间、竣工档案验收的基本要求等；通过引进高校专业的档案管理人才，提高整个档案管理团队的综合素质。

10　建设工程信息管理

§10.1　建设工程项目信息管理概述

10.1.1　建设工程项目信息管理的概念、 特点与作用

1. 建设工程项目信息管理

建设工程项目信息管理是在工程项目全寿命周期内，对建设工程项目信息的收集、加工整理、传递、存储、输出和反馈等一系列工作的总称。它是工程项目管理的重要组成部分，这是由工程建设的复杂性和特殊性决定的，其目的是通过对信息资源和信息技术的合理、有效地开发和利用，保证决策者能及时、准确地获得所需要的信息，为工程项目建设未来预测和正确决策提供科学依据，提高项目管理的效率，使项目收益最大化。

建设工程项目信息管理的根本作用在于为各级管理人员及决策者提供所需要的各种信息。为了达到信息管理的目的，需要把握项目信息管理的各个环节，包括信息的收集、加工和整理、传递、存储、输出和反馈。在此基础上，建立项目信息管理系统。通过系统管理工程建设过程中的各类信息，这样信息的可靠性、广泛性更高，使业主能对项目的管理目标进行较好的控制，且便于协调各方的关系。

2. 建设工程项目信息管理的特点

建设工程信息管理的特点主要体现在以下几个方面：

1）信息量大。这主要是由于工程项目管理涉及多部门、多环节、多专业、多用途、多渠道和多形式。

2）信息系统性强。由于建设工程项目的单件性及一次性，项目信息的收集、加工整理、传递、存储、输出和反馈等工作都将集中于项目管理，并贯穿于整个项目全寿命周期，故体现信息管理的系统性。

3）信息传递中障碍多。在工程项目信息管理过程中，主观因素（如对信息的理解能力、经验、知识的局限性等）和客观因素（地域限制、专业局限、信息缺失、信息传递手段落后等）都会造成信息传递障碍。

4）信息的滞后性。建设工程管理中信息的收集、传递、整理和反馈是一个长期过程，故如果对信息反馈不及时，容易影响信息作用的发挥并造成失误。

3. 建设工程项目信息管理的作用

建设工程项目信息管理的作用主要体现在以下几个方面：

(1) 辅助决策，使上层决策者能及时准确地获得决策所需的信息

准确、全面的信息是正确决策的前提，工程项目信息化管理使得管理者能方便、快捷地获得所需要的信息，减少了决策信息的不确定性和主观性。借助全面、准确的信息，决策支持系统的专家知识和模型库能够辅助管理者提高决策的质量。

(2) 提高项目管理水平，更有效地控制和指挥项目的实施

借助信息化工具实现对建设工程项目的信息流、物流、资金流、工作流的结合，保障了管理工作顺利、高效地开展。信息化的手段使得项目管理者能够对复杂项目、远程项目和多项目进行管理，大大突破了传统的项目管理范围和难度。

(3) 再造管理流程，提高管理创新能力

传统的项目组织结构和管理模式存在多等级、多层次、沟通困难、信息传递失真等弊端。以工程项目信息化建设为契机，利用成熟的管理信息系统所蕴含的先进管理理念，对项目管理进行业务流程的梳理和变革，不仅能够有效地促进项目组织管理的规范化，还能实现管理水平的优化，提高管理创新能力。

(4) 实现信息资源共享，降低成本，提高工作效率

工程项目信息化管理，可以实现信息资源的共享，打破信息孤岛的现象，防止信息堵塞，大大降低管理者的劳动强度，节约了沟通的时间和成本。

10.1.2 建设工程项目信息管理的任务和要求

1. 建设工程项目信息管理的任务

业主方和项目参与各方都有各自的信息管理任务，为充分利用和发挥信息资源的价值、提高信息管理的效率以及实现有序和科学的信息管理，各方应编制各自的信息管理手册，以规范信息管理工作。信息管理手册描述和定义信息管理的任务、执行者（部门）、每项信息管理任务执行的时间和其工作成果等，它的主要内容包括以下几个方面：

1）确定信息管理的任务（信息管理任务目录）。

2）确定信息管理的任务分工表和管理职能分工表。

3）确定信息的分类。

4）确定信息的编码体系和编码。

5）绘制信息输入输出模型（反映每一项信息处理过程的信息的提供者、信息的整理加工者、信息整理加工的要求和内容，以及已整理加工的信息的接收者，并用框图的形式表示）。

6）绘制各项信息管理工作的工作流程图（如搜集信息、审核信息、录入信息、加工信息、信息传输和发布的工作流程，以及工程档案管理的工作流程等）。

7）绘制信息处理的流程图（如施工安全管理信息、施工成本控制信息、施工进度信息、施工质量信息、合同管理信息等的处理流程）。

8）确定信息处理的工作平台（如以局域网作为信息处理的工作平台，或用门户网站作为信息处理的工作平台等）并明确其使用规定。

9）确定各种报表和报告的格式，以及报告周期。

10）确定项目进展的月度报告、季度报告、年度报告和工程总报告的内容及其编制原则和方法。

11）确定工程档案管理制度。

12）确定信息管理的保密制度，以及与信息管理有关的制度。

2. 建设工程项目信息管理的基本要求

为了能够全面、及时、准确地向项目管理人员提供有关信息，建设工程项目信息管理应满足以下几个方面的基本要求：

（1）要有严格的时效性

工程项目信息管理一定要严格注意时间，否则信息的价值就会随之消失。因此，能适时提供信息，要严格保证信息的时效性，主要从以下几个方面加以考虑：

1）当信息分散于不同地区时，如何能够快速而有效地进行搜集和传递工作。

2）当各项信息存在矛盾时，如何处理。

3）采取何种方法、何种手段能在很短的时间内将各项信息加工整理成符合目的和要求的信息。

4）使用计算机进行自动化处理信息的可能性和处理方式。

（2）要有针对性和实用性

信息处理的重要任务之一，就是如何根据需要，提供针对性强、十分适用的信息，为此信息管理中应采取如下措施：

1）可通过运用数理统计等方法，对收集到的大量庞杂数据进行分析，找出影响重大的方面和因素，并力求给予定性和定量的描述。

2）要将过去和现在、内部和外部、计划与实施等加以对比分析，使之可明确指出当前的情况和发展的趋势。

3）要有适当的预测和决策支持信息，使之更好地为管理决策服务，以取得应有的效益。

（3）要有必要的精确度

要使信息具有必要的精确度，需要对原始数据进行认真的审查和必要的核对，避免分类和计算的错误。即使是加工整理后的资料，也需要做细致的复核。

（4）要考虑信息成本

各项资料的收集和处理所需要的费用直接与信息搜集的多少有关，如果要求愈细、愈完整，则费用将愈高。

10.1.3 建设工程项目信息管理的原则

建设工程产生的信息数量巨大，种类繁多，因此，为了便于信息的搜集、处理、存储、传递和利用，在进行工程项目信息管理具体工作时，应遵循以下基本原则：

1. 标准化原则

在工程项目的实施过程中要求对有关信息的分类进行统一，对信息取用流程进行规范，产生控制报表则力求做到格式化和标准化。通过建立健全的信息管理制度，从组织上保证信息生产过程的效率。

2. 定量化原则

建设工程产生的信息不应是项目实施过程中产生数据的简单记录，应该经过信息处理人员的比较与分析，因此采用定量工具对有关数据进行分析和比较是十分必要的。

3. 有效性原则

项目信息管理者所提供的信息应针对不同层次管理者的要求进行适当加工，针对不同管理层提供不同要求和浓缩程度的信息。例如对于项目的高层管理者而言，提供的决策信息应力求精练、直观，尽量用形象的图表来展示，以满足其战略决策的信息需要。

4. 时效性原则

建设工程的信息都有一定的生产周期，如月度报表、季度报表、年度报表等，目的都是保证信息产品能够及时服务于决策。因此，建设工程的成果也应具有相应的时效性。

5. 可预见原则

建设工程产生的信息作为项目实施的历史数据，可以用于预测未来的情况，管理者应通过先进的方法和工具为决策者制定未来目标和行动规划提供必要的信息。如通过以往投资执行情况的分析，对未来可能发生的投资进行预测，作为采取事先控制措施的依据。

6. 高效处理原则

通过采用高性能的信息处理工具（建设工程项目信息管理系统），尽量缩短信息在处理过程中的延迟，项目信息管理者的主要精力应放在对处理结果的分析和控制措施的制定上。

§10.2 建设工程项目信息化管理过程与内容

10.2.1 建设工程项目信息的收集

信息收集是指通过各种方式获取所需要的信息，它是信息化管理的主要依据，反映信息源的原始性和分散性。信息收集是信息得以利用的第一步，也是关键的一步。信息收集工作的好坏，直接关系到整个信息化管理工作的质量。信息可以分为原始信息和加工信息两大类。原始信息是指在经济活动中直接产生或获取的数据、概念、知识、经验及总结，是未经过加工的信息。加工信息则是对原始信息经过加工、分析、改变和重组而形成的具有新形势、新内容的信息。这两类信息对工程项目信息化管理都发挥着重要的作用。

建设工程信息管理贯穿建设工程全过程，在项目进展的每个阶段，由于工作重点不同，搜集的信息也各不相同。

1. 项目决策阶段的信息

项目决策阶段的信息主要包括项目相关市场方面的信息（如产品进入市场的预计占有率、社会需求、产品价格变化趋势、产品生命周期等），资源方面的信息（如资金筹措渠道与方式，劳动力、水、电、气等的供应），自然环境相关方面的信息（如城市交通、气象、地质、水文、地形地貌等），新技术、新设备、新工艺、新材料以及配套能力方面的信息，政治环境、社会治安状况、当地法律法规、教育信息等。

2. 设计阶段收集的信息

设计阶段收集的信息主要包括可行性研究报告，同类工程相关信息，拟建工程所在地相关信息，勘察、测量、设计单位相关信息，工程所在地政府相关信息等。

3. 施工招投标阶段的信息

施工招投标阶段的信息主要包括工程地质、水文地质勘察报告，特别是该建设项目有别于其他同类工程项目的技术要求、材料、设备、工艺、质量等有关信息，施工图设计及施工图预算、设计概算，建设项目前期的文件审批，工程造价的市场变化规律及项目所在地的材料、构件、设备、劳动力的差异，施工单位管理水平、质量保证体系及施工机械、设备的能力，本工程适用的规范、规程、标准（特别是强制性规范），项目所在地有关招投标的法规，以及招投标管理机构和程序。

4. 施工阶段的信息收集

施工阶段的信息收集可以分为施工准备阶段、施工阶段和竣工保修阶段。

施工准备阶段的信息收集包括施工合同、监理大纲、施工图设计及施工图预算，施工场地的环境信息和准备情况，施工单位质量保证体系及施工组织设计等。

施工阶段的信息来源比较稳定，主要是项目施工过程中随时产生的数据。信息收集包括施工期内建筑原材料、半成品等工程物资的进场、加工、保管、使用信息，质量检验数据，施工安全信息，以及施工中产生的工程数据（如地基验槽及处理记录、工序间交接记录、隐蔽工程检查记录等）。

竣工保修阶段收集的信息主要有工程准备阶段文件、监理文件、施工资料、竣工图、竣工验收资料等。

10.2.2 建设工程项目信息的加工及整理

工程项目信息的加工及整理主要是指对建设各方得到的数据和信息进行鉴别、选择、核对、合并、排序、更新、计算、汇总、转储，生成不同形式的数据和信息，提供给不同需求的各类管理人员使用。其中，在工程项目施工过程中，信息加工及整理的主要内容包括以下几个方面：

1. 工程施工进展情况

工程项目每月、每季度都要对工程进度进行分析并作出综合评价，包括当月（季）整个工程各方面实际完成量，以及实际完成量与合同规定的计划量之间的比较。如果某些工作的进度拖后，应及时分析原因、存在的主要问题和困难，并提出解决问题的建议。

2. 工程质量情况与问题

工程项目应系统地将当月（季）施工过程中的各种质量情况在月报（季报）中进行归纳和评价，包括现场检查中发现的各种问题、施工中出现的重大事故，对各种情况、问题、事故的处理意见。

3. 工程结算情况

工程价款结算一般按月进行。工程项目应对投资情况进行统计分析，在统计分析的基础上做一些短期预测，为业主在资金方面的决策提供可靠依据。

4. 施工索赔情况

在工程项目施工过程中，由于业主的原因或外界客观条件的影响使承包人遭受损失，承包人可提出索赔；由于承包人违约使工程蒙受损失，业主可提出相应索赔。

10.2.3 建设工程项目信息的检索、存储与反馈

1. 建设工程项目信息的检索

信息检索是指将信息按一定的方式组织起来，并根据用户的需要找出有关信息的过程和技术，它反映了信息化管理的方便、快捷等特点。在对收集的数据进行分类、加工、处理后，要及时将所产生的信息提供给需要的部门及管理人员，信息和数据的检索要建立必要的分级管理制度，确定信息使用权限，保障信息使用安全。在进行信息检索设计时一般应考虑以下内容：

1）允许检索的范围、检索的等级划分以及密码的管理。

2）检索信息和数据能否及时、快速地找到，采用什么手段实现。

3）提供检索需要的数据和信息输出形式，能否根据关键字实现智能检索。

工程项目管理中一般存储大量的信息，为了查找方便，需要建立一套科学、迅速的检索方法，以便能够全面、及时、准确地获得所需要的信息。对单个信息的各种内外特征进行描述并确定其标志后，必须按一定规则和方法将所有信息记录组织排列成一个有序的整体，才能为人们获取所需信息提供方便。

2. 建设工程项目信息的存储

信息的存储是指将信息保存起来以备将来使用，它是信息化管理的保证措施，为信息的检索、传递等提供有力保障。对有价值的原始资料、数据以及经过加工整理的信息，需要长期积累以备查阅。信息的存储一般需要建立统一的数据库，各类数据以文件的形式组织在一起，组织的方式要考虑规范化。根据建设工程项目实际情况，可以按照下列方式组织信息：按照工程进行组织，同一工程按照投资、进度、质量、合同的角度组织，各类信息进一步按照具体情况细化；文件名规范化，以定长的字符串作为文件名；建设各方协调统一存储方式，在国家技术标准有统一的代码时尽量采用统一代码；有条件时可以通过网络数据库形式存储数据，建设各方数据共享，减少数据冗余，保证数据的唯一性。

为保证以最优的方式组织数据，提高完整性、一致性和可修改性，形成合理的数据管理流程，工程项目信息系统数据库中一般应包括备选方案数据库、建筑类型数据库、开发费用数据库、建设成本数据库、收入或支出数据库、可行方案数据库（财务指标数据库）、敏感分析数据库、盈亏平衡分析数据库、最优化方案数据库（决策分析数据库）、市场信息数据库。

3. 建设工程项目信息的反馈

信息的反馈在科学决策过程中起着十分重要的作用。信息反馈就是将输出信息的作用结果再返送回来的过程，也就是施控系统将信息输出，输出的信息对受控系统作用后将结果又返回施控系统，并对施控系统的信息再输出发生影响的一种过程。

信息反馈始终贯穿于信息的收集、加工、存储、检索、传递等众多环节中，但它主要还是表现在这些环节之后的信息的“再传递”和“再返送”上，因此，滞后性是信息反馈的最基本特征；同时，信息反馈具有很强的针对性，不同于一般的反映情况，它是针对特定决策所采取的主动采集和反应；此外，信息反馈对于决策的实施情况进行连续、及时、有层次

的反馈，连续性和及时性也是它的主要特点之一。要做到充分掌握和利用信息的反馈，就要充分了解信息反馈的这些特点。

工程项目信息的反馈即指项目管理人员使用信息后提出的意见、建议等。它有助于检查信息管理计划的落实情况、实施效果以及信息的有效性、信息成本等，以便及时采取处理措施，不断提高信息化管理水平。

10.2.4 建设工程项目信息文档管理

在工程项目上，许多信息是以资料文档为载体进行收集、加工整理、存储、检索、传递、输出和反馈的，因此资料文档管理是工程项目信息化管理的重要组成部分。文档管理是指对作为信息载体的文件资料进行有序的收集、加工、分解、编码、传递、存储，并为项目各参与方提供专用和常用信息的过程。

1. 文档管理的目的和范围

项目文档管理的目的是为项目管理的各个环节提供高效、快捷的信息服务，保障项目参与各方的顺利沟通，确保工程项目的顺利实施和工程档案文件的顺利收集、归类和移交。

项目文档管理分为项目文件管理和档案管理，包括建设工程项目管理过程中形成的各种有保存价值的文字、图纸、图表和声像资料等，包括如下几类：

1）项目所有重要会议的现场记录及会议纪要，项目经理部文件，重要的发函、来函和复函，与项目物资、设备等相关的单据。

2）涉及项目人事调动和财务运作的资料。

3）工程招投标、监理、变更、支付、索赔、验收、移交的相关文件。

4）其他有保存价值的记录等。

2. 文档管理的具体内容

（1）建立文档管理控制中心

文档控制中心是项目经理部的文档管理部门，配备文档工程师和专业的文档管理人员，负责制定文档管理程序、文档编码体系、项目文件的传递和审批、文档的保管和借阅等工作。文档工程师是文档管理控制中心的核心成员，负责项目全部文档的汇总、控制和管理。文档工程师的具体工作包括以下几个方面：

1）编制文档管理程序并将其应用和推广，以指导项目文档管理工作。

2）建立并维护项目计算机内部局域网络和文档数据库，确保信息的及时获取、共享和更新。

3）对文档的拟稿、审批、出版、收发、分类、存档和销毁等过程进行控制，确保项目信息安全，保障项目文档的质量及格式满足项目规定及相关使用者的需要。

除文档管理控制中心外，项目经理部各部门还应设置文档管理人员，文档控制工程师对此类人员负总责。文档控制工程师与各部门文档管理人员相互配合从而构成了项目文档控制网络，见图 10-1。

（2）建立文档编码体系

建立文档标准编码体系，是文档管理的重要内容。文档管理控制中心应对项目从投标、

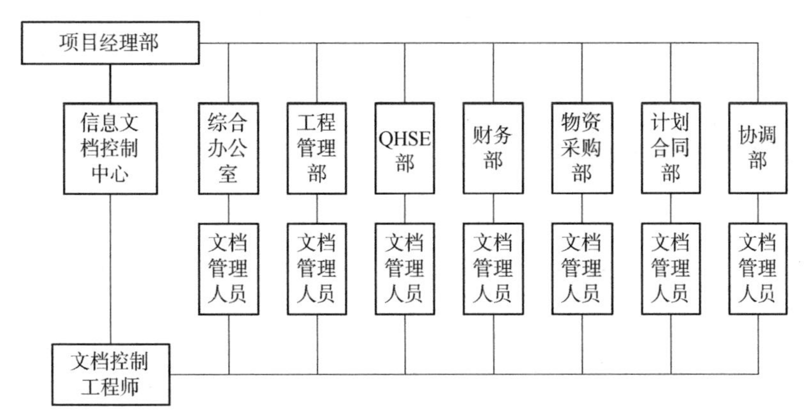

图 10-1 信息文档管理组织结构

设计、采购、施工、试运行到竣工验收全过程中形成的有价值的各种信息文件进行编码、存档，实现项目文档管理的标准化、规范化和统一化。项目文件编码的一般构成见图 10-2。

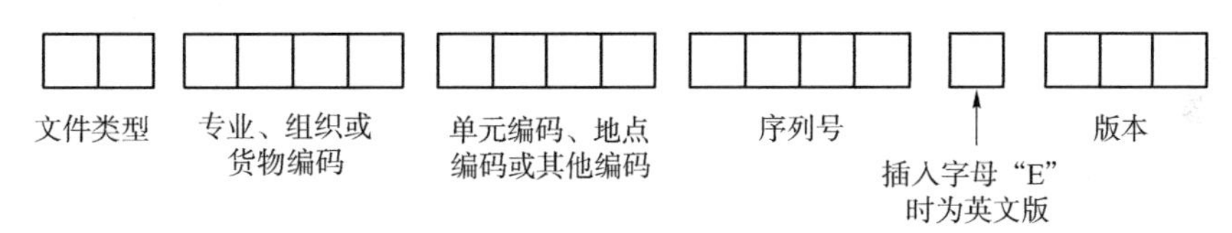

图 10-2 文档标准编码内容

项目文件编码组成内容见表 10-1。

表 10-1 项目文件编码的组成内容

文件类型编码	文件类型编码是两个字母或数字，代表文件的类型
专业、组织或货物编码	各部门文件有所不同：采购部门代表了货物的种类；内部往来信函的编码表明了起草信函的部门；外部往来信函的编码表明了外部组织
单元编码、地点编码或其他编码	单元编码有 4 个数字，在单元编码索引中列出。 地点编码有 4 个字母，在地点编码索引中列出。 其他编码有 4 个字母或数字。只要申请人和信息文档管理部达成一致，就可以随时分配这种编码，包括采购文件、合同和供应单位文件相关的编码。如果使用了其他编码，必须监督其使用的一致性，避免不同的编码指向同一件事。 只要有新的编码修改或编码删除，相关索引①就应更新
序列号	序列号由 4 个数字组成。在序列号后加字母“E”只适用于英文版本。序列号适用于所有的文件和号码。如果文件由一个或更多不同格式的附件附录组成，可以在号码后对所有的附件附录使用相同的序列号
版本	版本号通常指明了文件的不同版本。版本号一般不适用于信函、会议记录、信息申请和质疑文件

①索引包括图纸类型索引、专业编码索引、单元编码索引、文件类型索引、申请类型索引、行政管理/管理文件类型索引、地点编码索引、组织编码索引、供应单位文件类型索引、货物编码索引。

(3) 建立文档管理程序

文档控制工程师应建立严格的文档管理程序，绘制文档处理流程图，定义文档管理工作的范围、内容和具体实施方法，规范项目文件的编制和运行。同时，文档控制中心应与项目经理部其他相关部门编写与文档管理密切相关的文件，如各部门文件的编号、项目变更程序等。文档管理程序应包括以下内容：

1）信息文档管理执行计划。

2）标准文档编号系统程序。

3）电子文档管理系统。

4）会议记录程序。

5）信函管理程序。

6）技术文件管理程序。

7）采购相关文件管理程序。

8）供应单位文件管理程序。

9）文件变更通知管理程序。

10）归档索引和合同记录保留索引管理程序。

11）设计图纸和批准程序。

12）分发矩阵。

13）项目文件的移交程序。

（4）项目文件的传递和审批

项目经理部的重点部门如有需要传递到其他部门的文件，应先将文件递交到文档控制中心，由其统一进行文件的传递工作。在文件传递过程中，文件传递表尤为重要，它包含了传递方名称、接收方名称、传递文件名称、编号、版本号、WBS 号、电子文件类型、页数、份数、安全级别、传递目的等信息。项目所有正式文件的传递都应使用文件传递表。

项目实施过程中，会产生大量需业主审批的文件，这部分文件要经过项目经理部外部的流转。项目经理应会同文档控制中心明确必须经业主审批的文件，同时，确保合同控制文件的审批时效。

（5）制定文档的保管和借阅制度

保管原始项目文件是文档控制中心的一项重要职责。文档控制工程师应负责项目执行过程中所有有效项目文档原件的临时存档、分类整理和存放工作，以及项目结束后向总公司移交文件的工作。

文件控制中心应建立一套高效简洁的项目文件内部流转程序，并由专人负责监督执行。建立严格的登记制度管理文件的接收和发出。建立严格的文件借阅制度，不能随意更改、损坏和带走文件，保证文件查阅后保持原来存放顺序，保证存放文件的安全性，尤其是防盗、防火和防潮。

3. 工程项目文档管理流程

（1）文件的接收和发送

文件接收后，文档控制中心应对其有效性进行审查，如发现问题，应立即与发送方联系；若文件符合接收条件，要及时签署接收回执单给发件方、提交方确认。所有接收的项目文件必须按项目规定进行登记、编号、处理和归档。项目文件的电子版应与纸质版同时提交，项目规定不便作电子处理的文件除外。另外，业主、勘察、设计、监理等单位提供的各类技术性文件应先交项目相关主管部门按合同检查合格后，再由文档控制中心履行接收程序。项目文件的接收程序见图 10-3。

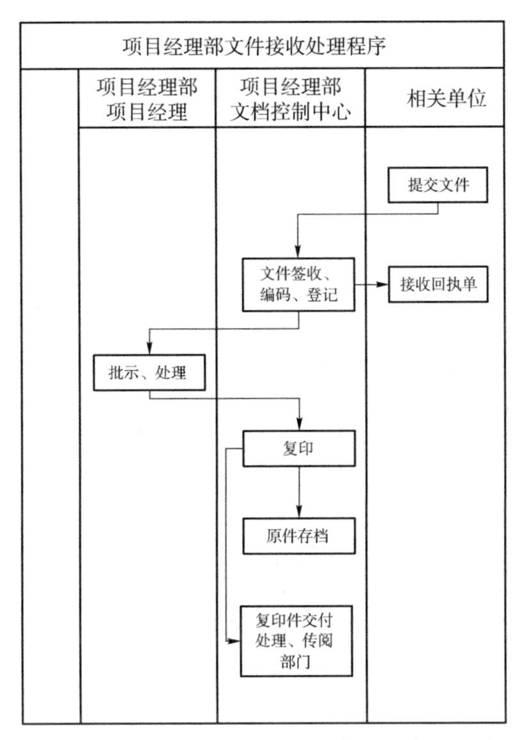

图 10-3　项目经理部文件接收处理程序

项目发出的所有文件都应按项目文档编码程序进行编码。需要发出的文件，文档控制中心应进行检查，确保文件格式等符合项目规定后，由项目经理签字确认，填写项目文件传送单，然后返给文档控制中心，由其编码、登记、复印、存档和发出。对方接收文件后需提供接收回执单，交文档控制中心存档。文件的发出程序见图 10-4。

（2）文件资料的收集和整理

项目文件资料的收集贯穿项目建设的整个过程，项目文件应随项目进度及时收集整理，文件资料的管理工作应列入项目建设计划和有关部门及人员的职责范围、工作标准和岗位责任制，并制定相应的检查及考核措施。文件资料收集的具体工作包括以下几个方面：

1）明确项目各阶段文件收集的主要内容：

①项目准备阶段：业主方提供的设备、工艺和涉外文件等，勘察、设计、采购等相关文件，按规定应向业主提交的相关设计基础资料和设计文件。

②项目施工阶段：与业主、分包商、设备供应商和监理单位相关的有效文件。

③项目试运行及交付阶段：监理部门对项目进行审核的文件，生产运行单位提供的有关试运行的文件，项目物资供应商提交的物资供应文件和业主接受项目相关的文件。

2）文件的收集范围和收集时间：

①文件收集的范围包括反映与项目有关的重要职能活动、具有考察利用价值的各种载体

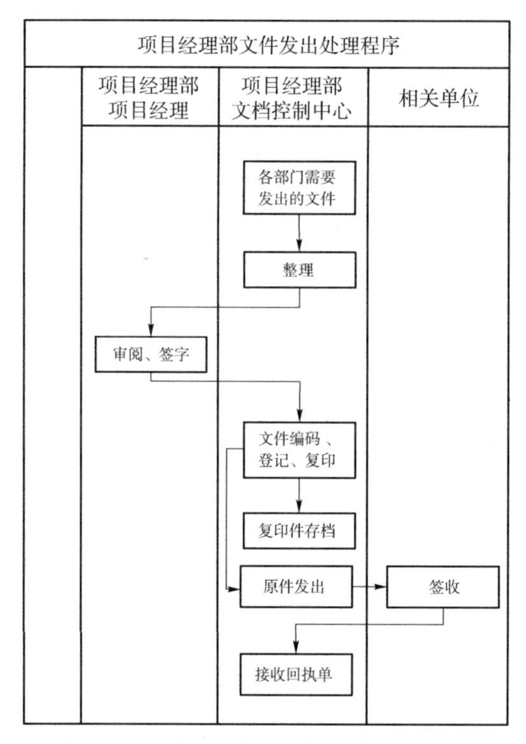

图 10-4 项目经理部文件发出处理程序

文件。

②各类文件应按文件形成的先后顺序或项目完成情况及时收集。

3）文件资料的质量要求：

①字迹清楚，图样清晰，图表整洁，技术签证手续完备。

②需永久、长期保存的文件不应用易褪色的书写材料（红色墨水、纯蓝墨水、圆珠笔、复写纸、铅笔等）书写、绘制。

③复印、打印文件的字迹、线条及照片和影像的清晰度及牢固程度应符合设备标定质量的要求。

④录音、录像文件应保证载体的有效性。

⑤电子文件应保存到符合保管期限要求的脱机载体上。

4）文件的管理

文件的整理应与项目资料的收集同步进行，具体内容包括以下几个方面：

①对项目文件进行审查，保证文件的原始性及真实性，不得对项目文件进行伪造、篡改。

②按照项目文件管理程序要求，科学分类、合理组卷，保证各部分之间的联系。

③电子文件的生成部门应定期将经鉴定符合归档要求的电子文件移交到文档控制中心。

（3）文件的修改和回收

项目文件的修改应严格按照项目文件管理程序要求进行，任何人不得随意修改、损毁项目文件，具体要求包括以下几个方面：

1）按程序更改并注明项目文件版次，新版文件发送的同时应对旧版文件进行标识、回收或销毁。

2）因变更导致的项目文件的修改，应按变更程序执行，对项目文件的任何改动都应由原审批部门重新审批。

3）作废文件和改版后的受控文件应分别加盖“作废”或“受控”印章。

（4）文件资料其他管理

1）保密工作。制定项目经理部工作保密制度，与项目经理部相关工作人员签订保密协议，对工程文件和资料的借阅、查阅和保存实行保密管理。

2）文件资料的移交。项目各部门、单位在交接文件资料时，需填写文件资料交接表，一式两份，移交方和接收方各存一份，以备查阅。

3）电子文件管理。电子文件不外借，确因工作需要，应办理档案利用手续并执行电子档案管理的规定。对于外借电子档案，使用者不得私自复制、拷贝、修改以及转送他人。

4）文件借阅管理。将存档文件划分为可外借和不可外借两种，不可外借文件只允许在档案室进行查阅；对于可外借文件，使用者除应按时归还外，还对所借文件的完整、保密及安全负责。项目内部人员需持有部门审批证明，同时注明身份及使用范围，经档案管理人员核实后使用档案。外部人员需持项目经理批准的许可证明，同时注明身份及使用范围，经档案管理人员核实后使用档案。

5）对经鉴定确无保留价值的项目文件，应列出文件清单，提出销毁报告，进行销毁。

§10.3 建设工程项目管理信息系统及软件的应用

10.3.1 建设工程项目管理信息系统

1. 项目管理信息系统

项目管理信息系统（Project Management Information System，PMIS）是随着项目管理理论实践和信息技术的发展而产生的，在互联网技术产生前已得以应用，它为项目某一方（业主、设计单位、承包人等）的项目管理工作提供相应的信息处理结果和依据。项目管理信息系统也称为项目规划和控制信息系统，是一个针对工程项目的计算机应用软件系统，通过及时提供工程项目的有关信息，支持项目管理人员确定项目规划，以便在项目实施过程中达到控制项目目标的目的。

项目管理信息系统以计算机、网络通信、数据库作为技术支撑，对项目整个生命周期中所产生的各种数据及时、正确、高效地进行管理，为项目所涉及的各类人员提供必要的高质量的信息服务，使管理部门能够评价项目如何逼近目标，从而可有效利用宝贵的资源及时作出决策，进行有效的项目管理。

项目管理信息系统的实现方式主要有两种：购买商品化的软件和重新开发。重新开发大多介于完全自主开发和完全委托开发之间。

2. 工程项目管理信息系统的功能模块

工程项目管理信息系统采用的方法即工程项目管理的方法，主要是运用动态控制原理，对项目管理的投资、进度和质量方面的实际值与计划值进行比较，找出偏差，分析原因，采取措施，从而达到控制的效果。工程项目管理信息系统可以在局域网或基于互联网的信息平台上运行。

因此，PMIS 是一个由项目投资控制、进度控制、质量控制、合同管理和文档管理等多功能模块构成的综合系统（见图 10-5）。

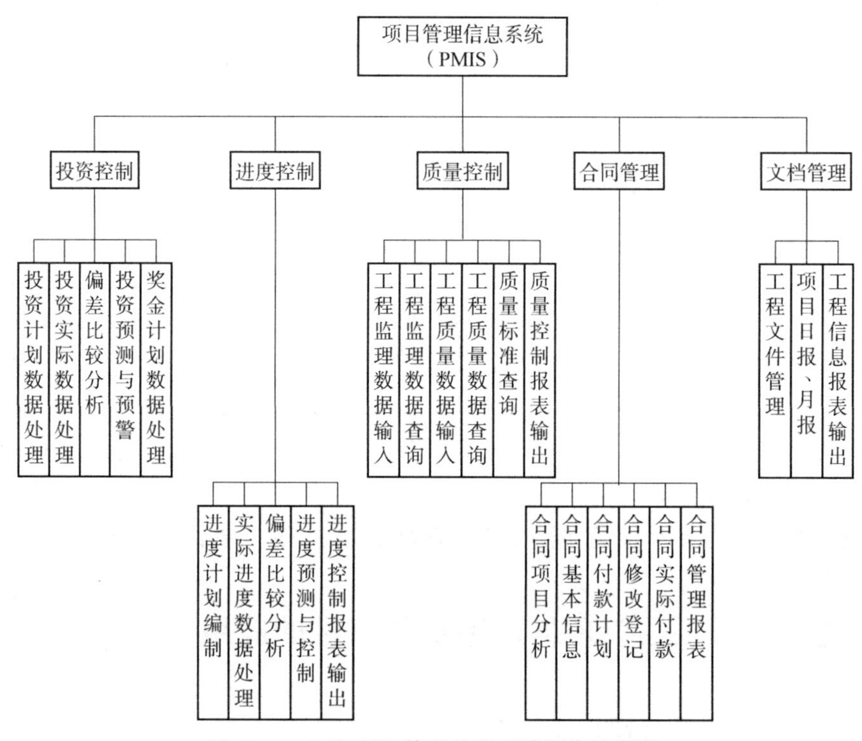

图 10-5　工程项目管理信息系统概念示意图

（1）投资控制子系统

投资控制子系统的主要目标是实现对工程投资的优化，使有限的资源更加有效地发挥力量。

这个系统通过运筹学及专家分析，提出投资分析方案，编制项目概预算，实现项目投资数据查询并提供多种项目投资报表，实现项目投资变化趋势预测，完成项目概算与预算、合同价与投资分配、实际投资与预算及合同价、项目结算与预算及合同价的对比分析等工作。

（2）进度控制子系统

项目进度控制的主要任务是根据项目的进度目标（进度总目标和进度分目标）编制各种进度计划（横道图、网络图及时标网络图等）并用于指导实施。进度计划的优化包括工期优化、费用优化和资源优化。

在实施过程中还需要利用现场收集的数据定期地、经常地进行网络分析，以便了解进度实施的动态，并将实际的进展状况及时告知有关部门，在进行全面分析的基础上还需要提出进度调整方案。

（3）质量控制子系统

工程质量控制是项目管理中的重要环节，它贯穿于施工的全过程，具有信息量大、综合性强、技术难度高的特点。

工程质量控制子系统在功能上应能够简洁方便地制订质量计划，实现项目质量相关信息、工程设计、施工规范及质量通病的查询；能够提供一个比较完整的质量检验、测试数据库，对工程原始质量信息进行统计和分析；实现对常见质量事故的预测，并提供事故处理方案；建立切实可行的工程质量评定模块，实现工程质量的评定。

(4) 合同管理子系统

合同管理贯穿于工程项目的始终，是项目建设的关键和保证企业利益的重要环节。

合同管理子系统应至少包含以下三个功能模块：一是合同台账功能，即系统地实现由详细资料信息支持的合同编辑和历史工程合同档案管理；二是变更索赔管理功能，系统根据录入的合同变更或违约索赔信息，全程跟踪变更或索赔过程，以便用户今后查询分析变更或索赔的原因和处理方法；三是支付管理功能，系统通过制订计划与跟踪实际付款情况来监控项目的支付管理信息。

(5) 文档管理子系统

文档管理子系统应包括几个基本功能：按照统一的文档模式保存文档，以便项目管理人员进行相关文档的创建、修改；方便编辑和打印有关文档文件；方便文档的查询，为以后的相关项目文档提供借鉴；方便工程变更的分析；为进度控制、费用控制、质量控制、合同管理等工作提供文件资料方面的支持。

项目管理信息系统虽具有非常强大的功能，但原始数据的选择和录入仍需要人工进行，所以该系统是否能有效运行，与使用者和项目管理信息系统密不可分，只有二者协调一致才能达到好的管理效果。

3. 工程项目管理信息系统的意义

自 20 世纪 80 年代以来，工程项目信息系统的商业软件已开始广泛用于业主方和施工方的工程项目管理中。运用工程项目管理信息系统的意义如下：

1) 实现项目管理数据的集中存储。

2) 有利于项目管理数据的检索和查询。

3) 提高项目管理数据处理的效率。

4) 确保项目管理数据处理的准确性。

5) 方便形成各种项目管理需要的报表。

4. 工程项目管理信息系统的特点

1) 集成性。在工程项目管理中要实现时间最短、成本最低、质量最优，需要采用集成的思想构造项目全寿命周期的信息系统。这就要求各信息子系统之间无缝链接，构成一个整体，实现信息的互通和共享；要求纵向集成，使信息系统在工程管理的决策层、管理层和操作员之间实现自上而下和自下而上的集成；要求业务流程集成，实现从可行性研究、招投标到设计、施工等项目实施过程的集成。

2) 分布性。信息流动在项目全寿命周期的各个阶段、各部门、各单位之间，体现于项目管理的各个方面。因此，时间分布性和地域分布性都是工程项目管理信息系统的重要特征。

3）系统性。构成信息系统的目标就是接通“信息孤岛”。要达到各个管理过程的有机集成，对信息系统的管理需要系统地规划、系统地设计，包括各单元系统的开发和运行都需要在一个统一的系统或平台上进行。

10.3.2 建设工程项目管理软件简介

项目管理技术的发展与计算机技术的发展密不可分，随着科学技术的进步，计算机及其软件早已成为项目管理方法和手段的一个极其重要的组成部分。目前，市场上有 100 多种项目管理软件工具，这些软件各具特色，各有所长。下面将分别介绍一些在国内外比较流行和常用的工程项目管理软件。

1. Microsoft Project

Microsoft Project 是由美国微软公司开发的目前应用最为广泛的、以进度计划为核心的项目管理软件，它的功能很强大，操作也简单方便，更重要的是它能够提供进度控制所需的信息。Microsoft Project 针对不同的用户需求设计了几个不同版本的产品，包括 Project Standard、Project Professional、Project Server 和 Project Server CAL 。

Microsoft Project 的主要功能是建立进度工作计划。在编制进度计划时，工作人员只需要输入所要做的工作，也就是工作名称、工作持续时间和工作之间的关系即可。在输入这三项内容后，系统就会自动地计算各类进度时间参数，从而形成横道图进度计划，项目管理人员可以利用软件很方便地对计划进行分析、评价和调整，直到满足进度目标。同时，Microsoft Project 可以给每项工作分配所需要的资源，可以有效地提供项目的状态以及相关信息，并通过屏幕图形的变化浓缩相关信息，可以提供多种工具有效地管理项目的变化，可以提供多种项目报告，如进度计划横道图、单代号搭接网络图、资源报告和成本费用报告等，可以直接与其他应用软件接口，如与 Excel 进行数据交换等。

Microsoft Project 的主要优点是它与微软其他产品（Access、Excel、PowerPoint Word）很相似，菜单栏几乎一样，用户的工具栏如出一辙。另外，用户可以在应用文件之间轻易地来回移动信息资料，日常用语、提示卡及大量帮助范例的存在大大简化了程序的应用。

2. Primavera Project Planner

Primavera Project Planner（简称 P3）工程项目管理软件是由美国 Primavera 公司开发的、国际上流行的项目管理软件，已成为项目管理的行业标准。P3 软件适用于任何工程项目，主要用于项目进度计划、动态控制、资源管理和费用控制的综合进度计划管理，能有效地控制大型复杂项目，并可以同时管理多个工程，拥有完善的编码体系，包括 WBS 编码、作业代编码、作业分类码编码、资源编码和费用科目编码等。P3 软件提供各种资源平衡技术，可模拟实际资源消耗曲线及工期延期情况；支持工程各个部门之间通过局域网或 Internet 进行信息交换，使项目管理者可以随时掌握工程进度。P3 还支持 ODBC，可以与 Windows 程序交换数据，通过与其他系列产品的结合支持数据采集、数据存储和风险分析。

3. 梦龙智能项目管理软件

梦龙 Link Project 是以“理论—方法—工具—评价”为主线搭建的工程项目管理平台，即以“项目管理标准知识体系”和“项目管理制度与方法标准体系”为理论和方法基础，以“项目管理平台”为软件工具，融合先进的项目管理技术（网络计划技术、WBS、赢得值等），并以“组织项目管理成熟度模型”来评价企业的项目管理应用成熟度，找出问题的原因，然后再修订项目管理制度，以达到应用项目管理软件提高项目管理水平的目的。

梦龙 Link Project 产品功能主要包括协同门户、项目管理、合同管理、成本管理、物资管理、设备管理、分包管理、费用管理、资金管理、风险管理、知识文档等模块，由于梦龙 Link Project 可以结合工程建筑企业实际管理通过数据建模、流程建模、界面建模、统计图表实现个性化管理的需求，既减少了工程建筑企业信息化建设的风险，又降低了信息化建设的成本。

10.3.3 建筑信息模型（BIM）应用

1. BIM 技术简介

建筑信息模型（Building Information Modeling，BIM）以建筑工程项目的各项相关信息数据为基础，建立建筑模型，通过数字信息仿真模拟建筑物所具有的真实信息。同时，通过促进项目周期各个阶段的知识共享，开展更密切的合作，将建造、施工和运营专业知识融入整个设计，实现对计划和预算的控制，以及对整个建筑生命周期的管理，提高所有参与人员的生产效率。

推进 BIM 协同工作等技术应用，普及可视化、参数化、三维模型设计，可提高设计水平，降低工程投资，实现从设计、采购、建造、投产到运行的全过程集成运用。

2. BIM 的特点

（1）信息完备性

除了对工程对象进行 3D 几何信息和拓扑关系的描述，还需要完整的工程信息描述，如对象名称、结构类型、建筑材料、工程性能等设计信息，施工工序、进度、成本、质量以及人力、机械、材料资源等施工信息，工程安全性能、材料耐久性能等维护信息，对象之间的工程逻辑关系等。

（2）信息关联性

信息模型中的对象是可识别且相互关联的，系统能够对模型的信息进行统计和分析，并生成相应的图形和文档。如果模型中的某个对象发生变化，与之关联的所有对象都要随之更新，以保持模型的完整性。

（3）信息一致性

在建筑生命期的不同阶段模型信息是一致的，同一信息无须重复输入，而且信息模型能够自动演化，模型对象在不同阶段可以进行修改和扩展而无须重新创建，避免了信息不一致的错误。

（4）可视化

BIM 提供了可视化的思路，让以往图纸上线条式的构件变成一种三维的立体实物图展示出来。BIM 的可视化能够让构件之间形成互动性的可视化，可以用来展示效果图及生成报表。更具应用价值的是，在项目设计、建造、运营过程中，各过程的沟通、讨论、决策都能在可视化的状态下进行。

（5）协调性

在设计时，由于各专业设计师之间的沟通不到位，往往会出现施工中各种专业之间的碰撞问题，例如结构设计的梁等构件在施工中妨碍暖通等专业中的管道布置等。BIM 可在建筑物建造前期将各专业模型汇集在一个整体中，进行碰撞检查，并生成碰撞检测报告及协调数据。

（6）模拟性

BIM 不仅可以模拟设计出的建筑物模型，还可以模拟难以在真实世界中进行操作的事物，具体表现如下：

1）在设计阶段，可以对设计上所需的数据进行模拟试验，例如节能模拟、日照模拟、热能传导模拟等。

2）在招投标及施工阶段，可以进行 4D 模拟（3D 模型中加入项目的发展时间），根据施工的组织设计来模拟实际施工，从而确定合理的施工方案；还可以进行 5D 模拟（4D 模型中加入造价控制），从而实现成本控制。

3）后期运营阶段，可以对突发紧急情况的处理方式进行模拟，例如模拟地震中人员逃生及火灾现场人员疏散等。

（7）优化性

整个设计、施工、运营的过程，其实就是一个不断优化的过程，没有准确的信息是得不到合理优化结果的。BIM 提供了建筑物存在的实际信息，包括几何信息、物理信息、规则信息，还提供了建筑物变化以后的实际存在。BIM 及与其配套的各种优化工具提供了对复杂项目进行优化的可能：把项目设计和投资回报分析结合起来，计算出设计变化对投资回报的影响，使得业主明确哪种项目设计方案更有利于自身的需求；对设计施工方案进行优化，可以显著地缩短工期并降低造价。

（8）可出图性

BIM 可以自动生成常用的建筑设计图纸及构件加工图纸。通过对建筑物进行可视化展示、协调、模拟及优化，可以帮助业主生成消除了碰撞点、优化后的综合管线图，生成综合结构预留洞图、碰撞检查侦错报告及改进方案等。

除此之外，BIM 技术还可以给项目参与各方带来巨大的益处，具体见表 10-2。

表 10-2　BIM 技术提供给建设各方的益处

应用方	BIM 技术的好处
业主	实现规划方案预演、场地分析、建筑性能预测和成本估算
设计单位	实现可视化设计、协同设计、性能化设计、工程量统计和管线综合
施工单位	实现施工进度模拟、数字化建造、物料跟踪、可视化管理和施工配合
运营维护单位	实现虚拟现实和漫游、资产空间等管理建筑系统分析和灾害应急模拟

续表

应用方	BIM 技术的好处
软件商	软件的用户数量和销售价格迅速增长
	为满足项目各方提出的各种需求，不断开发、完善软件的功能
	能从软件后续升级和技术支持中获得收益

3. 业主方 BIM 项目管理与应用

业主方应首先明确 BIM 技术的应用目的，才能更好地应用 BIM 技术辅助项目管理。业主往往希望通过 BIM 带来以下几个方面的便利：

一是可视化的投资方案：反映项目的功能，满足业主的需求，实现投资目标。

二是可视化的项目管理：支持设计、施工阶段的动态管理，及时消除差错，控制建设周期及项目投资。

三是可视化的物业管理：BIM 与施工过程记录信息关联，不仅为后续的物业管理带来便利，并且可以在未来进行的翻新、改造、扩建过程中为业主及项目团队提供有效的历史信息。

业主方应用 BIM 技术能解决的具体问题如下：

（1）招标管理

BIM 辅助业主进行招标管理主要体现在以下 6 个方面。

1）数据共享。BIM 模型的可视化能够让投标方深入了解招标方所提出的条件，避免信息孤岛的产生，保证数据的共通共享及可追溯性。

2）经济指标的控制。控制经济指标的精确性与准确性，避免建筑面积与限高的造假。

3）无纸化招标。实现无纸化招投标，从而节约大量纸张和装订费用，真正做到绿色低碳环保。

4）削减招标成本。可实现招投标的跨区域、低成本、高效率、透明化、现代化，大幅度削减招标人力成本。

5）整合招标文件。整合所有招标文件，量化各项指标，对比论证各投标人的总价、综合单价及单价构成的合理性。

6）评标管理。记录评标过程并生成数据库，对操作员的操作进行实时监督，评标过程可事后查询，最大限度地减少暗箱操作、虚拟招标、权钱交易，有利于规范市场秩序、防止权力寻租与腐败，有效推动招标投标工作的公开化、法治化。

（2）设计管理

BIM 辅助业主进行设计管理主要体现在以下 4 个方面：

1）协同工作。BIM 的协同设计平台，能够让业主与各专业工程参与者实时更新观测数据，最短时间内实现图纸、模型合一。

2）周边环境模拟。对工程周边环境进行模拟，对拟建造工程进行性能分析，如舒适度、空气流动性、噪声云图等指标，对于城市规划及项目规划意义重大。

3）复杂建筑曲面的建立。在面对复杂建筑时，在项目方案设计阶段应用 BIM 软件也可以达到建筑曲面的离散。

4）图纸检查。BIM 团队的专业工程师能够协助业主检查项目图纸的错漏之处，降低更新和修改的概率。

（3）工程量统计

工程量的计算是工程造价中最烦琐的部分。利用 BIM 技术辅助工程计算，能大大减轻工作强度。目前，市场上主流的工程量计算软件大多是基于自主开发图形平台的工程量计算软件和基于 CAD 平台的工程量计算软件，不论哪一个平台，都存在两个明显的缺点：图形不够逼真和需要重新输入工程图纸。

BIM 技术提供的参数更改技术能够将针对建筑设计或文档任何部分的修改自动反映到其他位置，从而帮助工程师们提高协同效率以及工作质量。BIM 技术具有强大的信息集成能力和三维可视化图形展示能力，利用 BIM 技术建立起的三维模型可以全面地加入工程建设的所有信息，能够自动生成符合国家工程量清单计价规范标准的工程量清单及报表，快速统计和查询各专业工程量，对材料计划、使用作精细化控制，避免材料浪费。如利用 BIM 信息化特征可以准确提取整个项目中防火门数量的准确数字、防火门的不同样式、材料的安装日期、出厂型号、尺寸大小等，甚至可以统计到防火门的把手等细节。

（4）施工管理

作为项目管理部门，甲方管理可分为两个层面：一是对项目，二是对工程管理人员。项目实施的优劣直接反映项目管理人员的管理水平，同时，业主方建设管理行为对工程的进度、质量、投资、廉政等方面也有着重要的影响。

在这一阶段，业主对项目管理的核心任务是现场施工产品的保证、资金使用的计划与审核，以及竣工验收。对于业主方来说，对现场目标的控制、承包商的管理、设计者的管理、合同管理手续办理、项目内部及周边协调等问题也是管理的重中之重，急需一个专业的平台来提供各个方面的庞大信息和管理渠道，而 BIM 技术正是解决此类问题的不二之选。

BIM 辅助业主进行施工管理的优势主要体现在以下几方面：

1）验证总包施工计划的合理性，优化施工顺序。

2）使用 3D 和 4D 模型明确分包商的工作范围，管理协调交叉，监控施工过程，可视化汇报进度。

3）对项目中所需的土建、机电、幕墙和精装修所需要的材料进行监控，保证项目成本的控制。

4）在工程验收阶段，利用 3D 扫描仪扫描工程完成面的信息，与模型参照对比来检验工程质量。

（5）物业管理

在建筑物使用寿命期内，建筑物结构设施（如墙、楼板、屋顶等）和设备设施（如电梯、管道等）都需要不断得到维护。一个成功的维护方案将提高建筑物性能，降低能耗和修理费用，进而降低总体维护成本。BIM 结合运营维护管理系统可以充分发挥空间定位和数据记录的优势，合理制订维护计划，分配专人专项维护工作，以降低建筑物在使用过程中出现突发情况的概率。

（6）空间管理

空间管理是业主为节省空间成本、有效利用空间、为最终用户提供良好工作生活环境而对建筑空间所作的管理。BIM 可以帮助管理团队记录空间的使用情况，处理最终用户要求空间变更的请求，分析现有空间的使用情况，合理分配建筑物空间，确保空间资源的最大利用率。

（7）推广销售

利用 BIM 技术和虚拟现实技术还可以将 BIM 转化为具有很强交互性的虚拟现实模型。将虚拟现实模型结合场地环境和相关信息，可以组成虚拟现实场景。在虚拟现实场景中，用户可以定义第一视角的人物，并实现在虚拟场景中的三维可视化浏览。给予 BIM 三维模型照片级的视觉效果，以第一人称视角浏览建筑内部，能直观地将住宅的空间感觉展示给住户。

BIM 技术提供的整体三维模型，能极大地方便住户了解户型，更重要的是能避免装修时对建筑机电管道线路的破坏，减少装修成本，避免经济损失。利用已建立好的 BIM，可以轻松导出建筑和房间的渲染效果图。利用 BIM 技术前期建立的模型，可以直接获得如真实照片般的渲染效果，省去了二次建模的时间和成本，同时还能达到展示户型的目的，对住房的推广销售起到极大的促进作用。

BIM 辅助业主进行推广销售主要体现在以下几方面：

1）面积监控。BIM 的体量模型可自动生成建筑及房间面积，并加入面积计算规则，添加所有建筑楼层房间使用性质等相关信息作为未来楼盘推广销售的数据基础。

2）虚拟现实。为采购者提供三维可视化模型，以及在三维模型中漫游的服务，让其体会身临其境的感觉。

11 建筑工业化

§11.1 建筑工业化概述

建筑工业化最早由西方国家提出，目的是解决“二战”后欧洲国家在重建时亟须建造大量住房而又缺乏劳动力的问题。通过推行建筑标准化设计、构配件工厂化生产、现场装配式施工这样一种新的房屋建造生产方式来提高劳动生产率，为战后住房的快速重建提供了保障。这种预制装配式建造方式显著提高了生产效率，随后美国、日本、苏联、中国及新加坡等国家也相继致力于建筑工业化的研究与发展。

新时期，随着我国社会的发展和经济的增长，我国的人口红利正在消失，建筑行业面临劳动力短缺、人工成本快速上升的问题，同时目前传统现场施工方式也面临环境污染、水资源浪费、建筑垃圾量大等日益突出的问题。为解决这些问题，保持建筑行业可持续发展，近年来我国政府出台并制定了一系列政策措施扶持推行建筑工业化，以达到“四节一环保”的要求。

发展装配式建筑是建造方式的重大变革，是推进供给侧结构性改革和新型城镇化发展的重要举措，有利于节约资源能源、减少施工污染、提升劳动生产效率和质量安全水平，有利于促进建筑业与信息化工业化深度融合、培育新产业新动能、推动化解过剩产能。近年来，我国积极探索发展装配式建筑，但建造方式大多仍以现场浇筑为主，装配式建筑比例和规模化程度较低，与发展绿色建筑的有关要求以及先进建造方式相比还有很大差距。

11.1.1 建筑工业化在国内外的发展

1. 国外建筑工业化发展情况

国外建筑工业化发展起因是工业革命和城市化。从建立工业化生产体系，满足大批量、快速建造到提高住宅质量、性价比和多样性，最终转向低碳化、绿色发展，成了绿色建筑的主力军。

美国的建筑工业化注重建设的个性化和多样化，产品和设备已达到产业化水平。目前，美国的装配建筑基本形成了成熟的标准体系，应用十分广泛。甲方可以像点菜一样选择住宅类型及承包商，这种工程具有建设速度快、质量好、性能强等优点，如 1968 年在美国得克萨斯州，为世界博览会建造的帕拉西奥德尔里奥酒店（见图 11-1）仅仅用 202 个工作日就完成并投入了使用，所有房间都采用预制式模块设计、预制厂生产、现场吊装，其中组装时间仅用 46 天，不仅工期短，质量也得到了较好的保证。目前这家酒店还在运营使用，足以证明美国在预制式装配建筑领域的技术领先地位。

图 11-1 帕拉西奥德尔里奥酒店①

法国从 20 世纪 50 年代开始，重点发展装配式大板建筑，经过长期发展，不断总结经验，走出了一条以模板现浇工艺结合预制全装配式为标准的建筑工业化道路。经过 30 年的发展，基本解决了国内住房的刚性需求。以法国为代表的西欧国家也开始考虑转型，更加注重住宅的功能性与个性化设计，摒弃以往粗放式大量建造的方式。如法国南泰尔公寓楼（见图 11-2），北立面和东西两侧由预制 PC 墙板搭建，承重剪力墙由银色混凝土制成，巧妙地与南立面形成对比，展示了装配式建筑技术为住宅带来的活力与多样性。

图 11-2 法国南泰尔公寓楼②

世界上将模数法治化的第一个国家是丹麦，目前丹麦装配式建筑的预制率可以达到 70%~80%，可见丹麦在预制装配式建筑标准化上的水平之高。丹麦所发展的道路就是使预制构件既满足标准化，又能满足通用的标准。除此之外，丹麦政府还出台了一个产品设计目录供设计师选取，这样在设计建筑时，设计师可以更加方便地从目录中选取适当的部件组装成产品。通过这种途径，多样化的装配式建筑应运而生，体现了装配式建筑的优越性。如丹麦贝拉天际双塔酒店（见图 11-3），造型独特，是建筑与美的结合。

---

① https://hkg.agoda.cn/zh-tw/hilton-palacio-del-rio-hotel/hotel/san-antonio-tx-us.html。

② 预制建筑网：装配式建筑行业平台（precast. com. cn）。

图 11-3　丹麦贝拉天际双塔酒店①

日本建筑工业化水平已经处于世界前列，早已形成各类住宅的构件生产标准化体系、构件工业化体系、构件吊装装配标准体系等一系列较为完善的体系、标准和规范。目前，日本新修建的大部分房屋都是装配式建造，都是在工厂预制模块、现场组装。另外，可以根据客户的不同要求，购买和安装室内厨房和卫生间设备，实现个性化精装修。基本上每栋房子从客户预订到交付使用只需几十天。

新加坡由于国土面积狭小，政府成立之初就开始了住房建设规划，通过建屋发展局（HDB）制订组屋计划实现建筑工业化以解决房屋短缺问题。经过不断的摸索，HDB 颁布了多个行业规范与标准来促进其装配式建筑的发展，同时引进国外先进的制造工业化技术，结合自身发展情况进一步推动了预制式建筑的应用。新加坡最为优秀的公共住房之一是新加坡政府的公租房项目达士岭组屋（见图 11-4），有七座住宅大楼，高度达 145 米，由预制加工厂预制梁、柱、剪力墙、楼板、楼梯等各个部件后装配，整栋建筑预制率达到 94%。

图 11-4　新加坡达士岭组屋②

欧洲、美国、日本等建筑行业发达的国家已经将工业化建筑的应用范围延伸到各个领域，即使面对不同的工程环境，也可以快速找到不同的解决途径。由此可见，在国外工业水

① https://www.gooood.cn/hotel-bella-sky-denmark-by-3xn.htm。
② https://www.visitsingapore.com.cn/see-do-singapore/architecture/modern/pinnacle-at-duxton/。

平发达的国家，工业化建筑已经发展到很高的程度，不仅仅应用于普通的住宅建筑，也广泛应用于大型建筑、剧院、酒店等。国外新型材料、施工工艺等建筑科学的发展，足以支撑以工业化方式建造更先进更复杂的建筑结构，创造更高的经济效益以及环保效益。

2. 国内建筑工业化发展情况

我国的建筑工业化发展始于20世纪50年代，在我国发展国民经济的第一个五年计划中就提出借鉴苏联和东欧各国的经验，在国内推行标准化、工厂化、机械化的预制构件和装配式建筑。20世纪60年代至80年代是我国装配式建筑的持续发展期，尤其从70年代后期开始，我国多种装配式建筑体系得到快速发展，如砖混结构的多层住宅中大量采用了低碳冷拔钢丝预应力混凝土圆孔板。预应力混凝土圆孔板生产技术简单，各地都建有生产线，大规模生产的预应力空心板成为我国装配式建筑体系中最量大面广的产品。

从20世纪70年代末开始，为在北京地区满足高层住宅建设的发展需要，我国从东欧引入了装配式大板住宅体系，其内外墙板、楼板都在预制厂预制成混凝土大板，然后现场装配，施工中无须模板与支架，施工速度快，有效地解决了当时发展高层住宅建设的需求，北京地区大量10~13层的高层住宅采用了装配式大板体系，个别甚至应用于18层的高层住宅，至1986年北京市累计建成的装配式大板高层住宅面积接近70万平方米。在多层办公楼的建设方面，上海市也有采用装配式框架结构体系，其框架梁采用预制的花篮梁，柱为现浇柱，楼板为预制预应力空心板。当时单层工业厂房普遍采用装配式混凝土排架结构体系，构件为预制混凝土排架柱、预制预应力混凝土吊车梁、预制后张预应力混凝土屋架和预应力大型屋面板等。

至20世纪80年代末，全国已有数万家预制混凝土构件厂，全国预制混凝土年产量达2 500万立方米。这一时期这些装配式体系被广泛应用与认可，大量预制构件标准化，并有标准图集，各设计院在工程项目设计中按标准图集进行选用，预制构件加工单位按标准图集生产加工，施工单位按标准图集进行构件采购。装配式混凝土结构体系很好地适应了当时我国建筑技术发展的需要，究其原因：一是当时各类建筑建造标准不高、形式单一，容易采用标准化方式建造；二是对房屋建筑的抗震性能还没有更高的要求；三是总体建设量不大，相关预制构件厂供应可以满足需求；四是当时木模板、支撑体系和建筑用钢筋短缺，不得不采用预制装配方式；五是当时施工企业的用工都采用固定制，采用预制装配方式可以减少现场劳动力投入。

然而从20世纪80年代末开始，我国装配式建筑的发展却遇到了前所未有的低潮，结构设计中很少采用装配式体系，大量预制构件厂关门转产。我们必须看到，装配式建筑存在的一些问题开始显现，采用预制板的砖混结构房屋、预制装配式单层工业厂房等在唐山大地震中破坏严重，使人们对于装配式体系的抗震性能产生担忧，相比之下现浇体系被认为具有更好的整体性和抗震性能；且大板住宅建筑因当时的产品工艺与施工条件限制，存在墙板接缝渗漏、隔音差、保温差等使用性能方面的问题，在北京高层住宅建设中的应用也大规模减少。

与之相反，从20世纪80年代末开始，现浇结构体系得到了广泛应用，其主要原因在于：一是这一时期我国建筑建设规模急剧增长，装配式结构体系已难以适应新的建设规模；

二是建筑设计的平面和立面出现个性化、多样化、复杂化的特点，装配式结构体系已难以适应这一变化；三是对房屋建筑抗震性能要求提高，设计人员更倾向于采用现浇结构体系；四是农民工大量进入城镇，为建筑行业带来了充沛、廉价的劳动力，低成本的劳动力促使粗放式的现场湿作业成为混凝土施工的首选方式；五是胶合木模板、大钢模、小钢模应用迅速普及，钢脚手架也开始广泛应用，很好地解决了现浇结构体系所需的模板模架难题；六是我国钢材产量的大规模提高，使得在楼板等构件中已不再追求如预应力混凝土圆孔板那么低的单位面积用钢量。因此，采用现场现浇的结构体系更符合当时我国大规模建设的需求。

最近几年来，传统的现场现浇施工方式是否符合我国建筑业的发展方向，再次得到了业内的审视。一是随着社会发展与进步，新生代农民工已不再青睐劳动条件恶劣、劳动强度大的建筑施工行业，施工企业已频现“用工荒”，劳动力成本的快速提升，使得采用大规模劳动密集型的现场现浇施工方式不可持续；二是社会对于施工现场环境污染的重视程度提高，采用现浇方式的施工现场存在水资源浪费、噪声污染、建筑垃圾产生量大等诸多问题；三是施工现场的工程质量不尽如人意，建筑施工质量通病较多；四是从可持续发展角度，传统的建筑业存在产业转型与升级要求。因此，反映建筑产业发展的建筑工业化再一次被行业所关注，中央及地方政府均出台了相关文件明确推动建筑工业化。

在国家与地方政府的支持下，我国装配式结构体系重新迎来发展契机，形成了如装配式剪力墙结构、装配式框架结构等多种形式的装配式建筑技术，完成了如《装配式混凝土结构技术规程》（JGJ1）、《钢筋套筒灌浆连接应用技术规程》（JGJ355）等相应技术规程的编制。全国各地，特别是建筑工业化试点城市都加大了预制装配式结构体系的试点推广应用工作。

我们也必须看到，随着建设规模的迅速发展，现浇混凝土结构施工技术也得到了长足的进步，其中商品混凝土（预拌混凝土）已得到多年的推广应用，目前我国大中城市都已全面推广应用商品混凝土。混凝土泵送技术也得到了广泛应用，有效解决了高层建筑的混凝土垂直运输问题，并大大提高了施工效率。但同时，现在施工现场对模板与钢筋仍然采用现场加工方式，这不符合建筑工业化要求，耗费了大量人工，产生了大量建筑垃圾。所以要研发与推广应用新型模板并建立模架技术、钢筋集中加工配送体系，以实现现浇体系的工业化建造。

此外，国内的相关施工企业也在研究施工现场的工业化建造技术，如采用大型集成化、机械化的施工平台，以减少现场劳动作业量和对环境的影响。因此，采用这些现代新型施工技术进行生产建造的现浇结构从理论上说同样是一种工业化建筑。此外，最近十年钢结构作为一种预制化、工厂化程度高的结构形式在民用建筑和工业建筑中也得到了推广应用，其应用比例已达5%左右。在民用建筑方面，国内大跨度公共建筑如体育馆、会展中心、航站楼、大型火车站的站房与雨棚都普遍采用钢结构；高层建筑也有一定比例采用钢结构，超高层建筑基本采用外钢框架+混凝土核心筒的混合结构体系；国内还进行了钢结构住宅的研究与试点推广应用工作。在工业建筑方面，大多数工业建筑都采用钢结构，单层工业厂房大量采用轻型门式刚架或钢结构排架体系，多层重型工业厂房也都采用钢框架结构。伴随我国钢铁产能过剩，政府鼓励使用钢材，钢结构建筑作为一种工业化建筑同样具有广阔的应用前景。

在政策的支持下，研发单位、房地产开发企业、总承包企业、高校等都在积极研发与探索建筑工业化，国内科研院所、高校等与相关企业合作成立了多个建筑工业化创新战略联盟，共同研发、建立新的工业化建筑结构体系与相关技术，积极推动我国建筑工业化的进一步发展。

中国特色社会主义新时代背景下，为贯彻新发展理念，构建新发展格局，政府出台了一系列政策文件推进建筑的工业化发展。2016 年国务院办公厅印发《关于大力发展装配式建筑的指导意见》(国办发〔2016〕71 号)，要求按照“五位一体”总体布局和“四个全面”战略布局，牢固树立和贯彻落实创新、协调、绿色、开放、共享的发展理念，按照适用、经济、安全、绿色、美观的要求，推动建造方式创新，大力发展装配式混凝土建筑和钢结构建筑，在具备条件的地方倡导发展现代木结构建筑，不断提高装配式建筑在新建建筑中的比例。坚持标准化设计、工厂化生产、装配化施工、一体化装修、信息化管理、智能化应用，提高技术水平和工程质量，促进建筑产业转型升级。2020 年 7 月，住建部等 13 部门发布《关于推动智能建造与建筑工业化协同发展的指导意见》(建市〔2020〕60 号)，要求围绕建筑业高质量发展总体目标，以大力发展建筑工业化为载体，以数字化、智能化升级为动力，创新突破相关核心技术，加大智能建造在工程建设各环节的应用，形成科研、设计、生产加工、施工装配、运营等全产业链融合一体的智能建造产业体系，提升工程质量安全、效益和品质，有效拉动内需，培育国民经济新的增长点，实现建筑业转型升级和持续健康发展。2020 年 8 月，住建部等 9 部门联合印发《关于加快新型建筑工业化发展的若干意见》(建标规〔2020〕8 号)，提出要加快新型建筑工业化发展，即通过新一代信息技术驱动，以工程全寿命期系统化集成设计、精益化生产施工为主要手段，整合工程全产业链、价值链和创新链，实现工程建设高效益、高质量、低消耗、低排放的建筑工业化。以新型建筑工业化带动建筑业全面转型升级，打造具有国际竞争力的“中国建造”品牌，推动城乡建设绿色发展和高质量发展。

11.1.2 建筑工业化的内涵及优劣势

建筑工业化是随西方工业革命出现的概念，工业革命让造船、汽车生产效率大幅提升，随着欧洲兴起的新建筑运动，工厂预制、现场机械装配逐步形成了建筑工业化最初的理论雏形。“二战”后，西方国家亟须解决大量住房问题而劳动力又严重匮乏，这为推行建筑工业化提供了实践的基础。建筑工业化因其工业效率高在欧美风靡一时。1974 年，联合国出版的《政府逐步实现建筑工业化的政策和措施指引》中定义了“建筑工业化”：按照工业化生产方式改造建筑业，使之逐步从手工业生产转向社会化大生产的过程。它的基本途径是建筑标准化、构配件生产工厂化、施工机械化和组织管理科学化。

工业化建筑（Industrialized Building）是指采用以标准化设计、工厂化生产、装配化施工、一体化装修和信息化管理等为主要特征的工业化生产方式建造的建筑。在工业化建筑中，常常提到“装配式建筑”，装配式建筑（Prefabricated Building）是指由预制部品部件在工地装配而成的建筑。

1. 建筑工业化的优势

相比传统现场湿作业方式，建筑工业化具有以下优势：

(1) 提高建设效率和工程质量

大量的建筑部件如外墙板、内墙板、叠合板、阳台、空调板、楼梯、预制梁、预制柱等都由车间生产加工完成，预制建筑的制造技术是大规模生产的社会组织管理与现代信息技术的集成，统筹工程设计、施工、运行维护、生产等部门，是传统的粗放生产转化为工厂化、装配化的制造过程，制造厂生产效率和技术水平的提高，有利于质量控制，能全面提升装配式建筑的质量安全水平，更能有效促进现代建筑业的快速发展。

工厂生产出来的建筑部件运到现场进行组装，减少了模板工程和人工工作量，加快了施工速度，可大大降低工程造价。同时，建筑工业化将整个建筑由一个项目变成了一件产品，构件越标准，生产效率越高，成本就越低，配合工厂的数字化管理，整个装配式建筑的性价远非传统的现浇建造方式可比。不同于现浇建筑那样必须先做完主体才能进行装饰装修，装配式建筑可以将各预制部件的装饰装修部分完成后再进行组装，实现了装饰装修工程与主体工程的同步，缩减了建造步骤，降低了工程造价。装配式建筑的建筑材料选择更加灵活，各种节能环保材料如轻钢以及木质板材的运用，使得装配式建筑更加符合绿色建筑的概念。

(2) 减少现场施工污染、环境污染

与传统的建设方式相比，工业化建筑资源利用效率高，能源浪费小，施工噪声污染和空气污染小。建筑工业化顺应绿色发展的要求，改变施工过程，施工现场不再脏、乱、差，减少建筑垃圾产生，有助于改善城市环境，建设生态文明城市。

(3) 提高资源利用率，节约资源

预制建筑可实现对能源资源的有效利用，符合可持续发展的绿色、低碳及可回收要求。建筑工业化的装配模式可大大减少建筑预制混凝土模板、砂、石、水泥等材料的消耗，工厂预制可实现对水资源的循环利用，现场安装时，钢模板、脚手架、钢材也可以在拆除后回收利用，另外还可减少现场混凝土的养护和钢筋切割，降低水电消耗。

(4) 有效解决产能过剩

建筑工业化的发展是改善产业结构和提高效率的重要措施。例如在钢结构中，每新增 1 个百分点的钢结构，可增加消耗约 70 万吨钢。同时，建设工业化的建筑产业链能促进与之相关的配套产业的发展，如特种设备制造等新产业，促进产业结构调整，增加就业，促进新产业循环经济发展，促进企业高质量发展、集约化发展。

2. 建筑工业化的瓶颈

工业化是未来建筑业发展的方向，但仍有许多瓶颈问题需要解决。

(1) 工艺落后、工业化程度低

我国构配件产品形式单一，相比发达国家来说比较落后，机械化工业化水平低，生产的构件远远达不到规定的质量标准。在把控施工工序和施工技术流程方面，装配式建筑具有严格的要求，我国迄今为止无论施工管理还是施工安装技术或者检测手段都达不到要求，常常使得构配件运输和现场的施工计划这两者之间产生矛盾。发达国家，像美国、加拿大、日本等，对装配式建筑的应用很广泛，高达 60%以上，然而相比之下，目前为止我国达不到 10%，使装配式建筑的优势很难发挥。

(2) 前期一次性成本高

在大规模工业化的基础上，工业化生产能够极大程度地提升劳动效率，同时节约经济成本。就目前我国工业化程度不高的现状来看，装配式建筑建造前期的一次性投入普遍较传统建筑高。首先，需要投入大量的资金来进行研究开发、流水线建设等，必须确保资金的充足；其次，按制造业纳税的情况来看，在我国，建筑工业化产品的增值税税率是很高的，高达 17%，这与建筑企业按工程造价 3%的纳税相比，毫无优势；还有未来收益存在不确定性。综上，即便是从长远的角度来看，绝大多数的开发商都认为对工业化的投入有一定风险。

(3) 未得到社会公众认可

由于装配式建筑相比传统现浇建筑存在高额的税负落差等一系列不利之处，加大了企业的一次性投入成本，这使得建筑部品企业的生产积极性极低；同时开发商心目中对装配式建筑的认可度也比较低，不愿开发装配式住宅。工业化程度低会影响装配式建筑的一次性投入成本，一次性投入成本又会制约装配式建筑的公众认可度，致使即便个别开发商愿意开发装配式住宅，消费者也会因为普及率不高，对装配式建筑的概念和优势了解不清，大多采取保守态度，不愿购入。

11.1.3 建筑工业化建造方法

传统建筑生产方式将设计与建造环节分开，设计环节属于前期工作，对目标建筑进行结构、工艺、环境等的设计，形成纸质成果文件；而项目实体的建设由施工方现场完成，根据设计图纸进行建造，设计方配合项目实施，并参与竣工验收。建筑工业化的生产方式，是将设计、生产、施工融合于一体的建造方式，是从标准化的设计，到构配件在工厂的标准化生产，再到施工现场装配的过程。

对比传统建造与工业化建造，可发现传统建造中，设计与施工分离，而建筑工业化颠覆传统建造方式的最大特点在于将设计、施工环节一体化。设计环节成为关键，不仅是设计蓝图至施工图的过程，构配件标准、建造阶段的配套技术、建造规范等都需纳入设计方案中，才能形成构配件生产标准及施工装配的指导文件。建筑工业化的基本途径是建筑标准化、构配件生产工厂化、施工机械化和组织管理科学化，逐步采用现代科学技术的新成果，提高劳动生产率，加快建设速度，降低工程成本，提高工程质量。

1. 集成化（构件–组件–模块）

随着工业化生产技术的发展，从门、窗等相对简单的构件到更整体的单元模块的集成化产品开始实现工厂预制。预制装配的基础元素是指最基本的建造单元，如构件、组件、模块等。构件、组件、模块的分类方法没有标准的行业名称，是行业内普遍认可的一种简单便捷的分类方式，它们之间没有明确的界定，构件、组件、模块的分类只用来描述在现场装配前，工厂生产阶段预制集成度的高低（见图 11–5）。

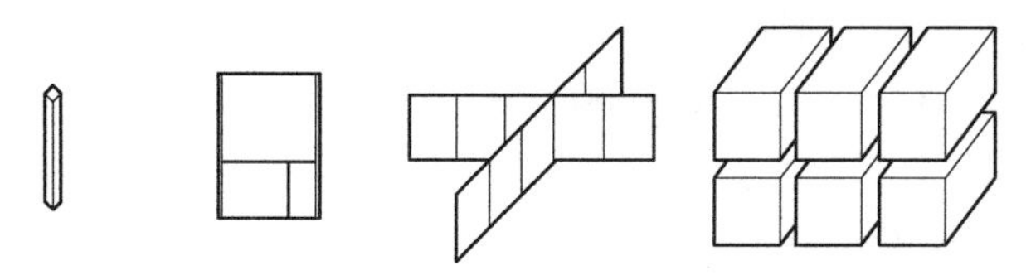

图 11-5 材料-构件-组件-模块①

“构件”为建造的基本要素，即单一功能的建造单元，当材料被加工成构件，就具备了明确的建造功能，如预制混凝土柱、梁等。

“组件”为若干功能组合的构件集成体，如将带飘窗、装饰面层和保温层的预制墙板，叠合板组件预埋管线，预装插座和预开窗洞的墙板等。随着建筑工业化的发展，组件的类型越来越丰富，集成度也越来越高。混凝土预制技术就是组件集成化发展的一个典型代表。与现浇混凝土技术相比，预制混凝土构件的生产制造整合了不同构件及设备管线的安装技术，提高了建造效率和品质。早期预制混凝土工艺生产的构件类型有限，集成度较低，经过一百多年的发展，现代预制混凝土制造技术不仅实现了完全的自动化生产，还将设备管道、电路接口、保温隔热材料、窗户甚至外层饰面都集成在墙板构件中，实现了墙体组件的高度集成。

“模块”是由若干组件构成的空间装配体。装配集成化程度越高，现场施工越简洁集中。构件预制技术的成熟是模块化装配技术成型的基础，只有当越来越多的零部件都在工厂生产，才能像汽车制造业那样将建筑的组成部分进行模块化的区分，然后由不同的分包商完成不同的部分，最后在现场进行总装。由于建筑类型丰富、形式多样、体量差异大，因此不能像汽车那样进行统一的模块化区分，即便是功能高度相似的产品，只需制造商不同，制造工艺、生产流程就不同，模块的划分也不会相同。

对于模块的基本划分方法和原则有两种：第一种与制造业类似，即按照产品的构成要素，将建筑产品模块划分为结构、围护体、基础、设备这四种类型。这些主要模块根据具体的建造方式可进一步细分，如将围护体进一步细分为外围护体和内装模块，外围护体分为屋顶、墙体模块等。第二种划分方式是建筑业所特有的，以单元空间为基础的装配模块概念，是以第一种模块概念为基础的技术拓展，如集装箱等。以单元来划分模块可最大限度地利用标准化制造技术，将结构、围护体及设备集成于统一的单元模块中，充分发挥场外预制的优势。

从预制构件的出现，到组件的发展，再到单元模块的预制装配，不仅构件的集成化生产和装配技术得到长足进步，现场建造的逻辑较传统的现场施工方式也发生了质的变化。从单一构件到成组的组件，再到成块的单元，装配的对象越来越大，建造步骤越来越简洁。

2. 工厂化（“现场-工厂”转移）

传统的现场建造理念统领的建筑开发，建筑体系、结构体系的设计和施工建造各自独立，施工采用半手工半机械的方式，现场湿作业；而工业化预制装配模式提供了在工厂制造

---

① RYAN E. SMITH, Prefab Architecture: A Guide to Modular Design and Construction, John Wiley & Sons, Inc. 2010, p128。

建筑的新模式，采用产业化方式在工厂里制造各种建筑构件，再通过工业化装配技术在现场科学合理地组织施工。工业化建造使施工专业化，提高了机械化水平，减少了繁重复杂的手工劳动和湿作业。发展建筑构配件、制品、设备生产并形成适度的规模经营，可以为建筑市场提供各类通用建筑构配件和制品，同时还可以推动统一的建筑模数和重要的基础标准（模数协调、公差与配合、合理建筑参数等）的制定。

建筑构件生产企业是施工转移的载体，使建筑走上工业化道路。工厂承担了传统模式中建筑承包企业的大部分工作，但与施工企业不同，工厂具有制造企业的特点。就一个建筑构件而言，可以按照制造业方式组织生产。如北京万科工业化住宅实验楼的建造，传统施工作业的生产流程依次是：工厂模具制作、绑扎钢筋及预埋件、混凝土浇筑与振捣、脱模、养护、装修；而工业化建造方式的生产流程为：工厂构件制造、装运（将构件吊装至专用运输车辆）、运输、二次搬运（将构件吊装至堆放场地）、装配，其中，装配阶段流程大致为预制构件吊装、装配施工护栏、安装阳台支架、浇筑连接楼板及梁、整体浴室吊装等。

11.1.4 建筑工业化发展方向

1. 建筑工业化的发展理论及方向

（1）开放建筑理论

自 20 世纪 60 年代开始，西方发达国家经历了“二战”后大规模的城市复兴和复建，建筑理论得到了充分发展。开放建筑（Open Building）作为建筑工业化发展的重要理论基础，成为指导建筑工业化的新思路，具有可持续性的建筑通用体系对当代新型建筑的工业化产生了深远影响。

1）建筑通用体系与技术系统化。建筑专用体系与建筑通用体系的早期理论与实践出现在 20 世纪 60 年代后的法国。东京大学内田祥哉先生进行了系统性的理论研究，提出了部品化住宅的理念与方法。尽管不同国家建筑产业化发展状况及建筑通用体系有所区别，但从国家层面就形成了相对成熟的工业化通用体系，在推行被行业内认可的建筑通用体系和部品集成设计方法、满足“量”的规模化建设之后，对“质”的诉求成为市场的发展导向和居民生活水平提高的表现。在这一阶段，内装部品体系的重要性逐渐显现，成为构成建筑通用体系、决定建筑工业化实施程度、影响建筑质量品质的重要因素。因此，发达国家和地区通过政策或市场的方式发展了通用体系和部品协调标准，促进了建筑产业化和建筑工业化发展。

2）可持续建筑体系与技术系统化。开放建筑的可持续建筑体系起源于 20 世纪 60 年代的欧洲，将全新的设计策略和建设方法、划分层级的营建系统与建筑工业化的多样化建造方法相结合，契合了全球可持续发展方向。开放建筑在荷兰、英国、法国、德国和瑞士等欧洲国家得到了全面推动，研究范围不断扩大到与建筑相关的文化、技术、经济和社会等诸多领域。美国、日本、中国等国家也进行了许多基于开放建筑理论和 SAR（Stichting Architecten Research）支撑体住宅体系的实践研究，形成了系统化和工业化的设计建造体系及供给模式。日本的 SI（Skeleton and Infill）体系汲取了开放建筑的思想，并继承发扬了日本建筑产业化成果，其工业化设计建造方法在国际上应用广泛，使建设模式向长寿化和资源化方向发展。

3）建筑标准化体系与装配式技术系统化。标准化是建筑工业化生产的前提条件和建筑产业现代化的基础，建筑标准化体系包括建筑设计的标准化、建筑体系的定型化、建筑部品的通用化和系列化。建筑标准化体系应用标准化、系列化的部品和专业化的建造方法，批量、高效生产定制化且高品质的建筑产品。与建筑通用体系和开放建筑同期，欧美率先在居住建筑和教育建筑中广泛采用建筑标准化体系，并进行标准化设计。目前，美国采用建筑标准化体系与系列化的部品方法；瑞典 80%的住宅采用以标准化通用部件为基础的住宅通用体系；丹麦以“产品目录设计方法”为中心推动标准化、通用化体系发展；法国在构件逻辑系统上编制了住宅通用软件 G5 软件系统，可以把任何一个建筑转变为建筑标准化体系与部品进行设计。

（2）建筑构法理论

建筑构法是涵盖建筑构成系统与生产建造方式的广义建筑方法论，与建筑生产相关的内容包括建筑体系、构件部品、生产组织和模数协调等。建筑构法注重建筑物的建筑体系、建造方法和过程，其建筑体系理论方法对建筑工业化和产业化发展具有重要意义。伴随着 20 世纪 60—70 年代建筑工业化和开放建筑运动的发展，建筑构法历经早期的设计论、生产论与可持续论三个阶段，演变成为综合性的建筑理论方法。建筑构法下的建筑主体工业化和内装工业化，从项目策划阶段统筹建筑全生命周期，考虑了项目建设生产中各个阶段的不同因素，从设计构思与性能出发，涵盖设计、生产、施工等全过程，甚至延伸到了使用维护阶段和拆除更新阶段。

1）建筑主体工业化的建筑体系与技术集成化。建筑主体工业化的建筑体系与技术集成化方式能提供高品质、高耐久、节能环保的建筑成品，解决长期以来建筑业存在的寿命与质量问题。工厂生产可以按照一定的作业流程和严格的工艺标准控制产品质量，现场吊装和少量节点连接作业可大大降低现场工人的工作量和劳动强度。建筑主体工业化的建筑体系和预制装配式建筑在西欧、北美、澳洲应用较为广泛，技术与工法研究也较为成熟和深入，近些年来，建筑工业化建造技术的进步使装配式建筑技术得以继续发展。在日本，建筑主体工业化的建筑体系通常采用大空间结构，主要系统集成技术包括预制高强钢混凝土框架结构技术、100 年建筑结构体与管线分离技术、减隔震技术和幕墙外围护结构系统等，现场施工简便、高效，质量极高。

2）建筑内装工业化的建筑体系与技术集成化。建筑内装工业化的建筑体系与技术集成化方式主要体现在工业化装修和内装部品两方面，以内装工业化整合住宅内装部品体系，住宅部品的集成进一步使住宅生产达到工业化。部品在工厂制作，现场采用干式作业，可以全面保证产品质量和性能，提高劳动生产率，缩短建设周期，节省大量人工和管理费用，降低住宅生产成本，综合效益明显。同时，集成部品便于维护，降低了后期的运营维护难度，节能环保，建筑垃圾也大为减少。日本住宅建筑内装工业化的建筑体系始于 20 世纪 60 年代初期，之后其内装产业化与建筑工业化得以飞速发展，建筑内装工业化建筑体系均采用住宅通用部品，部品尺寸和标准都已系统化。荷兰的 MATURA 住宅部品体系是一种综合性内装填充体系，其 Infill Systems BV 内装填充体系统是完全预制的内装产品，可通过控制住宅工期和施工质量等平衡产品成本。

2. 国内建筑工业化的发展重点

发展新型建筑工业化是一项复杂的系统工程，按照《关于加快新型建筑工业化发展的若干意见》要求，要重点开展以下工作：

(1) 加强系统化集成设计

推动全产业链协同，推行新型建筑工业化项目建筑师负责制；促进多专业协同，通过数字化设计手段推进建筑、结构、设备管线、装修等多专业一体化集成设计，提高建筑整体性；推进标准化设计，实施建筑平面、立面、构件和部品部件、接口标准化设计，推广少规格、多组合设计方法，以学校、医院、办公楼、酒店、住宅等为重点，推广装配式建筑体系。

(2) 优化构件和部品部件生产

推动构件和部件标准化，完善集成化建筑部品，编制主要构件尺寸指南、新型建筑工业化构件和部品部件相关技术要求，以及集成化、模块化建筑部品相关标准图集；推进型钢和混凝土构件以及预制混凝土墙板、叠合楼板、楼梯等通用部件的工厂化生产，满足标准化设计选型要求；发展安全健康、环境友好、性能优良的新型建材，推进绿色建材认证和推广应用。

(3) 推广精益化施工

大力发展钢结构建筑，鼓励医院、学校等公共建筑优先采用钢结构，积极推进钢结构住宅和农房建设；推广装配式混凝土建筑，完善适用于不同建筑类型的装配式混凝土建筑结构体系，加大高性能混凝土、高强钢筋和消能减震、预应力技术的集成应用；推进建筑全装修，推进装配化装修方式在商品住房项目中的应用，推广管线分离、一体化装修技术，推广集成化模块化建筑部品。

(4) 加快信息技术融合发展

大力推广 BIM 技术，加快应用大数据技术，推动传感器网络、低功耗广域网、5G、边缘计算、射频识别（RFID）及二维码识别等物联网技术在智慧工地的集成应用。

(5) 创新组织，强化支撑

创新组织管理模式，大力推行工程总承包，发展全过程工程咨询，探索工程保险制度，完善预制构件监管机制，探索工程保险制度，建立使用者监督机制；强化科技支撑，积极培育科技创新基地，加大科技研发力度，推动科技成果转化；加快专业人才培育，培育专业技术管理人才、技能型产业工人，加大后备人才培养；开展新型建筑工业化项目评价，制定评价标准，建立评价结果应用机制。

§11.2 建筑工业化建造体系

建筑工业化，即采用装配式建造模式建设项目，装配式的主要体系包括预制装配式混凝土结构体系、预制装配式钢结构体系、预制木结构体系、预制集装箱、装配式装饰装修等。

11.2.1 预制装配式混凝土结构体系

预制装配式混凝土建筑结构体系是指以工厂化生产的混凝土预制构件为主，通过现场装配的方式设计建造混凝土结构类的房屋建筑。构件的装配方法一般有现场后浇叠合层混凝土、钢筋锚固后浇混凝土连接等，钢筋连接可采用套筒灌浆连接、焊接、机械连接及预留孔搭接连接等做法。预制装配式混凝土建筑是建筑工业化最重要的方式，具有提高质量、缩短工期、节约能源、减少消耗、清洁生产等许多优点。

1. 预制装配式混凝土结构体系的主要类型

预制装配式混凝土建筑的预制构件主要包括预制外墙、预制梁、预制柱、预制剪力墙、预制楼板、预制楼梯、预制露台等。按照预制构件的预制部位不同可以分为全预制装配式混凝土结构体系和预制装配整体式混凝土结构体系两大类。

（1）全预制装配式结构

全预制装配式结构，是指所有结构构件均在工厂里生产，运至现场进行装配。全预制装配式结构通常采用柔性连接技术，所谓柔性连接是指连接部位抗弯能力比预制构件低，因此在地震作用下弹塑性变形通常发生在连接处，而梁柱构件本身不会被破坏，或者变形在弹性范围内。因此全预制装配式结构的恢复性能好，震后只需对连接部位进行修复即可继续使用，具有较好的经济效益。

全装配式建筑的维护结构可以采用现场砌筑和浇筑，也可以采用预制墙板。它的主要优点是生产效率高，施工速度快，构件质量好，受季节影响小。在建设量较大而又相对稳定的地区，采用工厂化生产可以取得良好的效果。

（2）预制装配整体式结构体系

预制装配整体式结构体系是指部分结构构件在工厂内生产，如预制外墙、预制内隔墙、半预制露台、半预制楼板、半预制梁、预制楼梯等预制构件。预制构件运至现场后，与主要竖向承重构件（预制或现浇梁柱、剪力墙等）通过叠合层现浇楼板浇筑成整体的结构体系。预制装配整体式结构体系可细分为预制装配式框架结构体系、预制装配式剪力墙体系、预制装配式框架-剪力墙体系等。

1）预制装配式框架结构体系。预制框架结构即框架的梁和柱以预制构件形式制作，各种承重部件通过现浇方式连接。预制的梁、柱和其他预制的阳台、外墙板、楼梯、地板等组装成预制装配式框架结构建筑。这种结构的力学性良好，显著提高装配率，简单易操作，现场浇筑量较少，完全符合装配式建筑的设计初衷。

这种结构具有一定的适用性，但梁柱裸露在外部，有一定的施工难度，更常见于建筑高度在60米以下、需要打开大型空间的建筑物，如停车场、商场、学校建筑、工厂、办公楼、商业建筑、医疗建筑、仓库等，近年来已开始在民用建筑中使用。

2）预制装配式剪力墙体系。预制装配式剪力墙体系建造方式为：受力的剪力墙、梁等部分或全部采用预制，吊装完成后，墙与墙之间的垂直缝现场浇筑、上下墙采用钢筋连接，最后与梁柱等浇筑成整体。此类结构预制率高，可达70%，施工简单，无梁柱外漏，成本相对偏低，适合高层建筑，但接缝处不好处理，容易出现结构质量等问题。

3）预制装配式框架-剪力墙体系。装配式框架-剪力墙体系是框架结构和剪力墙结构的结合，对剪力墙的处理可以分为预制或者现浇两种。这种结构装配率较高，适合高层以上的建筑，但成本也偏高，施工难度相对较大。

预制装配整体式结构通常采用强连接节点，由于强连接的装配式结构在地震中依靠构件截面的非弹性变形耗能，因此能够获得与现浇混凝土现浇结构相同或相近的抗震能力，具有良好的整体性能，具有足够的强度、刚度和延性，能安全抵抗地震力。预制装配整体式结构的主要优点是：生产基地一次投资比全装配式少，适用性大，节省运输费用，便于推广；在一定条件下也可以缩短工期，实现大面积流水施工，结构的整体性能良好，并能取得较好的经济效果。

2. 预制装配式混凝土建筑的特点

1）主要构件在工厂和现场预制，采用机械化吊装方式，可与现场各专业施工同步进行，施工速度快、工程建设周期短、利于冬季施工。

2）采用定型模板平面施工作业，代替现浇结构立体交叉作业，生产效率高、产品质量好、安全环保、有效降低成本。

3）预制构件生产环节可采用反打一次成型工艺或立膜工艺将保温、装饰、门窗附件等特殊要求的功能高度集成，减少物料损耗和施工工序。

4）由于对从业人员的技术管理能力和工程实践经验要求比较高，装配式建筑的设计施工应做好前期策划，具体包括工期进度计划、构件标准化深化设计及资源优化配置方案等。

3. 预制装配式混凝土建筑的优势

装配式混凝土建筑在生产方式上的转变，主要体现在“五化”：建筑设计标准化、部品生产工厂化、现场施工装配化、结构装修一体化和建造过程信息化。因此，与传统建筑相比，装配式混凝土建筑呈现如下优势：

1）保证工程质量。装配式建筑构件在预制工厂生产，生产过程中可对温度、湿度等条件进行控制，构件的质量更容易得到保证。

2）降低安全隐患。装配式建筑的构件运输到现场后，由专业安装队伍严格遵循流程进行装配，大大提高了工程质量，降低了安全隐患。

3）提高生产效率。装配式建筑的构件由预制工厂批量采用钢模生产，减少脚手架和模板数量，尤其是生产形式较复杂的构件时，优势更为明显；同时省掉了相应的施工流程，大大提高了时间利用率。

4）降低人力成本。装配式建筑由于采用预制工厂施工，现场装配施工，机械化程度高，减少现场施工及管理人员数量，节省了人工费，提高了劳动生产率。

5）节能环保，减少污染。装配式建筑循环经济特征显著，由于采用的钢模板可循环使用，节省了大量脚手架和模板作业，节约了木材资源。此外，由于构件在工厂生产，现场湿作业少，大大减少了噪声和烟尘，对环境的影响较小。

6）模数化设计，延长建筑寿命。装配式建筑进行建筑设计时，首先对单元布局进行优选，在选定布局的基础上进行模数化设计和生产。由于采用灵活的结构形式，房间内部空间可进一步改造，延长使用寿命。

11.2.2 预制装配式钢结构体系

1. 预制装配式钢结构体系的特点

预制装配式钢结构建筑适宜构件的工厂化生产，可以将设计、生产、施工、安装一体化。该结构的主要受力部分是预制钢柱和梁，可使建筑结构减轻自重而不损失强度和结构的稳定性，抗风抗震性能好，适用于软弱地基建筑；构建跨度大，可扩展建筑空间，根据需要灵活分隔使用空间；方便质量控制，便于加快施工进度，施工基本不受天气和季节影响；安装容易、施工快、方便装修拆迁且可回收材料，施工环境污染小，经济环保，符合可持续发展政策，应用也十分广泛。

但钢结构也有其缺点：钢本身是热的良好导体，在保温隔热方面的效果不尽如人意，需要采取其他措施弥补；另外，钢结构具有易腐蚀的特点，应要做好防护以延长使用年限。

2. 预制装配式结构体系的组成

根据构成，可将预制装配式结构体系分为主体结构、围护结构、楼（屋）盖结构等。

（1）主体结构

装配式钢结构建筑结构体系包括钢框架结构、刚框架-支撑结构、钢框架-延性墙板结构、筒体结构、巨型结构、交错桁架结构、门式钢架结构、底层冷弯薄壁型钢结构等。

纯钢框架结构体系是指沿房屋的纵向和横向均采用钢框架作为承重和抵抗侧力的主要构件所构成的结构体系。采用型钢柱时可以实现多层住宅结构，小高层时，需用方矩管柱。框架结构按梁和柱的连接形式又可分为半刚性连接框架和刚性连接框架，但半刚接框架使用较少。实际中，一般将梁柱连接中在梁翼缘部位采取有可靠连接且刚度较大的连接形式，当作刚接；否则，当作铰接。

钢框架-支撑结构体系是在钢框架体系中沿结构的纵、横两个方向均布置一定数量的支撑所形成的结构体系。钢框架-支撑结构体系属于双重抗侧力结构体系，钢框架部分是剪切型结构，底部层间位移较大，顶部层间位移较小；支撑部分是弯曲型结构，底部层间位移较小，而顶部层间位移较大，两者并联，可以显著减小结构底部的层间位移，同时结构顶部层间位移也不致过大。由于支撑斜杆仅承受水平荷载，当支撑产生屈曲或破坏后，不会影响结构承担竖向荷载的能力，框架能继续承担荷载，不致危及建筑物的基本安全要求。

（2）维护结构

维护结构体系在满足使用功能中起到重要作用，主要包括结构功能、热工功能、密闭功能、隔声功能、防护功能及装饰功能。钢结构建筑墙体材料不仅应满足隔热、节能、保温、隔声、防腐和防火等各项要求，同时还要尽量保证墙体质轻且便于装配、与工业化相适应、施工效率高。

（3）楼（屋）盖结构

楼（屋）盖体系作为房屋的水平构件，起着支撑竖向荷载和传递水平荷载的作用，除了承受竖向荷载并将它传给框架，还将水平力传到各个柱上，因此楼（屋）面结构必须具有足够的强度、足够的平面整体刚度，并能保证梁的整体稳定性。作为建筑要求，还应能隔音、防火和防水，同时应尽量采取技术和构造措施减轻楼板自重，提高施工速度。

11.2.3 预制木结构体系

中国古代一直由木结构体系占主导，木材本身具有节能、隔热、隔音、舒适、抗震等优点，且经济，材料可取。现代的木材结构也很受欢迎，在国外，广泛使用木结构进行建筑施工和住宅的建设；由于木材建筑使用寿命相比混凝土、钢结构建筑短，且为避免消耗大量的森林资源，木结构建筑在国内使用范围有限，大部分用在高等级建筑，如别墅、景观设施的建设上，满足特定的市场和观赏需求。

11.2.4 预制集装箱

预制集装箱是工业化程度较高的建筑形式，预制程度可以达到90%以上。简单来说，预制集装箱就是将房屋所有的设施设备都集于一个箱子内，包括梁柱、墙体等，甚至涵盖全部或部分门窗、阳台、电气、暖通、厨房、楼梯、家具等装修工作，运到现场直接组装成一个整体，快速建成多种风格的建筑。

预制集装箱的建设模式能够将工作负荷控制到最小。与传统建筑相比，据估算预制集装箱的混凝土单位面积消耗量仅为0.3立方米，节省20%以上的钢材和水泥用量，重量也将减少一半以上。

集装箱箱体的预制构件的建造投资成本比较高，但可通过扩大预制工厂规模，形成流水线作业，实现一定程度的成本控制。

11.2.5 装配式装饰装修

装配式装饰装修是指将室内外大部分装修工作在工厂内通过流水线作业进行生产（如房门、门套、窗台、踢脚线、床等），然后到现场进行组装。通过批量采购、模块化设计、工业化生产、整体化安装，实现装修的规范化、标准化和高效节能。

装配式装饰装修的主要特征如下：

1）模块化设计。装配式装饰产品的典型特征是模块化的预制产品，根据现场的基础数据，通过设计师的设计，各装饰部件在工厂加工完成后，在现场组装。应该说，模块化设计是建筑装饰工业化的基础。

2）标准化制作。标准化制作装配式装饰模块化产品是实现批量化生产和整体化安装的前提。装饰模块化产品标准化制作可以提高施工效率，保证施工质量，使建筑装饰模块之间具有很好的匹配性。标准化制作的重要依据就是标准，因此，各个标准之间还应该保持协调，不能相互矛盾。

3）批量化生产。批量化生产是装配式装饰的重要标志之一。批量化生产能够提高劳动效率，节省劳动成本，这也是推行装配式装饰装修的主要目的。

4）整体化安装。整体化安装是装配式装饰装修的重要表现形式。整体化安装是建立在模块化设计和标准化制作基础之上的。整体化安装的质量不仅要依托安装人员的操作水平，更为重要的是它会反映整个项目的管理水平，深化设计、现场管理、专业协调等任何环节出现问题，都会影响装饰装修质量。

§11.3 建筑工业化项目管理

工程项目管理是基于某个项目的管理，建筑工程管理一旦出现问题，就将损失严重。工程项目管理是一个完整的过程，整个生命周期包含设计、规划、实施、完成等阶段。项目管理的主要内容包括项目组织的协调、合同管理、进度控制、成本控制、质量控制、安全风险管理、信息管理等。

11.3.1 成本管理

一般来说，建筑工程项目的成本主要包括直接成本、间接成本、利润和税费，而建设成本的主要部分是直接成本。预制整体施工方式与现浇施工方式不同，其直接成本主要包括预制生产成本、运输成本、安装费及措施费（见表11-1）。

表11-1 装配式建筑成本因素分类

直接成本分类	主要内容
预制生产成本	材料成本、生产成本（劳动力及能源消耗）、模具费、维护费、税收和其他费用、工厂摊销等
运输成本	从工厂到施工现场，以及在施工现场的二次搬运费和处理费，还有施工现场的堆垛费等
安装费	安装预制人工成本、专用工具摊销费等
措施费	脚手架、模具费等

当然，装配式建筑的成本还与一个重要因素相关，即预制率。一般来说，预制率越高，成本应该越低，国外的应用情况如此，但是对于我国的发展现状来说，装配式建筑预制率越高，成本反而越高。

1. 设计成本

整个建筑工程中最重要的环节应该是建筑的设计阶段，设计的好坏直接影响最终工程的成本，如何设计预制件、如何拆分预制件、组装及施工工艺都直接影响施工难度和成本。传统的现浇结构中，设计人员凭借多年经验和深厚的基础，可以极大程度地控制成本，设计基准都有统一的标准，根据不同的建筑类型，按平方米可估算得出工程造价。而预制装配式建筑的设计还在探索研究阶段，广大设计人员没有太多实际经验，另外，工业化的生产方式，需要每个预制件都拥有详细的图纸，预制件的生产制备需要多角度的视图，预制件要充分考虑后期的装配施工，进行预埋件设计、预留孔设计、管线设计、门窗和装修设计等，这些设计不只是简单的造型、结构或工艺设计，还需要多个专业的密切配合。剖面图除了展示内部的钢筋布置，还需要展示结构预留洞口及水电管槽等，以便于作业人员准确定位。仅从图纸的角度，对设计人员的能力要求就显著增强，据经验来看，设计成本必然提高。

预制建筑对设计要求较高，为提供更精准的设计图纸，需要基于传统建筑设计不断发展电脑绘图设计技术，根据工程和建筑的实际情况，拆分设计图纸，将设计深度工作前移。相比常规施工，增加了装配式建筑策划阶段和部件图设计阶段，且预留孔、预埋设备、吊装构件、生产模具、附加塔式起重机、部件运输、外部框架等都要考虑到初步计划阶段。

由此可见，装配式建筑的设计成本偏高，主要还是因为装配式预制件的结构复杂，要考虑的因素更多，设计更为繁复，设计深度相比现浇式结构更深。不过，在进行大规模生产后，不断优化，可以提高设计模板的使用效率，提高设计构件使用次数，提高标准化程度，从而降低设计成本。

2. 部件生产成本

（1）模具的设计和损耗

预制件的成功预制离不开模具的精确性，首先要对模具进行严格设计，保证预制件的外观、尺寸精确。模具的损耗在装配式预制件的制作过程中也占了很大的比例，模具一般设有大量预留孔，反复使用会导致刚度和强度不够，再加上人为的击打碰撞也能造成模具的损坏，需要及时更换。很多模具的通用性较差，一个项目结束后，还要重新设计制造模具。另外，零件生产厂需要大型场地和辅助设备及工具，导致储存成本较高，生产预制构件的机械设备成本、土地成本、运输成本等都能导致生产阶段成本增加。

（2）预制件的制作

预制件通常具有多种类型，如预制墙、预制梁、装饰阳台等，生产技艺各不相同，质量控制要点也大不相同。由于预制件一般较为大型且笨重，导致预制件的制造难度提升，成本随之提升。但是工厂化的养护成本有一定降低：工厂采用流水线生产，大量预制件生产出来后可以进行统一养护管理，提高质量的同时降低成本。预制件的集中统一生产、统一管理，很大程度上减少了水电的消耗，还可以实现工业用水的循环处理，节约成本。

（3）预制件的堆放与运输

对比传统建造过程，工程项目在工地现浇处理之后基本不再移动，经过层层施工后完工，不需要大量结构构件的堆放及运输成本，但预制件需要大量的存放场地、专业的堆放管理、合理的堆放顺序，此项费用是装配式建筑所独有的；在运输方面，预制场到工地一般较远，预制件尺寸大小、结构形式不一，加上预制件大多较大，剧烈碰撞可能产生变形，对运输能力也有很高要求，为确保工程质量，需要进行特殊的线路规划，科学合理安排预制场，由此会产生很大的生产管理成本。

3. 施工成本

装配式建筑的施工阶段，也会产生很多不同于传统施工项目的费用。装配式建筑的施工对临时支撑、安装顺序、连接方式等技术有较高要求，人员不仅要全面掌握一般性技术，还要不断研究发展新技术、新材料的应用，如非复合夹层墙保温件制备、钢套灌浆连接等。此外，工程机械和起重设备进场成本一般较高，一些大型起重设备或者材料甚至需要进口，造成施工期内成本增加。装配式建筑施工成本可以分为以下几类：

（1）预制件吊装及机械费

由于大量预制件需要进行吊装作业，大型预制件的吊装难度大，吊装设备和吊具的损耗较大，需要专业人士才能熟练操作，增加了成本。作业人员初期操作不熟，容易造成工期延误，施工周期变长，从而导致成本增加。此外，专业的大型吊装设备、机械使用费也有较高的成本，吊装方案、吊装位置、吊装顺序的选取也会极大影响成本和施工周期。

(2) 预制件的安装费

传统建筑由于采用现浇结构，对材料的浪费较严重，结构表面经常凹凸不平，需要后期抹灰找平；但是装配式建筑预制件由预制厂生产，结构尺寸精确，表面工整，不需要后期加工，节约材料，可减少自重将近 25%，节约成本。传统结构在现场装修时，管线布置等环节经常需要挖孔、凿墙等工序，导致材料浪费；而装配式建筑的预制件早在生产时就制作完成，减少后期装修的难度，可降低工程成本。现浇建筑施工现场随处可见大量的脚手架、竹板、模板等附属设施，且随着楼层增加；安装措施费也逐渐增加；但装配式建筑，只需少量的支撑杆件，易于周转，降低了直接费和措施费，降低了成本，随着装配率提高，现浇部分越少，使用的附属设备越少，成本也越容易降低。

(3) 施工现场的管理费

传统施工项目，承包团队混乱，施工工序多，技术掌控差，增加了工程管理费用；装配式建筑的很多流程在预制件阶段就已完成，除吊装时间外，节约了大量施工时间，管理费相应减少。

整体来说，装配式建筑采用的是设计-生产-吊装的模式，必然会带来很多施工工艺与现浇式建筑的不同，有些会增加费用，如设计、机械费、运输费等，但也会加快施工进度，节约安装费、材料费、管理费等。可以预见的是，即使目前由于很多原因导致装配式建筑相比传统施工项目成本更高，但未来随着技术的完善、政治体制的完善、市场环境的完善及标准化的提高，装配式建筑的成本必然会随着预制率的升高而降低。

11.3.2 质量管理

预制建筑比传统建筑更需要完善的施工质量评价体系，预制构件从生产、运输到安装全程都应进行质量追踪，结合装配式建筑的特点，系统、全面、客观地做好预制构件的质量检测与控制，形成装配式建筑施工质量评价体系和规则。

1. 部件的设计生产

在装配式建筑中，预制构件的质量是建筑整体质量的基础，牵一发而动全身。为保证部件的质量满足要求，在预制部件的生产过程中，需要对预制生产使用的材料如加筋水泥、砂、石等添加剂进行检查并记录。预制工厂的模具设计应确保有良好的力学性能、刚度和精度，钢骨架尺寸应准确，采用专用成型架现场成型模具，确保预制件主体尺寸精准。为保证构件保护层的尺寸精确，应采用特殊的托架。预制墙板通常设置有嵌入部件，连接器和线保留孔部件需要在预制墙中精确定位。某些特殊部件如结构复杂、截面尺寸突变的地方，预制时要特别注意选用小型振动设备振动，并应适当延长振动时间，使成型的混凝土结构更加密实，结构更加可靠。

在形成部件之后需要检查外观质量是否有缺陷、外观质量是否优良，确保部件不出现松动、漏筋等情况。严格检查尺寸偏差，检查重点为构件的长度、宽度、高度和厚度等。

2. 部件的运输与堆放

预制装配施工的最重要特征之一是将施工现场工序转移到工厂，在工厂预制构件，以提高施工效率和施工质量。成品预制件不仅需要从工厂运至工地，还要注意到达工地后的现场堆放。

预制构件运输通常包括预制工厂运输和施工现场内的运转。采用运输方案与措施时应充分考虑预制构件的具体受力特性，确保预制构件在运输过程中不会发生破坏。支架需要良好的力学性能，适合运输的尺寸，使得预制构件在运输和临时存放时不会变形、倒塌，或造成表面损伤。为防止部件损坏，在接触点位置应该放置一些特殊的软性材料，如枕木等。现场应严格按照设计要求管理，按顺序摆放，防止影响其他施工作业，堆放区域也要合理安排。

3. 施工组装质量控制

安装和连接是装配式建筑施工的主要内容，是整个项目的核心，决定了最终的成品质量，是最重要的质量控制阶段。在现场组装前，应选择与预制构件大小、外形、重量以及安装高度相匹配的吊装设备。预制构件的吊装可采用“固定—起吊—就位—粗调—细调”的作业方式。对于预制墙，在安装就位后需要对预制的水平和垂直度进行精细调节以确保组装部件外观的平滑度。

预制混凝土构件安装到位后，要进行预制件与现场的现浇结构及预制件与预制件的连接，这是一个非常复杂且重要的步骤，连接工艺的质量好坏直接影响整体装配结构的力学性能以及工程质量，应根据节点实际连接情况确定检查方式，确保无质量问题。在现浇混凝土连接模板结构架设和钢筋绑扎工作完成后，将所有预制的预留钢筋锚按照结构抗震的标准及锚入深度要求固定到现场浇筑的其他结构中。

承力结构连接处应采用现浇混凝土方式，混凝土的强度等级应高于构件的强度等级，不承力接头和接缝应采用混凝土或砂浆浇筑，连接处的水平接头应一次性连续浇筑，垂直接头可逐层浇注，在浇注过程中应压实，并采取必要的维护措施。对钢筋连接接头应采取防腐措施。钢套灌浆时，预留钢筋的位置和长度应符合设计要求，套管和灌浆材料应由同一制造商认证。

11.3.3 安全管理

我国城镇化进程加快，同时期建设的项目规模庞大，建筑工人数量众多，施工安全事故造成的人员伤亡和财产损失严重。除不可逆的自然因素外，很多事故都是人为因素造成的，可见我国建筑行业的安全性不容乐观。根据每年的实际情况，这些安全事故可分为高处坠落、物体打击、坍塌、机械损伤、触电、起重事故等类型。

预制建筑物由加工厂制成成品部件，运输到施工现场，经过大型机械设备提升、拼接、连接、修正和部分现浇混凝土组成建筑物，其最大特点是建筑构件预制地点和实际建造场地分离。与传统的建筑施工安全方式相比，建筑工业化的安全风险主要发生在提升和装载部件的过程中，基本可以分为高空坠落风险、交通运输风险、构件装卸风险、构件安装风险和电击风险几类。

影响装配式建筑安全事故类型的主要因素包括人为风险因素、构件安装风险因素、环境风险因素、吊装作业风险因素及技术风险因素。其中，人为风险因素包括管理人员的安全意识薄弱，一线操作人员的安全意识及技术水平欠缺，人员责任心缺乏，违章作业等；构件安装风险因素包括临时支撑不牢固或失稳，构件连接不牢固，预制构件强度、精度不合格，作业人员无可操作的作业平台等；环境风险因素包括天气、气候、照明状况不良引起的作业失误，作业区域的文明施工状况不良，临边、洞口的防护不到位，构件堆放不合理等；吊装作业风险因素包括安全管理机构和制度的建立及执行不够，缺乏现场的风险管理与控制，塔吊顶升、附墙未按要求进行，附属吊具选用不合理，塔吊交叉干扰碰撞，吊点设置不合理，对现场工作缺乏检查，超载吊运等；技术风险因素包括基础施工方案不合理，关键施工技术的复杂程度及作业强度不够，时变结构的安全监测技术不到位等。

11.3.4 进度管理

由于大型建设项目结构和工程技术较为复杂，施工周期一般较长，参与单位较多，项目进度受到很多因素影响，所以实际进度和计划进度经常产生偏差，进而影响项目的整体进度。装配式建筑更是如此，建筑工业化建设体系尚未成熟，大多数企业还停留在传统的现浇式建筑观念上，缺乏装配式建造施工的管理经验，增加了建筑施工管理过程中的不确定性，加大了施工过程中的进度风险。为有效控制装配式建造工程进度，有必要从设计、生产、施工多方面进行详细分析。

影响项目进度的风险因素有很多，如技术因素、人为因素、设备因素、材料因素、部件因素、水文因素、气象因素、资本因素、自然和社会环境因素等。工程项目不同，影响因素的重要程度不同，在实施建设时，项目经理需要充分考虑影响进度的各类不确定性因素，从而实现最优的进度控制。

预制结构的最大优点是缩短施工现场的施工时间。预制建筑项目可以实现工厂和现场施工的同时进行。在施工中预制基础很少使用，所以现场在进行基础作业的同时，工厂可以同步加工生产结构部件和室内装饰，二者并行。在传统施工方法中，各施工环节更多是串联，分包商需要等待其他阶段工作完成后才能开始工作。装配式建筑允许在部件生产工程中，多个分包团队同时进行不同的工作，不同厂家分别制造不同构件，完成后运到现场进行安装。

为实现现场施工和工厂生产作业同时进行，需要提前做好施工计划，在项目早期阶段规划好加工周期，按进度提前订货。

1. 设计因素

对于预制装配式建筑结构来说，设计非常重要。首先必须对部件进行拆分设计，拆分是否合理直接影响后面的装配以及施工的难度，还有施工工艺方式、吊装步骤等的设计都需要在前期考虑清楚。这需要设计师与各方进行配合与沟通，逐步将建筑结构分拆，保证建筑的质量与施工进度。

然而，由于我国建筑行业的设计标准、模块化系统不统一，设计部件不成型，在大多数领域缺少相应的规范管理，如设计完全可靠但是拆分时考虑不充分，未能考虑施工难度，未将梁和板完全分离或者拆分过多，导致预制部件或者现浇模板部件较多，工期明显落后于现浇结构。因此，应建立健全零部件模块化协调制度，加快建立标准建造系统，建立建造产业技术支撑体系，引导相关人员在系统设计和建筑装配使用过程中按照模块化要求设计，保证装配式建筑构件施工作业的可行性。同时，参与建筑行业的各方应该相互沟通、相互合作，参与设计、真正深化设计，共同促进建筑工业化发展。

2. 生产因素

由于我国装配式建筑行业相关标准、模块化系统尚未建立完善，导致生产预制厂房的组件只能按照设计生产，模具不能重复使用，工程成本提高。同时，由于工人职前培训不到位或人员操作失误，可能造成预制部件尺寸精度不高或者预留孔位置有偏差、钢筋数量和位置与原设计图不符合、部件的设计生产不匹配、部件偏差过大等问题，使构件质量不过关，运输到施工现场却不能满足施工要求而被迫返工，延误时间。

3. 施工与管理因素

预制施工方法不同于传统施工方法，预制部件运至施工现场需要起重安装，由现场操作人员布置，这增加了施工现场的管理难度。在项目开始之前，需协调好预制的需求计划和运输问题，如装载顺序、车辆编号、起重机装载计划、需求计划、部件从工厂到现场的时间、现场预拼装、复核预制部件的精确性等；还需对人员进行培训，预制构件必须按指定编号顺序装配，缺乏施工经验很容易导致预制构件吊装施工过程中出现问题，影响工程进度。预制部件在吊装前一定要检查质量，避免重复多次组装。现场需要科学的管理，做好预防与备案工作，确保发生问题后能第一时间解决。工地上大量预制组件的堆放、吊装或者转运很容易造成混乱，导致安全事故，影响工期；为顺利施工，各单位各部门必须加强协调沟通，彼此信任，提高工作效率，保证施工进度。

总结来看，通过对成本管理、质量控制、安全控制和进度控制等方面进行分析，装配式建筑在生产成本上有轻微的劣势，但是在进度、质量、安全、环保等问题上具有无可比拟的优势。

传统工程项目管理具有一次性、整体性、目标明确、生命周期完整的特点。不同于传统的建筑工程施工作业“层层分包”的管理模式，工业化建筑的施工管理过程可以分为五个环节：制作、运输、入场、储存和吊装。能否及时准确地掌握施工过程中各种构件的制造、运输、到场等信息，很大程度上影响着整个工程的进度管理及施工工序；有效而全面的构件信息，有利于现场的各构配件及部品体系的堆放，减少二次搬运。

但传统的材料管理方式的信息不仅容易出错，而且有一定的滞后性，为解决装配式建筑生产与施工过程的脱节问题，应将 RFID 技术应用于装配式建筑施工全过程。

§11.4 建筑工业化阶段管理要点

11.4.1 设计

1. 体系设计

工业化建筑要做好体系整体设计，统筹安排，综合解决好体系内同类建筑的全部问题，包括小区规划、建筑功能或生产工艺要求、建筑构造处理、防水、隔音、保温、建筑艺术等。体系设计的合理与否，是直接关系该类建筑是否适宜工业化生产、能不能稳定发展的关键。

体系建筑设计应是对确定的同类建筑在建筑功能和艺术要求上的高度技术概括。建筑物的类型一般按照用途来划分，每一个工业化建筑体系都有确定的应用范围，适用于一种或几种同类建筑。显然，这一工业化建筑体系的建筑设计必须满足同类建筑中所有个体建筑物的功能和艺术方面的不同要求。这种相同的和不同的矛盾，要在体系建筑设计中得到体现和解决。简单的罗列和叠加是不行的，必须在深入调查的基础上，通过研究分析找出它们的变化规律和相互关系，在技术上加以归纳和概括，把握住集中体现某一类建筑共性及个性的因素，为在体系建筑设计中有效地综合解决这一系列问题创造条件。

另外，体系设计应能解决同类建筑中不同个体建筑的统一性和灵活性之间的矛盾。既要集中体现同类建筑的共性，为工业化生产创造有利条件，又要尽可能地照顾到同类建筑中不同个体的特性，以便满足各种不同的功能、艺术要求。这两个方面对于一个工业化建筑体系来说是同样重要的，但两者之间常会发生矛盾。若忽略了统一的一面，不利于工业化生产，就会失去工业化建筑体系的意义；若忽略了灵活的一面，工业建筑就不能满足各种工艺平面、立面布置的要求，如不能满足多种建筑功能和艺术的要求，同样是阻碍了某类建筑工业化生产的实现。统一性和灵活性之间的矛盾是应该而且可以处理好的。

同时，体系建筑设计应为体系的工业化生产创造合理的和可能的条件。在体系建筑设计中，这项基本要求是根据生产制作、吊装运输、结构工艺等条件，通过对平面模数、层高等的合理选择。和对成套构配件的合理选用来体现的。比如，墙板、楼板的尺寸应与生产制作和吊装运输相配合，体系的构件类型要少，构件最大重量要控制，建筑构造的处理要简单等，这些条件也是影响体系技术经济效果的重要因素。

2. 模数化设计

建筑工业化必须遵循标准化的原则，标准化后的产品应具有系列化、通用化的特点，按照标准化的设计原则能组合成通用性较强并满足多样性需求的产品。标准化设计是建筑工业化的核心，贯穿整个设计、生产、施工安装过程。在标准化设计中，模数化设计是标准化设计必须遵循的前提。模数化设计就是在进行建筑设计时使建筑尺寸满足模数数列的要求。为实现建筑工业化的大规模生产，使不同结构形式、材料的建筑构件等具有一定的通用性，必须实行模数化设计，统一协调建筑的尺寸。

建筑模数是人们选定的用于建筑设计、施工、材料选择等环节保证尺寸协调的尺寸单位，建筑模数包括基本模数和导出模数。基本模数是建筑模数中统一协调的基本单位，用 M 表示。导出模数分扩大模数和分模数两类，扩大模数是基本模数的整数倍，如 3M、6M 等，分模数是基本模数的分数值，如 1/10M、1/5M 等。由基本模数和导出模数可派生出一系列尺寸，该系列尺寸构成模数数列，针对具体情况模数数列具有不同的使用范围。除特殊情况外，工业化建筑必须遵从相应的模数数列规定。模数系列见表 11-2。

表 11-2 模数系列

数列名称	模数	幅度	进级/毫米	数列/毫米	使用范围
水平基本模数数列	1M	1M~20M	100	100~20 000	门窗构配件截面
竖向基本模数数列	1M	1M~36M	100	100~3 600	建筑物的门窗、层高和构配件截面
水平扩大模数系列	3M	3M~75M	300	300~7 500	开间、进深，柱距、跨度，构配件尺寸、门窗洞口
	6M	6M~96M	600	600~9 600	
	12M	12M~120M	1 200	1 200~12 000	
	15M	15M~120M	1 500	1 500~12 000	
	30M	30M~360M	3 000	3 000~36 000	
	60M	60M~360M	6 000	6 000~36 000	
竖向扩大模数数列	3M	不限			建筑物高度、层高、门窗洞口
	3M	不限			
分模数数列	$\frac{1}{10}$M	$\frac{1}{10}$M~2M	10	10~200	缝隙、节点构造、构配件截面
	$\frac{1}{5}$M	$\frac{1}{5}$M~4M	20	20~400	
	$\frac{1}{2}$M	$\frac{1}{2}$M~10M	50	50~1 000	

工业化建筑由成百上千个部品组成，这些部品在不同的地点、不同的时间以不同的方式按统一的尺寸要求生产出来，运输至施工现场进行装配，这些部品能够彼此装配在一起，必须通过模数协调实现。模数协调是指建筑的尺寸采用模数数列，使尺寸设计和生产活动互相协调，建筑生产的构配件、设备等不需修改就可以现场组装。

3. 设计流程

工业化建筑在建设过程中，建设方、设计方、生产方和施工方需要紧密配合，协调工作，才能保证建设过程顺利进行。与现浇结构相比，工业化建筑的设计工作呈现出流程精细化、设计模数化、配合一体化、成本精准化等特点，其设计阶段主要分为五个阶段：技术策划、方案设计、初步设计、施工图设计和构件加工图设计。设计完成后即可进入构件生产、项目实施阶段。

在技术策划阶段，设计单位可以充分了解项目的建设规模、定位、目标、成本限额等，制定合理的技术策略，与建设单位共同确定技术方案。在方案设计阶段，根据技术策略进行平、立面设计，在满足使用功能的前提下实现设计的标准化，实现“少规格、多组合”目标，并兼顾多样化和个性化。在初步设计阶段，与各专业进行协同设计，优化预制构件的种类，充分考虑各专业的要求，进行成本影响因素分析，制定经济合理的技术措施。在施工图设计阶段，按照制定的技术措施进行设计，在施工图中充分考虑各专业的预留预埋要求。在构件加工图设计阶段，构件加工图图纸一般由设计单位与构件厂协同完成，建筑专业根据需要提供预制尺寸控制图。

工业化建筑设计流程见图 11-6。

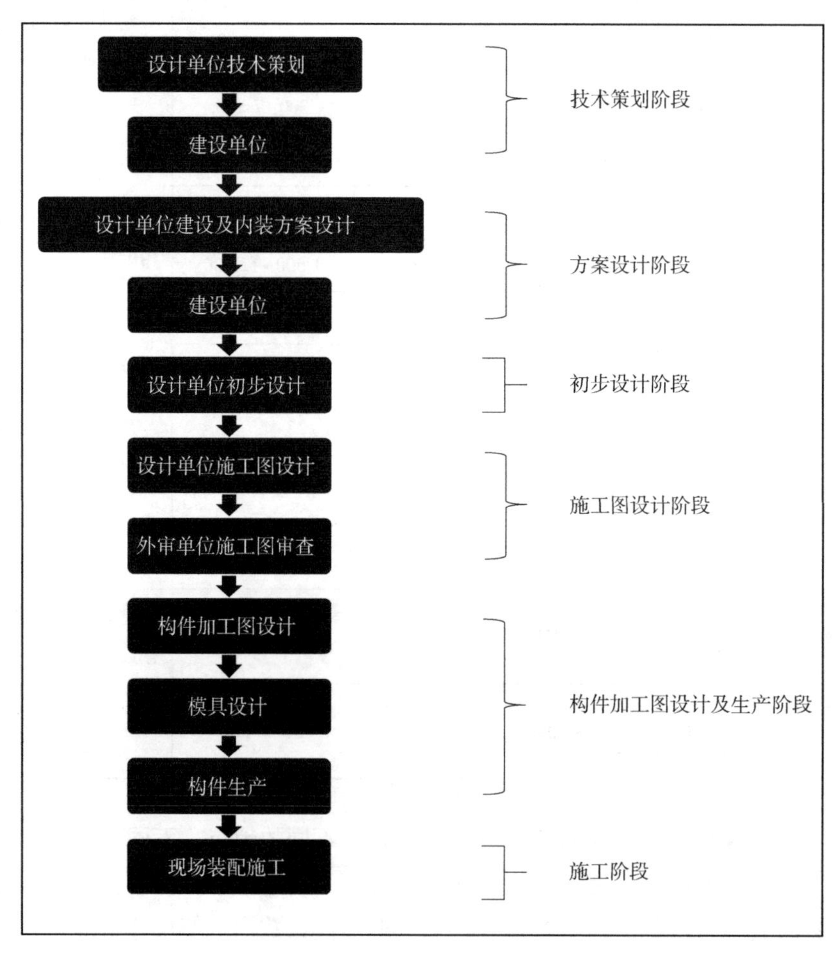

图 11-6　工业化建筑设计流程

11.4.2　构件生产阶段

预制构件是装配式建筑的核心，构件生产阶段连接着装配式建筑设计与施工，是装配式建筑全生命周期中的重要环节。构件设计完成后进入工厂化生产阶段，在构件生产之前，为了正确理解构件的设计，构件生产人员与设计人员需进行交流。在实际生产过程中，传统的交底模式是基于二维设计图制作的，在交底时设计人员难以全面地向生产技术人员表达设计意图，导致构件生产完成后才发现错误。此外，考虑到一些特殊构件的生产需要，需对其进行细节设计或更改。装配式建筑预制构件繁多，如果这些信息不能及时传达给设计人员，会导致生产周期延误或更多不可预见的困难。为准确快速表达设计意图，需要借助专业软件，常用的有 BIM 及 RFID 技术。通过数字模型，构件生产厂家与设计院可在模型上实时对接，提高数据交换的精确性，有效缩短预制构件的生产周期。

生产人员可以通过模型一目了然地理解设计师的设计意图，更有利于机械化的生产和加工。同时，利用 BIM 与 RFID 技术结合，获取预制构件的参数化信息，生产厂家可以直接提取预制构件的几何尺寸、材料种类、数量、工艺要求等信息，根据构件生产中对原材料的需求情况，制订相应的原材料采购计划与构件生产计划，减少待工、待料情况的发生，并在构件生产的同时，向施工单位传递构件生产的进度信息。

11.4.3 构件运输阶段

预制构件从工厂加工生产完成后，在运输到施工现场的过程中，需要考虑时间、空间两方面的问题，要提前规划好运输时间，安排好运输车辆，做好周密计划，以使构件按时运至施工现场，并减少现场构件积压。以上问题可通过 BIM 技术，将信息控制系统与构件管理系统结合起来解决。利用 RFID 技术将现场施工进度的信息反馈至构件管理系统，管理人员通过系统信息了解进度与构件库存情况。同时，还可用数字模型对预制构件的装载运输情况进行预演，通过 BIM 进行订单信息管理、材料管理、生产计划编制、库存管理等，将预制构件研发、订单管理、生产协调、数据提取等环节结合起来，实现人机协作、信息化管理，进而实现预制构件集约化生产，提升生产效率。

11.4.4 施工管理

1. 构件储存管理

装配式建筑施工过程中，预制构件进场后的储存是关键问题，运用信息化手段可以进行高效管理。在预制构件的生产阶段植入 RFID 芯片，物流配送、仓储管理等相关工作人员读取芯片即可验收，避免了堆放位置和数量出现偏差等问题，大大节约了成本和时间。在预制构件吊装、拼接过程中，技术人员通过 RFID 芯片获取构件信息，确认设备安装位置后再进行拼接、吊装，增强了施工管控能力。

2. 施工场地布置

与现浇式建设方式不同，装配式建筑一般由成千上万的预制构件组成，为提高工作效率，要对预制构件及施工区域进行科学划分。施工场地布置要点主要包括塔吊布置方案、构件存放规则及运输道路规划，通过数字化模型可以对不同方案进行比较，择优选用。

塔吊是装配式建筑施工过程中最关键的施工机械之一，科学布置塔吊位置会大大提高施工效率，要根据装卸车条件明确吊臂、选定塔吊型号，依据作业面、场地安全距离布设塔吊位置。预制构件储备量应满足施工需要，存放场地不能造成施工现场交通堵塞；预制构件运输道路应满足卸车、吊装需求，合理规划运输车辆的进出场路线。

11.4.5 施工质量管理

1. 构件质量管理

以往现场施工中由于操作不规范、验收不仔细等原因常出现质量问题，而工业化建筑通过在工厂加工生产构件，利用数字化制造手段可有效提升构件质量，即便构件在生产、运输、储存、吊装等过程中出现问题，还可根据构件芯片读取生产信息，查找问题并重新生产。

2. 施工现场质量管理

工业化建筑若在安装过程中出现失误、偏差，会对建筑质量产生直接影响。通过数字化模型，可以构建施工模型、模拟施工场景，以便更直观、准确地了解施工情况，提前预知问题，避免安装错误，提升施工质量；工作人员可以准确定位构件，查看构件信息；监管人员可以通过手机、电脑等移动设备，实时了解施工情况，及时指导施工；项目数据实时上传，施工记录可查可溯。

3. 施工安全管理

通过数字化模型模拟施工现场，提前检验施工方案，识别部分安全隐患，还可针对险情制定应急方案。与安全员在施工现场进行巡查的方式相比，数字化模型更能精准预警工程隐患，并通过可视化界面标识，实现对工程的动态科学管理。

4. 施工进度管理

施工进度管理要通过管理项目实施计划来完成，以保证项目按时竣工。在装配式建筑施工过程中，管理人员若无法获取准确工作量和工程量，则无法科学分配人力、物力，数字化模型可以解决这个问题，提高管理人员对工程的掌控力。另外，数字 4D 模型可以用于协调施工计划，简化施工进度计划。

在制订装配式建筑工程项目进度计划时，不仅要考虑各个关键的施工节点，还要规划预制构件的吊装顺序。由于工作量大，为避免人工误差，可以通过专业数字化工程软件完成。准确地整理好每段工程的所需时间及工程量，确定具体施工方案，在汇总全部信息后再开展 4D 模拟工作，既可更明确地体现施工进度，还可更全面地对进度计划进行整理。

在施工过程中，项目部各部门可以在数字模型的基础上进行沟通与讨论，将建筑信息模型作为施工的标准逐步推进。将重要节点与进度计划进行对比，根据实际施工情况调整施工进度计划，避免延误工期。

参 考 文 献

[1] 李益彬. 新中国建立初期城市规划事业的启动和发展（1949—1957）[D]. 成都：四川大学，2005.

[2] 中山大学官方网站：http://www.sysu.edu.cn/cn/zdgk/zdgk02/index.htm.

[3] 黄翼，吴硕贤. 我国高校校园规划设计发展趋势探析 [J]. 城市规划，2014，38（4）：85-91.

[4] 北京联合大学官网：https://www.buu.edu.cn/col/col7/index.html.

[5] 仇保兴. 海绵城市（LID）的内涵、途径与展望 [J]. 建设科技，2015（1）：11-8. DOI:10.16116/j.cnki.jskj.2015.01.003.

[6] 李锦，顾语琪，雷诚. 面向健康校园的大学环境更新设计策略研究——以苏州大学本部校区为例 [J]. 华中建筑，2022，40（1）：64-68. DOI:10.13942/j.cnki.hzjz.2022.01.011.

[7] 胡福印，任明鹤. 对外经贸大学绿色校园建设 [J]. 建设科技，2010（14）：92-93. DOI:10.16116/j.cnki.jskj.2010.14.022.

[8] 魏巍. 国家示范性绿色校园建设策略研究——以天津大学北洋园校区为例 [J]. 建设科技，2017（12）：25-29.

[9] 王明洁，郑少鹏，吴中平，等. 海绵城市视角下的校园有机更新规划设计研究——以珠海某高校改扩建总体规划为例 [J]. 建筑与文化，2020（7）：138-141.

[10] 王浩，李文华，李白炼，等. 绿水青山的国家战略、生态技术及经济学 [M]. 南京：江苏凤凰科学技术出版社，2019.

[11] 吴丹丹，柳肃. 大学校园内历史建筑和地段的保护与更新 [J]. 中外建筑，2004（1）：26-28.

[12] 卫魏. 文化自信视域下的高校历史建筑：精神凝聚与文化传承 [J]. 高等建筑教育，2021，30（4）：24-30.

[13] 柳肃，肖灿. 湖南大学早期建筑群——从这里读懂中国近代建筑史 [J]. 中外建筑，2021（6）：42-47.

[14] 湖南大学校友总会：http://xyzh.hnu.edu.cn/info/1025/1891.htm.

[15] 刘文祥. 近代校园建筑档案研究：以武汉大学为例 [J]. 浙江档案，2021（4）：55-57. DOI:10.16033/j.cnki.33-1055/g2.2021.04.018.

[16] 谷扬. 以文脉主义建筑观评价武汉大学新时期建筑 [J]. 建筑与文化，2016（5）：204-205.

[17] 魏春雨，许昊皓，卢健松. 异质同构——从岳麓书院到湖南大学 [J]. 建筑学报，

2012（3）：6-12.
[18] 张朝晖. 共享互动　有机生长　营建一片文化绿洲——北京沙河高教园区空间结构分析［J］. 建筑创作，2002（4）：54-57.
[19] 康艳，赵西君. 北京沙河高教园区与城市边缘区协调发展研究［J］. 浙江树人大学学报（人文社会科学版），2011，11（3）：57-60.
[20] 深圳大学城管理办公室官网：www.utsz.edu.cn.
[21] 南方科技大学官网：https://www.sustech.edu.cn/.
[22] 杨谆，唐琦，徐茂利. 高等学校校园规划科学管理的探讨与研究［J］. 中国市场，2007（13）：77-78.
[23] 北京理工大学：www.bit.edu.cn/gbxxgk/gbgljg/index.htm，清华大学：www.tsinghua.edu.cn/xxgk/zzjg.htm，北京大学：www.pku.edu.cn/management.html，北京航空航天大学：www.buaa.edu.cn/jgsz/dzfw.htm.
[24] 盖世杰，戴林琳. 大学校园城市界面的"中心化"与"边缘化"［J］. 华中建筑，2009，27（2）：132-135.
[25] 王建国. 从城市设计角度看大学校园规划［J］. 城市规划，2002（5）：29-32.
[26] 赵景伟，彭建，彭芳乐. 论高校校园地下空间的综合利用——一种可持续的校园空间发展模式［J］. 国际城市规划，2016，31（6）：104-111.
[27]《建设用地节约集约利用评价规程》（TD/T1018-201）［Z］北京：中华人民共和国国土资源部，2008.
[28] 张玉腾，张景煜. 校园总体规划修编对高校土地集约利用影响的研究——以青岛理工大学为例［J］. 工程经济，2020，30（9）：17-20. DOI：10.19298/j.cnki.1672-2442.202009017.
[29] 龙奋杰，盖世杰，任莹，等. 开物成境 中国大学校园规划与建设［M］. 北京：清华大学出版社，2017.
[30] 李憬君. 不断生长的"知识枢纽"关于斯坦福大学校园空间的设计研究［J］. 时代建筑，2021（2）：5+4. DOI:10.13717/j.cnki.ta.2021.02.002.
[31] 王福刚，石铁矛. 景观在校园文化建设中的育人功能——以沈阳建筑大学校园景观设计为例［J］. 沈阳建筑大学学报（社会科学版），2009（4）：486-489.
[32] 胡昱. 高校校园规划与建设［M］. 北京：中国建筑工业出版社，2008.
[33] 全国一级建造师执业资格考试用书编写委员会. 2021年版全国一级建造师执业资格考试用书-建设工程项目管理［M］. 北京：中国建筑工业出版社，2021.
[34] 全国一级建造师执业资格考试用书编写委员会. 2021年版全国一级建造师执业资格考试用书-建筑工程管理与实务［M］. 北京：中国建筑工业出版社，2021.
[35] 颜兴中. 中国公办普通高校基本建设项目前期管理研究［D］. 长沙：中南大学，2011.
[36] 刘宗志. 高校基本建设项目管理的研究——以阜阳师范学院西湖校区基建项目管理为例［D］. 合肥：合肥工业大学，2010.
[37] 黄远智. 高校基建特点及其管理模式的探讨［J］. 建筑管理现代化，2007（3）：5-8.

[38] 何元斌，韩利红. 工程项目管理 [M]. 成都：西南交通大学出版社，2016.
[39] 邱国林，刘茉. 建设工程项目管理 [M]. 武汉：武汉大学出版社，2014.
[40] 韩国波，崔彩云. 建设工程项目管理 [M]. 重庆：重庆大学出版社，2017.
[41] 王永利，陈立春. 建筑工程成本管理 [M]. 北京：北京理工大学出版社，2018.
[42] 周和生，尹贻林. 以工程造价为核心的项目管理——基于价值、成本及风险的多视角 [M]. 天津：天津大学出版社，2015.
[43] 吕玉辉，范秀兰. 建设工程项目管理 [M]. 武汉：华中科技大学出版社，2011.
[44] 李凯歌. 高校基建工程项目管理模式研究 [D]. 北京：北京建筑大学，2019.
[45] 宋晶光，丁勇. 工程项目采购管理研究 [J]. 安徽建筑工业学院学报（自然科学版），2008，16（1）：85-88.
[46] 刘光远. 完善我国政府工程采购制度研究 [D]. 北京：北京交通大学，2007.
[47] 张照东. 政府采购制度研究 [D]. 厦门：厦门大学，2003.
[48] 朱志刚. 高校基本建设过程中的合同管理与控制 [D]. 武汉：武汉理工大学，2007.
[49] 朱江. 业主方工程合同风险管理研究 [D]. 西安：西安建筑科技大学，2008.
[50] 任荣华. 高校基建工程招标采购内部控制建设研究 [J]. 财会学习，2019（9）：254-256.
[51] 李延召，祝光英. 高校招标采购内部控制建设研究 [J]. 实验技术与管理，2016，33（7）：261-265.
[52] 牛博生. BIM 技术在工程项目进度管理中的应用研究 [D]. 重庆：重庆大学，2012.
[53] 梁策. BIM 技术在建筑工程进度管理中的应用研究 [D]. 保定：华北电力大学，2019.
[54] 满庆鹏. 建筑施工进度计划建模与控制方法研究 [D]. 哈尔滨：哈尔滨工业大学，2008.
[55] 李季. 建设工程施工进度控制研究 [D]. 青岛：中国海洋大学，2008.
[56] 于斌. 基于职业健康安全管理体系标准的施工现场安全管理研究 [D]. 天津：天津大学，2013.
[57] 黄天健. 建筑工程施工阶段扬尘监测及健康损害评价 [D]. 北京：清华大学，2013.
[58] 李留洋，孟刚，王大讲. 建筑施工企业职业健康管理模式探讨 [J]. 建筑安全，2017（11）：33-34.
[59] 杨海龙. 基于精益建设的绿色建筑工程施工质量管理模式研究 [D]. 长春：吉林大学，2016.
[60] 阮鹏. 建设工程绿色施工管理研究 [D]. 杭州：浙江大学，2015.
[61] 陈燕君. 浅析建设工程竣工验收及政府监管 [D]. 苏州：苏州大学，2017.
[62] 高军. 建筑工程项目质量验收方法及评价对策之研究 [J]. 建筑与预算，2015（12）：20-22.
[63] 何丽红. 基于项目管理的建设工程档案管理模式研究 [D]. 沈阳：沈阳建筑大学，2015.
[64] 凌琳. 高校新校区建设中的基建档案管理实践 [J]. 图书情报工作，2014（58）：71-73.

[65] 王燕. 基本建设项目档案管理创新体系建设初探［J］. 北京建筑工程学院学报，2011，27（2）：77-80.

[66] 王俊，赵基达，胡宗羽. 我国建筑工业化发展现状与思考［J］. 土木工程学报，2016，49（5）：1-8.

[67] 王雪青. 国际工程项目管理［M］. 北京：中国建筑工业出版社，2000.

[68] 王勇. 项目管理知识体系指南（第4版）（PMBOK指南）［M］. 张斌，译. 北京：电子工业出版社，2009.

[69] 代宏坤，徐玖平. 项目沟通管理［M］. 北京：经济管理出版社，2008.

[70] 朱红章. 国际工程项目管理［M］. 武汉：武汉大学出版社，2010.

[71] 闵希华，吕文学. 石油工程建设单位项目管理指导手册［M］. 北京：中国建筑工业出版社，2000.

[72] 何伯森. 工程项目管理的国际惯例［M］. 北京：中国建筑工业出版社，2007.

[73] 崔军. FIDIC分包合同原理与实务［M］. 北京：机械工业出版社，2009.

[74] 吕文学. 国际工程项目管理［M］. 北京：科学出版社，2013.

[75] 何元斌，韩利红. 工程项目管理［M］. 成都：西南交通大学出版社，2016.

[76] 杨兴荣，姚传勤. 建设工程项目管理［M］. 武汉：武汉大学出版社，2017.

[77] 邱国林，刘茉. 建设工程项目管理［M］. 武汉：武汉大学出版社，2014.

[78] 韩国波，崔彩云. 建设工程项目管理［M］. 重庆：重庆大学出版社，2017.

[79] 兰兆红. 装配式建筑的工程项目管理及发展问题研究［D］. 昆明：昆明理工大学，2017.

[80] 王玉. 工业化预制装配建筑的全生命周期碳排放研究［D］. 南京：东南大学，2016.

[81] 徐雨濛. 我国装配式建筑的可持续性发展研究［D］. 武汉：武汉工程大学，2015.

[82] 刘卫东，秦姗，李静. 新型工业化建筑体系与装配式建筑集成系统的建构研究［J］. 装配式建筑设计的前沿性实践，2021（2）：7-11.

[83] 邵清，余明. 工业化建筑体系建筑设计的若干问题［J］. 建筑学报，1978（3）：4-7.

[84] 张超. 基于BIM的装配式结构设计与建造关键技术研究［D］. 南京：东南大学，2016.

[85] 肖阳. BIM技术在装配式建筑施工阶段的应用研究［D］. 武汉：武汉工程大学，2017.

[86] 国务院办公厅. 国务院办公厅关于大力发展装配式建筑的指导意见（国办发〔2016〕71号）［Z/OL］. 2016.

[87] 中华人民共和国住房和城乡建设部，等. 关于加快新型建筑工业化发展的若干意见（建标规〔2020〕8号）［Z/OL］. 2020.

[88] 中华人民共和国住房和城乡建设部标准定额研究所. 工业化建筑评价标准（GB/T 51129-2015）［S/OL］. 2015.

[89] 中华人民共和国住房和城乡建设部标准定额研究所. 装配式建筑评价标准（GB/T 51129-2017）［S/OL］. 2017.